PRÉCIS

D'EMBRYOLOGIE HUMAINE

TRAVAUX EMBRYOLOGIQUES DU MÊME AUTEUR

Développement du tissu osseux (*Bull. scient. du Nord*, 1881, n°s 8-9).

Mémoire sur le développement de l'utérus et du vagin, envisagé principalement chez le fœtus humain (*Journ. de l'Anat.*, n° juillet-août 1884).
(En collaboration avec M. Ch. Legay.)

Sur le développement de l'épithélium et des glandes du larynx et de la trachée chez l'homme (*Soc. de biologie*, 18 avril 1885).

Sur la disparition de la zone pellucide dans l'œuf de la lapine pendant les premiers jours qui suivent la fécondation (*Soc. de biologie*, 29 janvier 1887).
(En collaboration avec M. G. Herrmann.)

Sur l'évolution histologique du thymus chez le fœtus humain et chez les mammifères (*Soc. de biologie*, 19 février 1887).
(En collaboration avec M. G. Herrmann.)

Sur la persistance de vestiges médullaires coccygiens pendant toute la période fœtale chez l'homme (*Journ. de l'Anat.*, n° sept.-octobre 1887).
(En collaboration avec M. G. Herrmann.)

L'organe de Rosenmüller (époophore) et le parovarium (paroophore) chez les mammifères (*Journ. de l'Anat.*, n° mars-avril 1888).

Sur les premiers développements du cloaque, du tubercule génital et de l'anus chez l'embryon de mouton (*Journ. de l'Anat.*, n° septembre-octobre 1888).

Note sur l'épithélium de la vésicule ombilicale chez le fœtus humain (*Soc. de biologie*, 9 mars 1889).

Sur les modifications que subit l'œuf de la lapine pendant sa migration dans l'oviducte, et sur la durée de cette migration (*Soc. de biologie*, 20 avril 1889).

Sur le développement du vagin mâle (utricule prostatique) chez le fœtus humain (*Revue biol. du Nord de la France*, 1889).

Sur le développement et l'évolution du tubercule génital chez le fœtus humain dans les deux sexes, avec quelques remarques concernant le développement des glandes prostatiques (*Journ. de l'Anat.*, n° juin-juillet 1889).

Note sur l'intestin caudal chez l'embryon de chat (*Soc. de biol.*, 22 février 1890).

Sur la structure et sur le développement du fil terminal de la moelle chez l'homme (*Soc. de biol.*, 23 avril 1892).

Sur le développement des organes génito-urinaires chez l'homme, Atlas de 20 planches, comprenant 226 figures, publié sous les auspices du Conseil général des Facultés de Lille, 1892.

Sur les premiers développements du thymus, de la thyroïde et des glandules parathyroïdiennes chez l'homme (*Journ. de l'Anat.*, n° juillet-août, 1897).
(En collaboration avec M. P. Verdun.)

ÉVREUX, IMPRIMERIE DE CHARLES HÉRISSEY

PRÉCIS

D'EMBRYOLOGIE HUMAINE

PAR

F. TOURNEUX

PROFESSEUR D'HISTOLOGIE A L'UNIVERSITÉ
DE TOULOUSE

———

Avec 156 figures dans le texte

Dont 35 tirées en couleurs.

———

PARIS

OCTAVE DOIN, ÉDITEUR

8, PLACE DE L'ODÉON, 8

—

1898

PRÉFACE

Ce Précis, écrit avant tout pour les étudiants en médecine, se compose d'une introduction et de deux parties,
l'une générale et l'autre spéciale.

L'introduction est relative aux notions générales concernant l'embryologie, ainsi qu'à la division cellulaire.
qu'il est indispensable de bien connaître pour comprendre ensuite la segmentation de l'ovule et la formation du blastoderme.

La partie générale comprend la fécondation et les premiers développements de l'embryon. Le temps n'est plus
où un Traité d'embryologie humaine commençait par la
description de l'œuf de la poule, et nous pouvons aujour-
d'hui, même pour l'étude des premiers développements,
nous adresser directement aux mammifères. Aussi nous
nous sommes borné à décrire fidèlement la succession des
différents stades embryonnaires, tels qu'on les observe
chez l'embryon humain, et, à son défaut, chez l'embryon

de lapin. Sans méconnaître l'importance croissante de l'embryologie comparée, nous n'avons eu recours aux données de cette science que pour faciliter l'intelligence de certains phénomènes encore obscurs du développement de l'homme. La partie générale est divisée en trois chapitres : un premier chapitre, consacré à la fécondation et à la formation du blastoderme en général; un deuxième chapitre, montrant l'évolution graduelle de l'œuf de la lapine; et enfin un troisième chapitre, concernant l'embryon humain.

La partie spéciale s'occupe du développement des organes seconds, que nous avons groupés par appareil en dix chapitres : 1° appareil de la digestion ; 2° appareil de la respiration ; 3° appareil génito-urinaire ; 4° appareil nerveux ; 5° appareil de la vision ; 6° appareil de l'audition ; 7° appareil cutané ; 8° appareil de la locomotion ; 9° appareil de la circulation ; 10° enveloppes et annexes du fœtus.

Nous avions d'abord eu l'intention de compléter cet ouvrage par une troisième partie, ayant trait au développement des éléments anatomiques et des tissus (voy. p. 5). Mais, dans cette étude, il est souvent difficile de séparer la structure du mode de formation, et il nous a semblé plus rationnel de reporter l'élémentogénie et l'histogénie au Précis d'histologie que nous préparons en ce moment. Pour la même raison, nous avons renvoyé à ce Précis la description des modifications périodiques de certains organes chez l'adulte (ovaire, testicule, mamelle, etc.), bien que ces modifications ne représentent qu'un stade particulier dans l'évolution de ces organes.

Parmi les figures qui accompagnent ce Précis, un certain nombre représentent des coupes transversales ou longitudinales de l'embryon, dessinées à la chambre claire sur nos préparations. Les coupes longitudinales ont été pratiquées parallèlement au plan frontal (coupes frontales) ou au plan de symétrie (coupes sagittales), et ces dernières passent généralement par l'axe du corps (coupes sagittales et axiles). Dans la représentation des coupes sagittales, l'extrémité céphalique est dirigée en haut, et la paroi ventrale à droite. Les coupes transversales ont été dessinées par la face supérieure, le tube médullaire regardant en arrière. Enfin, dans une figure comprenant plusieurs coupes transversales sur le même embryon, nous avons, sauf de très rares exceptions, sérié les coupes de haut en bas.

Pour la détermination des époques embryonnaires et fœtales chez l'homme, nous avons remplacé les mois grégoriens par les mois lunaires, conformément à l'usage généralement adopté.

Il nous reste la mission agréable de remercier tous ceux qui nous ont aidé dans la préparation de ce Précis, et en particulier notre élève et ami, M. le professeur agrégé Soulié, et M. le docteur Lafosse, médecin de la marine, qui se sont astreints à revoir et à corriger avec nous toutes les épreuves. Un certain nombre de dessins sont dus à la plume délicate de notre ancien préparateur, M. le docteur Jouves, notamment ceux qui représentent des vues en surface de la tache embryonnaire, sur l'œuf de la lapine ; nous lui en témoignons toute notre reconnaissance. Nous remercions aussi notre éditeur, M. Doin, qui n'a reculé devant aucun sacrifice pour assurer le succès de ce livre, et M. Oberlin, dessinateur, qui a su reproduire avec habileté des dessins en noir et en couleur souvent fort compliqués.

Lorsque notre ami, M. le professeur Testut, nous confia la rédaction de ce Manuel d'embryologie, il nous dit : « Soyez clair et précis. » Nous nous sommes appliqué de toutes nos forces à remplir ces deux conditions, et à préparer un ouvrage qui pût être utile aux étudiants en médecine. Nous nous estimerions heureux d'avoir atteint ce but.

F. TOURNEUX.

Toulouse, le 1er mai 1898.

PRÉCIS D'EMBRYOLOGIE
HUMAINE

INTRODUCTION

Avant d'aborder l'étude du développement de l'embryon, nous croyons nécessaire d'établir, en quelques pages, les rapports étroits qu'affecte l'embryologie avec l'anatomie, et de montrer les différentes étapes parcourues par cette science. Nous ajouterons quelques indications sommaires sur la reproduction cellulaire, qui permettront de saisir plus facilement le phénomène de la segmentation de l'ovule.

§ 1. — L'EMBRYOLOGIE ET SES RAPPORTS
AVEC LES BRANCHES DE L'ANATOMIE

La *biologie*, ou la science qui a pour objet l'étude des êtres vivants, se divise en deux branches principales, suivant qu'elle envisage ces êtres à l'état de repos, à l'état statique, ou bien à l'état d'activité, de fonctionnement, à l'état dynamique : ces deux branches sont l'*anatomie* et la *physiologie*. L'anatomie à son tour présente un certain nombre de subdivisions.

Les êtres vivants se laissent, en effet, décomposer en dernière analyse, par simple dissociation mécanique, sans destruction ni décomposition chimique, d'un côté en particules extraordinairement ténues, solides ou demi-solides, mais ayant une forme, figurées (*éléments anatomiques*), et de l'autre en substances sans forme déterminée, de consistance et de composition chimique variables, qui viennent combler les vides laissés entre eux par les éléments anatomiques (*substances* ou *matières amorphes*). L'étude des éléments anatomiques et des matières amorphes formera donc la première division de l'anatomie ou *élémentologie*.

Au point de vue de leur composition intérieure (structure), les éléments anatomiques constituent deux groupes bien distincts, suivant qu'ils renferment ou non dans leur intérieur un petit corps appelé *noyau* : les premiers ont reçu le nom de *cellules*, les autres seront par suite considérés comme des *éléments non cellulaires*. Ces derniers sont, en général, étirés en forme de fibres ou de fibrilles.

Quant aux substances ou matières amorphes, on les envisage aujourd'hui comme des substances fabriquées, sécrétées par les éléments anatomiques. Ce sont de véritables *produits* pouvant s'accroître ou se résorber suivant l'action des cellules voisines, mais ne possédant vraisemblablement aucune des propriétés vitales, pas même la nutrilité. A ce groupe de produits, il convient peut-être d'ajouter les éléments non cellulaires (fibres ou fibrilles), si tant est qu'on arrive à démontrer d'une façon indiscutable que ces éléments sont des produits élaborés par l'activité des cellules.

Quoi qu'il en soit, les éléments anatomiques et les matières amorphes peuvent s'associer dans l'économie, se juxtaposer, s'enchevêtrer, de manière à former des parties complexes, distinctes les unes des autres, que l'on a désignées sous le nom d'*organes premiers*. L'ensemble des organes premiers de l'économie, composés des mêmes éléments anatomiques (*structure*), arrangés entre eux de la même façon (*texture*), représente un *système*.

On peut faire abstraction de la forme extérieure que revêtent les organes premiers d'un système, et ne considérer que leur composition intérieure, c'est-à-dire leur *tissu* ; on donne le nom d'*histologie* à la branche de l'anatomie qui s'occupe de cette étude. Le tissu est en quelque sorte l'échantillon auquel on compare les différents organes premiers. Tous les organes premiers, dont la structure et la texture se rapprocheront de celles du tissu envisagé, seront des *parties similaires*, et leur ensemble formera un *système*.

La notion de parties similaires en anatomie ne remonte pas au delà des premières années de ce siècle. Assurément, les anciens anatomistes comme FALLOPE et BORDEU avaient bien reconnu dans le corps humain l'existence de parties semblables et dissemblables, mais ils n'avaient pas songé à grouper ensemble toutes les parties semblables, et à en rechercher les propriétés et les caractères communs. C'est à BICHAT que revient le mérite d'avoir présenté pour la première fois une description méthodique et scientifique de ces parties similaires (BICHAT, *Anatomie générale*, Paris, an XII, 1803).

Les organes premiers de l'économie se combinent à leur tour, soit par simple juxtaposition, soit par pénétration réciproque, de façon à constituer des parties encore plus complexes, qui sont les *organes seconds*. L'étude des organes seconds s'appelle l'*organologie*.

De même que pour les organes premiers, on peut, dans les organes seconds, faire abstraction de leur forme extérieure et de leurs rapports, et n'envisager que leur organisation intérieure, c'est-à-dire se borner à rechercher les organes premiers qui entrent dans leur composition (structure), ainsi que le mode d'association de ces organes premiers entre eux (texture). On n'a choisi aucun terme pour désigner la composition intérieure des organes seconds similaires, mais, comme pour les tissus, il semble logique de les confondre dans un même groupe sous le nom de système. Le système artériel comprendrait ainsi l'ensemble des artères, c'est-à-dire l'ensemble des organes seconds de l'économie, formées par l'association des mêmes tuniques (organes premiers), arrangées entre elles de la même façon. Il conviendrait donc d'envisager à la fois des systèmes d'organes premiers et des systèmes d'organes seconds.

L'ensemble des organes seconds concourant à l'accomplissement d'une même fonction constitue un *appareil*, et enfin la réunion de tous les appareils forme l'organisme.

En procédant du simple au composé, on voit que l'anatomie doit ainsi successivement envisager : 1° Les éléments anatomiques et leurs produits (matières ou substances amorphes); 2° les organes premiers (y compris les tissus et les systèmes); 3° les organes seconds (y compris les systèmes) ; 4° les appareils ; 5° l'organisme.

L'anatomie comprendra ainsi les cinq divisions suivantes :

    1° *Elémentologie* (Ch. Robin) ;

    2° *Histologie ;*

    3° *Organologie ;*

    4° *Étude des appareils ;*

    5° *Morphologie.*

Doit-on, comme le pensaient BICHAT, DE BLAINVILLE et ROBIN, séparer nettement les deux premières divisions des trois dernières, etc., les considérer comme une branche en quelque sorte autonome de l'anatomie, à laquelle on a assigné le nom d'*anatomie générale*, la seconde branche qui embrasse les trois dernières divisions étant représentée par l'*anatomie descriptive* ou *spéciale.* Il est hors de doute que la description d'un tissu en anatomie générale s'éloigne sensiblement de celle d'un organe second en anatomie descriptive, et qu'elle offre un caractère de généralisation qui fait absolument défaut à cette dernière. La description d'un tissu s'applique, en effet, à tous les organes premiers du système, quelles que soient leur forme extérieure et leurs connexions; tandis que la description d'un organe second en anatomie spéciale sera rigoureusement limitée à l'organe envisagé. Mais on peut faire remarquer, d'un autre côté, qu'il n'existe aucune ligne de démarcation tranchée entre l'anatomie générale et l'anatomie descriptive, que ces deux branches de l'anatomie empiètent fréquemment l'une sur l'autre, et enfin que l'étude des organes premiers et des organes seconds doit être abordée au double point de vue général et spécial. Au lieu de disjoindre les deux branches de l'anatomie, il semble donc préférable de les rapprocher, et de les compléter l'une par l'autre. C'est là d'ailleurs la voie suivie par les auteurs dans la plupart des traités d'anatomie descriptive.

On se borne généralement en anatomie à décrire les organes chez l'adulte, mais on ne saurait se rendre un compte exact de la structure d'un organe qu'à la condition de l'avoir suivi dans ses différentes transformations depuis sa première apparition. « Voir venir les événements est la meilleure manière de les comprendre, disent les historiens et les philosophes, voir naître et se former les parties d'un même système est le seul procédé acceptable pour en saisir les liens de parenté. » (M Duval, *Leçon d'ouverture*, Paris, 1886.)

Certains organes, arrivés à l'état adulte, ne restent pas stationnaires, mais vont sans cesse se modifiant jusqu'à la mort de l'individu. C'est ainsi que l'ovaire, la mamelle, les amygdales, etc., subissent dans un âge avancé une involution régressive. On sait, d'autre part, que certains organes, comme le thymus, disparaissent avant que l'être ait atteint son complet développement. Il y a donc intérêt, pour l'anatomiste, à connaître les étapes successives que traverse un organe depuis sa première apparition.

On désigne communément sous le nom d'*évolution* l'ensemble de toutes les phases parcourues, et l'on réserve le nom de *développement* aux premières phases jusqu'à l'état adulte. Le développement, ainsi compris, ne représenterait qu'une partie de l'évolution. Au mot de développement, s'attache en quelque sorte une idée d'accroissement, de perfectionnement, tandis que l'évolution peut parfaitement comprendre la régression et même la disparition d'un organe. Il faut cependant ajouter que ces deux expressions sont fréquemment employées comme synonymes par un certain nombre d'auteurs.

L'étude des parties qui forment l'objet des divisions de l'anatomie énumérées plus haut, pour être complète, devra donc aussi embrasser leur développement et leur évolution. A l'élémentologie, à l'histologie, à l'organologie, à la morphologie, viendront ainsi se surajouter l'*élémentogénie*, l'*histogénie* (*histogénèse*), l'*organogénie* et la *morphogé-*

nie[1]. Quant aux appareils (4ᵉ division de l'anatomie), aucun terme spécial ne paraît avoir été adopté pour spécifier leur développement.

On a donné au développement de l'embryon, c'est-à-dire de l'être tout entier, le nom d'*embryogénie*, et à son étude celui d'*embryologie*. Certains auteurs se servent indifféremment des termes *embryogénie* et *morphogénie*, mais cette dernière expression a une signification plus restreinte, et doit être appliquée de préférence au seul développement de la conformation extérieure.

L'embryologie, si elle concerne le développement d'un seul être, est qualifiée d'*individuelle* ou de *spéciale*; elle devient *comparative* ou *générale*, si elle envisage le développement de toute la série des êtres.

L'embryologie peut aller plus loin encore. Elle peut, remontant la série des temps, rechercher les différentes étapes franchies par une espèce, pour arriver à l'état actuel. Haeckel a assigné le nom de *phylogénie* à cette évolution de l'espèce (*évolution paléontologique*), réservant le nom d'*ontogénie* à l'évolution de l'individu.

· L'étude du développement de l'individu ou ontogénie nous fait en effet connaître, chez les êtres supérieurs, un certain nombre de dispositions transitoires, qui persistent chez les aimaux inférieurs. De là à conclure que ces dispositions sont des vestiges de stades antérieurs parcourus par l'espèce dans son évolution, il n'y avait qu'un pas, et ce pas a été franchi. Trois noms surtout méritent d'être cités à ce point de vue : Haeckel, Ray Lankester, Kowalewsky.

· Lamarck (1744-1829) et E. Geoffroy Saint-Hilaire (1772-1844) en France ; Gœthe (1749-1832), Oken (1779-1851) et Ernst von Baer (1792-1876) en Allemagne ; enfin Darwin (1809-1882) en Angleterre, avaient établi sur des bases qui semblent inébranlables la théorie du transformisme ou de la descendance.

---

[1] Au point de vue étymologique, l'élémentogénie signifie le développement des éléments, mais, par extension, on désigne également sous ce nom l'étude du développement des éléments. On peut en dire autant des expressions histogénie, organogénie et morphogénie.

« Tout ce que la nature a fait acquérir ou perdre aux individus par l'influence des circonstances où leur race se trouve depuis longtemps exposée, et, par conséquent, par l'influence de l'emploi prédominant de tel organe, ou par celle d'un défaut constant d'usage de telle partie, elle le conserve par génération aux nouveaux individus qui en proviennent, pourvu que les changements acquis soient communs aux deux sexes, ou à ceux qui ont produit ces nouveaux individus. » (LAMARCK, *Philosophie anatomique*, Paris, 1809.) Les embryologistes complétèrent cette théorie de la descendance, en montrant qu'un individu donné présente, dans son développement ontogénique, une série de phases analogues à celles que l'espèce a traversées pour arriver à l'état actuel.

Déjà MECKEL, GEOFFROY SAINT-HILAIRE et SERRES assimilaient les états transitoires par lesquels passe le fœtus humain, aux formes adultes des êtres placés au-dessous de l'homme dans la série animale. « L'organogénie humaine est une anatomie comparée transitoire, comme à son tour l'anatomie comparée est l'état fixe et permanent de l'organogénie de l'homme. » (SERRES, *Principes d'organogénie*, 1842, p. 90.) Ainsi formulée, la théorie n'était guère soutenable, car les espèces animales tant vivantes que disparues ne représentent pas les anneaux d'une chaîne continue, mais bien les rameaux distincts d'un même arbre généalogique.

Il faut aussi faire remarquer que l'ontogénie, surtout chez les animaux supérieurs, ne reproduit pas exactement toutes les phases de la phylogénie. Certaines formes ancestrales, en raison sans doute d'un développement de plus en plus compliqué, ont été progressivement abrégées, puis supprimées (*évolution abrégée* ou *condensée*). C'est ce qui a fait dire à FR. MÜLLER que « l'histoire de l'évolution individuelle est une répétition courte et abrégée, une récapitulation, en quelque sorte, de l'histoire de l'évolution de l'espèce (*Für Darwin*, Leipzig, 1864), loi résumée de la façon suivante par HAECKEL : « L'ontogénie est une récapitulation sommaire de la phylogénie. »

D'autre part, des causes extérieures perturbatrices ont pu

provoquer une déviation du développement, et déterminer des particularités morphologiques non représentées dans la série des êtres inférieurs (*évolution faussée*). L'ontogénie, telle que nous l'observons sur les êtres actuels, offrirait de la sorte un mélange de caractères transmis par hérédité (*palingéniques*), et de caractères surajoutés par adaptation (*cœnogéniques*).

§ 2. — HISTOIRE DE L'EMBRYOLOGIE

L'embryologie est une science de date toute récente. L'antiquité ne nous a guère laissé que l'observation bien connue d'ARISTOTE qui constata la formation précoce du cœur chez l'embryon de poulet, et lui donna le nom de στιγμὴ κινουμένη (*punctum saliens*), à cause des battements dont il le voyait animé. Le moyen âge n'apporta pas la moindre pierre à l'édifice de l'embryologie, et, même dans les temps modernes, il faut arriver jusqu'à C.-F. WOLFF (1733-94), pour trouver les premiers travaux importants sur le développement de l'embryon. On sait, en effet, que les recherches des anatomistes du XVIIe siècle et du commencement du XVIIIe (FABRICE D'AQUAPENDENTE, 1537-1619 ; HARVEY, 1578-1657 ; MALPIGHI, 1628-94 ; SWAMMERDAM, 1637-1680 ; HALLER, 1708-77) n'avaient abouti en somme qu'à la théorie de l'*emboîtement*, d'après laquelle le premier individu de chaque espèce animale (et, suivant les opinions, le mâle ou la femelle) aurait porté en lui, inclus les uns dans les autres, les germes de toutes les générations consécutives.

Laissant de côté les travaux des auteurs antérieurs à WOLFF, on peut diviser l'histoire de l'embryologie en trois périodes distinctes : 1° Période morphologique ; 2° Période histologique ; 3° Période phylogénétique.

1° Période morphologique. — WOLFF (1733-94) montra le premier que la cicatricule de l'œuf de poule ne présente aucune trace d'embryon, avant le phénomène de l'incubation, et il reconnut que les différents systèmes organiques n'apparaissent que successivement, pour prendre peu à peu leur

forme définitive. Il entrevit même (1769) les feuillets du blastoderme que PANDER démontra en 1817 dans le germe de l'œuf
de poule.

PANDER (1794-1865) suivit exactement les changements subis
par la cicatricule dans les premiers temps de l'incubation : il
distingua les *trois feuillets muqueux, séreux* et *vasculaire* du
blastoderme, et esquissa, fort sommairement à la vérité, la
destinée de chacun d'eux.

En 1827, E. VON BAER découvre dans l'ovaire le véritable
ovule des mammifères et de la femme, déjà rencontré dans la
trompe par RÉGNIER DE GRAAF (1672) et par PRÉVOST et DUMAS
(1820), et compare le développement du poulet à celui des
autres vertébrés. Il montre comment le feuillet intermédiaire
(feuillet vasculaire de PANDER) se fissure en deux couches distinctes, musculaire et vasculaire, dont la première s'accole au
feuillet séreux pour former la lame animale, et dont la seconde
s'unit au feuillet muqueux pour constituer la lame végétative.
E. VON BAER (1795-1876), suivant l'expression de v. KŒLLIKER,
fut le véritable fondateur de l'embryologie comparée.

Peu après la découverte de l'ovule des mammifères, COSTE
(1834) et WHARTON JONES (1835) retrouvent dans cet ovule la
vésicule germinative que PURKINJE avait déjà signalée dans
l'œuf d'oiseau (1825) ; enfin, R. WAGNER décrit la tache germinative (1835).

Parmi les auteurs qui à la même époque cherchèrent à élu-
cider les premiers stades du développement des mammifères,
il convient de citer les noms suivants : SEILER (1779-1843),
J. MÜLLER (1801-58), PRÉVOST (1790-1850), DUMAS (1800-83), REI-
CHERT (1811-83), BRESCHET (1784-1845), VELPEAU (1795-1867),
RATHKE (1793-1860), VALENTIN (1810-83), BISCHOFF (1807-73),
R. WAGNER (1805-64), COSTE (1807-73). PRÉVOST et DUMAS décou-
vrent la segmentation de l'œuf de la grenouille (1824), et RUS-
CONI celle de l'œuf des poissons, segmentation qui donne nais-
sance aux sphères vitellines.

2° Période histologique. — Avec SCHWANN (1810-1882)
commence une nouvelle période. Les recherches de cet auteur

sur la structure élémentaire des tissus des animaux (1839) eurent, en effet, un profond retentissement sur le développement de l'embryologie. On étudia dès lors la composition des feuillets blastodermiques de Pander et de v. Baer, on vit que ces feuillets étaient constitués de cellules, et on s'appliqua à rattacher ces cellules à l'ovule, ainsi qu'à suivre leur destinée ultérieure. Reichert le premier (1840), puis Bischoff (1842) montrèrent comment les sphères de segmentation produisent par segmentation les cellules embryonnaires destinées à former les éléments constitutifs des différents organes. Kœlliker (1844) alla plus loin, et formula ce principe que, « en opposition à l'hypothèse de Schwann, il n'y a nulle part dans le développement embryonnaire une formation libre de cellules ; qu'au contraire toutes les parties élémentaires du futur embryon sont des descendants immédiats de la première sphère de segmentation et par conséquent de l'œuf ».

La doctrine de la descendance cellulaire s'établit ensuite grâce surtout aux recherches de Remak (de 1850 à 1855), et ne tarda pas à avoir une portée plus générale, lorsque Virchow s'en fit le propagateur dans le domaine de l'anatomie pathologique.

Depuis cette époque, la science du développement ne cessa pas de progresser, et l'embryologie, tant humaine que comparée, se compléta rapidement, grâce surtout aux travaux de Lereboullet, de Ch. Robin, de Kupffer, de Götte, de His, de Balfour, de Van Bambeke, de Kowalewsky, de Hensen, de Van Beneden, de Ch. Julin, de Rauber, de Lieberkühn, de Kœlliker, de Waldeyer, de Selenka, de Toldt, de Schenk, de Mihalkovics, de H. Fol, de Bonnet, de Born, de S. Minot, de Keibel, de Swaen, de G. Pouchet, de Giard, de Retterer, de Prenant, de Laguesse, de Henneguy, de Vialleton, etc.

3° Période phylogénétique. — Les progrès de l'embryologie s'accentuant de jour en jour, on ne se borna plus à rechercher le développement individuel d'un être (*ontogénie*), mais on compara ce développement à celui des autres animaux. On fit de l'embryologie comparative, et on fut ainsi progressivement amené à étudier le développement de l'espèce (*phylogénie*).

Bien des objections ont été formulées contre la théorie de la
descendance, et en particulier contre les arguments que cette
théorie emprunte à l'embryologie, mais, quelle que soit la valeur
de ses conclusions, il est incontestable que le transformisme
a donné à la biologie une impulsion puissante, et a provoqué
des recherches embryologiques de premier ordre. Nous aurons
occasion de revenir fréquemment, au cours de ce Précis, sur
la théorie phylogénique, notamment à propos des considérations générales sur les premiers développements de l'œuf des
mammifères (p. 113).

A cette période phylogénique, encore ouverte, appartien-
nent surtout les noms de HAECKEL, de RAY-LANKESTER, de GEGEN-
BAUR, de BALFOUR, de HUXLEY, des frères O. et R. HERTWIG, de
M. DUVAL.

Les perfectionnements de la technique contemporaine,
notamment l'inclusion au collodion préconisée par M. DUVAL,
et l'inclusion à la paraffine, ont facilité dans une large mesure
les recherches embryologiques, et le nombre des anatomistes
qui s'occupent aujourd'hui de la science du développement
est trop considérable, pour qu'on puisse les mentionner individuellement dans un manuel aussi restreint.

§ 3. — REPRODUCTION CELLULAIRE

Les cellules qui par leur assemblage constituent les feuillets
blastodermiques, proviennent par division successive de l'ovule,
et donnent naissance, par le même mécanisme, à toutes les
cellules qui entrent dans la composition des organes de
l'adulte. Il semble donc rationnel de commencer l'étude du
développement par l'histoire de la cellule, en se bornant toutefois aux notions indispensables pour l'intelligence du phénomène de la segmentation.

A) STRUCTURE DE LA CELLULE

On peut définir la cellule : un élément anatomique contenant, en plus d'enclaves et de granulations diverses (*deuto-*

plasma), un noyau et une sphère attractive. Toute cellule présentera donc à considérer : 1° un corps cellulaire ; 2° un noyau ; 3° une sphère attractive (fig. 1).

1° Corps cellulaire. — Le corps cellulaire (*protoplasma cellulaire* ou *cytoplasme*) résulte du mélange intime de substances protéiques diverses. On l'a longtemps considéré comme homogène, en s'appuyant sur l'aspect des prolongements qui terminent les arborisations de l'Æthalium septicum, pendant son état végétatif. Les recherches contemporaines tendent au contraire à lui reconnaître une structure plus compliquée (Künstler, Flemming, 1882), bien que les auteurs ne soient pas d'accord sur son architecture intérieure, les uns admettant une disposition réticulée, d'autres une disposition alvéolaire, quelques-uns enfin une disposition fibrillaire ou granuleuse. Les propriétés des espèces cellulaires sont essentiellement variables, et ces propriétés pourraient être en rapport non seulement avec une composition chimique variable, mais encore avec des caractères morphologiques différents. D'une façon générale, on peut dire que le corps cellulaire se compose de deux substances distinctes : une substance figurée, disposée sous forme de fibres ou de lamelles, indépendantes ou anastomosées en réseau (*protoplasma*), et une substance plus fluide comblant les vides de la première (*suc cellulaire, paraplasma, enchylema*).

2° Noyau. — Le noyau offre une structure des plus complexes (fig. 1). Limité à sa périphérie par une membrane mince (*membrane nucléaire*), continue ou perforée suivant les auteurs, il est traversé dans toute son épaisseur par un réseau de filaments extraordinairement fins, dont la substance (*linine* ou *plastine*) ne se colore pas par les réactifs ordinaires. A la surface des trabécules de ce réseau, se trouvent distribuées des granulations prenant avec avidité les substances tinctoriales acides. Ces granulations formées de *nucléine* ou *chromatine* constituent parfois, notamment aux points d'union de plusieurs trabécules, des amas plus volumineux, qu'on désigne sous le nom de *corps nucléiniens*. En rapports avec les filaments de réseau nucléaire, on observe habituellement une ou deux petites sphères brillantes dont la substance (*paranucléine* ou *pyrénine*), se colore par les solutions tinctoriales alcalines : ce sont les vrais *nucléoles*.

Enfin, les intervalles entre les filaments du réseau, les corps nucléiniens et les nucléoles sont occupés par une substance fluide connue sous le nom de *suc nucléaire* ou encore de *karyochylema*.

Une cellule renferme généralement un seul noyau ; cependant il n'est pas rare de rencontrer deux noyaux à l'intérieur d'un même corps cellulaire, comme dans les cellules du foie, par exemple. Enfin certains éléments volumineux, comme les myéloplaxes, peuvent en contenir jusqu'à une centaine.

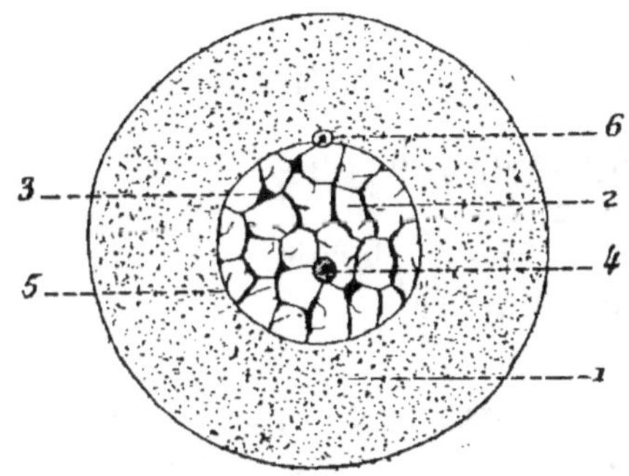

Fig. 1.

Cellule à l'état de repos (schéma).

1, corps cellulaire. — 2, noyau. — 3, corps nucléiniens. — 4, nucléole. — 5, membrane nucléaire. — 6, sphère d'attraction.

3° Sphère d'attraction. — Au contact du noyau et parfois logée dans une dépression de sa surface, on aperçoit une petite sphère qui joue un rôle considérable dans la division cellulaire, et que van Beneden qui l'a découverte, a proposé de désigner sous le nom de *sphère attractive*. Cette sphère est formée de deux parties distinctes. Au centre, existe un corpuscule foncé, mesurant tout au plus de 1 à 1,5 μ de diamètre, c'est le *corpuscule central* ou *polaire*, le *centrosome*. Ce corpuscule central est entouré d'une zone claire parfois limitée en dehors par une mince couche corticale. Quelques observateurs, comme Prenant, auraient pourtant rencontré des centrosomes absolument nus.

La sphère attractive est d'une observation difficile. Pour la mettre en évidence, il faut faire agir les couleurs acides d'aniline, comme la fuchsine acide, la safranine et l'orange.

D'après un certain nombre d'auteurs (Carnoy, 1897), le corpuscule polaire ne serait pas un élément permanent de la cellule ; mais il prendrait naissance à l'intérieur du noyau, d'où il émigrerait dans le corps cellulaire, à chaque division.

B) Division cellulaire

Après un court aperçu historique, nous étudierons successivement la division directe et la division indirecte, et nous signalerons en dernier lieu quelques particularités de la division cellulaire.

1° Historique de la division cellulaire. — Th. Schwann appliquant aux tissus animaux les idées de Schleiden (1838) sur les tissus végétaux, avait admis que les cellules animales se formaient par une sorte de précipitation libre ou de cristallisation organique dans « une substance sans texture déterminée, contenu cellulaire ou substance intercellulaire. Cette masse ou *cytoblastème* possède, grâce à sa composition chimique et à son degré de vitalité, le pouvoir de donner naissance à de nouvelles cellules. » (Schwann, 1839.)

Cette théorie de la formation libre des cellules fut acceptée à l'origine par la plupart des anatomistes, et notamment par Valentin (1839) et par Henle (1841) ; elle fut longtemps défendue en France par Ch. Robin sous le nom de *genèse*.

Cependant, l'année même où paraissait le traité d'anatomie générale de Henle, Remak, à la suite d'observations poursuivies sur les hématies embryonnaires, formulait l'opinion que les cellules des animaux se multipliaient par division (1841). Virchow vérifia les faits avancés par Remak, en ce qui concerne les productions pathologiques, et à la théorie de la genèse fut opposée la théorie de la division cellulaire : *Omnis cellula e cellula* (Virchow).

La division d'une cellule-mère en deux cellules-filles s'opérerait, selon Remak, de la façon suivante : le nucléole se fractionne d'abord en deux, puis c'est le tour du noyau, et enfin du corps cellulaire (fig. 2). La division du noyau débute par un léger sillon creusé dans le plan équatorial perpendiculaire à la ligne des nucléoles ; ce sillon devient de plus en plus profond, et bientôt les deux segments du noyau ne sont plus réunis que par un léger tractus qui finit lui-même par disparaître. Le corps cellulaire se comporte exactement de la même manière.

La théorie de la division cellulaire ne tarda pas à se substi-

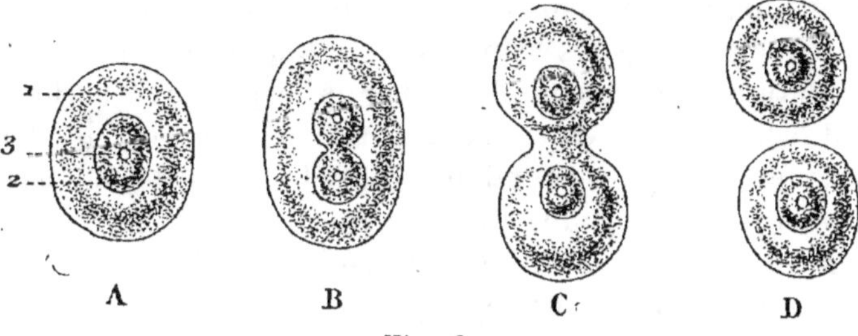

Fig. 2.

Quatre stades successifs de la division cellulaire directe
(d'après Remak).

1, corps cellulaire. — 2, noyau. — 3, nucléole.

tuer à la théorie de la genèse ; elle fut définitivement établie par les observations de Stricker et de Klein qui constatèrent directement ce mode de reproduction sous le microscope (1870).

En 1873, Schneider reconnut dans le noyau d'une cellule en voie de division des figures spéciales qu'il décrivit comme un phénomène régulier, et qui furent retrouvées deux ans après par Bütschli et par H. Fol (1875). Schleicher, élève de van Bambeke, employa le premier l'expression de *karyokinésis* pour désigner l'ensemble des modifications intérieures du noyau pendant l'acte de la division (1878). Ces modifications furent ensuite étudiées tant sur les cellules animales que sur les cellules végétales, par un grand nombre d'observateurs, entre autres par Strasburger, W. Flemming, Bütschli, E. van Beneden, Rabl, Balbiani, Guignard, les frères Hertwig, Carnoy et Prenant. De ces recherches, résulta une nouvelle conception de la division cellulaire qu'on désigna sous le nom de *division indirecte* par opposition à la *division directe*, telle qu'elle avait été établie par Remak.

2° Division directe (Synonymie : *division amitotique, amitose*, de μίτος, *filament*). — Cette division, dont le mécanisme sommaire a été indiqué plus haut, ne se rencontre que dans un nombre très restreint d'espèces cellulaires. On l'observe le plus commodément sur les leucocytes dont il est possible de suivre directement sous le microscope toutes les phases de la segmentation, qui s'accomplissent dans l'espace de trois heures, selon Ranvier. Cependant, d'après Van der Stricht, les leucocytes ne feraient pas exception à la règle générale, et se multiplieraient par voie indirecte.

Dans certains cas, la division du corps cellulaire ne suit pas celle du noyau, ce qui donne lieu à la production de cellules multinucléées (cellules géantes, par exemple).

3° Division indirecte (Synonymie : *karyokinèse* (Schleicher), de κάρυον, noyau, et κίνησις, mouvement; *karyomitose, mitose* (Flemming), de μίτος, filament; *cytodiérèse* (Henneguy), de κύτος, cellule, et διαίρεσις, division ; *cinèse* (Carnoy). — Les différentes modifications qui se produisent à l'intérieur d'une cellule en voie de division indirecte, peuvent être groupées en un certain nombre de stades.

a. *Premier stade : peloton nucléaire (spirème); formation des anses chromatiques.* — Le premier indice de la division cellulaire consiste dans une nouvelle orientation des grains chromatiques du noyau. Dans la cellule au repos, ces grains étaient répartis régulièrement sur toute la surface des trabécules constituant la charpente de linine. Au moment où la cellule entre en activité, on voit ces grains se condenser en certains points, et se disposer sous forme de filaments flexueux dont l'ensemble figure une sorte de peloton (*spirème*), d'abord serré, puis devenant plus lâche, par suite de la diminution du nombre des filaments, de leur épaississement et de la disparition en grande partie de leurs sinuosités. A ce moment, on constate nettement sur les cellules du triton ou de la salamandre et aussi sur celles de l'homme, d'après Flemming (1897), la présence à l'intérieur du noyau de 24 filaments chromatiques recourbés en forme d'anse (*segments nucléaires, anses chromatiques, chromosomes*). Ces filaments, reportés dans la couche superficielle du noyau, sont disposés de telle sorte

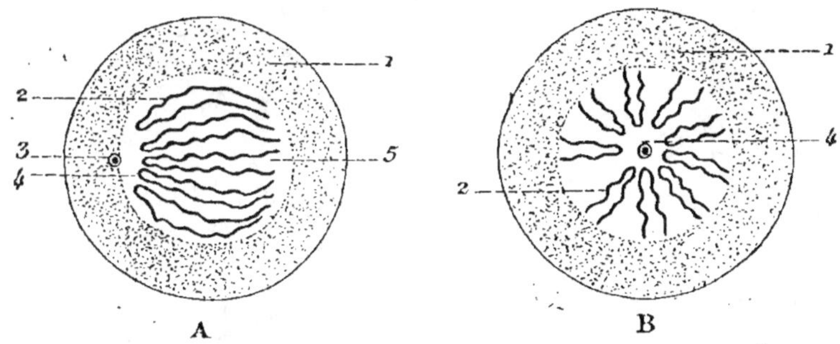

A   B

Fig. 3.

Premier stade de la division indirecte (schéma). Groupement des anses chromatiques au pourtour de la sphère d'attraction : A, vue latérale ; B, vue de face, par le champ polaire.

1, corps cellulaire. — 2, anses chromatiques. — 3, sphère d'attraction.
4, champ polaire.

que les sommets des anses qu'ils dessinent convergent tous vers un même point que RABL a désigné sous le nom de *champ polaire*, et dont le centre est occupé par la sphère d'attraction. Les branches des chromosomes se terminent librement vers le pôle opposé du noyau (fig. 3).

En même temps que se passent les phénomènes précédents, on assiste successivement à la disparition du nucléole, des filaments du réseau de linine, et enfin de la membrane nucléaire, sans qu'on puisse se rendre un compte exact de ce que deviennent ces parties constitutives du noyau.

b. *Deuxième stade : division du centrosome, formation du fuseau achromatique.* — Une fois les anses chromatiques régulièrement distribuées au pourtour du champ polaire, on voit le centrosome se diviser en deux corpuscules qui s'éloignent progressivement l'un de l'autre, tout en restant unis par des filaments en nombre égal à celui des chromosomes. L'ensemble de ces filaments constitue le *fuseau achromatique* ou *fuseau directeur*, et l'on admet qu'ils prennent naissance aux dépens de la couche claire qui enveloppe le centrosome.

Le fuseau achromatique s'allonge, au fur et à mesure que les deux nouveaux centrosomes s'écartent davantage, et en

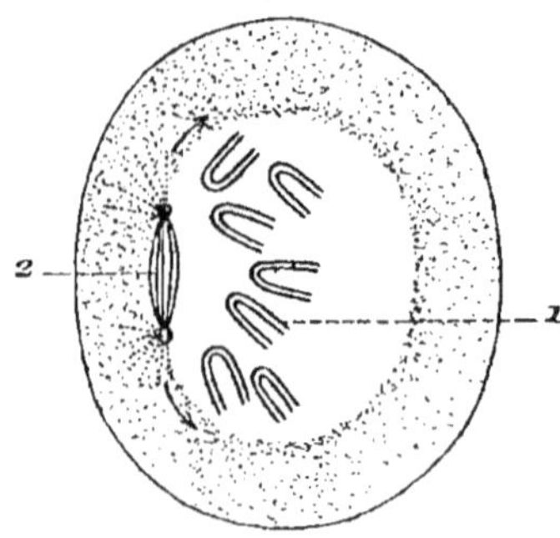

Fig. 4.

Deuxième stade : Division du centrosome , formation du fuseau directeur (achromatique), et dédoublement des anses chromatiques.

1, anses jumelles. — 2, fuseau directeur.

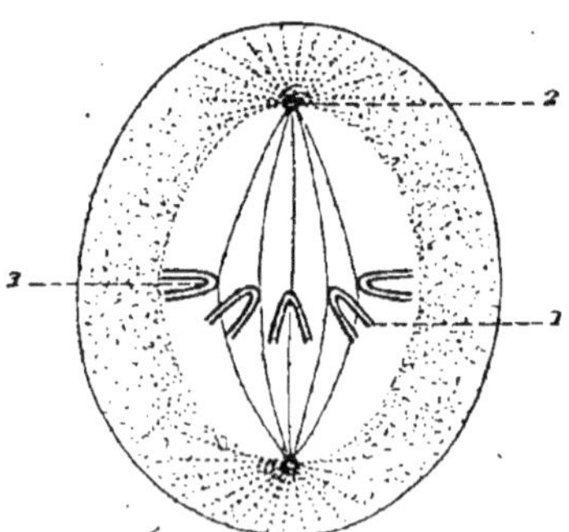

Fig. 5.

Troisième stade : fixation des anses chromatiques sur les filaments du fuseau, dans la région équatoriale ; formation de l'étoile-mère (monaster).

1, 1, anses chromatiques. — 2, centrosome avec ses irradiations polaires.

même temps il se déplace, suivant en cela le changement de position des deux corpuscules polaires, auxquels il est fixé par ses extrémités (fig. 4). Ces deux corpuscules semblent, en effet, glisser (de 90°) en sens inverse sur la surface du noyau, pour venir se placer aux extrémités d'un même diamètre dans le plan équatorial perpendiculaire à la ligne primitive des pôles. Le fuseau achromatique traverse maintenant le noyau dans toute son épaisseur, tandis que des granulations du corps cel-lulaire se disposent, comme en rayonnant, au pourtour des centrosomes, formant à chaque extrémité du fuseau une *étoile polaire*.

Les anses chromatiques ont accompagné le fuseau dans son

déplacement, mais, en même temps, elles se sont modifiées : elles ont diminué de longueur, se sont épaissies, en perdant leurs dernières sinuosités, puis ont subi une fissuration longitudinale signalée pour la première fois par FLEMMING (fig. 4).

c. *Troisième stade : fixation des anses chromatiques sur le fuseau directeur, formation de l'aster.* — Les anses chromatiques doubles (anses jumelles) viennent se greffer sur les filaments du fuseau, de telle façon que leur sommet regarde l'axe de ce fuseau, tandis que leurs branches se dirigent vers la surface de la cellule. Situées dans le plan équatorial perpendiculaire au fuseau, elles se présentent, quand on les examine par l'un des sommets du fuseau, sous l'aspect d'une figure étoilée : c'est l'*étoile-mère*, l'*aster*, le *monaster* (FLEMMING), la *couronne équatoriale* (fig. 5). Il arrive parfois que les filaments achromatiques, au lieu d'être répartis à la surface du fuseau, en occupent toute l'épaisseur ; dans ce cas, l'ensemble des chromosomes fixés sur chaque filament figure une sorte de plaque perpendiculaire à l'axe du fuseau (*plaque nucléaire*, STRASBURGER ; *plaque équatoriale*, FLEMMING).

d. *Quatrième stade : Séparation des anses jumelles et cheminement vers les pôles, formation des étoiles-filles.* — A ce moment commence le phénomène le plus important de la karyokinèse, à savoir la disjonction des anses jumelles, et leur cheminement en sens inverse vers les deux pôles de la figure nucléaire. L'étoile-mère se dédouble ainsi en deux *étoiles-filles* (*dyaster*) (fig. 6) qui se rapprochent progressivement des deux centrosomes, sans toutefois les atteindre.

Ce transport des anses chromatiques par leur sommet vers les pôles, n'a pas reçu jusqu'à ce jour d'explication satisfaisante. Certains auteurs, considérant le fuseau achromatique comme formé de deux cônes adossés par leur base, et admettant par suite la discontinuité des filaments au niveau de l'équateur, ont fait intervenir une sorte de contraction ou de rétraction de ces filaments entraînant les anses chromatiques (VAN BENEDEN, BOVERI) ; d'autres ont invoqué une sorte d'attraction exercée par les centrosomes sur les anses achromatiques. La continuité des filaments achromatiques d'une extrémité à l'autre du fuseau, paraît aujourd'hui généralement admise (GUIGNARD), et d'ailleurs les deux étoiles-filles restent encore pendant un certain temps en connexion par l'intermédiaire de filaments très grêles, vestiges des filaments du fuseau (*filaments réunissants* de VAN BENEDEN).

La disjonction des anses jumelles, entrevue par FLEMMING dès 1882, a été observée presque à la même époque par GUI-

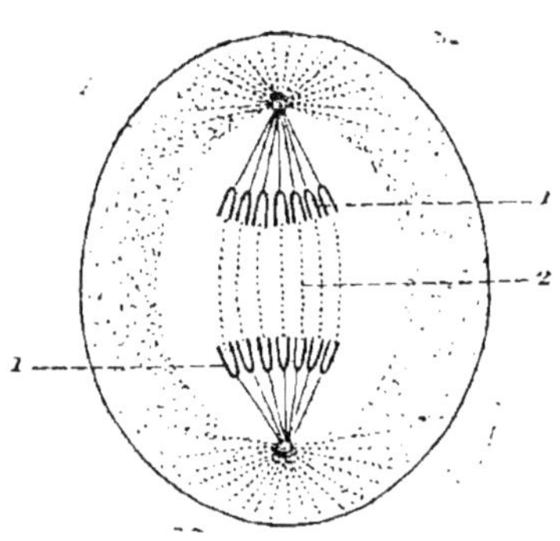

Fig. 6.

Quatrième stade : disjonction des anses jumelles et cheminement vers les pôles du fuseau (étoiles-filles, dyaster). Au pourtour des deux corpuscules rayonnent les étoiles polaires.

1, 1, étoiles filles. — 2, filaments réunissants.

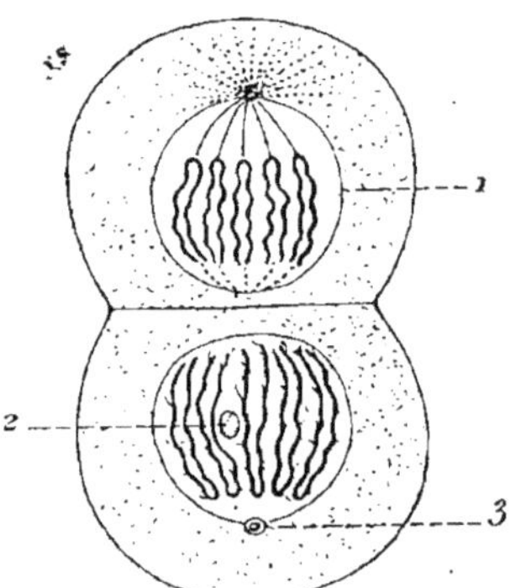

Fig. 7.

Cinquième stade : division du corps cellulaire et reconstitution des noyaux; le noyau supérieur montre encore le stade de peloton, le noyau inférieur est revenu au repos.

1, membrane nucléaire. — 2 nucléole. 3, sphère attraction.

GNARD et par VAN BENEDEN (1884). C'est là un phénomène d'une importance considérable au point de vue de l'hérédité, puisque chaque nouveau noyau contiendra en quantité et en qualité la moitié de la substance chromatique du noyau producteur.

e. *Cinquième stade : Formation des deux pelotons (dispirème), cloisonnement du noyau, division du corps cellulaire.* — Les anses chromatiques qui composent les deux étoiles-filles, dont les sommets sont orientés au pourtour des deux champs polaires logeant les centrosomes, ne tardent pas à s'allonger et à décrire des sinuosités, de manière à constituer des pelotons semblables à celui qu'on observe dans un noyau entrant en karyokinèse (*dispirème*). A ce moment, apparaît la membrane nucléaire, tandis qu'une cloison, se produisant dans le plan équatorial, vient définitivement séparer les deux noyaux l'un de l'autre. C'est également à cette époque que commence la division du corps cellulaire par un léger sillon annulaire creusé dans la région équatoriale. Ce sillon ne s'excave pas jusqu'au centre de la cellule, mais, à un moment donné, il se prolonge dans la profondeur par une sorte de plan de clivage qui intéresse la cloison nucléaire, et divise complétement la cellule-mère en deux cellules-filles. C'est seulement après la segmentation du corps cellulaire, que les deux noyaux prennent l'aspect de noyaux à l'état de repos : les anses chromatiques sinueuses poussent alors des prolongements qui s'anastomosent les uns avec les autres, et déterminent la formation d'un véritable réseau dans lequel les filaments présentent une épaisseur variable ; en même temps, apparaissent les nouveaux nucléoles, tandis que les radiations polaires du corps cellulaire s'effacent complètement (fig. 7.)

Strasburger reconnaît, dans la division cellulaire, trois stades principaux qu'il appelle *prophase, métaphase* et *anaphase*, la métaphase correspondant à la formation de la couronne équatoriale. Flemming donne au stade intermédiaire le nom de *métakinesis*. Enfin Heidenhain et Prenant ont récemment décrit sous le nom de *télophase*, un stade ultime de la karyokinèse, dans lequel le noyau exécuterait certains mouvements (*télokinèse*), et le centrosome se déplacerait de 180° autour du noyau, pour venir se loger dans la région équatoriale.

4° Particularités de la division cellulaire. — Dans notre description générale, nous avons envisagé le cas le plus simple et le plus habituel de la division cellulaire, celui dans lequel une cellule se partage en deux. Mais il peut arriver qu'une même cellule donne à fois naissance à 3, 4, 6 ou à un nombre plus considérable d'éléments. Krompecher a montré récemment que la pluripartition par karyomitose s'effectue toujours selon les formes des corps réguliers de la géométrie. D'après cet auteur, il y a lieu de considérer trois sortes de pluripartitions du noyau. 1° Dans la première, les corpuscules polaires se trouvent sur une même ligne : *division linéaire* (bipartition) ; 2° dans la deuxième, les corpuscules sont placés dans un même plan et sur une même circonférence : *division planimétrique* (tripartition) ; 3° dans la troisième, les corpuscules sont situés dans l'espace, et appartiennent à la même surface sphérique : *division stéréométrique* (division en 4 ou en tétraèdre, en 6 ou en hexaèdre, en 8 ou en octaèdre, en 12 ou en dodécaèdre, en 20 ou en icosaèdre).

La division cellulaire intéresse habituellellement l'élément anatomique dans toute son épaisseur : elle est *totale*. Exceptionnellement, elle peut se limiter à une fraction de la cellule ; elle devient alors *partielle*, comme dans le cas des ovules de certains céphalopodes.

Lorsque les deux cellules-filles résultant de la division d'une cellule-mère sont de dimensions semblables ou légèrement dissemblables, on dit que la *segmentation*, la *scission* est égale ou inégale. Mais, lorsqu'il existe entre les deux éléments nouveaux des différences très accusées, l'élément le plus réduit semble avoir été émis sous forme de bourgeon par le plus volumineux, ce qu'on caractérise par les termes de *bourgeonnement* ou de *gemmation*.

Les expressions de division cellulaire et de segmentation sont employées fréquemment comme synonymes par les auteurs ; le mot segmentation s'applique cependant de préférence aux premières divisions de l'ovule.

PREMIÈRE PARTIE

PREMIERS DÉVELOPPEMENTS DE L'ŒUF

L'absence de documents concernant les premiers développements de l'homme, nous oblige à avoir recours aux données fournies par l'embryologie comparée. Dans un premier chapitre nous exposerons, à un point de vue général, la fécondation et la formation du blastoderme ; nous décrirons ensuite, dans un deuxième chapitre, le développement de l'embryon de lapin, depuis l'ovulation jusqu'à l'ébauche de la forme extérieure. Enfin, dans un troisième chapitre, nous relaterons ce que nous connaissons des premiers stades embryonnaires chez le fœtus humain.

CHAPITRE PREMIER

LES ÉLÉMENTS SEXUELS, LA FÉCONDATION
ET LA FORMATION DU BLASTODERME

Deux éléments anatomiques s'unissent intimement dans l'acte de la fécondation pour donner naissance à l'embryon. Ces deux éléments sexuels sont l'ovule et le spermatozoïde.

§ 1. — OVULE DES MAMMIFÈRES

L'ovule des mammifères, que E. von Baer découvrit dans l'ovaire en 1827, est un petit corps sphérique, d'un diamètre de 140 à 200 µ ; il peut donc être observé à l'œil nu, à la condition toutefois qu'il repose sur un fond différemment coloré. C'est une cellule complète, dans le sens où les premiers histologistes comprenaient ce mot, c'est-à-dire qu'il se présente : 1° une membrane d'enveloppe, 2° un corps cellulaire, 3° un noyau pourvu d'un ou de plusieurs nucléoles (fig. 8), et accessoirement, 4° un corps vitellin, 5° un micropyle.

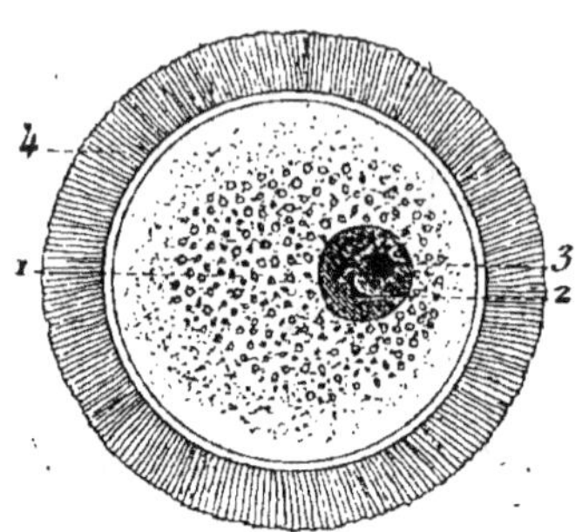

Fig. 8.
Ovule de la femme,
d'après Nagel (Gr. 200,1).

1, vitellus avec ses deux zones protoplasmique superficielle, et deutoplasmique profonde. — 2, vésicule germinative. — 3, tache germinative. — 4, zone pellucide ou radiée.

1° Membrane d'enveloppe. — Sur l'ovule examiné en place dans le follicule de DE GRAAF, la membrane d'enveloppe se présente sous l'aspect d'une couche transparente séparant le corps de l'ovule des cellules environnantes (cellules de la membrane granuleuse, cellules folliculeuses) : d'où le nom de *zone pellucide* (*zona pellucida*) ou *transparente*, qui lui a été donné ; son épaisseur sur l'ovule de la femme varie de 15 à 25 µ. Elle est formée d'une substance hyaline, élastique, réfractaire aux réactifs colorants, et parcourue par de fines stries rayonnantes qui lui ont également valu le nom de *zone radiée* (*zona radiata*). Sa face interne, qui regarde le vitellus, est lisse, tandis que sa face externe est couverte de nombreuses aspérités qui se traduisent sur la coupe par un aspect légèrement festonné.

Les stries rayonnantes, découvertes par REMAK en 1854 sur l'œuf de la lapine, furent attribuées à l'existence de conduits extrêmement fins traversant la zone pellucide dans toute son épaisseur (*canalicules poreux*). Cette apparence n'est point due à des canaux, mais seulement à des parties plus foncées, linéaires, ainsi que l'ont démontré les ingénieuses expériences d'ANDRÉ (p. 28) sur les œufs des poissons osseux (1875).

La zone pellucide n'appartient pas en propre à l'ovule, et ne saurait être assimilée à une véritable membrane cellulaire ; elle est, en effet, sécrétée par les cellules épithéliales de la couronne radiée qui entourent l'ovule, ce qui détermine vraisemblablement la production de stries rayonnantes. L'expression de *membrane vitelline*, sous laquelle elle est communément désignée, est donc impropre, d'autant plus que certains observateurs appellent ainsi une membrane très mince développée aux dépens de la couche superficielle de l'ovule, et qu'on observerait de préférence sur les ovules à maturité (Van Beneden). Il convient toutefois d'ajouter que l'existence de cette dernière membrane ovulaire n'est pas admise par tous les auteurs ; Nagel, entre autres, ne l'aurait pas retrouvée sur l'ovule de la femme.

2° Corps cellulaire. — Le corps cellulaire de l'ovule a reçu le nom de *vitellus*. C'est une masse visqueuse englobant un certain nombre de granulations diverses, les unes nettement graisseuses, les autres offrant tous les caractères des substances albuminoïdes, et se colorant comme elles en rose par le picrocarmin. On a désigné ces derniers corps qui revêtent, dans certains groupes, une forme cristalline, sous le nom de *grains vitellins*, et la matière qui les compose sous celui d'*ichthine*, en raison de son abondance dans les œufs de certains poissons. L'ensemble de ces granulations graisseuses et albuminoïdes représente une réserve nutritive destinée à être utilisée dans les premières phases de la segmentation ovulaire : Van Beneden lui a donné le nom de *deutoplasma*.

Le protoplasma proprement dit et le deutoplasma peuvent être mélangés uniformément à l'intérieur du vitellus : il est rare cependant qu'il en soit ainsi. Habituellement, les grains deutoplasmiques sont accumulés soit dans la zone marginale, comme chez la brebis, soit au contraire dans la zone centrale, au pourtour du noyau, comme chez la femme (Nagel).

En plus de ces réserves nutritives et du noyau, le vitellus renferme, comme tous les éléments cellulaires, une sphère d'attraction et aussi un corps particulier connu sous le nom de corps vitellin de Balbiani, dont il sera question plus loin.

3° Noyau. — Le noyau de l'ovule, découvert en 1825 par

Purkinje sur les œufs encore contenus dans l'ovaire de la poule, et retrouvé en 1834 par Coste dans l'ovule des mammifères, porte le nom de *vésicule germinative* ou *vésicule de Purkinje ;* de forme assez régulièrement sphérique, il mesure chez la femme 25 à 30 µ de diamètre. La vésicule germinative possède la structure d'un noyau, c'est-à-dire qu'on y rencontre une paroi nucléaire extrêmement mince, des filaments anastomosés en réseau, une substance fluide occupant les mailles du réseau (suc nucléaire ou karyochylème), enfin un ou plusieurs nucléoles qu'il faut se garder de confondre avec les corps nucléiniens parfois très abondants, comme dans l'œuf des batraciens (fig. 9, A). Le nucléole de l'ovule a été découvert par R. Wagner en 1835 ; aussi lui donne-t-on indifféremment le nom de *tache germinative* ou de *tache de Wagner ;* sur l'ovule de la femme, son diamètre atteint environ 7 µ.

4° Corps vitellin. — On observe temporairement à l'intérieur du vitellus des jeunes ovules de mammifères, une formation spéciale bien étudiée par Balbiani, et à laquelle Milne-Edwards (1867) a donné le nom de *vésicule de Balbiani* ou de *vésicule embryogène.* C'est un petit corps de 6 à 7 µ de diamètre, formé d'une masse centrale entourée d'une zone de protoplasma plus ou moins modifié, affectant une disposition tantôt concentrique et tantôt rayonnante. Ainsi constitué, ce corps ressemble à une cellule, ce qui explique l'erreur de certains anatomistes qui l'ont assimilé à un véritable élément cellulaire. En raison de sa structure non vésiculeuse, Hennegy (1893) propose de le désigner sous le nom de *corps vitellin de Balbiani.* Il disparaît d'ailleurs, dans le vitellus, au moment où s'épaissit la membrane granuleuse de l'ovisac.

Dans quelques groupes, le corps vitellin de Balbiani possède des dimensions plus considérables que chez les mammifères, ce qui rend son étude relativement plus facile. Il a été signalé pour la première fois par von Wittich (1845) dans l'*œuf ovarien* de certaines araignées, et décrit peu après par Carus (1850) dans les jeunes ovules de Rana temporaria sous le nom de *noyau vitellin.* Nous représentons dans la figure 9 deux ovules

ovariens de la grenouille rousse(A) et d'une araignée (B) avec
leur corps vitellin.

Le corps vitellin de BALBIANI affecte des rapports étroits, mais
qu'il est encore difficile de préciser, avec la vésicule germinative contre laquelle il est généralement appliqué. HENNEGUY (1893)
l'assimile volontiers au macronucléus des infusoires ciliés, qui

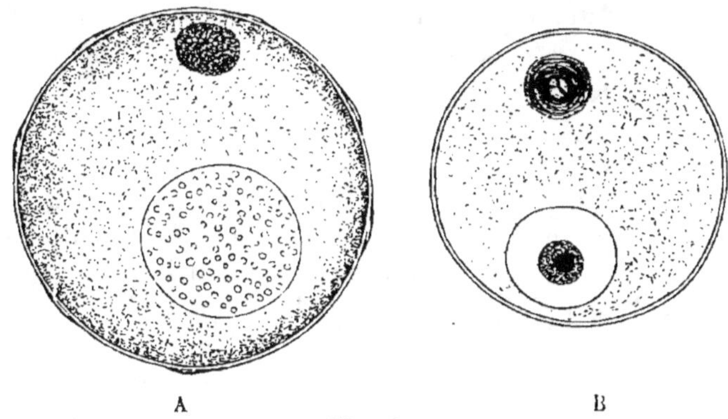

A   B

Fig. 9.

A, ovule de grenouille rousse montrant la vésicule germinative avec
  de nombreuses taches germinatives, et au-dessus le corps vitellin
  de Balbiani, apparaissant ici comme un amas d'une matière
  grenue. — B, ovule d'une araignée des jardins traité à l'état frais
  par l'acide osmique concentré (d'après POUCHET et TOURNEUX).

On voit, à la partie inférieure de B, la vésicule germinative avec une tache germinative pourvue elle-même d'un amas central plus foncé, et au-dessus la vésicule de
Balbiani paraissant formée de fibres ou de lames concentriques englobant trois masses
nucléiformes.

préside, comme on sait, aux phénomènes de nutrition, et le
fait dériver du nucléole, tandis que la vésicule germinative
représentait le micronucléus ou noyau sexuel des mêmes infusoires. Ch. JULIN a émis une opinion sensiblement analogue.
Pour cet auteur, le nucléole, après avoir dirigé le développement végétatif des différentes parties constitutives de l'ovule,
sortirait de la vésicule germinative, et se transformerait en un
centrosome qui n'est autre que le noyau de BALBIANI, et qui, une
fois la division achevée, rentrerait à l'intérieur de la vésicule
germinative où il ne tarderait pas à se résorber. Le nucléole,

centre végétatif, et le centrosome (corps vitellin), centre de
division, représenteraient donc, à eux deux, le macronucléus
des infusoires ciliés. Van Bambeke, de son côté, a constaté dans
l'œuf ovarien de Scorpæna scrofa, l'élimination d'éléments
nucléaires qui proviennent non du nucléole, mais de la chromatine du noyau. Le dernier mot ne semble donc pas avoir été
dit sur la signification du corps énigmatique de Balbiani qui,
s'il présente, en effet, certains caractères communs avec le
centrosome chez les mammifères, s'en écarte notablement chez
les animaux inférieurs.

5° Micropyle. — Il ne semble pas que la zone pellucide de
l'ovule des mammifères soit perforée pour le passage des spermatozoïdes. Les observations de Pflüger sur la chatte, et de
E. van Beneden sur la vache, tendant
à établir l'existence d'un *micropyle*,
n'ont pas été confirmées. Ce pertuis paraît ainsi l'apanage des ovules
pourvus d'une coque épaisse, comme
ceux des poissons osseux.

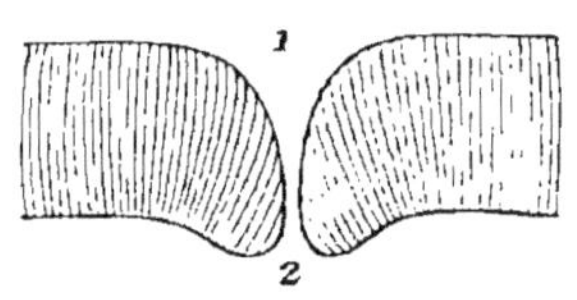

Fig. 10.

Coupe demi-schématique
du canal micropylaire
sur la zone transparente
d'un ovule de truite
(Gr. 250.1).

1, orifice externe. — 2, orifice
interne.

André (1875) a indiqué le procédé
suivant pour rechercher l'emplacement du micropyle. On partage un
œuf de poisson (truite) en deux
moitiés hémisphériques, qu'on lave
à grande eau, pour les débarrasser
de leur vitellus, puis on dépose les
deux cupules représentant la zone pellucide sectionnée, sur un
liquide coloré, une solution de carmin, par exemple. Au bout
de peu de temps, à moins que la section n'ait intéressé directement le micropyle, on constate sur l'une des cupules un
point rouge qui répond au micropyle. Le liquide coloré s'insinue, en effet, graduellement par ce point à l'intérieur de la
cupule, et bientôt celle-ci s'enfonce dans le liquide, tandis que
la seconde cupule continue à surnager.

Une fois l'emplacement du canal micropylaire déterminé, il
devient facile d'examiner les deux orifices externe et interne,

comme aussi de pratiquer sur la zone pellucide des coupes normales intéressant le micropyle dans toute sa longueur. On reconnaît alors que l'orifice externe évasé en forme d'entonnoir est plus large (15 μ) que l'orifice interne (8 μ), et que, dans le milieu de son trajet sensiblement normal à la surface de l'œuf, le canal micropylaire rétréci ne mesure que 5 μ de diamètre (fig. 10). L'orifice interne occupe le sommet d'un petit mamelon ; enfin, les canalicules poreux se poursuivent jusque sur les bords du micropyle.

§ 2. — Ovule dans la série animale

Les ovules des différents animaux renferment une proportion plus ou moins abondante de deutoplasma. A ce point de vue, on peut les diviser en trois groupes principaux :

1° Ovules sans deutoplasma (*ovules alécithes*, BALFOUR) ;

2° Ovules à deutoplasma mélangé au protoplasma (*ovules mixolécithes*), la proportion du deutoplasma étant faible (*ovules oligolécithes*, PRENANT), ou considérable (*ovules polylécithes* ou *macrolécithes*) ;

3° Ovules à deutoplasma distinct (*ovules idiolécithes*) et toujours considérable (*ovules polylécithes* ou *macrolécithes*).

Dans ce dernier groupe, les réserves nutritives qui constituent le deutoplasma sont localisées dans une portion du vitellus qui présente ainsi deux segments distincts : un premier segment, riche en protoplasma et pauvre en deutoplasma (*vitellus formatif* de REICHERT, *vitellus principal* de HIS), et un second segment dans lequel abondent les grains vitellins (*vitellus nutritif* de REICHERT, *vitellus accessoire* de HIS). Tandis que le premier, par sa segmentation, donnera naissance à l'embryon, le second ne remplira qu'un rôle de nutrition. C'est ce qu'on observe chez les monotrèmes, les oiseaux, les céphalopodes, les poissons et les reptiles (*ovipares*).

On dit que l'ovule est *télolécithe* ou *centrolécithe* (BALFOUR), suivant que le deutoplasma se trouve condensé en un point de la surface, ou, au contraire, occupe le centre même de l'ovule.

La densité du vitellus nutritif étant plus considérable que celle du vitellus formatif, il en résulte que les ovules télolécithes présentent une *différenciation polaire*, c'est-à-dire que, plongés dans l'eau par exemple, ils tournent toujours vers la surface leur segment riche en vitellus formatif. On a pu ainsi considérer deux pôles : un *pôle animal* répondant au vitellus formatif, et un *pôle végétatif* occupé par le deutoplasma.

Certains ovules à deutoplasma mélangé mais considérable, comme ceux des amphibiens, manifestent une différenciation polaire non moins accusée, résultant de ce fait que la répartition du deutoplasma n'est pas régulière, et nous verrons plus loin que dans le vitellus des mammifères, en voie de segmentation, on peut également reconnaître deux régions distinctes : animale et végétative.

§ 3. — Spermatozoïdes (spermatozoaires, zoospermes)

Les spermatozoïdes (Duvernoy, 1837) découverts par Hamm, élève de Leeuwenhoeck en 1677, ont été longtemps considérés comme des animalcules en raison de leurs mouvements de locomotion. L'étude de leur développement a montré que ce sont des éléments anatomiques offrant tous les caractères d'une cellule, mais dont la configuration varie notablement suivant l'espèce envisagée.

Chez l'homme, les spermatozoïdes possèdent une extrémité large et un peu aplatie qu'on nomme *tête* ou *disque*, et un appendice filiforme appelé *queue* (fig. 11). Entre ces deux parties, se trouve interposé un *segment moyen* ou *intermédiaire*, en général assez court. La tête représente le corps de la cellule occupé presque entièrement par le noyau accompagné de la sphère attractive, tandis que la queue peut être assimilée à un long flagellum. D'après les recherches contemporaines, la queue ne serait pas homogène, mais formée par un filament central ou axile recouvert d'une enveloppe ; toutefois son extrémité serait libre (*filament terminal*). A la surface du segment intermédiaire, l'enveloppe s'épaissirait sensiblement, tandis qu'elle ferait défaut au point d'union (col) de ce segment avec la tête (fig. 11).

Les spermatozoïdes atteignent une longueur totale de 50 μ ;

la tête mesure environ 5 μ de long sur 4 μ de large, son épaisseur est de 1 à 2 μ. Elle est donc aplatie, et de plus légèrement
excavée sur l'une de ses faces, mais seulement en avant. La

queue mesure à l'origine moins
de 1 μ de diamètre, et s'amincit
progressivement jusqu'à son extrémité.

Les spermatozoïdes peuvent
progresser dans un milieu liquide, grâce aux mouvements ciliaires de leur queue. Ils avancent
d'environ 60 μ en une seconde,
c'est-à-dire d'une quantité à peu
près égale à leur propre longueur, déjetant alternativement
leur tête à droite et à gauche, ·
en même temps qu'ils lui im-
priment un mouvement de rotation de 90° autour de son axe
longitudinal ; lorsque le spermatozoïde progresse, la tête se
montre ainsi successivement de
face et de profil. Certains réactifs, comme les solutions alcalines, les solutions de sucre et
d'albumine, favorisent les mouvements des spermatozoïdes ; il en
est de même du mucus vaginal.

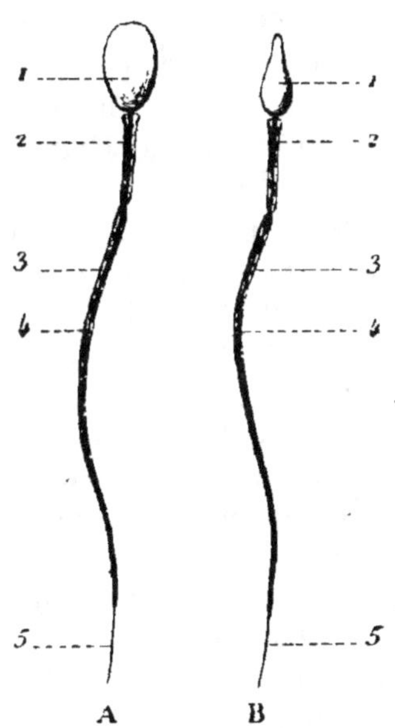

Fig. 11.

Spermatozoïde de l'homme
vu (A) de face et (B) de
profil (Gr. 1200/1).

1, tête. — 2, segment intermédiaire. — 3, filament axile. —
4, queue. — 5, filament terminal.

Par contre, l'urine et les acides tuent rapidement ces éléments.

Le nombre de spermatozoïdes que renferme le sperme est
considérable : on en compte environ cent mille par millimètre
cube de sperme éjaculé.

§ 4. — MATURATION DE L'OVULE

L'ovule des mammifères, tel qu'il a été décrit plus haut, n'est
pas apte à être fécondé. Il a besoin de subir un certain nom-

bre de modifications dont l'ensemble constitue le stade de préparation ou de *maturation*.

1° Rétraction du vitellus. — Le vitellus revient sur lui-même, se rétracte et exprime de sa propre substance, par une sorte de dialyse, un liquide qui s'épanche au-dessous de la zone transparente (*liquide périvitellin*).

2° Mouvements du vitellus. — En même temps que le vitellus se rétracte, il présente des mouvements sarcodiques qui déforment sa surface. La masse du vitellus semble se brasser, poussant superficiellement de nombreuses saillies qui ne tardent pas à s'effacer, pour se soulever en d'autres points. Ces mouvements sarcodiques qui s'observent surtout chez les animaux inférieurs (hirudinées, mollusques), peuvent être suivis pendant une durée de plusieurs heures.

Indépendamment de ces mouvements sarcodiques, Ch. Robin a constaté, sur l'ovule des hirudinées, l'existence d'un mouvement lent de rotation ou de giration, en vertu duquel le vitellus tourne en bloc sur lui-même. Bischoff avait déjà signalé une pareille rotation sur l'œuf de la lapine, mais seulement après l'émission des globules polaires. D'après Hensen, ces mouvements seraient dus aux chocs des spermatozoïdes serpentant dans le liquide périvitellin, et, de fait, chez les hirudinées, la pénétration des spermatozoïdes à l'intérieur de l'ovule précède l'émission des globules polaires.

3° Emission des globules polaires. — A ce moment, c'est-à-dire après la rétraction du vitellus et l'apparition des mouvements sarcodiques, on assiste au phénomène le plus important du stade de maturation, au bourgeonnement du vitellus donnant successivement naissance à deux cellules qui portent depuis Ch. Robin (1862) le nom de *globules* ou de *corpuscules polaires* (fig. 12).

L'émission des globules polaires a été découverte, chez les mollusques, par Carus (1828) ; Bischoff la signalait en 1841 chez la lapine, et F. Müller (1848) appelait les globulés nouvelle-

ment produits *vésicules de direction*, parce que le premier plan
de segmentation du vitellus passe par leur point d'émission.
Les recherches de Ch. Robin, qui datent de 1862 et de 1875, ont
été complétées par les travaux de Van Beneden, de Balfour, de
Bütschli, d'Auerbach, de Fol, de O. Hertwig et de Selenka.

Ch. Robin, dont les études ont surtout porté sur les hiru-

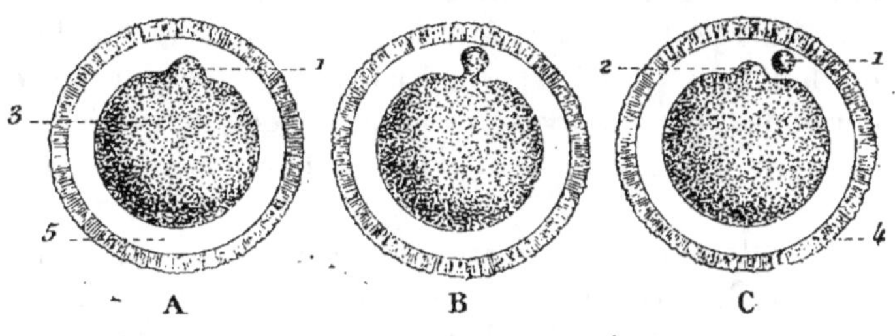

Fig. 12.

A, B, C, trois stades successifs de l'émission des globules polaires.

1, premier globule polaire. — 2, deuxième globule polaire. — 3, vitellus. —
4, zone pellucide. — 5, espace périvitellin.

dinées (Néphélis octoculata), supposait que la vésicule germinative de l'ovule disparaissait complètement avant la fécondation, et que, par suite, les globules polaires, formés par des
portions détachées du vitellus sans noyau inclus, ne pouvaient
être assimilés à de véritables cellules.

Les recherches des auteurs que nous venons de citer, grâce
aux progrès de la technique contemporaine, ont permis de rec-
tifier sur ce point l'opinion de Ch. Robin, en montrant que la
vésicule germinative, loin de disparaître, contribuait à la production des globules polaires, en fournissant un noyau à chacun
de ces éléments anatomiques. La vésicule germinative se rapproche, en effet, de la surface, puis se divise, par karyokinèse,
en deux noyaux dont le plus volumineux reste dans le vitellus,
tandis que le second, plus superficiel, se trouve inclus dans une
saillie du vitellus qui ne tarde pas à se pédiculiser et à se détacher complètement. Ainsi s'effectue, dans une durée de 25 à
30 minutes suivant Ch. Robin, l'émission du premier globule
polaire. La vésicule germinative se fragmente à nouveau, pour

fournir le noyau du deuxième globule polaire ; puis le reste de la vésicule germinative (c'est-à-dire la vésicule germinative moins les noyaux des deux globules polaires) s'enfonce dans le centre du vitellus où il se ramasse en boule, et constitue alors un nouveau noyau appauvri que FOL a désigné sous le nom de *pronucléus femelle*. La sphère attractive que contient tout vitellus a également participé au bourgeonnement de l'ovule ; elle s'est divisée deux fois, selon le mécanisme habituel (p. 17), pour former les pôles des fuseaux achromatiques. Le centrosome qui accompagne le pronucléus femelle au centre de l'ovule, est appelé par FOL *ovocentre*.

Les deux globules polaires ne paraissent pas avoir la même signification. Les recherches poursuivies par une série d'observateurs sur l'ascaride du cheval (Ascaris megalocephala) ont, en effet, montré que, lors de la production du premier globule polaire, les quatre filaments chromatiques renfermés dans la vésicule germinative, comme dans chaque noyau cellulaire chez l'ascaris, se fissurent longitudinalement, et que, des huit chromosomes résultant de cette division, quatre sont entraînés avec le premier globule, et les quatre autres restent dans la vésicule germinative. Le mode de production du premier globule polaire, sous forme de bourgeonnement, peut donc être assimilé à une véritable division cellulaire.

Tout autre est la formation du second globule polaire. Les quatre chromosomes contenus dans la vésicule germinative ne se divisent plus, mais ils se séparent en deux groupes de deux, dont l'un est expulsé avec le second globule polaire, et dont l'autre persiste à l'intérieur du pronucléus femelle. La substance chromatique de la vésicule germinative se trouve donc amoindrie de moitié, contrairement à ce que nous venons d'observer, lors de la production du premier globule polaire : aussi la division ovulaire qui aboutit à l'émission du second globule polaire, doit-elle être envisagée comme une *division de réduction* (O. HERTWIG).

Les deux globules polaires séjournent un certain temps dans l'espace périvitellin, puis ils disparaissent par résorption soit directement, soit après s'être divisés, soit encore après s'être fusionnés en un seul globule.

§ 5. — FÉCONDATION

L'émission des globules polaires achevée, l'ovule des mammifères est apte à la fécondation, c'est-à-dire apte à s'unir à l'élément générateur mâle. Un certain nombre de spermatozoïdes traversent à ce moment la zone pellucide, et se répandent en serpentant dans le liquide périvitellin. Bientôt on voit se former à la surface du vitellus une petite élevure (*cône d'attraction*), vers laquelle semblent se presser les spermatozoïdes (fig. 13). Le spermatozoïde le plus rapproché de cette saillie, y pénètre par la tête, puis son filament caudal devient immobile et disparaît, tandis que le cône d'attraction s'efface, entraînant à l'intérieur du vitellus la tête du spermatozoïde incluse. C'est à ce moment que se produit, suivant certains auteurs, aux dépens de la couche superficielle du vitellus une mince membrane vitelline,

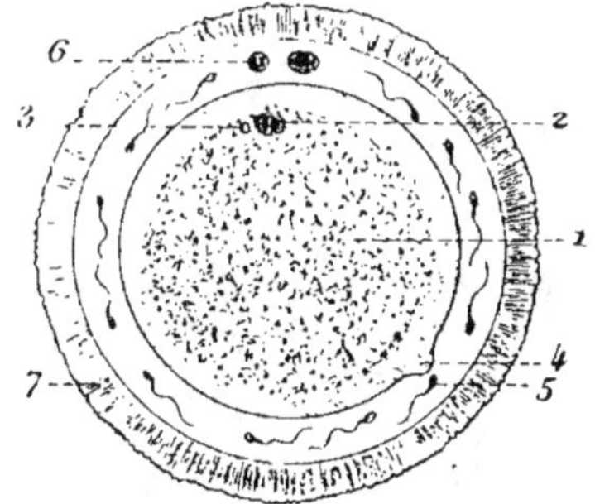

Fig. 13.

Figure schématique montrant la formation du cône d'attraction, après l'émission des globules polaires, et la constitution du pronucléus femelle. Les spermatozoïdes serpentent en grand nombre dans l'espace périvitellin.

1. vitellus. — 2, pronucléus femelle. — 3, ovocentre. — 4. cône d'attraction. — 5, spermatozoïde fécondant. — 6, globules polaires. — 7, zone pellucide.

sorte de barrière opposée à la pénétration ultérieure d'autres spermatozoïdes (VAN BENEDEN). La tête du spermatozoïde fécondant ne tarde pas à se renfler, et à prendre l'aspect d'un noyau (*pronucléus mâle*) qui se dépouille de sa mince couche protoplasmique superficielle, et se dirige vers le pronucléus femelle, accompagné de son centrosome (*spermocentre*) autour duquel se disposent en rayonnant les granulations du vitellus.

Le pronucléus femelle se déplace à son tour avec l'ovocentre, et se porte à la rencontre du pronucléus mâle, mais sa progression est beaucoup plus lente. A un moment donné, les deux noyaux mâle et femelle se rencontrent, s'accolent intimement et se fusionnent, donnant ainsi naissance à un noyau de nouvelle formation, le *noyau vitellin* (Ch. Robin) ou *noyau de segmentation* (Hertwig), entouré d'un *aster :* la fécondation est accomplie (fig. 14).

Pendant la conjugaison des deux noyaux mâle et femelle, le

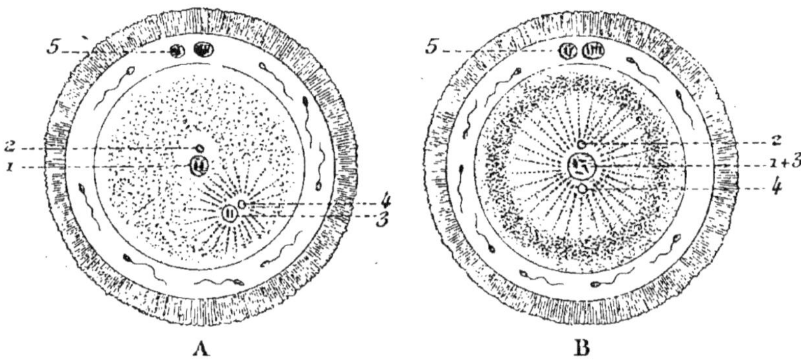

A   B

Fig. 14.

Deux stades successifs de la fécondation, montrant la conjugaison des deux pronucléus.

1, pronucléus femelle. — 2, ovocentre. — 3, pronucléus mâle. — 4, spermocentre. — 5, globules polaires. — 1 + 3, noyau vitellin résultant de la fusion des deux pronucléus 1 et 3.

spermocentre et l'ovocentre, d'après les recherches de Fol sur les échinodermes, se comportent de la façon suivante. Primitivement situés aux extrémités d'un même diamètre, chacun de ces centrosomes se divise en deux parties qui s'éloignent respectivement l'une de l'autre pour se porter vers la région équatoriale du noyau vitellin. Là, chaque moitié du spermocentre s'unit à la moitié correspondante de l'ovocentre, et il en résulte la production de deux centrosomes mixtes qui serviront de centres à la segmentation de l'ovule : la ligne d'union des deux nouveaux centrosomes est perpendiculaire au plan

du grand cercle qui passe par le point d'émission des globules
polaires. Fol (1891) a désigné cette migration des centres par
l'expression pittoresque de *quadrille des centres* (fig. 15).

Ajoutons cependant que les recherches les plus récentes
d'Erlanger (1897) semblent n'avoir pas confirmé les observations de Fol. L'ovocentre disparaîtrait, et le spermocentre,

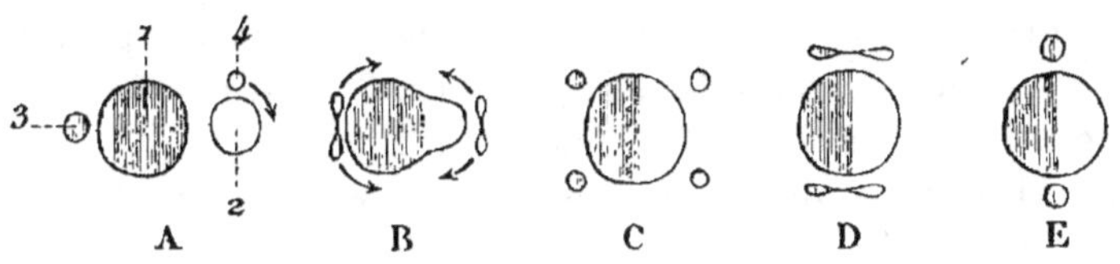

Fig. 15.

Le quadrille des centres (schéma, d'après Fol).

1, pronucléus femelle. — 2, pronucléus mâle. — 3, ovocentre. — 4, spermocentre

représenté par le segment intermédiaire du spermatozoïde,
persisterait seul, pour fournir les deux centrosomes du premier
fuseau de segmentation.

Les phénomènes de la fécondation, tels qu'on les observe sur
l'ascaris megalocephala, s'éloignent sensiblement, d'après Van
Beneden (1887), de ceux que nous venons de décrire à un point
de vue général. Tout d'abord, la pénétration du spermatozoïde
précède l'émission des globules polaires, et c'est le pronucléus
mâle renfermant deux segments chromatiques qui vient se
placer au centre de l'œuf. Le pronucléus femelle, contenant
également deux segments chromatiques, se porte vers le pronucléus mâle, mais la conjugaison immédiate de ces deux
noyaux ne se produit que dans des cas exceptionnels. Habituellement, ils restent à une certaine distance l'un de l'autre,
et chacun d'eux développe un peloton, se rapprochant ainsi du
stade de repos (p. 21). Puis, la substance chromatique se con-
dense à nouveau en deux chromosomes, et c'est seulement
lorsqu'un fuseau de segmentation s'est déjà développé entre
les deux centrosomes, que s'opère l'union des deux pronocléus,
par la disparition de leur contour, et par le groupement de leurs
anses chromatiques sur les filaments du fuseau. Il n'y a donc

pas, et c'est là peut-être le point le plus intéressant découvert par van Beneden, de mélange, de fusion intime entre les substances chromatiques des deux noyaux, mais la couronne équatoriale comprend des anses de sexualité différente, deux mâles et deux femelles. Plus tard, lors de la segmentation, chaque anse chromatique venant à se dédoubler, les noyaux de segmentation renfermeront également quatre chromosomes dont deux proviennent du pronucléus mâle et deux du pronucléus femelle. Nous verrons dans le paragraphe suivant l'importance de ces faits, au point de vue de l'hérédité.

Dans les conditions normales, un seul spermatozoïde s'engage à l'intérieur du vitellus, mais lorsque la vitalité de l'ovule se trouve amoindrie, soit par une température trop élevée ou trop basse, soit par l'action de certains réactifs chimiques, comme le chloroforme, l'hydrate de chloral, la morphine, la strychnine, etc., le vitellus se laisse pénétrer par deux ou par un plus grand nombre de spermatozoïdes : il y a superfécondation ou *polyspermie* (frères HERTWIG, FOL). Le résultat de cette polyspermie est que l'ovule se développe d'une façon anormale, et donne naissance à des monstres doubles ou simplement bifides.

Il convient de réserver le nom d'*œuf* à l'ovule dans les différentes modifications qu'il subit, à partir de la fécondation, bien que ces deux expressions soient souvent employées dans le même sens par les auteurs.

§ 6. — SIGNIFICATION DE LA MATURATION DE L'OVULE ET DE LA FÉCONDATION, PROBLÈME DE L'HÉRÉDITÉ

Bien des théories ont été élaborées par les auteurs, au sujet de l'émission des globules polaires et du problème de l'hérédité (voir Y. DELAGE, *la Structure du protoplasma et les théories sur l'hérédité*, 1895). Nous ne retiendrons que les plus importantes.

1° Théorie phylogénique. — Cette théorie, émise par GIARD dès 1876, a été ensuite adoptée par WHITMANN (1878) et par Flemming (1884). La formation des globules polaires rappelle ontogéniquement dans l'évolution des métazoaires le stade protozoaire ; la division de l'ovule en plusieurs cellules virtuellement équivalentes est tout à fait comparable à la division d'un protozoaire ou d'un protophyte enkysté. Aussi les globules polaires devraient-ils porter le nom de cellules polaires : ce sont des *ovules rudimentaires*.

Fraxcotte a produit récemment (1893) un argument puissant en faveur de cette théorie, en observant la fécondation artificielle, par un spermatozoïde, du premier globule polaire dans des œufs exceptionnellement gros d'une planaire marine.

2° Théorie de l'hermaphroditisme. — Toutes les cellules de l'organisme sont hermaphrodites, et l'ovule, avant d'avoir expulsé les globules polaires, ne possède aucun caractère sexuel (S. Minot, 1877, Balfour). Il en est de même des cellules-mères des spermatozoïdes. L'ovule, après le rejet des globules polaires, étant de nature femelle, et les spermatozoïdes provenant de la division de la cellule-mère séminale ayant un caractère mâle, on peut conclure que le reste de la cellule-mère séminale est du sexe femelle, et que d'autre part les globules polaires doivent être assimilés aux spermatozoïdes, c'est-à-dire que ce sont des éléments mâles. La fécondation a pour effet de rendre à l'ovule l'hermaphroditisme qu'il avait perdu, et qu'il transmet ensuite par voie de division successive à toutes les cellules des feuillets blastodermiques.

Van Benedex a fourni un appoint considérable à la théorie de l'hermaphroditisme, en montrant que, chez l'ascaris megalocephala, le pronucléus femelle, ainsi que le pronucléus mâle, ne renferment que deux anses chromatiques, alors qu'on en retrouve quatre dans tous les noyaux cellulaires chez l'adulte. Chacune de ces deux formations a donc la valeur d'un demi-noyau ; ce sont des *gonocytes* sexués. L'ovule, en expulsant le second globule polaire, élimine la substance mâle de son noyau, de même que les cellules-mères séminales rejettent, par division, la substance femelle, de manière à ne laisser aux spermatozoïdes que les deux anses mâles.

Cette théorie de l'hermaphroditisme est des plus séduisantes, et, on peut le dire, les objections sérieuses qu'on a formulées contre elle, ne l'ont pas complétement renversée. On a prétendu tout d'abord, non sans quelque apparence de raison, que les œufs qui se développent sans fécondation, ne devaient pas présenter de globules polaires, et cependant Weismann a pu constater la production d'un globule sur nombre d'ovules parthénogéniques. Mais seule, la division qui donne naissance au second globule polaire est une division de réduction, et ce second globule ou bien ne se produit pas (Weissmann), ou bien, après s'être formé, rentre dans l'ovule, et s'unit de nouveau à la vésicule germinative (Brauer, 1893).

D'autre part, et c'est là une deuxième objection non moins importante, si l'ovule rejette pendant sa maturation toute la chromatine mâle, on ne comprend pas comment il peut transmettre les caractères de ses ascendants mâles. Cela nous amène à présenter quelques considérations sur la signification exacte de la fécondation. La fécondation est l'acte par lequel l'ovule acquiert la puissance de donner naissance par des segmentations successives à un être nouveau. Dès lors, elle n'est réellement accomplie qu'autant que l'ovocentre et le spermocentre se sont divisés et fusionnés deux à deux, marquant ainsi le début de la segmentation. Le spermocentre joue donc un rôle important dans la fécondation, et c'est par lui vraisemblablement que se communiquent les caractères des ancêtres mâles, l'ovocentre communiquant de son côté les caractères des ancêtres femelles. Quant aux caractères paternel et maternel directs, ils semblent devoir être transmis par la chromatine des pronucléus mâle et femelle.

Nous devons mentionner ici la théorie de l'*hermaphroditisme primordial* élaborée par Sabatier en 1886, et qui s'éloigne sensiblement de celle que nous venons de faire connaître. Pour cet auteur comme pour Cadiat (1881), les cellules de la membrane granuleuse de l'ovisac émigreraient du corps cellulaire des ovules primordiaux à l'intérieur duquel elles ont pris naissance. De même, les spermatozoïdes se développent dans les cellules-mères séminales, et s'en séparent secondairement.

Les spermatozoïdes peuvent donc être considérés comme des éléments homologues des cellules granuleuses de l'ovisac. Quant aux globules polaires, ils rentrent dans le groupe des produits mâles expulsés de l'ovule. Chaque cellule est hermaphrodite, et possède deux polarités entraînant la neutralité sexuelle. Si l'une des polarités vient à disparaître par l'expulsion de la partie mâle ou femelle, l'équilibre se trouve rompu, et la cellule acquiert une sexualité opposée à celle de l'élément qui s'en échappe.

PRENANT (1892), sans admettre le mode de formation des cellules de la membrane granuleuse et des spermatozoïdes tel que le comprend SABATIER, se rattache en somme aux conclusions formulées par ce dernier. On trouve à la fois dans l'ovisac et dans les tubes séminifères des éléments mâles et des éléments femelles. Les éléments mâles sont représentés dans l'ovaire par les cellules de la membrane granuleuse, et dans le testicule par les spermatozoïdes ; les éléments femelles sont d'un côté l'ovule, et de l'autre les cellules pédieuses interposées aux cellules séminales. L'élimination des globules polaires a pour but de réduire la chromatine du noyau ovulaire.

3° Théorie du plasma ancestral.

— Cette théorie à laquelle se rattachent les noms de NUSSBAUM, de WEISMANN (1883-84) et de NÆGELI (1884) reconnaît dans les éléments sexuels l'existence de deux plasmas distincts, l'un qui se trouve en quantité à peu près égale dans l'ovule et dans le spermatozoïde, et qui transmet les caractères héréditaires (*idioplasma, plasma ancestral*), l'autre qui prédomine dans l'ovule, et à l'intérieur duquel s'accomplissent les phénomènes de nutrition (*plasma nutritif*). Tous les faits anatomiques permettent d'affirmer que le plasma ancestral est représenté, dans l'ovule et dans le spermatozoïde, par la substance chromatique du noyau. Dès lors, s'il n'intervenait avant la fécondation aucune division de réduction, la quantité de plasma ancestral contenue dans le noyau vitellin résultant de la fusion des deux pronucléus mâle et femelle, ne tarderait pas à devenir trop considérable, puisque cette quantité augmenterait à chaque nouvelle génération. C'est pour cette raison que l'ovule élimine par les globules polaires la moitié de son plasma ancestral, et que, de même, le spermatozoïde ne contient plus que la moitié de la chromatine des cellules-mères séminales.

La théorie précédente suppose évidemment qu'à chaque division cellulaire le plasma ancestral représenté par la chromatine du noyau se régénère en totalité, sinon il ne tarderait pas à se trouver réduit à des quantités infinitésimales. Désignons, en effet, par a et par b les plasmas ancestraux du pronucléus femelle et du pronucléus mâle : le plasma du noyau vitellin sera égal à $a + b$. La première division de l'ovule réduit ce plasma à la moitié $\frac{a + b}{2}$, la seconde au quart $\frac{a + b}{4}$, la troisième au huitième $\frac{a + b}{8}$, et ainsi de suite par voie de progression géométrique. On voit combien serait minime la quantité de plasma ancestral contenu dans l'ovule du nouvel être, qui n'est définitivement constitué qu'au bout d'un nombre relativement considérable de divisions successives.

Weismann reconnaît dans l'idioplasma de Nægeli, deux plasmas distincts, l'un qui est le véritable substratum des caractères héréditaires (*plasma germinatif*), et l'autre qui préside à la division et à l'accroissement des éléments cellulaires (*plasma histogène*). Dans la segmentation, la répartition de ces deux plasmas n'est pas forcément égale. C'est ainsi que les cellules somatiques (cellules du corps, cellules en général) renferment une proportion plus considérable de plasma histogène, tandis que le plasma germinatif s'accumule, au contraire, dans les éléments sexuels. Encore est-on obligé d'admettre, comme précédemment, la reconstitution, à chaque division cellulaire, de la masse totale des plasmas, c'est-à-dire de l'idioplasma.

Weismann suppose, en plus, que le plasma histogène est expulsé sous forme d'un premier globule polaire. Quant au plasma germinatif qui aurait persisté en totalité dans la vésicule germinative, après l'expulsion du premier globule polaire, sa masse unie à celle du plasma germinatif du pronucléus mâle serait par trop considérable, et c'est pourquoi on voit intervenir un phénomène de réduction : l'émission du second globule polaire.

4° Théorie des ovules abortifs (BÜTSCHLI, 1876 ; O. HERTWIG). — Les globules polaires ne sont pas des éléments mâles éliminés de l'ovule, comme dans la théorie de l'hermaphroditisme; ce sont des *ovules abortifs*. Il n'existe pas de phénomènes de maturation pour l'ovule, non plus que pour le spermatozoïde. L'ovule, avant l'élaboration des globules polaires, est une cellule-mère qui subit deux divisions successives, de même que les cellules-mères séminales se fragmentent à deux reprises pour donner naissance aux cellules séminales. Seulement, tandis que les cellules séminales évoluent toutes en spermatozoïdes, un seul des produits de division de la cellule-mère de l'œuf devient l'ovule, en s'enrichissant aux dépens des autres produits qui restent stationnaires, et qui constituent les globules polaires. La rapidité avec laquelle la seconde division succède à la première, sans période de repos, a pour résultat de diminuer de moitié la substance chromatique de l'ovule ; pareille division de réduction s'observe également pour les cellules-mères séminales.

Comme on le voit, la théorie des ovules abortifs présente de nombreux points de rapprochement avec celle des ovules rudimentaires, formulée par GIARD.

Il ne paraît guère possible, dans l'état actuel de la science, de faire un choix au milieu des théories précédentes qui, si elles s'appuient, comme point de départ, sur des données anatomiques précises, comportent ensuite un certain nombre d'hypothèses. Les objections n'ont point fait défaut, et nous estimons qu'avant de se prononcer il convient d'attendre qu'on soit entré plus avant dans le domaine de l'observation précise.

§ 7. — SEGMENTATION DE L'OVULE, ET FORMATION DU BLASTODERME

L'ovule fécondé ou œuf ne tarde pas à se fragmenter, à se *segmenter* par division indirecte en deux hémisphères (*sphères vitellines* ou *blastomères*). Chaque blastomère se segmente à son tour en deux autres, et ainsi de suite, si bien qu'à un moment donné on observe, à la place du vitellus, un amas mûriforme de cellules dont l'ensemble constitue la *morula* (fig. 16).

Il est à remarquer que le premier plan de segmentation du vitellus passe en même temps par la ligne de conjugaison des deux pronucléus, et par le point d'émission des globules polaires (stade de deux blastomères ou *stade deux*). Le second

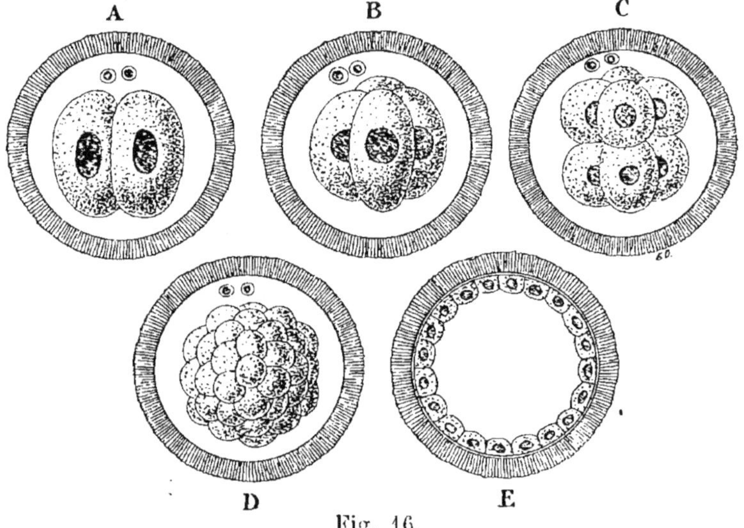

Fig. 16.

Cinq stades successifs de la segmentation totale et égale.

A, stade 2. — B, stade 4. — C, stade 8. — D, stade morula. — E, stade blastula (en coupe).

plan est également méridien et perpendiculaire au premier (*stade quatre*), quant au troisième, dirigé dans le sens de l'équateur, il coupe normalement les deux premiers (*stade huit*).

A l'origine, la morula représente un amas compact de cellules ; puis, on voit se former dans son intérieur, par écartement des cellules les plus centrales, une petite cavité dite *cavité de segmentation* (*cavité de de Baer*). Cette cavité centrale grandit peu à peu, tandis que les cellules qui composent la morula glissent les unes sur les autres, et se portent à la périphérie de l'œuf, contre la paroi interne de la zone pellucide sur laquelle elles se disposent suivant une couche continue. A la morula, succède ainsi une vésicule appelée *vésicule blastodermique*, *blastula*, *blastocyste* ou *blastosphère*. La membrane qui constitue les parois de cette vésicule porte le nom de *blastoderme*, et ses éléments composants celui de *cellules blastodermiques*. La cavité de la blastula est occupée par un liquide qui n'est autre que le liquide périvitellin dont le déplacement s'est effectué en sens inverse de celui des cellules.

Le mode de formation de la vésicule blastodermique que nous venons de faire connaître d'une façon générale, présente, suivant les groupes envisagés, un certain nombre de variantes que nous sommes obligé d'esquisser sommairement, pour faciliter l'intelligence des phénomènes propres à l'œuf des mammifères.

On peut dire que la durée de la segmentation du vitellus est en quelque sorte réglée par l'abondance plus ou moins grande du deutoplasma. Plus le vitellus de nutrition sera abondant, et plus la segmentation progressera avec lenteur (BALFOUR). Or, nous avons vu (p. 29) que, d'après leur richesse en deutoplasma, on pouvait répartir les œufs en trois groupes distincts : 1° Œufs sans deutoplasma (*œufs alécithes*) ; 2° Œufs à deutoplasma mélangé (*œufs mixolécithes*) ; 3° Œufs à deutoplasma distinct (*œufs idiolécithes*).

A ces trois groupes, correspondent trois modes de segmentation distincts :

a. Les œufs alécithes se divisent en entier. Leur segmentation est donc totale (*œufs holoblastiques*), et de plus égale, la composition du vitellus étant partout la même.

b. Dans les œufs à deutoplasma mélangé, la segmentation intéresse de même la totalité du vitellus; seulement les blastomères sont de grandeurs différentes, les uns plus volumineux (*macromères*), les autres plus réduits (*micromères*): la segmentation est encore totale, mais inégale. Plus la proportion de deutoplasma sera abondante, et plus la différence de composition des deux segments de l'œuf sera accusée. Plus grand aussi sera l'écart de volume entre les micromères et les macromères.

c. Dans les œufs pourvus d'un deutoplasme abondant et distinct, la segmentation ne porte que sur le vitellus formatif : elle est donc *partielle (œufs méroblastiques)* avec deux variétés *discoïdale* et *périphérique*, suivant qu'il s'agit d'un œuf télolécithe ou centrolécithe.

Nous allons successivement passer en revue ces différents modes de segmentation :

1° Segmentation totale (œufs holoblastiques). — Nous venons de voir que la segmentation totale peut être égale ou inégale :

a. *Segmentation égale.* — Notre description générale peut s'appliquer à ce mode de segmentation qu'on observe chez les Actinies, chez les Coraux et chez les Échinodermes. Toutes les cellules blastodermiques sont d'un volume sensiblement égal.

L'œuf de l'Amphioxus forme en quelque sorte le passage entre les œufs à segmentation égale et les œufs à segmentation inégale. Les cellules qui composent le segment inférieur de la blastula sont, en effet, un peu plus volumineuses que celles du segment supérieur.

b. *Segmentation inégale.* — Comme dans la segmentation égale, les premiers blastomères (quadrants), délimités par des sillons méridiens, se ressemblent, et possèdent à peu près le même volume. La différenciation n'apparaît qu'au moment de l'établissement du troisième plan de segmentation qui, au lieu de passer exactement par la région équatoriale, se trouve plus rapproché du pôle supérieur ou animal que du pôle inférieur ou végétatif, par suite d'une inégale répartition du protoplasma et du deutoplasma dans les deux segments de l'œuf. Il en résulte que les quatre blastomères qui avoisinent le pôle animal sont plus petits que les quatre blastomères du pôle végétatif. En raison de leur situation et de leur destinée, on peut appeler les micromères *cellules animales*, et les macromères *cellules végétatives*.

Les cellules animales renfermant plus de protoplasma que les cellules végétatives, se segmentent plus rapidement ; elles peuvent devenir deux, trois, quatre et même huit fois plus nombreuses que les secondes. C'est ainsi que, sur l'œuf de la grenouille, on compte, à un moment donné, 128 cellules animales, pour 32 cellules végétatives.

Lorsque la différence de volume entre les cellules animales et les cellules végétatives n'est pas très accusée, comme dans l'œuf des vers et de la plupart des gastéropodes, ces deux sortes d'éléments restent dans les segments correspondants de l'œuf, les micromères s'accumulant au pôle animal, et les

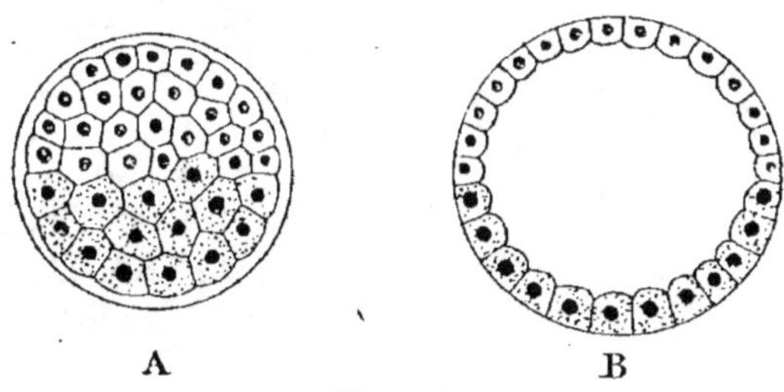

Fig. 17.

Coupe optique portant sur la morula (A), et sur la blastula (B) d'un œuf à segmentation totale et légèrement inégale.

Le segment supérieur de l'œuf est occupé par les cellules animales, le segment inférieur par les cellules végétatives.

macromères au pôle végétatif. La morula (fig. 17, A) présentera ainsi deux hémisphères dissemblables et, de même, la blastula (fig. 17, B), succédant à la morula, sera formée de deux calottes distinctes accolées par leur base, l'une supérieure, composée de cellules animales, et l'autre inférieure ne comprenant que des cellules végétatives.

Au contraire, lorsque les cellules végétatives sont notablement plus volumineuses que les cellules animales, comme chez les amphibiens, chez les cyclostomes et chez les mammifères, elles empiètent sur le segment supérieur de l'œuf, et, dès lors, les cellules animales, continuant à se multiplier activement, sont obligées de se répartir à leur surface, et leur ensemble ne tarde pas à prendre la forme d'une cupule logeant dans sa concavité l'amas des cellules végétatives. Au fur et à mesure que progressent les cellules animales maintenant disposées sur une seule couche, la cupule qu'elles constituent augmente de hauteur, en même temps que son ouverture inférieure se rétrécit de plus en plus. La cupule se transforme ainsi graduellement en une vésicule (fig. 18, A), dont le pôle inférieur présente encore pendant quelque temps un petit orifice (*blastopore*), par lequel vient faire saillie une cellule végétative (*bouchon vitellin*).

La *morula* de l'œuf des mammifères ainsi formée *par recouvre-*

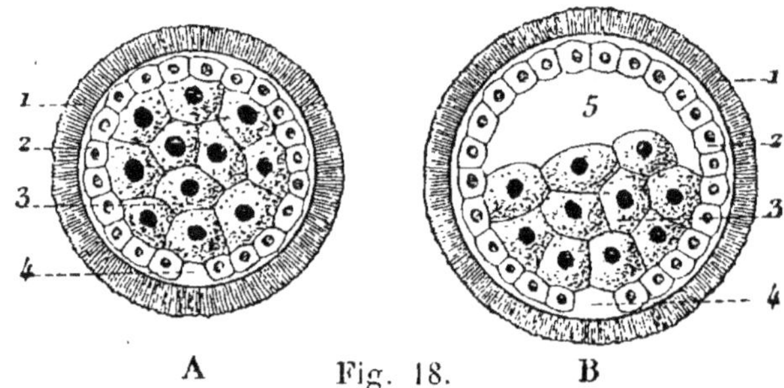

A   Fig. 18.   B

Coupe optique portant sur la morula (A) et sur la blastula en voie de formation (B) de l'œuf à segmentation totale et inégale des mammifères.

1, zone pellucide. — 2, couche superficielle des cellules animales. — 3, amas central des cellules végétatives. — 4, blastopore. — 5, cavité de segmentation.

ment, par épibolie, et composée de deux parties distinctes, se creuse d'une cavité de segmentation, et se transforme en blastula (fig. 18 B.) Il est à remarquer que la cavité de segmentation qui apparaît comme toujours entre les cellules animales et les cellules végétatives, se produit du côté opposé à l'emplacement du blastopore qui s'est obturé. Elle se développe comme si les cellules animales n'avaient pas recouvert l'hémisphère inférieur de l'œuf; seulement, en raison même de ce recouvrement, les cellules végétatives ne peuvent pas se porter à la périphérie, et participer, comme dans les groupes précédents, à la formation d'une vésicule blastodermique unique. En d'autres termes, la blastula des mammifères se compose d'une vésicule de cellules animales à la face interne de laquelle se trouve appliqué, dans la région du blastopore, un amas de cellules végétatives.

2° Segmentation partielle (œufs méroblastiques). — Dans les œufs à deutoplasma nettement différencié, la segmentation ne porte que sur le vitellus formatif : elle est *partielle*. Les sillons de segmentation s'arrêtent à la limite du vitellus de nutrition, et, tout au plus, voit-on les noyaux de segmentation se multiplier dans la couche superficielle du deutoplasma, comme chez les oiseaux, sans que la substance interposée s'individualise en cellules (*noyaux vitellins*).

On dit que la segmentation est *discoïdale* (fig. 19), lorsque le vitellus formatif (et par suite le blastoderme) affecte la forme d'un disque appliqué en un point de la surface du deutoplasme (œufs télolécithes ou acrolécithes

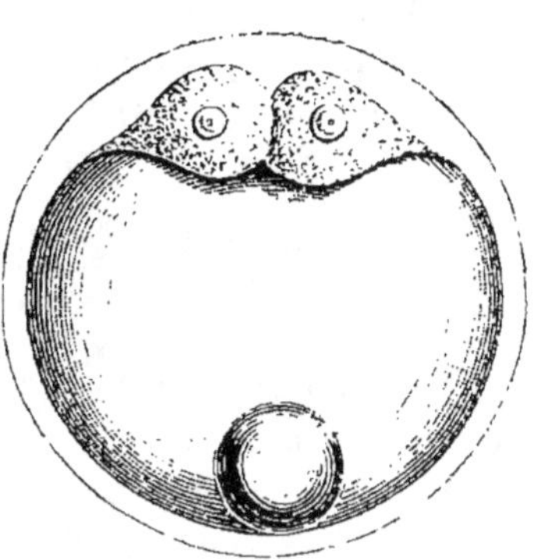

Fig. 19.
Segmentation discoïdale d'un œuf de poisson téléostéen (d'après HAECKEL). A la partie inférieure, se trouve une boule graisseuse.

des céphalopodes, des poissons, des reptiles et des oiseaux) ; elle est *superficielle* ou mieux *périphérique* (fig. 20), lorsque le

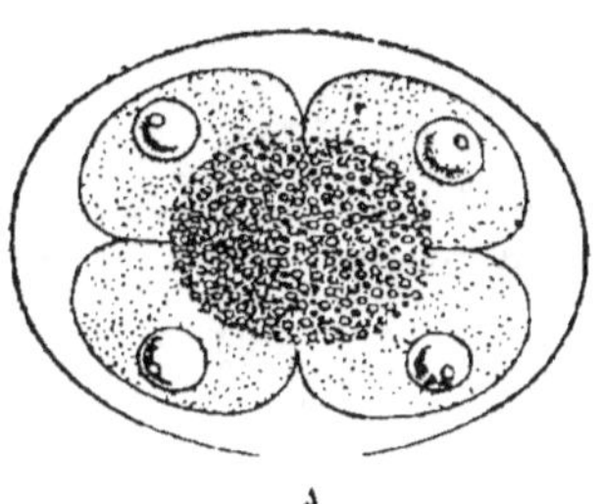
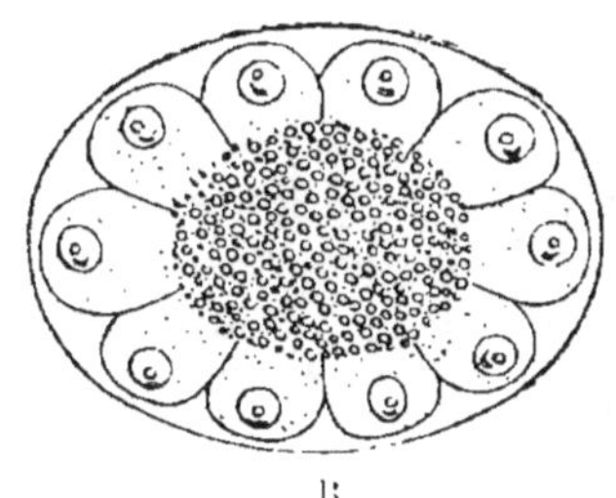

Fig. 20.
Segmentation superficielle d'un œuf de crustacé (Peneus) d'après HAECKEL.

deutoplasme occupe le centre de l'œuf, et que la segmentation intéresse toute la surface du vitellus (œufs centrolécithes ou mésolécithes des crustacés, des arachnides, des myriapodes et des insectes).

Nous ne pouvons entrer, au sujet de la segmentation partielle, dans de plus grands développements qui sortiraient du cadre de notre sujet.

§ 8. — LES FEUILLETS DU BLASTODERME
ET LA GASTRULA

La segmentation des cellules blastodermiques ne s'arrête pas à la formation de la blastula, mais elle se poursuit suivant deux modes principaux. Dans un premier cas (coraux, échinodermes), la division s'effectue par des plans perpendiculaires à la surface de l'œuf; la vésicule blastodermique augmente ainsi

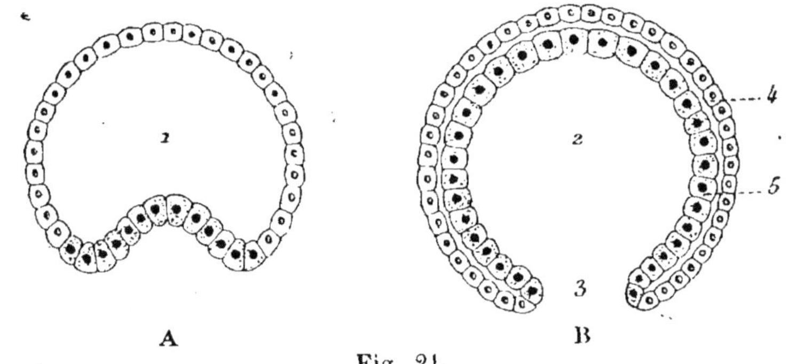

Fig. 21.

Deux coupes optiques d'un œuf d'échinoderme, montrant le mode de formation de la gastrula par invagination (schématique).

1, cavité de segmentation de la blastula. — 2, cavité intestinale primitive de la gastrula, s'ouvrant à l'extérieur par le blastopore. — 3, blastopore.   4, couche superficielle des cellules animales. — 5, couche profonde des cellules végétatives.

de volume, et, comme son accroissement l'emporte à un moment donné sur celui des enveloppes, le blastoderme est obligé de se plisser en dedans, de *s'invaginer* (fig. 21, A). La portion invaginée s'étale et s'applique intimement contre la face interne de la blastula primitive, tandis que l'orifice d'invagination se rétrécit graduellement, pour ne figurer qu'un étroit goulot donnant accès à l'intérieur de la poche blastodermique (fig. 21, B). La blastula formée par une seule couche de cellules se trouve ainsi transformée en une sorte de sac ou de bourse dont la paroi comprend deux assises cellulaires. Le blastoderme, de monodermique qu'il était, est devenu didermique (*diblastula* de SALENSKY).

HAECKEL a assigné à ce stade embryonnaire qui rappelle certaines formes larvaires des animaux inférieurs, le nom de *gastrula*; la cavité intérieure, c'est l'*intestin primitif*, le *gaster*,

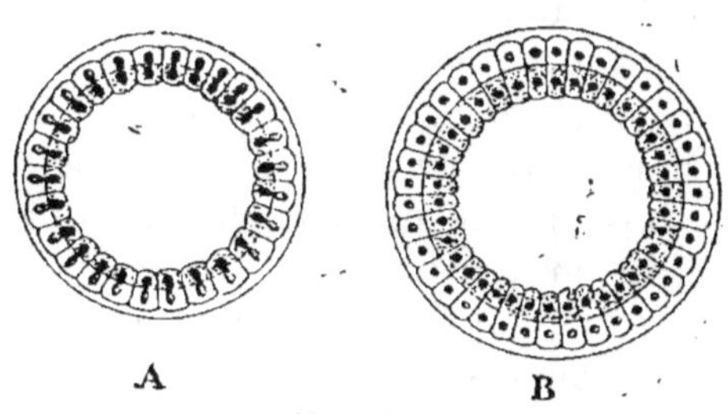

A B
Fig. 22.

Deux coupes optiques d'un œuf d'holothurie, montrant le mode de formation du blastoderme didermique (diblastula) par délamination (schématique).

le *progaster*, le *protogaster*, l'*enteron*, l'*archenteron*, le *cœlenteron* s'ouvrant à l'extérieur par le *protostome* ou *blastopore*. Les deux couches cellulaires qui constituent les parois de la gastrula deviennent les feuillets du blastoderme, divisés en *feuillet externe, ectoderme, ectoblaste, épiblaste* (feuillet animal ou séreux des anciens auteurs), et en *feuillet interne, endoderme, endoblaste, hypoblaste* (feuillet végétatif ou muqueux). Plus tard, entre ces deux couches primordiales, s'interposera un troisième feuillet, *feuillet moyen, mésoderme, mésoblaste*.

Dans un second cas (groupe des Actinies), ainsi qu'il résulte des observations de KOWALEWSKY et de RAY LANKESTER, la segmentation des cellules blastodermiques ne s'opérerait plus perpendiculairement, mais parallèlement à la surface, chaque élément donnant naissance par sa moitié externe à une cellule ectodermique, et par sa moitié interne à une cellule endodermique (fig. 22). Le blastoderme monodermique se dédouble ainsi par *délamination* en deux feuillets, et, si l'on désigne avec Ray Lankester sous le nom de *planula* tout blastoderme didermique, on voit ainsi que la planula peut dériver de la blastula soit par invagination soit par délamination.

Quel que soit d'ailleurs le mode de formation de la planula, le résultat est partout le même, à savoir, la séparation des cellules blastodermiques en deux couches distinctes, l'une externe composée des cellules animales (feuillet de protection et de sensibilité), l'autre interne formée par les cellules végétatives (feuillet de nutrition).

Chez les Actinies, cette séparation s'opère très tardivement, puisque la même cellule du blastoderme monodermique est à la fois animale par sa moitié externe, et végétative par sa moitié interne. Dans les groupes suivants : *Coraux, Echinodermes, Vers, Gastéropodes, Amphioxus*, la division s'effectue beaucoup plus tôt. Dès les premiers plans de segmentation, il existe des cellules animales et des cellules végétatives, ces dernières en général plus volumineuses que les autres. Tous ces éléments, aussi bien les cellules végétatives que les cellules animales, contribuent à la formation du blastoderme monodermique, et ce n'est que par un mécanisme secondaire que les cellules végétatives qui occupent le segment inférieur de la blastula, s'invaginent dans la cavité de cette vésicule, et viennent doubler d'une couche continue l'assise superficielle des cellules animales.

Chez les Amphibiens, chez les Cyclostomes et chez les Mammifères enfin, la différenciation est également très précoce. Seulement, les cellules végétatives qui doivent tapisser en dedans la couche des cellules animales, conservent leur situation centrale, et, au fur et à mesure de l'extension de la cupule animale, semblent s'invaginer de plus en plus à son intérieur. C'est ce qui a permis à Keibel (1893) de considérer le stade qui nous occupe comme représentant la première phase de la gastrulation.

Nous aurons occasion prochainement, à propos de l'étude que nous ferons de la ligne primitive chez l'embryon de lapin, de revenir sur cette importante question de la gastrula des mammifères.

CHAPITRE II

PREMIERS DÉVELOPPEMENTS DE L'ŒUF
DE LA LAPINE

Nous connaissons, d'une façon générale, le phénomène de la fécondation et le mode de formation du blastoderme didermique, surtout apparents chez les animaux inférieurs ; nous allons maintenant pouvoir aborder l'étude des premiers développements de l'œuf de la lapine, bien connus depuis les travaux déjà anciens de BISCHOFF (1842) et de COSTE (1847-59), et ceux plus récents de HENSEN (1876), de KŒLLIKER (1876-79) et de VAN BENEDEN et JULIN (1880). Nous suivrons cet œuf stade par stade dans ses différentes modifications : 1° depuis l'ovulation jusqu'à la pénétration dans la cavité de l'utérus; 2° depuis la pénétration dans l'utérus jusqu'à la fixation; 3° depuis la fixation jusqu'à l'ébauche de la forme extérieure de l'embryon. Cette étude servira en quelque sorte d'introduction à celle de l'embryon humain dont les stades du début nous sont encore inconnus.

ARTICLE PREMIER
MODIFICATIONS DE L'ŒUF PENDANT SON TRAJET
DANS LA TROMPE

Le lapin, contrairement à un certain nombre de mammifères, ne présente pas de période de rut. Le mâle est toujours apte à la copulation qui semble susciter chez la femelle la maturation des ovules (REICHERT). Il est rare qu'une femelle soumise à la saillie du mâle, après un isolement plus ou moins long, ne soit pas fécondée, et c'est ce qui a permis de déterminer exactement les époques correspondant aux premiers stades embryonnaires. Notre description repose sur l'ordre chronologique.

3 heures après la copulation. — On trouve des spermatozoïdes à la surface des ovaires.

10 heures — Rétraction du vitellus et émission des globules polaires. Maturation des ovules.

13 heures. — Ovulation et fécondation. Les ovules, en

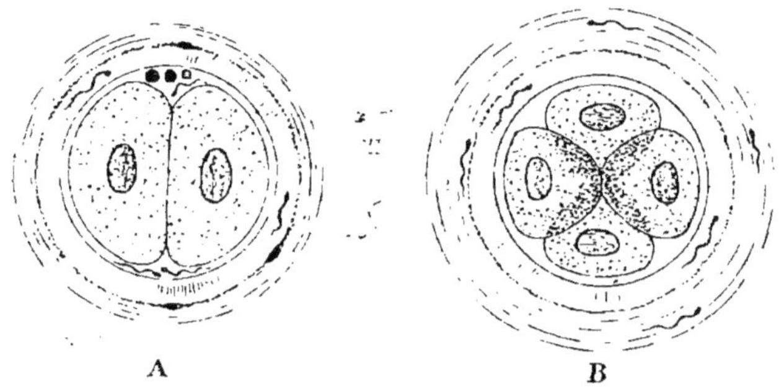

A   B

Fig. 23.

Deux stades initiaux de la segmentation de l'œuf de la lapine
(Gr. 120/1).

A. stade 2 (21 heures). — **B.** stade 4 vu par le pôle (29 heures). On aperçoit, à la surface de la zone pellucide, la couche d'albumine avec ses stries concentriques, ayant emprisonné quelques spermatozoïdes ; d'autres spermatozoïdes sont visibles dans le liquide périvitellin, et dans l'épaisseur de la zone. Quelques cellules de la couronne radiée sont adhérentes à la surface de la zone pellucide (en A).

nombre variable de chaque côté (4 à 6 en moyenne), pénètrent à l'intérieur de la trompe, grâce aux mouvements ciliaires de l'épithélium de ce conduit. Quelques cellules de la couronne radiée sont restées adhérentes à la face externe de la zone pellucide, et se trouvent emprisonnées dans les couches concentriques d'albumine sécrétées à la surface des ovules par la muqueuse de la trompe (*albumen*).

24 heures. — Les ovules, groupés ensemble, ont atteint la portion moyenne de la trompe. Leur volume, y compris l'épaisseur de la zone pellucide (22 μ), ne s'est pas sensiblement modifié, et varie en moyenne de 180 à 190 μ. La couche d'albumine est épaisse de 17 μ.

Le vitellus s'est segmenté en deux grosses sphères vitellines de 80 à 100 μ de diamètre. Dans le liquide périvitellin flottent, en outre des globules polaires, de nombreux spermatozoïdes

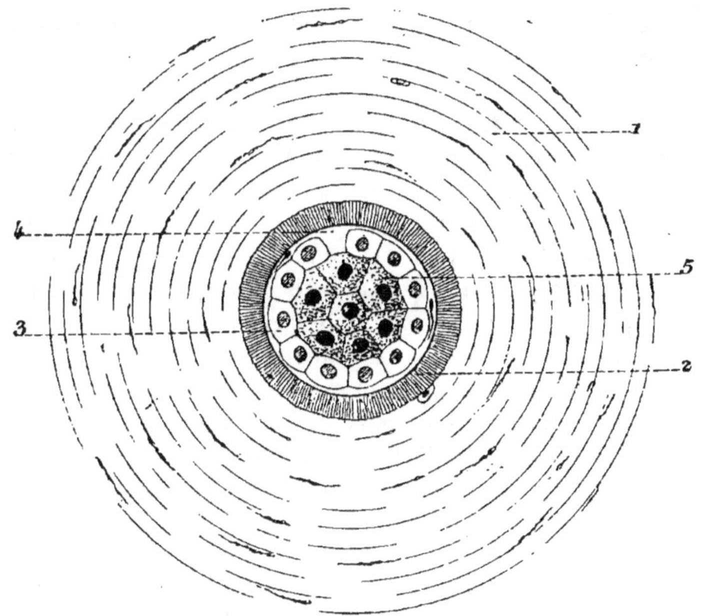

Fig. 24.

Coupe optique d'un œuf de lapine, au moment de sa pénétration dans la cavité utérine, vers la 75° heure, en partie d'après VAN BENEDEN. (Gr. 120/1).

1, couche d'albumine renfermant des corps granuleux. — 2, zone pellucide. — 3, couche superficielle de la morula. — 4, blastopore. — 5, amas central des cellules végétatives.

dont on aperçoit également un certain nombre dans l'épaisseur de la zone, ainsi que dans la couche d'albumine (fig. 23, A).

29 *heures*. — Œufs à la partie moyenne de l'oviducte. Quatre sphères vitellines. L'albumen a augmenté d'épaisseur (40 μ). Les dimensions des ovules n'ont pas varié (fig. 23, B).

35 *heures*. — Huit blastomères.

49 heures. — Œufs à l'union du tiers interne avec les deux tiers externes de la trompe. Vingt-huit blastomères. La couche d'albumine atteint 60 μ d'épaisseur.

51 heures. — Les œufs sont distants de 20 millimètres environ de la corne utérine. Le nombre des blastomères a augmenté, et l'on distingue les deux variétés de cellules animales et végétatives. L'albumen, à stries concentriques, mesure une épaisseur de 110 μ. Les dimensions des ovules n'ont pas changé.

76 heures. — Œufs à l'extrémité utérine de la trompe. L'albumen atteint sa plus grande épaisseur (190 μ). Les blastomères, par leur segmentation successive, ont donné naissance à une morula, formée d'une couche enveloppante de cellules animales de forme cubique, et d'un amas central de grosses cellules végétatives (morula par *épibolie*). La morula occupe presque toute la cavité de la zone pellucide (fig. 24).

En résumé, le trajet s'est effectué plus rapidement dans la première moitié de la trompe que dans la seconde. L'ovule n'a mis que 8 heures pour parcourir la première partie, tandis qu'il lui a fallu ensuite 55 heures pour atteindre l'utérus.

Durant ce parcours, l'ovule n'a pas augmenté de dimensions, mais il s'est enveloppé de couches concentriques d'albumine de plus en plus nombreuses jusqu'à l'utérus.

Le vitellus s'est segmenté et s'est transformé en une morula dont les cellules sont différenciées en cellules animales superficielles, et en cellules végétatives profondes.

ARTICLE II

MODIFICATIONS DE L'ŒUF DEPUIS SA PÉNÉTRATION
DANS L'UTÉRUS JUSQU'A SA FIXATION

De la 80ᵉ à la 85ᵉ heure environ, les œufs pénètrent à l'intérieur des cornes de l'utérus. Ils séjournent un certain temps dans les extrémités de ces cornes; puis, vers la 120ᵉ heure, ils se répartissent dans toute leur longueur. Leur fixation contre les parois de l'utérus s'opère vers la 180ᵉ heure.

Dès leur pénétration dans la cavité de l'utérus, les œufs augmentent rapidement de volume. Leur diamètre qui sur les œufs de la 116ᵉ heure s'élève à 1250 μ, atteint 2 à 3 millimètres sur les œufs de la 140ᵉ heure, et 5 millimètres sur les œufs de la 180ᵉ heure, c'est-à-dire au moment de la fixation.

Les modifications que subissent les œufs dans leur migration intra-utérine, portent à la fois sur les enveloppes et sur la morula. Nous les étudierons successivement.

§ 1. — MODIFICATIONS DES ENVELOPPES

La zone pellucide, dont l'épaisseur n'avait pas varié pendant tout le trajet de la trompe, s'amincit progressivement et ne tarde pas à disparaître, en même temps que la vésicule blastodermique augmente de volume. Déjà, sur les œufs de 89 heures, elle se trouve réduite à l'état d'une couche mince, dont la face interne présente des excavations répondant aux saillies des cellules blastodermiques. Encore visible sur les œufs de 95 heures, elle fait complètement défaut sur ceux de 116 heures.

La couche d'albumine sécrétée par la muqueuse de la trompe diminue également d'épaisseur, seulement, tandis que la zone pellucide semble être érodée et détruite par les cellules blastodermiques, l'albumen, sous la pression exercée par le blastocyste en voie d'accroissement, se tasse et perd ses stries concentriques. Il se transforme ainsi graduellement en une membrane mince (12 μ), homogène, transparente, désignée par HENSEN (1876) sous le nom de *prochorion*. Ces modifications de la couche d'albumine sont achevées sur les œufs de 116 heures, c'est-à-dire au moment de la résorption de la zone pellucide. A la même époque, il n'existe plus trace des cellules de la couronne radiée restées adhérentes à la face externe de la zone pellucide, ainsi que des spermatozoïdes accolés à la face externe de la morula, ou inclus dans la couche d'albumine. Ces différents éléments anatomiques, après s'être transformés en *corps granuleux*, se sont résorbés sur place, ou ont été éliminés hors du prochorion.

On retrouve encore le prochorion avec des caractères sensiblement analogues sur des œufs plus âgés de 121 et de 141 heures. Il disparaît vers la 180ᵉ heure, au moment de la fixation.

§ 2. — FORMATION DE LA BLASTULA : STADE DIDERMIQUE PRIMITIF

La pénétration de l'œuf dans la cavité utérine marque le

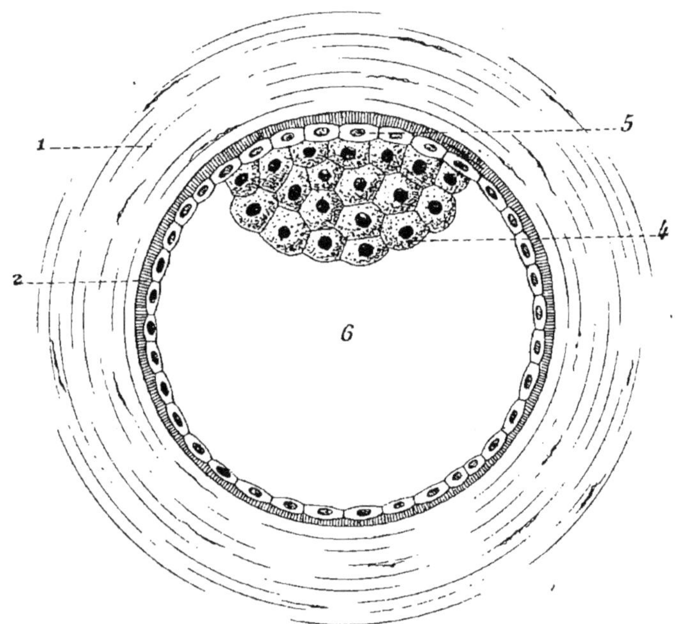

Fig. 25.

Coupe intéressant la blastula d'un œuf de lapine de 96 heures, peu après sa pénétration dans l'utérus (Gr. 120/1).

1, couche d'albumine ayant diminué d'épaisseur. — 2, zone pellucide, en voie de disparition. — 4, amas vitellin. — 5, couche superficielle des cellules animales. — 6, cavité de segmentation.

début de modifications importantes à l'intérieur de la morula qui remplit maintenant toute la cavité de la zone pellucide.

Les cellules animales, formant l'enveloppe de la morula, se
multiplient activement ; l'œuf augmente de volume, et comme
la division des cellules végétatives n'est pas en rapport avec
celle des cellules animales, on voit bientôt se produire entre
ces deux sortes d'éléments une fissure occupée dès son apparition par un liquide albumineux. Cette *cavité de segmentation*

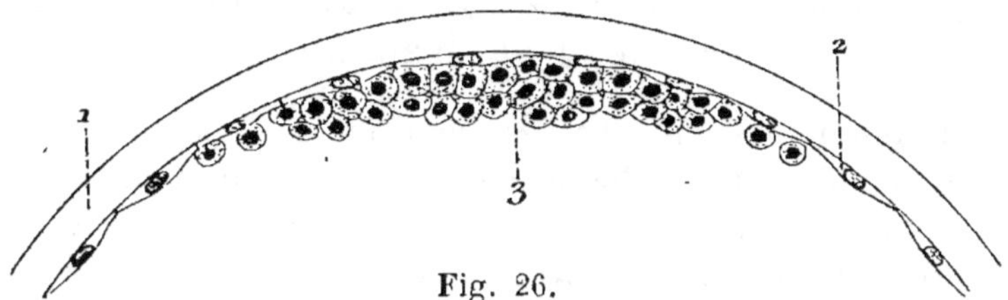

Fig. 26.

Coupe intéressant le blastoderme d'un œuf de lapine de 100 heures,
  dans la région du gastrodisque ; stade didermique primitif
  (Gr. 120/1).

1, couche d'albumine condensée; la zone pellucide a disparu. — 2, couche cellulaire
  superficielle. — 3, amas vitellin étalé (couche cellulaire profonde).

qui apparaît, ainsi que nous l'avons indiqué plus haut (p. 48)
du côté opposé au blastopore, s'accroît rapidement, et ne tarde
pas à acquérir une forme sensiblement sphérique : la *blastula*
est constituée (œufs de 89 et de 95 heures). Sur un œuf de
92 heures, mesurant un diamètre de 400 μ, les cellules animales devenues pavimenteuses en raison sans doute de la
pression qu'exerce sur elles le liquide intérieur, représentent
la paroi d'une vésicule monodermique (fig. 25) à la face interne
de laquelle se trouve appliqué, dans la région de l'ancien
blastopore, l'amas des cellules végétatives (*reste* ou *amas vitellin* de BISCHOFF, de REMAK et de COSTE, *amas endodermique* de
E. VAN BENEDEN, *amas endomésodermique* de CH. ROBIN). Cet amas
vitellin refoulé de plus en plus à la surface de la vésicule par
le liquide qui s'accumule au centre, vient s'étaler contre la
face profonde de la couche des cellules animales, et figure
une sorte de disque ou de gâteau (*gastrodisque* de VAN BENE-
DEN) dont l'épaisseur diminue du centre à la périphérie (œufs
de 106 heures).

On a pu considérer le blastoderme, à ce stade, comme formé de deux couches ou de deux *feuillets* distincts : un feuillet superficiel constitué par les cellules animales, et un feuillet profond répondant à l'amas vitellin. C'est le *stade didermique primitif* (fig. 26).

§ 3. — STADES TRIDERMIQUE PRIMITIF ET DIDERMIQUE SECONDAIRE

Au commencement du cinquième jour, les cellules les plus profondes de l'amas vitellin, en contact avec le liquide blastodermique, prennent un aspect pavimenteux, et se disposent suivant une couche régulière qui déborde latéralement les éléments non encore différenciés de l'amas. A ce moment, le blastoderme, dans la région du gastrodisque, est formé par trois

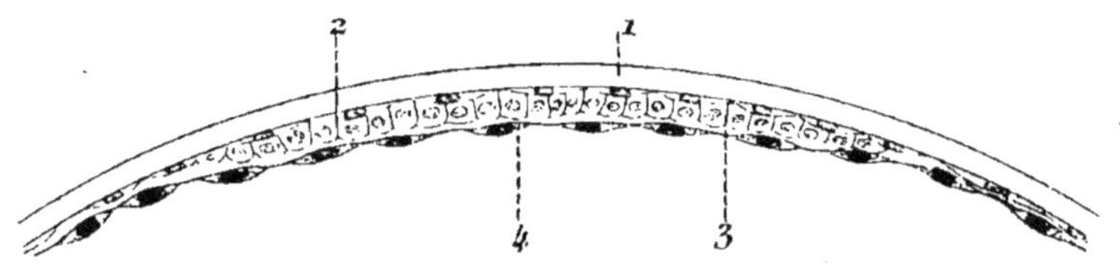

Fig. 27.

Coupe intéressant la région du gastrodisque sur un œuf de lapine de 116 heures; stade tridermique primitif (Gr. 120.1).

1, couche d'albumine à l'état de prochorion. — 2, couche cellulaire superficielle. — 3, couche intermédiaire. — 4, couche cellulaire profonde.

feuillets superposés, un feuillet superficiel et un feuillet profond réduits chacun à une seule couche de cellules pavimenteuses, enfin un feuillet moyen ou intermédiaire composé de cellules polyédriques disposées sur une ou deux rangées : le stade didermique primitif s'est ainsi transformé, par différenciation des éléments les plus internes du gastrodisque, en *stade tridermique primitif* (fig. 27.)

Le stade tridermique primitif n'a qu'une existence éphémère dans l'œuf de la lapine. En effet, tandis que le feuillet profond,

débordant la région du gastrodisque, s'étale de plus en plus
à la face interne du feuillet superficiel, on voit les cellules de
ce dernier, au niveau de la portion tridermique du blastoderme, se dissocier et s'exfolier (*couche recouvrante* de RAUBER).
Déjà sur l'œuf de 124 heures, au moment où le feuillet profond a atteint dans son expansion la région équatoriale, le
feuillet superficiel n'est plus représenté à la surface du

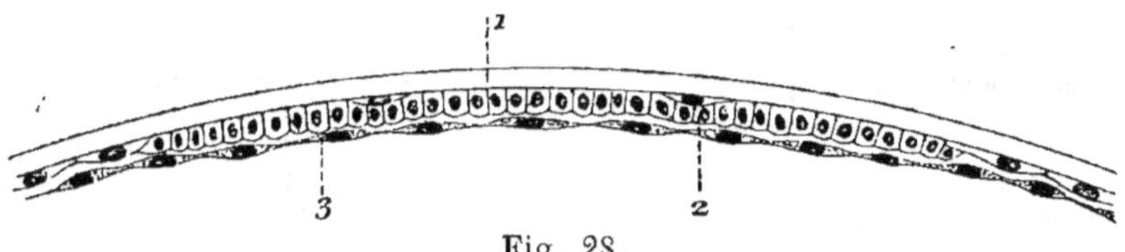

Fig. 28.

Coupe intéressant la région du gastrodisque sur un œuf de lapine
de 140 heures ; stade didermique secondaire (Gr. 120,1).

1. prochorion. — 2, ectoderme. — 3, endoderme.

feuillet intermédiaire que par quelques éléments isolés que
l'on retrouve encore sur l'œuf de 140 heures, mais qui ne
tardent pas à disparaître. Il en résulte que dans la région
du gastrodisque, le feuillet intermédiaire vient se substituer
au feuillet superficiel, et se continuer latéralement avec la
portion persistante de ce feuillet, située en dehors du gastrodisque. Lorsque le feuillet profond aura fait le tour de l'œuf
(fin du 6e jour), le blastoderme sera constitué par deux vésicules emboîtées l'une dans l'autre, l'externe présentant, en une
région limitée de sa surface, un épaississement où les cellules affectent une forme prismatique : c'est le point où les cellules du feuillet intermédiaire se sont substituées au feuillet
superficiel. Le restant de la vésicule externe, et la vésicule
interne tout entière sont formées de cellules pavimenteuses
disposées sur un seul plan ; dans les cellules plates superficielles, VAN BENEDEN (1880) a signalé la présence de cristalloïdes albumineux en forme de bâtonnets.

Le stade tridermique primitif a fait place au stade *didermique
secondaire* (fig. 28). Comme les deux feuillets de ce stade con-

serveront désormais leur situation, nous pouvons désigner dès maintenant le feuillet superficiel sous le nom d'*ectoderme*, et le feuillet profond sous celui d'*endoderme*. Le tableau suivant montre la descendance des éléments de ces deux feuillets depuis l'ovule.

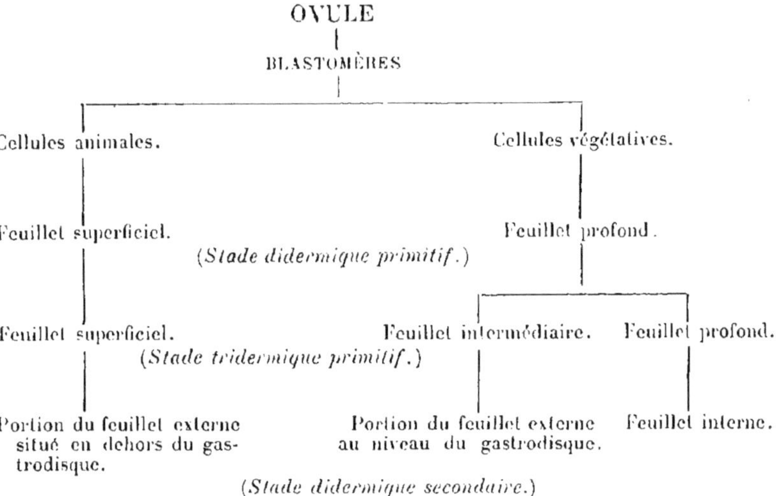

§ 4. — TACHE EMBRYONNAIRE

Si l'on vient à examiner par transparence le blastoderme d'un œuf de lapine de 140 heures, au moment où la couche recouvrante de Rauber a presque entièrement disparu, la portion épaissie de l'ectoderme se présente sous l'aspect d'une petite tache circulaire opaque qui apparaît en blanc à la lumière réfléchie. C'est la *tache*, *l'aire germinative* ou *embryonnaire* de Bischoff et de Coste, *l'éminence blastodermique* ou le *disque germinatif* de Hensen, la *portion embryogène du blastoderme* de Ch. Robin. Cette tache résulte de ce fait que les cellules du feuillet externe sont plus serrées et plus élevées dans la région répondant à l'ancien gastrodisque que sur les parties latérales. Elle est surtout mise en évidence par l'action des réactifs tels que l'alcool ou le liquide picrosulfurique de Klei-

NENBERG. Sur l'œuf de 140 heures, son diamètre mesure environ un demi-millimètre.

En réalité, ainsi que l'a indiqué VAN BENEDEN, la tache embryonnaire apparaît plus tôt. Elle se montre dès que l'amas vitellin s'est étalé contre la couche superficielle du blastoderme, c'est-à-dire dès qu'une portion du blastoderme renferme des cellules plus épaisses et plus serrées (œufs de 106 et de 124 heures). Il convient toutefois d'ajouter que les limites de

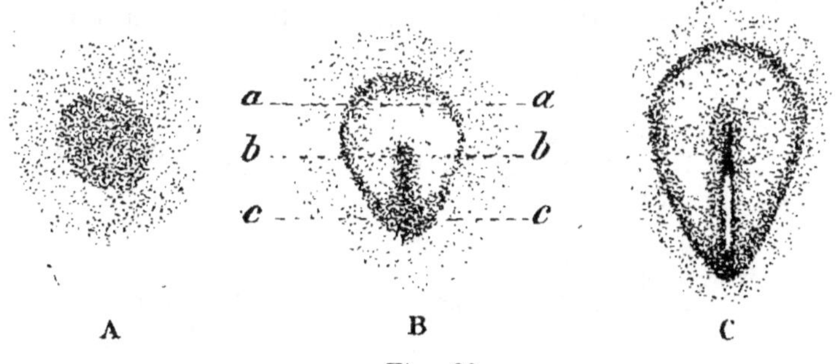

Fig. 29.

Trois stades successifs du développement de la tache embryonnaire, sur l'œuf de la lapine (Gr. 15/1). Vue en surface.

A, tache embryonnaire de forme circulaire sur un œuf de 140 heures. — B, tache embryonnaire devenue piriforme, et montrant la ligne primitive sur un œuf de 150 heures. Les lignes pointillées *a....a*, *b....b*, *c....c*, indiquant les niveaux des coupes représentées dans la figure 30. — C, tache embryonnaire sur un œuf de 160 heures. La ligne primitive, creusée du sillon primitif, émet en avant le prolongement céphalique.

la tache embryonnaire ne sont nettement accusées que lorsque les éléments qui représentent le feuillet interne sont devenus pavimenteux, et lorsque l'assise moyenne du stade tridermique primitif s'est substituée à la couche de RAUBER.

De forme circulaire à son apparition (fig. 29, A), la tache embryonnaire s'allonge bientôt, et se renfle à l'une de ses extrémités, que nous pouvons dès maintenant considérer comme l'extrémité antérieure (fig. 29, B). Sur l'œuf de 140 heures, la tache encore arrondie mesure un diamètre de 650 μ; sur l'œuf de 150 heures, la longueur de la tache

devenue piriforme s'est élevée à un millimètre ; enfin, sur l'œuf
de 160 heures (fig. 29, C), cette longueur atteint 1,5 mill.

§ 5. — LIGNE PRIMITIVE ; FORMATION DU FEUILLET MOYEN : STADE TRIDERMIQUE DÉFINITIF

Au commencement du 7e jour, on voit se former, dans la
partie postérieure de la tache embryonnaire, une traînée
foncée à la lumière transmise, qui se dirige suivant l'axe de

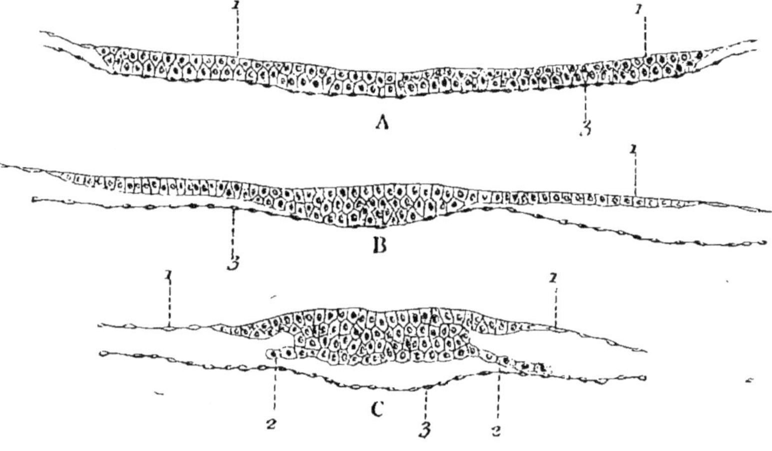

Fig. 30.

Trois coupes intéressant transversalement la tache embryonnaire
représentée dans la figure 29 B (œuf de lapine de 150 heures), et
passant : A, en avant de la ligne primitive, suivant la ligne pointillée *a....a*. — B, au niveau du nœud de HENSEN, suivant la ligne
b....b. — C, au niveau de la ligne primitive, suivant la ligne *c....c*
(Gr. 100,1).

1, ectoderme. — 2, mésoderme. — 3, endoderme.

cette tache, dont elle occupe un peu plus de la moitié postérieure. C'est la *ligne* ou *bandelette primitive, nota primitiva* (VON
BAER), *lame, bandelette* ou *ruban axile* (REMAK). Ainsi que le
montre la figure 29, B, représentant la tache embryonnaire sur
un œuf de 150 heures, la ligne primitive se termine en avant

par une extrémité légèrement renflée et saillante (*tête* ou *nœud de la ligne primitive*, HENSEN) ; en arrière, elle s'étale vers l'extrémité postérieure de la tache.

Les coupes pratiquées normalement à la surface de la tache embryonnaire, et intéressant transversalement la ligne primitive, nous apprennent que l'opacité du blastoderme, suivant cette ligne, résulte d'un épaississement local de l'ectoderme, donnant naissance par sa face profonde à deux expansions cellulaires qui s'insinuent latéralement entre ce feuillet externe et le feuillet interne du blastoderme (fig. 30, C). Ces expansions représentent l'origine d'un troisième feuillet, *feuillet intermédiaire* ou *moyen*, *mésoderme* ou *mésoblaste*. Ainsi se trouve constitué le *stade tridermique définitif* du blastoderme.

Au niveau de l'extrémité antérieure ou tête de la ligne primitive, les expansions latérales qui représentent le mésoderme s'arrêtent (fig. 30, B). L'épaississement de l'ectoderme est accolé intimement en ce point à l'endoderme dont les éléments semblent disparaître à son contact. Plus en avant (fig. 30, A), l'épaississement axile du feuillet externe n'existe pas, le blastoderme est encore didermique.

Peu après son apparition, sur des œufs de 160 heures (fig. 29, C), la ligne primitive se creuse superficiellement d'un sillon longitudinal (*sillon* ou *gouttière primitive*). En même temps, de son extrémité antérieure, se détache une traînée obscure qui se prolonge directement en avant, et qui se perd insensiblement, à une distance plus ou moins grande du nœud de HENSEN, suivant les œufs envisagés. Ce prolongement, en rapport, ainsi que nous le verrons plus loin, avec la formation de la chorde dorsale, porte le nom de *prolongement céphalique de la ligne primitive*.

D'autre part, la portion du blastoderme qui entoure l'extrémité postérieure de la tache embryonnaire a augmenté d'opacité, et, dans le segment inférieur de l'œuf (opposé à la tache), on voit se soulever des bourgeons ectodermiques. Toutefois, ces bourgeons ectodermiques restent bientôt stationnaires, tandis que la zone obscure précédente continue à évoluer, et se transforme en *aire opaque*. C'est à son niveau que se développe le placenta.

§ 6. — GOUTTIÈRE MÉDULLAIRE, CHORDE DORSALE, CANAL NEURENTÉRIQUE

Sur un œuf plus âgé, de 173 heures, la tache embryonnaire a augmenté de surface, et mesure une longueur de près de 2 millimètres (fig. 31). Cette augmentation résulte presque

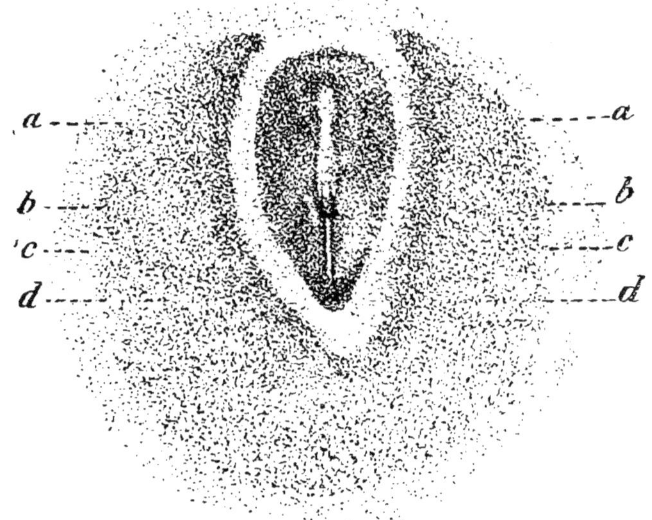

Fig. 31.

Vue par transparence de la tache embryonnaire sur un œuf de lapine de 173 heures (Gr. 60,1).

En avant de la ligne primitive, on aperçoit la gouttière médullaire. Les lignes pointillées *a....a*, *b....b*, etc., indiquant les niveaux des coupes représentées dans la figure 32.

exclusivement de l'accroissement de la portion de la tache située en avant de la ligne primitive, qui, elle, n'a pas sensiblement varié de dimensions.

Sur la ligne médiane, on remarque d'arrière en avant la

ligne primitive avec son sillon superficiel, puis une gouttière largement ouverte à la face externe du blastoderme, et qui se continue directement en arrière avec le sillon primitif : c'est la *gouttière dorsale* ou *médullaire* (*sillon dorsal* ou *médullaire*). Au fond de cette gouttière, on peut entrevoir sur certaines préparations, notamment au voisinage du nœud de HENSEN, le prolongement céphalique de la ligne primitive.

La tache embryonnaire, avec sa gouttière médullaire et sa ligne primitive, est circonscrite par une bordure claire, étroite, (*aire transparente*), qui la sépare d'une zone foncée beaucoup plus large (*aire opaque*). L'aire opaque, apparue sous forme d'un croissant obscur à la partie postérieure de la tache embryonnaire, s'est étendue progressivement en avant, de manière à embrasser par ses deux cornes l'extrémité antérieure de la tache (fig. 31). Au stade qui nous occupe, les deux cornes ne se sont pas encore rejointes sur la ligne médiane, mais leur fusion ne tardera pas à s'opérer, et la tache se trouvera ainsi enveloppée de tous côtés par l'aire opaque, moins large toutefois en avant qu'en arrière. Le contour intérieur de cette aire reproduit assez exactement celui de la tache, l'extérieur est sensiblement circulaire.

Les coupes transversales permettent de se rendre facilement compte des différents aspects que nous venons de décrire (fig. 32). La tache embryonnaire s'est soulevée sous la forme d'un bouclier séparé par un sillon du restant du blastoderme. C'est au fond de ce sillon répondant à l'aire transparente, que l'ectoderme présente son minimum d'épaisseur. Ajoutons que le mésoderme s'est considérablement accru, qu'il déborde en avant la ligne primitive, s'insinuant de chaque côté de la ligne médiane entre l'ectoderme et l'endoderme (*lames mésodermiques*), et s'étendant latéralement dans l'aire opaque. C'est dans l'étendue de la tache embryonnaire qu'il présente sa plus grande épaisseur.

Les coupes les plus instructives sont celles qui intéressent la tête de la ligne primitive et l'origine du prolongement céphalique. Au niveau de la tête, l'ectoderme et l'endoderme sont unis par un amas plein de cellules, duquel se détachent latéralement les lames mésodermiques (fig. 32, D). Immédiatement

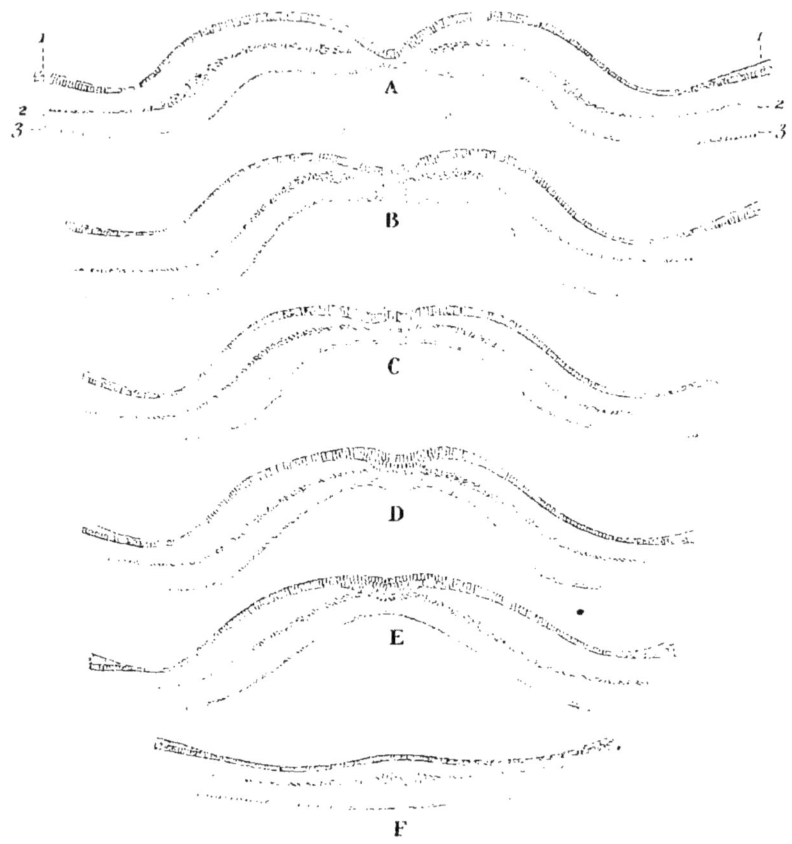

Fig. 32.

Six coupes successives intéressant transversalement la tache
embryonnaire de 173 heures, représentée dans la figure 31 (Gr. 60/1).

La coupe A répond à la ligne pointillée *a....a* de la figure 31 ; les coupes B, C, D.
très voisines à la ligne *b....b* ; la coupe E à la ligne *c....c* ; et enfin la coupe F à
la ligne *d....d*. Le canal de la chorde représenté en C, s'ouvre dans la cavité
blastodermique, un peu en avant, en B. La coupe D passe par la tête de la ligne
primitive.
1, ectoderme représenté en bleu. — 2, mésoderme représenté en rouge. — 3, endoderme représenté en jaune.

en avant, cet amas se sépare de l'ectoderme, et figure un
canal aplati parallèlement à la surface de la tache, dont les

bords latéraux donnent encore naissance aux expansions mé-
soblastiques, et dont la paroi inférieure qui semble enclavée
dans l'endoderme primitif, forme directement le revêtement de
la cavité blastodermique (fig. 32, C). Un peu plus loin, la paroi
nférieure du canal disparaît, et celui-ci s'ouvre alors librement
dans la cavité blastodermique, tandis que sa paroi supérieure
persistante se continue de chaque côté avec l'endoderme (fig. 32,
B). Cette paroi supérieure, à cellules plus élevées que celles
de l'endoderme, se prolonge en avant sur la ligne médiane, et
figure en projection la trainée foncée connue sous le nom de
prolongement céphalique de la ligne primitive. Au niveau de
l'ouverture du canal, les lames mésodermiques abandonnent
toutes connexions avec ses parois ; la tache embryonnaire, au
fond de la gouttière médullaire, n'est formée que par la superposition de deux couches, l'ectoderme et le prolongement
céphalique.

Ainsi que nous le verrons plus loin, l'épaississement axile
de l'endoderme, connu sous le nom de prolongement céphalique de la ligne primitive, donne naissance à la chorde dorsale.
On peut par suite désigner le canal situé à son origine, au
niveau du nœud de HENSEN, sous le nom de *canal chordal* (canal
du prolongement céphalique). Les parois de ce canal dirigé
obliquement de la surface vers la profondeur et d'arrière en
avant, contribuent latéralement à la formation des lames mésodermiques (fig. 32, C). Au niveau de l'orifice interne du canal,
la paroi inférieure ou plancher disparaît, la paroi supérieure
persiste, et, se prolongeant en avant, constitue le prolongement céphalique enclavé en quelque sorte dans l'endoderme.

Le canal de la chorde traverse toute l'épaisseur du nœud
de HENSEN, pour venir déboucher à l'extérieur. Certains auteurs
ont repoussé l'existence d'une ouverture ectodermique, mais
cet orifice externe a pu être observé récemment chez la plupart des mammifères, et a même été rencontré par GRAF SPEE
sur un embryon humain de 2 millimètres. Il convient cependant d'ajouter que l'ouverture superficielle du canal chordal est
en général étroite, peu apparente, tandis que l'orifice interne
est large et d'une constatation relativement plus facile.

Le canal chordal des mammifères paraît devoir être assimilé au canal curviligne qui fait communiquer à un moment donné, chez certains oiseaux, l'extrémité postérieure du tube médullaire avec l'intestin, et qui est connu sous le nom de *canal neurentérique* (BALFOUR) ou *myélentérique* (STRAHL). Chez les mammifères, ce canal disparaît, avant la fermeture de la gouttière médullaire.

§ 7. — AIRE OPAQUE, AIRE TRANSPARENTE, ECTOPLACENTA, FIXATION DES ŒUFS CONTRE LA MUQUEUSE UTÉRINE.

La tache embryonnaire des mammifères se comporte différemment de celle des oiseaux. Aussi les expressions d'aire opaque et d'aire transparente n'ont-elles pas la même signification dans l'une et l'autre classe.

Chez les oiseaux, au moment où la tache embryonnaire s'allonge et devient elliptique, sa partie centrale s'éclaircit, d'où sa division classique en *aire transparente* (*area pellucida*) et en *aire opaque* (*area opaca*). Dans la seconde moitié du premier jour de l'incubation (poulet), la portion centrale de l'aire transparente s'épaissit et constitue un soulèvement opaque en forme de bouclier allongé, à bords mal délimités : c'est la *zone* ou *aire embryonnaire* répondant aux premiers rudiments du corps de l'embryon. Les vaisseaux se forment dans la portion interne de l'aire opaque : aussi la zone qu'ils occupent a-t-elle reçu le nom d'*aire vasculaire*, tandis que tout le reste de l'aire opaque situé en dehors de l'aire vasculaire, forme l'*aire vitelline*.

Chez les mammifères, au contraire, la tache embryonnaire tout entière prend part à la formation du corps de l'embryon, et l'aire opaque développée, ainsi que nous l'avons vu, au pourtour de la tache, se transforme en aire vasculaire dans toute sa largeur. C'est dans le courant du 8e jour (fig. 34) qu'apparaissent dans la partie postérieure de l'aire opaque, au voisinage de sa périphérie, les premières formations vasculaires qui s'étendront progressivement à toute sa surface. Ces formations vasculaires sont en rapport avec l'extension du mésoderme.

Quant à l'aire transparente du lapin, c'est une zone claire assez étroite qui vient s'interposer au 8e jour entre la tache embryonnaire et l'aire opaque jusque-là contiguës (fig. 31), sans qu'on ait pu déterminer sa provenance. embryonnaire aux

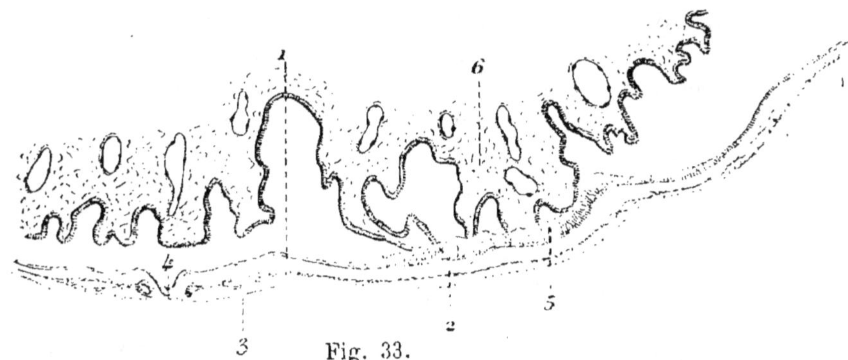

Fig. 33.

Figure montrant les rapports du blastoderme et de la muqueuse utérine sur un œuf de lapine de 202 heures (Gr. 30/1).

1, ectoderme. — 2, mésoderme. — 3, endoderme. — 4, gouttière médullaire. 5, ectoplacenta. — 6, muqueuse de l'utérus.

dépens de l'une ou de l'autre de ces deux zones : elle répond au sillon séparant le soulèvement embryonnaire de l'aire opaque (fig. 32).

En même temps que se développent les premiers îlots sanguins, on voit se dessiner, à droite et à gauche de la partie postérieure de la tache, un croissant obscur (sur le blastoderme vu par transparence) qui ne tarde pas à se réunir en arrière avec celui du côté opposé, et à figurer ainsi une sorte de fer à cheval ouvert en avant, au niveau duquel se fera l'adhérence placentaire. Les coupes montrent que l'opacité des croissants résulte d'une plus grande épaisseur de l'ectoderme à leur niveau. M. DUVAL a, par suite, désigné ces croissants sous le nom de *croissants ectoplacentaires*, et la lame qui les constitue sous celui de *lame ectoplacentaire*. Leur ensemble constitue le *fer à cheval placentaire* de VAN BENEDEN et JULIN (1884).

5...

La surface même des croissants ectoplacentaires n'est pas unie, mais elle présente des parties élevées et des parties déprimées, qui se traduisent par un aspect tacheté sur les blastodermes vus par transparence. Ce sont les élevures de la lame ectoplacentaire qui s'enfoncent dans la muqueuse de l'utérus, en détruisant progressivement l'épithélium utérin à leur contact, s'accolent intimement au chorion de la muqueuse, et déterminent ainsi l'adhérence des œufs (commencement du 9ᵉ jour). L'insertion placentaire répond toujours à la face mésométriale de la corne utérine, avec laquelle la tache embryonnaire se trouve également en rapport, mais sans présenter d'orientation fixe.

La figure 33 montre les rapports de la muqueuse de l'utérus et de l'œuf à la 202ᵉ heure, c'est-à-dire peu après la fixation.

ARTICLE III

MODIFICATIONS DE L'ŒUF DEPUIS SA FIXATION
JUSQU'A L'ÉBAUCHE DE LA FORME EXTÉRIEURE DE L'EMBRYON

Nous étudierons successivement dans cet article :

1° Le développement de l'œuf pendant l'apparition des protovertèbres et la fissuration du mésoblaste ;

2° Le développement de la portion moyenne du corps de l'embryon ;

3° Le développement de l'extrémité céphalique ;

4° Le développement de l'extrémité caudale ;

5° Les rapports de l'embryon avec ses enveloppes ;

6° Les inflexions du corps de l'embryon.

Nous donnerons dès maintenant à la tache embryonnaire nettement délimitée, tant sur les vues en surface que sur les coupes transversales et longitudinales, le nom d'*embryon*. L'existence d'une gouttière médullaire ouverte à la face externe du blastoderme, ainsi que la présence d'une ligne primitive permettent de considérer à cet embryon supposé dans la station verticale, deux faces : une face superficielle (postérieure ou dorsale), une face profonde (antérieure ou ventrale), et deux extrémités : une extrémité supérieure ou céphalique, une extrémité inférieure ou caudale.

Un tableau annexé à la fin de cet article indique les longueurs de l'embryon aux différents jours de la gestation.

§ 1. — FORMATION DES PROTOVERTÈBRES
ET APPARITION DU CŒLOME

Sur l'œuf de 195 heures, la tache embryonnaire s'est sensiblement modifiée (fig. 34). D'une longueur de 2,5 millimètres, elle s'est légèrement renflée à ses deux extrémités, affectant la forme d'un biscuit ou d'une semelle. Elle se montre de plus formée, quand on l'examine par transparence, de deux zones distinctes : 1° une zone centrale ou *rachidienne*, d'aspect foncé, dont la forme générale reproduit à peu près celle de la tache tout entière ; 2° une zone marginale ou *pariétale* plus claire, entourant la première, et offrant une largeur à peu près égale dans tous les points. La gouttière médullaire et la ligne primitive occupent l'axe de la zone rachidienne, sans empiéter à leurs extrémités sur la zone pariétale.

Vers le milieu de sa longueur, la zone rachidienne est divisée par des lignes transparentes en trois paires de petits champs carrés ou rectangulaires disposés de chaque côté du fond de la gouttière médullaire. Ces figures annoncent la formation des premières *protovertèbres*, *prévertèbres*, ou *segments primordiaux*.

L'examen des coupes transversales nous rend compte de ces différents aspects (fig. 35). L'opacité plus considérable de la zone rachidienne, sur la tache embryonnaire vue par transparence, résulte de l'épaisseur plus grande à son niveau du feuillet externe et du feuillet moyen du blastoderme. Dans la région des protovertèbres, chaque lame mésodermique se montre divisée en deux segments : l'un, interne (*lame protovertébrale* de REMAK), situé au-dessous des parois latérales de la gouttière médullaire encore largement ouverte (fig. 35,C), répond à la zone rachidienne ; l'autre, externe, diminuant graduellement d'épaisseur vers la périphérie de la tache embryonnaire (*lame latérale* de REMAK), répond à la zone pariétale.

Les protovertèbres se creusent, dès leur origine, d'une cavité centrale.

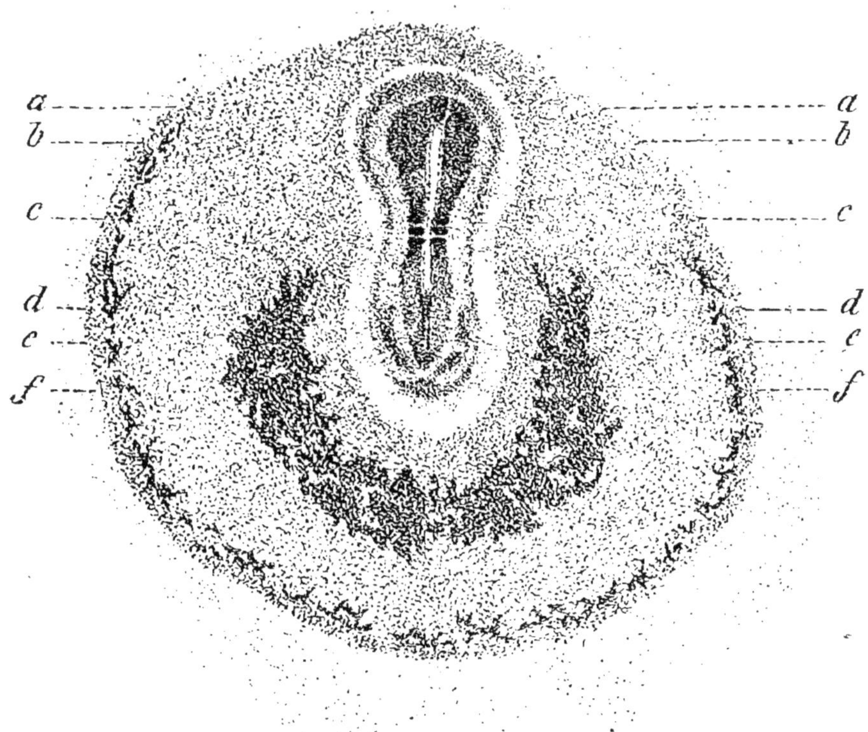

Fig. 34.

Vue par transparence de la tache embryonnaire sur un œuf de lapin de 195 heures (Gr. 15,1).

La tache embryonnaire est divisée en zone rachidienne et en zone pariétale, et l'on aperçoit les premières protovertèbres. L'aire opaque qui entoure complètement la tache dont elle est séparée par l'aire transparente, montre en arrière le fer à cheval placentaire. et au voisinage de son bord marginal. les premiers vaisseaux sanguins.

Les lignes pointillées *a....a. b....b.* etc.. indiquent les niveaux des coupes représentées dans la figure 35.

On reconnaît de plus, sur ces coupes transversales, de même que sur les coupes longitudinales (fig. 36), que les lames mésodermiques se sont surtout développées au niveau de l'extrémité postérieure de l'embryon. Les deux cornes antérieures de l'aire opaque se sont fusionnées en avant de l'embryon, et les vaisseaux apparaissent vers la limite de l'aire opaque.

Sur un embryon un peu plus âgé de 205 heures, et pourvu

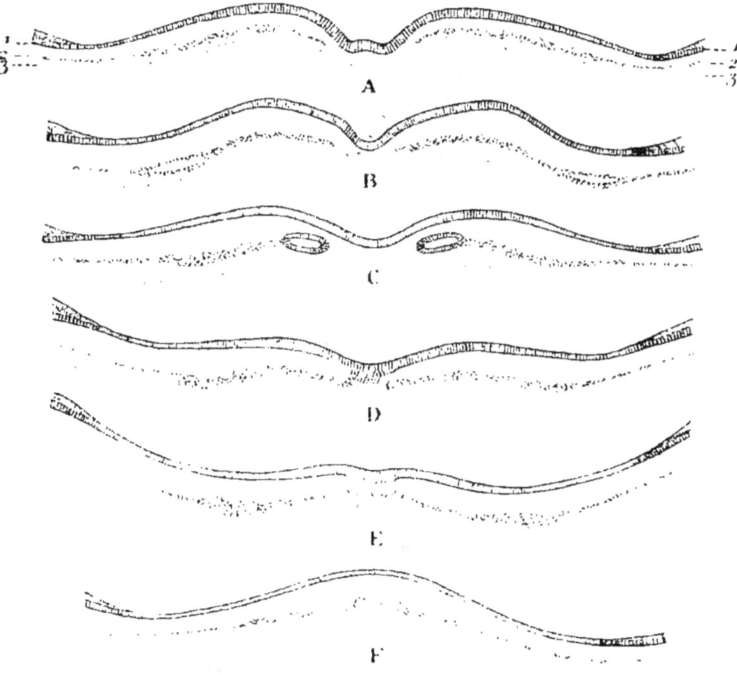

Fig. 35.

Six coupes successives intéressant transversalement la tache embryonnaire sur un œuf de lapine de 195 heures (Gr. 60 1 .

Ces coupes répondent respectivement aux lignes pointillées *a....a*, *b....b*. etc., des figures 34 et 36.

1, ectoderme. — 2, mésoderme. — 3, endoderme.

de sept protovertèbres (fig. 37, 39 et 40) on remarque que les lames latérales ont subi une sorte de clivage suivant un plan parallèle à la surface de la tache embryonnaire, et qu'elles se sont ainsi divisées en deux feuillets par une fissure horizontale. Le feuillet superficiel (*feuillet cutané primitif, couche musculaire* de von Baer, *lame musculaire supérieure* de His, *feuillet musculo-cutané*) s'est accolé à la face profonde de

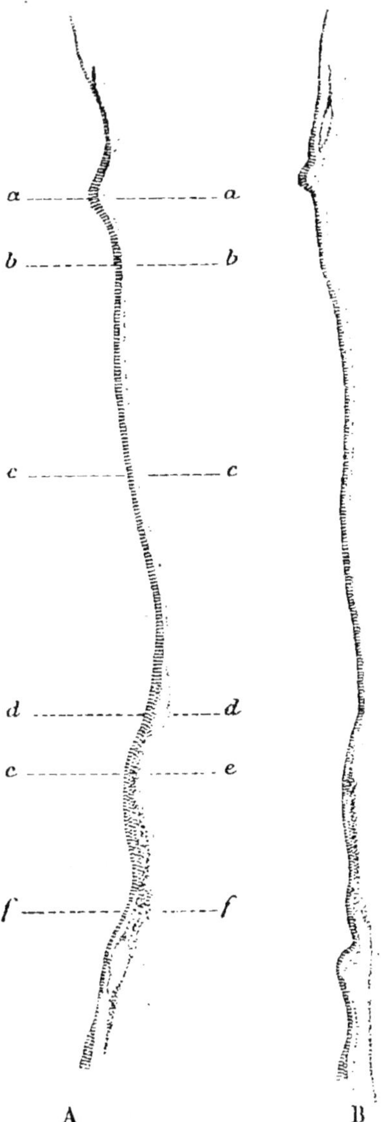

Fig. 36. — Coupe sagittale et axile de la tache embryonnaire, sur
deux œufs de lapine de 195 heures (Gr. 30/1).

La coupe B répond à un stade un peu plus avancé que la coupe A. Les lignes pointillées *a...a*, *b...b*, etc., indiquent les niveaux des coupes réprésentées dans la fig. 35.

l'ectoderme, et forme avec lui la *somatopleure* (BALFOUR) ou

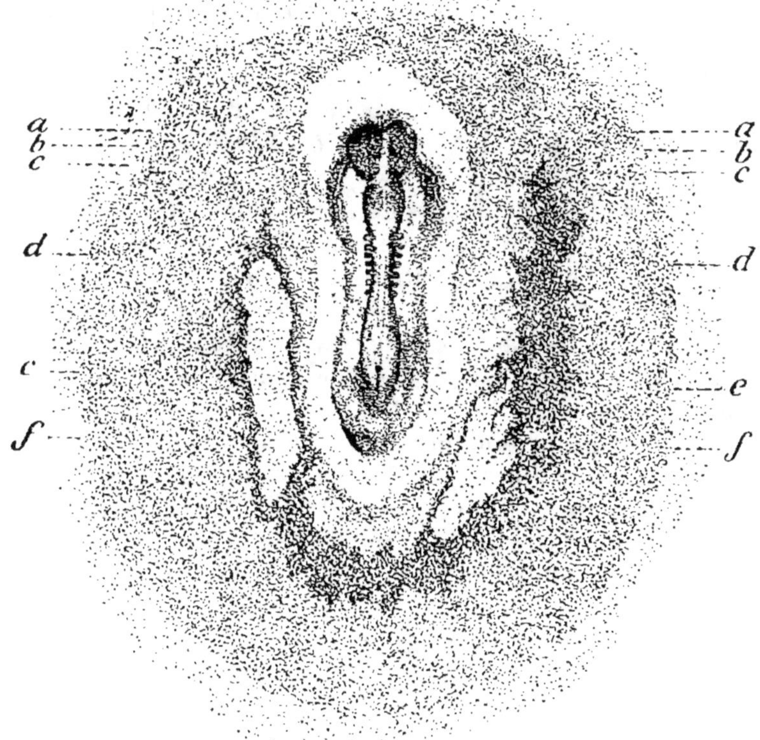

Fig. 37.

Vue par transparence de la tache embryonnaire sur un œuf
de lapine de 205 heures (Gr. 15).

La tache embryonnaire, pourvue de 7 protovertèbres, est limitée en avant par un
croissant clair situé dans le prolongement de l'aire transparente, et répondant au
proamnios. Sur les parties latérales de l'extrémité céphalique, on remarque les deux
rudiments cardiaques. En arrière de la tache, se dessine dans l'aire opaque le fer
à cheval placentaire foncé, avec deux parties claires représentant les surfaces
adhérentes à la muqueuse utérine.

Les lignes pointillées a....a, b....b, etc., indiquent les niveaux des coupes représentées dans la figure 39.

lame somatique. Le feuillet profond (*feuillet vasculaire, lame musculaire inférieure* de His, *feuillet fibro-intestinal*) repose sur l'endoderme avec lequel il contracte des adhérences ; les deux réunis constituent la *splanchnopleure* (BALFOUR) ou lame *splanchnique*. Le feuillet musculo-cutané est plus épais que le feuillet fibro-intestinal, de sorte que la cavité interposée ou *cœlome* est plus rapprochée de l'endoderme que de l'ectoderme.

Cette fissuration du mésoderme ne s'étend pas à la totalité des lames latérales. Le bord interne de ces lames, longeant les protovertèbres, demeure indivis, ou du moins, s'il existe à l'origine des communications entre le cœlome et les cavités des protovertèbres, ainsi que semblent le démontrer certaines préparations, ces communications ne tardent pas à disparaître. Le bord interne représente la *lame mésentérique* de von BAER, la *lame médiane* ou *moyenne* de REMAK, la *masse cellulaire intermédiaire* de BALFOUR, aux dépens de laquelle se formeront les canalicules du rein primordial.

Les lames mésodermiques dans leur extension ont débordé l'extrémité céphalique de l'embryon. Toutefois, elles ont respecté, au-dessus de la zone pariétale, un espace en forme de croissant embrassant dans sa concavité l'extrémité supérieure de l'embryon. Cette portion du blastoderme restée à l'état didermique et occupant l'aire transparente, est connue, depuis les recherches de van BENEDEN et JULIN, sous le nom de *proamnios* (fig. 37). D'autre part, immédiatement au-dessus de la gouttière médullaire, une autre portion du blastoderme, de dimensions beaucoup plus restreintes, n'a pas été envahie par le mésoderme : cette dernière portion, reportée dans la suite au-dessous du cerveau intermédiaire, deviendra la *membrane pharyngienne* (p. 92).

Sur les côtés et au-dessous de l'embryon, la cavité du cœlome qui avait apparu tout d'abord dans la zone pariétale, s'est rapidement propagée dans la partie extra-embryonnaire du blastoderme. Mais au niveau de l'extrémité céphalique, elle n'intéresse encore que le mésoderme de la zone pariétale interposée entre la zone rachidienne et le proamnios. Le mésoderme situé au-dessus du proamnios persistera pendant un certain temps à l'état de feuillet indivis.

La cavité du cœlome entoure ainsi complètement la zone
rachidienne. Très développée sur les côtés et au-dessous de

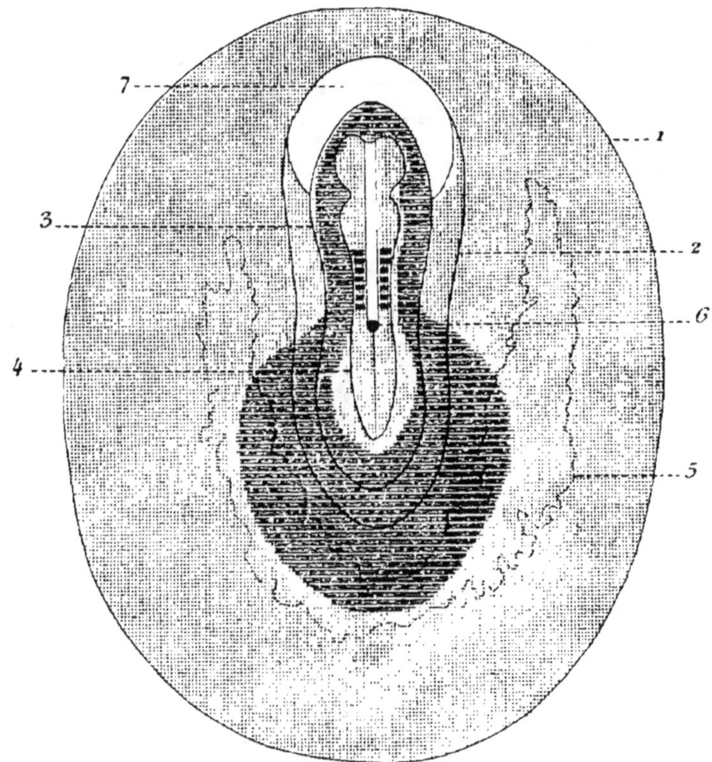

Fig. 38.

Vue en projection du mésoderme (rose) et de la cavité du cœlome
(rouge) sur un œuf de lapin de 205 heures. Les inflexions du
pourtour de la tache embryonnaire sont supposées redressées
(Gr. 12 1).

Les lignes noires concentriques indiquent les limites périphériques : 1. de l'aire
opaque ; — 2. de la zone transparente ; — 3. de la zone pariétale ; — 4. de la zone
rachidienne. — 5, ligne sinueuse indiquant les contours du croissant ectoplacentaire.
— 6. tête de la figure primitive. — 7, proamnios occupant l'extrémité céphalique de
la zone transparente.

l'embryon, elle se trouve réduite dans la région céphalique à
une fente curviligne étroite, faisant communiquer, dans l'épais-

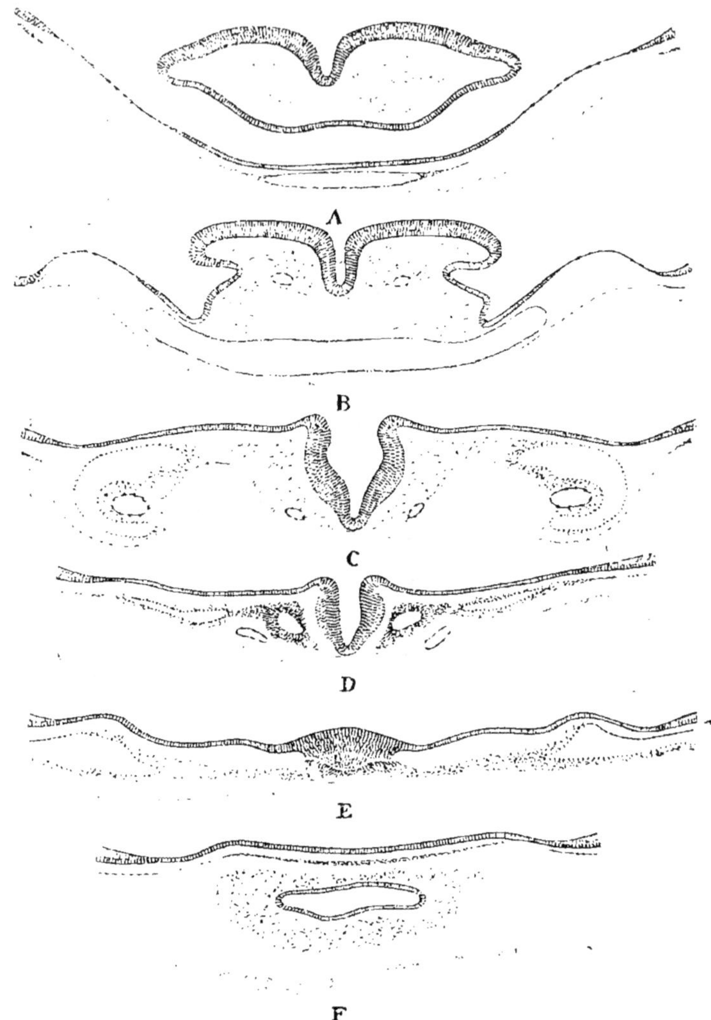

Fig. 39.

Six coupes successives intéressant transversalement la tache
embryonnaire sur un œuf de lapine de 205 heures (Gr. 60/1).

Les coupes A, B, C, D, E, F, correspondent aux lignes *a....a, b....b*, etc., des
figures 37 et 40. La coupe C montre de chaque côté le rudiment cardiaque faisant
saillie dans la cavité pariétale.

seur de la zone pariétale, la portion droite avec la portion gauche du cœlome (fig. 38).

Le corps de l'embryon renferme maintenant des vaisseaux en continuité avec ceux de l'aire vasculaire, dans l'épaisseur de la lame fibro-intestinale. Les aortes primitives sont visibles de chaque côté de la chorde dorsale, et l'on aperçoit les rudiments cardiaques sous forme de deux bourgeons de la lame fibro-intestinale qui s'enfoncent de chaque côté dans le cœlome (fig. 39).

Pendant que se produisent les modifications précédentes dans l'épaisseur du feuillet moyen, la gouttière médullaire a augmenté de longueur et de profondeur. Ses deux bords figurent maintenant deux plis ou crêtes longitudinales saillantes (*plis primitifs* de PANDER, *lames dorsales* de DE BAER, *bourrelets* ou *replis médullaires*) qui s'atténuent graduellement de haut en bas, et finissent par se perdre de chaque côté de la tête de la ligne primitive qu'elles embrassent. Les parois de la gouttière médullaire sont constituées par un épaississement notable du feuillet externe comprenant plusieurs couches de cellules superposées (*bandelette médullaire* de REMAK ; *lame, plaque* ou *feuillet médullaire*).

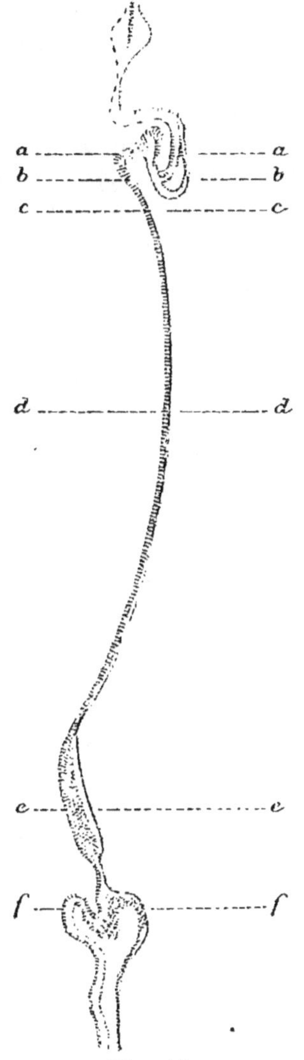

Fig. 40.

Coupe sagittale et axile de la tache embryonnaire sur un œuf de lapine de 205 heures (Gr. 30/1).

Les lignes pointillées *a*....*a*. *b*....*b*, etc., indiquent les niveaux des coupes représentées dans la figure 39.

Les coupes longitudinales (fig. 40) montrent que la portion du blastoderme située immédiatement au-dessus de la zone rachidienne (y compris le proamnios) s'est infléchie en avant, du côté de la cavité blastodermique. Au niveau de l'extrémité inférieure, la splanchnopleure seule a subi ce mouvement; quant à la somatopleure, elle s'est soulevée à la face dorsale de l'embryon (*repli amniotique*). Nous étudierons en détail ces inflexions et ces soulèvements, à propos du développement des extrémités céphalique et caudale.

Jusqu'au stade précédent (205 heures), nous avons pu envisager simultanément le développement des différentes parties de l'embryon et de ses annexes. La complexité croissante des organes, et surtout les incurvations variées des bords de la tache embryonnaire, nous obligent à étudier désormais, dans autant de paragraphes distincts, le développement du corps et des extrémités.

2. — DÉVELOPPEMENT DE LA PARTIE MOYENNE DU CORPS DE L'EMBRYON, AMNIOS ET VÉSICULE OMBILICALE.

Sur l'embryon de 205 heures, une coupe transversale intéressant la région des protovertèbres (fig. 39, D), nous montre, sur la ligne médiane, en arrière la gouttière médullaire, et en avant l'épaississement chordal de l'endoderme. De chaque côté de la gouttière médullaire, on remarque la lame protovertébrale, et plus loin la somatopleure et la splanchnopleure séparées par la cavité du cœlome. Les extrémités internes des lames somatique et splanchnique sont réunies par la masse cellulaire intermédiaire de Balfour. Enfin, en avant et un peu en dehors des protovertèbres, contre l'endoderme, on aperçoit les rudiments des deux aortes. Nous allons suivre l'évolution ultérieure de chacune de ces parties.

1° **Tube médullaire.** — Les deux bords de la gouttière médullaire, saillants à la face dorsale de l'embryon sur l'œuf de 205 heures, se rapprochent de plus en plus, et finissent par se souder sur la ligne médiane, de manière à transformer la

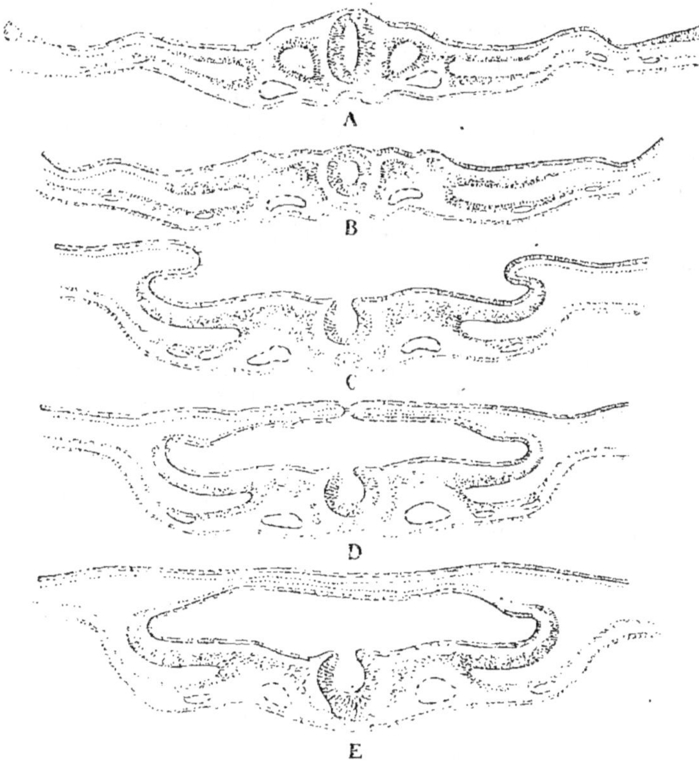

Fig. 41.

Cinq coupes étagées de haut en bas intéressant transversalement la portion moyenne du tronc sur un embryon de lapin de 211 heures (Gr. 60/1).

Les replis amniotiques distincts sur la coupe C, accolés sur la coupe D, sont complètement fusionnés sur la coupe E, au niveau de la tête de la ligne primitive. La gouttière médullaire ouverte en arrière sur les coupes C, D, E, est transformée en tube sur les coupes A et B.

gouttière en *tube médullaire* (fig. 41). La fermeture de la gouttière médullaire débute à une certaine distance de l'extrémité supérieure (dans la région qui répondra plus tard à

6.

l'arrière-cerveau), puis elle progresse à la fois en haut et en bas. Vers la fin du 9e jour (embryon de 215 heures), l'occlusion est complète, sauf au niveau des deux extrémités (*pore neural supérieur, pore neural inférieur*). Ces deux ouvertures ne tarderont pas elles-mêmes à s'obturer complètement.

Le tube médullaire, une fois constitué, ne reste pas long-temps en continuité avec le feuillet externe dont dérivent ses éléments. Le raphé épithélial qui unissait ces deux formations sur la ligne médiane disparaît rapidement, et une couche de tissu mésodermique provenant des protovertèbres, vient s'insinuer au 10e jour entre l'ectoderme et le tube médullaire (*membrana reuniens superior*, RATHKE).

Le tube médullaire ne présente pas dans toute sa longueur un calibre uniforme. Déjà, avant que la gouttière soit entière-ment fermée, on peut distinguer à son extrémité supérieure trois dilatations qui se transformeront en vésicules au moment de l'occlusion. Par une série de modifications que nous décri-rons plus loin (p. 296), ces trois vésicules formeront l'encéphale, tandis que le restant du tube médullaire donnera naissance à la moelle épinière.

Pendant que la gouttière médullaire augmente de dimensions et se transforme en canal, la ligne primitive reste au contraire stationnaire, ou même diminue légèrement de longueur. Elle semble ainsi occuper une position de plus en plus reculée, et ne figure bientôt plus qu'une sorte d'appendice annexé à l'extrémité inférieure du tube médullaire. Nous étudierons sa destinée ulté-rieure à propos du développement de l'extrémité caudale.

Le sillon primitif et le sillon dorsal ne sont donc pas des formations anatomiques se succédant sur place, comme l'avaient cru les premiers embryologistes (DE BAER, WAGNER, REICHERT, REMAK, etc.). Toutes les recherches contemporaines sont venues confirmer sur ce point les données de DURSY (1866), établissant nettement la distinction entre la gouttière médul-laire et le sillon primitif, et constatant l'atrophie progressive de la ligne primitive, atrophie combinée avec un mouvement de recul de cette ligne qui se trouve de plus en plus reportée vers l'extrémité inférieure de l'embryon.

2° Chorde dorsale. — L'épaississement axile de l'endoderme que nous avons désigné sous le nom de prolongement céphalique de la ligne primitive, se renfle et se détache peu à peu du feuillet interne qui se reconstitue en avant de lui (à partir de la 212ᵉ heure). Il figure alors un cordon cellulaire longitudinal interposé entre le fond du tube médullaire et la portion sous-jacente de l'endoderme : c'est la *chorde* ou *chorde dorsale*, la *notocorde* (R. Owen).

La chorde dorsale, une fois détachée de l'endoderme, prend une forme assez régulièrement cylindrique, et s'entoure bientôt d'une mince enveloppe hyaline que Robin assimile à une formation cuticulaire (*tunique* ou *gaine* de la notocorde). La notocorde représente l'axe de la future colonne vertébrale ; c'est autour d'elle, en effet, que se développeront les corps des vertèbres.

3° Protovertèbres. — Jusqu'à la fin du 9ᵉ jour, la paroi des protovertèbres possède un caractère épithélial. Au moment où la chorde dorsale s'isole du feuillet interne, les cellules occupant l'angle antérieur et interne des protovertèbres se multiplient activement, et donnent naissance à deux expansions mésodermiques qui s'insinuent d'une part entre la corde dorsale et le tube médullaire, et de l'autre entre la corde et l'endoderme (*colonne vertébrale membraneuse*). Ainsi la notocorde se trouve enveloppée d'une gaine mésodermique complète unissant sur la ligne médiaire les formations mésodermiques droite et gauche, en même temps que d'autres éléments se répandent à l'intérieur de la cavité des protovertèbres, qu'ils ne tardent pas à combler. Enfin, de l'angle postérieur et interne, se détache un troisième prolongement cellulaire qui s'interpose entre le tube médullaire et l'ectoderme (*membrana reuniens superior*, Rathke).

Un peu plus tard, du 10ᵉ au 11ᵉ jour, la paroi dorsale et externe des segments primordiaux s'individualise, sous forme d'une plaque (*plaque musculaire* ou *dorsale*, Remak) qui figure l'ébauche des muscles du tronc (fig. 43). Le restant des protovertèbres constitue le *noyau vertébral* de Remak ou *sclérotome* de Rabl qui formera le squelette vertébral.

Le nombre des protovertèbres augmente rapidement de haut en bas ; sur l'embryon de 224 heures (5 millimètres) représenté dans la figure 52, il s'élève à 28.

4° Cœlome. — La cavité du cœlome, confinée primitivement au pourtour de l'embryon (fig. 42), se propage en dehors, et

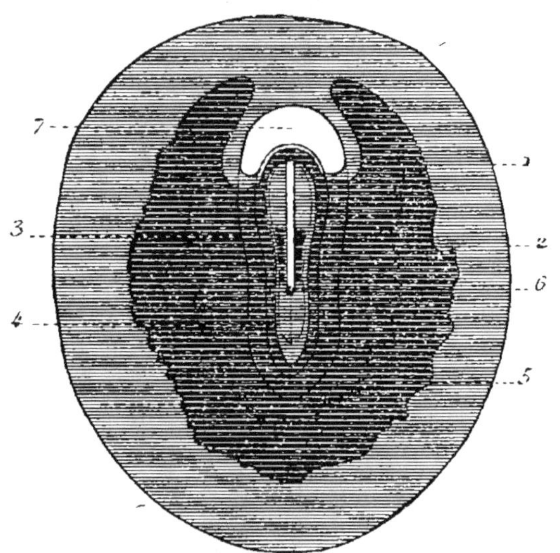

Fig. 42.

Vue en projection du mésoderme (rose), et de la cavité du cœlome (rouge) sur un œuf de lapine de 211 heures. Les inflexions du pourtour de la tache embryonnaire sont supposées redressées (Gr. 6/1).

Les lignes noires concentriques indiquent les limites périphériques : 1, de l'aire opaque. — 2, de la zone transparente. — 3, de la zone pariétale. — 4, de la zone rachidienne. — 5, ligne sinueuse indiquant les contours du croissant ectoplacentaire. — 6, tête de la ligne primitive. — 7, proamnios occupant l'extrémité céphalique de la zone transparente.

fissure progressivement le mésoderme jusqu'à la limite de l'aire opaque. Sur l'embryon de 211 heures, le cœlome a atteint latéralement le bord externe du fer-à-cheval placentaire ; en avant, il a poussé deux prolongements qui contournent de part et d'autre le proamnios, et tendent à se rejoindre sur la ligne médiane.

5° Aorte. — Les deux aortes primitives que nous avons vues, chez l'embryon de 205 heures, reléguées contre le bord externe des protovertèbres, augmentent rapidement de volume dans les stades ultérieurs, et se rapprochent de la ligne médiane, en s'insinuant entre la chorde dorsale et l'endoderme. La cloison qui les sépare disparaît bientôt (embryon de 224 heures), et les aortes se fusionnent dans la région dorso-lombaire, en un canal impair et médian qui représente l'aorte définitive (fig. 43).

6° Soulèvement de la lame somatique. — Le soulèvement de cette lame entraîne la formation de l'amnios et du chorion.

a. *Faux amnios*. — Pendant que se produisent les modifications précédentes, le corps de l'embryon a augmenté de dimensions, et, en raison de son poids de plus en plus élevé, s'enfonce progressivement dans la cavité blastodermique. Ainsi se forme à la limite de la tache embryonnaire un repli superficiel du blastoderme comprenant dans son épaisseur la somatopleure et la splanchnopleure ; ce repli constitue le *faux amnios* (WOLFF). Le faux amnios est surtout bien développé chez le poulet où il entoure complètement la tache embryonnaire ; chez le lapin, il se trouve réduit à deux saillies peu accusées limitant latéralement la portion moyenne du tronc, et précédant le soulèvement amniotique proprement dit (fig. 41, A).

b. *Amnios*. — Des deux lames qui entrent dans la composition du faux amnios, l'interne ou lame splanchnique s'abaisse, tandis que l'externe ou lame somatique se soulève de plus en plus à la face dorsale de l'embryon. Ce *repli amniotique* qui comprend dans sa duplicature un prolongement du cœlome, forme la paroi externe du *sillon amniotique* occupant les limites mêmes de la tache embryonnaire. Les deux replis amniotiques droit et gauche finissent, dans leur mouvement d'extension en arrière, par se rencontrer et par se souder sur la ligne médiane. Ils délimitent ainsi, en arrière du corps de l'embryon, une cavité close de toutes parts : la *cavité amniotique* ou *amnios*. Les parois postérieure et latérale de cette cavité sont constituées par la portion interne des replis amniotiques (*lame fibro-amniotique*), la paroi antérieure est représentée par le corps de l'embryon (fig. 41, D).

L'examen des coupes transversales sériées pratiquées sur un embryon de lapin, au moment du soulèvement amniotique (embryon de 209 à 215 heures), montre que les replis amniotiques commencent à se dessiner au niveau de l'extrémité caudale, et qu'ils se prolongent ensuite en avant, au fur et à mesure qu'ils se soulèvent et se fusionnent sur la ligne médiane en arrière. Nous reviendrons sur ce mode de formation de l'amnios, à propos du développement de l'extrémité caudale.

c. *Chorion*. — La paroi postérieure de l'amnios, en continuité sur la ligne médiane, au moment de l'occlusion du sac amniotique, avec la portion externe des replis amniotiques, s'en sépare bientôt, et la cavité droite du cœlome communique directement avec la cavité gauche, en arrière du corps de l'embryon. Les lames externes des replis amniotiques détachées de la paroi de l'amnios participent à la formation de la *vésicule séreuse* ou *premier chorion* (2ᵉ *chorion* de Coste) (fig. 41 E). Rappelons, en passant, que cette portion extra-embryonnaire de la somatopleure ne s'étend pas au delà des limites latérales de l'aire vasculaire, où cesse le feuillet musculo-cutané, et que, plus loin, le feuillet externe se trouve directement en contact avec le feuillet interne.

7º Inflexion en dedans des lames somatique et splanchnique. — Nous nous occuperons successivement des différentes modifications qui résultent de l'inflexion des lames somatique et splanchnique.

a. *Fente pleuro-péritonéale, cœlome externe*. — Une fois le soulèvement amniotique achevé, la portion intra-embryonnaire de la somatopleure, comprise depuis la lame médiane jusqu'au sillon amniotique, s'infléchit en avant et en dedans, augmentant progressivement la profondeur du sillon amniotique. Dans ce mouvement de reploiement, la somatopleure rencontre à un moment donné la splanchnopleure, sur les limites de la zone pariétale, au niveau du sillon amniotique. La cavité du cœlome qui sépare ces deux lames, se montre dès lors divisée en deux parties distinctes : l'une intra-embryonnaire, *cavité* ou *fente pleuro-péritonéale, cœlome interne*, l'autre extra-embryonnaire, *cavité innominée* (G. POUCHET, 1876 , *cœlome externe, cœlome proprement dit*.

b. *Gouttière intestinale, vésicule ombilicale, mésentère postérieur*. — La somatopleure en s'incurvant de plus en plus

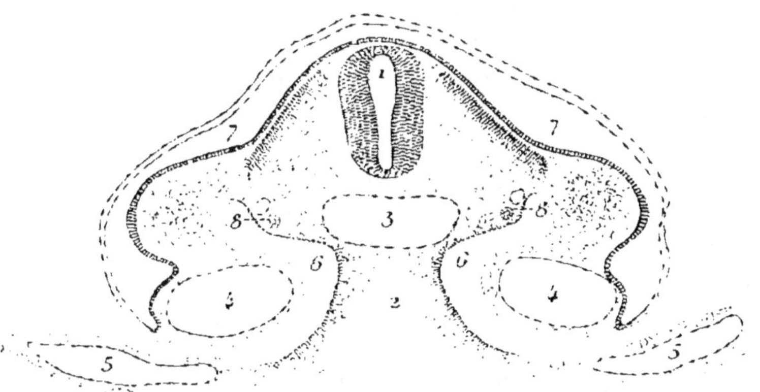

Fig. 43.

Section transversale de la portion moyenne du tronc sur un embryon de lapin de 224 heures, montrant l'inflexion en avant des lames somatiques, et la formation de la gouttière intestinale (Gr. 60/1).

1. tube médullaire. — 2. gouttière intestinale. — 3. aorte. — 4. 4. veines ombilicales. — 5. 5. veines omphalo-mésentériques. — 6. cavité du cœlome. — 7. cavité amniotique. — 8. canal de Wolff en arrière duquel se trouve la veine cardinale inférieure.

déprime la splanchnopleure au niveau de la ligne de contact des deux lames, et détermine la formation d'une gouttière longitudinale à la face ventrale de l'embryon : c'est la *gouttière intestinale* (fig. 43, qu'un méso court et épais rattache en arrière à la paroi (*mésentère postérieur*). La cavité blastodermique se trouvera ainsi divisée, au moins dans la région moyenne du corps de l'embryon, en deux parties fort inégales : l'une intra-embryonnaire, petite, *cavité intestinale* ; l'autre extra-embryonnaire, beaucoup plus vaste, *vésicule ombilicale*, ou *sac vitellin*, à la surface de laquelle s'étend l'aire vasculaire.

La formation du mésentère postérieur résulte non seulement du reploiement en avant des lames, mais encore de ce fait, que le cœlome se dilate de chaque côté, et se prolonge en dedans au-dessous de l'aorte (comparer les figures 41 et 43).

c. *Replis cardiaque et allantoïdien, canal vitellin.* — La gouttière intestinale, nettement accusée sur l'embryon de 216 heures, est limitée à chacune de ses extrémités par un repli de la splanchnopleure. Ces deux replis médians de la splanchnopleure dont nous désignerons le supérieur sous le nom de *repli cardiaque*, et l'inférieur sous celui de *repli allantoïdien*, en raison de leurs connexions que nous étudierons plus loin, s'avancent l'un vers l'autre, en diminuant progressivement la longueur de la gouttière intestinale. Leur mode de cheminement ne paraît pas encore entièrement élucidé, surtout en ce qui concerne le repli allantoïdien. Toutefois, comme ils affectent la forme de croissants dont les concavités se regardent, on les considère volontiers comme formés chacun par deux replis latéraux qui, en se rapprochant l'un de l'autre et en se fusionnant sur la ligne médiane, déterminent naturellement la progression des deux replis cardiaque et allantoïdien, en même temps que le raccourcissement de la gouttière intestinale. C'est ce qu'on exprime en disant que les deux bords de la gouttière intestinale convergent l'un vers l'autre, et tendent à se souder sur la ligne médiane.

Le repli cardiaque s'abaisse tout d'abord, transformant la gouttière intestinale en tube, jusqu'au niveau des veines omphalo-mésentériques ; puis le repli allantoïdien s'élève, et les deux replis se dirigent alors l'un vers l'autre. A un moment donné, la gouttière intestinale se trouve convertie en tube dans presque toute son étendue, et ne communique plus avec la vésicule ombilicale que par un conduit rétréci, le *canal vitellin* ou *omphalo-mésentérique.* Dans les parois de ce canal formées par la splanchnopleure, rampent les vaisseaux destinés aux parois de la vésicule ombilicale (*vaisseaux omphalo-mésentériques* ou *vitellins*) : l'ensemble constitue le *pédicule vitellin* ou *ombilical.*

d. *Paroi du corps.* — Pendant cette transformation de la

gouttière intestinale en tube, les somatopleures droite et
gauche ont poursuivi leur mouvement d'inflexion, en regard
des sillons amniotiques. Les deux replis qu'elles forment et
que l'on peut désigner sous le nom de *replis ventraux*, se
portent à la rencontre l'un de l'autre de la même façon que
les replis de la splanchnopleure, et se fusionnent sur la ligne
médiane. Les portions extra-embryonnaires des replis ventraux ne tardent pas à se séparer des portions intra-embryonnaires, et contribuent à la constitution des parois de l'amnios.
Quant aux portions intra-embryonnaires, elles représentent
la *paroi primitive du corps* (*membrana reuniens inferior* de
Rathke) dans l'épaisseur de laquelle s'insinuent ultérieurement
des prolongements musculaires des protovertèbres (*lames ventrales* de Rathke ou *viscérales* de Reichert). La fermeture de la
paroi primitive du corps respecte toutefois le pourtour du conduit vitellin, délimitant ainsi un orifice qui n'est autre que
l'ombilic cutané.

c. *Mésentère antérieur*. — Au moment de la fermeture de la
gouttière intestinale, le tube digestif se trouve rattaché à la
vésicule ombilicale par l'intermédiaire d'un méso (*mésentère
antérieur*) résultant de l'adossement de la splanchnopleure à
elle-même. Ce méso disparaît rapidement dans toute l'étendue
du tube digestif, sauf toutefois au niveau de l'estomac et de
la portion initiale du duodenum. Lorsque la paroi primitive
du corps se sera constituée par le mécanisme indiqué ci-dessus, la portion persistante du mésentère antérieur ne se trouvera plus en rapport avec la vésicule ombilicale, mais viendra
se fixer en avant directement sur cette paroi.

§ 3. — Développement de l'extrémité céphalique

Au développement de l'extrémité céphalique, se rattache la
formation de la gaine céphalique de l'amnios et du cœur.

1° Capuchon céphalique de l'amnios. — Comme pour
le tronc, la première modification qu'on observe dans la
région de l'extrémité céphalique, est un soulèvement de la por-

tion préembryonnaire du blastoderme vers la face dorsale, qui se produit au niveau du proamnios, sur les confins de l'aire opaque (200ᵉ heure). Le repli résultant de ce soulèvement constitue une sorte de coiffe légère, peu élevée, qui recouvre l'extrémité supérieure de l'embryon (*capuchon céphalique, gaine céphalique de l'amnios, amnios céphalique*).

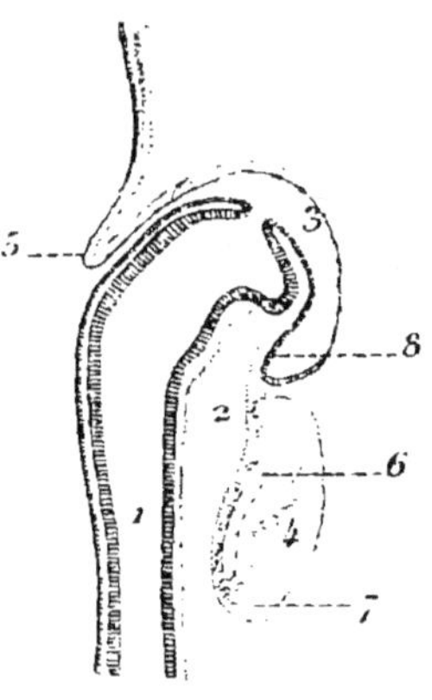

Fig. 44.

Section sagittale et axile de l'extrémité céphalique sur un embryon de lapin de 209 heures (Gr. 30/1).

1. tube médullaire encore ouvert au niveau de son extrémité supérieure (pore neural supérieur). — 2, intestin céphalique dont le cul-de-sac est limité en avant par la membrane pharyngienne. — 3, cavité du proamnios. — 4, cavité pariétale. — 5, repli proamniotique. — 6, tube cardiaque. — 7, repli cardiaque constitué par la splanchnopleure. — 8, membrane pharyngienne.

2° Cul-de-sac céphalique de l'intestin, membrane pharyngienne. — Une fois le capuchon céphalique dessiné, la partie de l'embryon située au-dessus de la gouttière médullaire s'infléchit en avant et en dedans, et se coude parallèlement à la gouttière médullaire (fig. 44). Cette inflexion de haut en bas (autour d'un axe horizontal) se combine avec les inflexions latérales (autour d'un axe vertical), et il en résulte la production d'un cul-de-sac tapissé par le feuillet interne, et se continuant en bas avec la gouttière intestinale au niveau de son entrée (*fovea cardiaca*, WOLFF; *aditus anterior ad intestinum*, de BAER): c'est le *cul-de-sac antérieur de l'intestin* qu'il serait peut-être préférable de désigner sous le nom de *cul-de-sac céphalique*. La paroi antérieure de ce cul-de-sac est représentée de haut en bas par la membrane didermique située primitivement au-dessus de l'extrémité supé-

rieure de la gouttière médullaire, puis par la splanchnopleure de la zone pariétale abaissée, qui rejoint en dehors la lame somatique au niveau du sillon amniotique, c'est-à-dire à l'origine du proamnios. L'extrémité supérieure du cul-de-sac céphalique donnera naissance au pharynx; par suite, la mem-

brane didermique qui l'obture en avant, a reçu de REMAK
le nom de *membrane prépharyngienne* ou *pharyngienne*.
En dedans, la soudure des deux lames somatique et splanch-

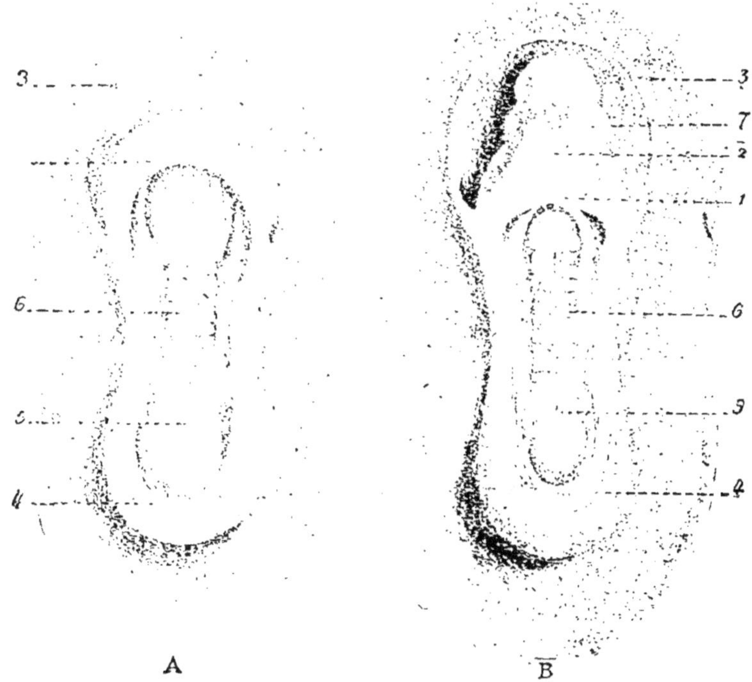

A   B

Fig. 45.

Vue en surface par leur face centrale de deux embryons de lapin
de 206 heures (A) et de 211 heures (B), après ouverture de la cavité
de l'œuf (vesicule ombilicale) (Gr. 12/1).

1. repli cardiaque. — 2, cœur. — 3. limite marginale du proamnios. — 4. repli
allantoïdien. — 5. tête de la ligne primitive. — 6. série des protovertèbres. — 7, pre
mier arc branchial.

nique s'opère immédiatement au-dessous de cette membrane.

3º Repli cardiaque, cavité pleuro-péricardique.. — A

l'origine (embryons de 205 heures), la cavité cœlomique interposée à la somatopleure et à la splanchnopleure est de dimensions assez réduites ; mais bientôt la lame splanchnique s'allonge, et, comme ses extrémités adhérentes ne s'écartent pas

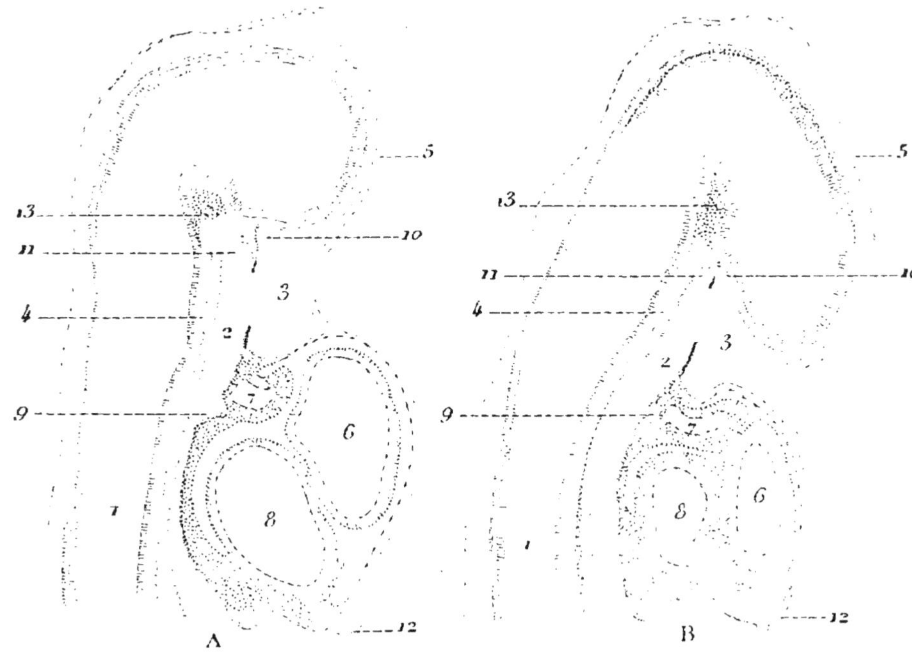

Fig. 46.

Section sagittale et axile de l'extrémité céphalique (A) sur un embryon de lapin de 216 heures, et (B sur un embryon de lapin de 224 heures (Gr. 30/1).

1, tube médullaire dont l'extrémité supérieure est dilatée en vésicules cérébrales. — 2, intestin céphalique communiquant en avant avec l'excavation naso-buccale par la déchirure centrale de la membrane pharyngienne. — 3, excavation naso-buccale que surplombe la vésicule cérébrale antérieure. — 5, chorde dorsale dont l'extrémité supérieure est bifurquée. — 5, proamnios. — 6, ventricule primitif du cœur. — 7, bulbe aortique. — 8, oreillette primitive. — 10, poche de Rathke. — 11, poche de Seessel — 12, villosités du conduit vitellin. — 13, pilier moyen du crâne.

dans la même proportion, elle se coude inférieurement en un repli dont le bord libre qui limite supérieurement la gouttière intestinale regarde directement en bas : c'est le *repli cardiaque* (fig. 45). Vu de face, le bord libre de ce repli décrit une courbe à concavité inférieure, et on peut le considérer comme formé par la réunion de deux replis latéraux. De fait, il paraît démontré que l'allongement de ce repli qui augmente la profondeur du cul-de-sac céphalique de l'intestin, en même temps qu'il entraîne l'agrandissement du cœlome adjacent, s'opère par le rapprochement et la soudure sur la ligne médiane de ses deux cornes latérales qui se continuent en bas avec les bords de la gouttière intestinale. La portion médiane du cœlome, située en avant de l'intestin antérieur, est désignée indifféremment sous les noms de *cavité cervicale* (REMAK et KŒLLIKER), de *cavité pariétale* (HIS), ou encore de cavité *pleuro-péricardique* (O. HERTWIG). Ainsi que le montre la figure 46, sa paroi supérieure est constituée par la somatopleure qui s'étend depuis la membrane pharyngienne jusqu'au proamnios ; les autres parois sont représentées par la splanchnopleure.

4° Cœur. — C'est immédiatement en avant de l'intestin antérieur que se développe le cœur par rapprochement et soudure sur la ligne médiane de deux ébauches distinctes (DARESTE 1863, HENSEN 1867, HIS, KŒLLIKER). Nous avons vu, en effet, que, chez l'embryon de 205 heures (fig. 39, C), il existe de chaque côté, sur les parties latérales de l'extrémité céphalique, au niveau de la zone pariétale, un rudiment cardiaque, sous forme d'un tube longitudinal, à paroi endothéliale, contenu dans un épaississement de la lame fibro-intestinale qui fait saillie dans la cavité du cœlome. Inférieurement et en dehors, ces tubes cardiaques se continuent avec les veines omphalo-mésentériques qui, également situées dans l'épaisseur de la lame fibro-intestinale, ramènent à l'embryon le sang de l'aire vasculaire. Lorsque, dans les heures qui suivent, le mouvement de reploiement en avant de la portion du blastoderme qui entoure l'extrémité antérieure de la gouttière médullaire aura délimité le cul-de-sac antérieur de l'intestin, et que le repli cardiaque de la splanchnopleure sera ébauché, les rudiments du cœur se trouveront situés dans les cornes latérales de ce repli, et, lorsque ces deux cornes se seront progressivement rapprochées et fusionnées de haut en bas sur la ligne médiane, les deux

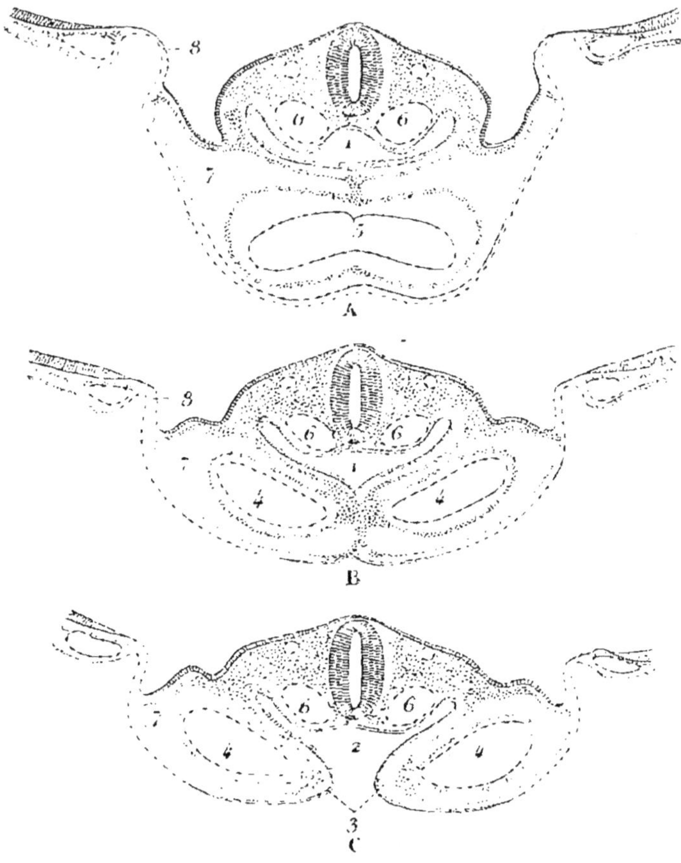

Fig. 47.

Trois coupes étagées de haut en bas, intéressant transversalement le
bord inférieur du repli cardiaque sur un embryon de lapin de
210 heures, et montrant le mode de formation du cœur par soudure de bas en haut, sur la ligne médiane, de deux ébauches
latérales (Gr. 60/1).

1. intestin céphalique. — 2, gouttière intestinale. — 3, cornes du repli cardiaque. —
4, 4, ébauches latérales du cœur. — 5. tube cardiaque. — 6, 6. aortes descendantes.
— 7, cavité pariétale. — 8, corne inférieure droite du croissant proamniotique.

rudiments cardiaques placés alors côte à côte le long de la

ligne médiane, en avant de l'intestin antérieur, se fusionneront également en un seul tube recevant par son extrémité inférieure les deux grosses veines vitellines. L'allongement du repli cardiaque jusqu'aux veines omphalo-mésentériques, la soudure des deux rudiments cardiaques, la disparition de la cloison interposée, s'opèrent dans l'espace de quelques heures (de la 205ᵉ à la 210ᵉ heure).

Pour bien faire comprendre le mécanisme de la soudure des deux rudiments cardiaques, nous avons représenté, dans la figure 47, trois coupes transversales de l'extrémité céphalique d'un embryon de lapin de 210 heures, intéressant : la première A, la portion moyenne des deux tubes cardiaques presque complètement fusionnés ; la deuxième B, le sommet du repli cardiaque, avec les deux tubes cardiaques au contact ; et la troisième C, les cornes latérales du repli cardiaque avec l'origine des veines omphalo-mésentériques. En examinant ces coupes de bas en haut, on voit que les cornes du repli cardiaque, isolées en C, se sont rejointes sur la ligne médiane en B, et que l'endoderme a disparu suivant la ligne de soudure. Plus haut, en A, le feuillet fibro-intestinal interposé aux deux tubes cardiaques s'est lui-même résorbé, ainsi que les revêtements endothéliaux en contact, et les cavités de ces tubes communiquent entre elles : le cœur est constitué.

5⁰ Mésocardes. — On remarque, d'autre part, que les rudiments du cœur, au moment de la soudure des deux cornes du repli cardiaque, se trouvent compris dans une cloison mésodermique tendue longitudinalement entre l'intestin antérieur et la paroi antérieure de la cavité pariétale. Cette cloison, renflée au niveau des ébauches cardiaques, résulte de la soudure sur la ligne médiane des lames fibro-intestinales droite et gauche. En d'autres termes, le cœur est rattaché à la paroi en avant et en arrière par un méso. Le mésoantérieur (*mésocarde antérieur*) disparaît presque immédiatement après la soudure des bourgeons cardiaques, tandis que le postérieur (*mésocarde postérieur*) persiste dans presque toute son étendue. Ce mésocarde postérieur figurera dans la suite le pédicule supportant le cœur et les gros vaisseaux ; c'est dans son épaisseur que poussera le bourgeon pulmonaire.

6° Coiffe cardiaque. — Comme on le voit sur la figure 46, la cavité pariétale n'est séparée de la cavité vitelline que par l'interposition de la splanchnopleure, très mince à ce niveau, si bien que le cœur, recouvert d'un voile léger (*coiffe cardiaque* de REMAK), semble faire saillie à l'intérieur du sac vitellin, où on le voit battre de très bonne heure, dès la 211e heure chez l'embryon de lapin, et au commencement de la troisième semaine chez l'embryon humain (στίγμα ζωοφύεν d'ARISTOTE, *punctum saliens* de HARVEY).

Dans la suite, la cavité pariétale se cloisonnera et donnera naissance aux cavités péricardique et pleurales ; celles-ci se sépareront plus tard de la cavité péritonéale par un mécanisme assez compliqué et que nous étudierons plus loin, à propos de la formation du diaphragme.

7° Paroi thoracique. — La paroi thoracique primitive se constitue de la façon suivante. L'épithélium tapissant le fond du sillon amniotique qui limite en haut et sur les côtés la coiffe cardiaque, s'insinue progressivement dans l'épaisseur de cette coiffe. Des deux lames qui composent cette duplicature ectodermique, l'interne s'accole au feuillet fibro-intestinal pour former la paroi primitive du thorax qui continue directement en avant la lame somatique jusqu'au fond du sillon amniotique ; l'externe s'unit à l'endoderme, et la membrane didermique qui en résulte prolonge inférieurement le proamnios (fig. 46). Plus tard, les lames musculaires des protovertèbres enverront des prolongements dans l'épaisseur de la paroi primitive du thorax.

8° Fosse naso-buccale. — Pendant que ces modifications se produisent au niveau du repli cardiaque, la gouttière médullaire s'est transformée en tube, et les vésicules cérébrales se sont développées, augmentant le volume de l'extrémité céphalique. La vésicule antérieure s'est allongée, et surplombe la

membrane pharyngienne, délimitant avec cette membrane
une excavation qui donnera naissance à la bouche et aux fosses
nasales (*sinus naso-buccal, fosse naso-buccale*).

Sur l'embryon de 216 heures, la membrane pharyngienne
s'est résorbée dans sa partie centrale, mettant ainsi le cul-de-
sac céphalique de l'intestin en communication avec le sinus
naso-buccal. Le pourtour de la membrane pharyngienne persiste pendant un certain temps sous le nom de *voile du palais
primitif* dont le bord supérieur limite de chaque côté un cul-
de-sac (fig. 46). Le cul-de-sac antérieur, tapissé par l'ectoderme,
représente l'origine du diverticule hypophysaire (*poche de
Rathke, poche hypophysaire*). Le cul-de-sac postérieur revêtu
par l'endoderme, constitue la *poche de* Seessel.

La membrane pharyngienne est d'abord didermique; mais
le voile du palais primitif qui lui fait suite devient rapidement tridermique, par pénétration du mésoderme ambiant
entre l'ectoderme et l'endoderme (embryons de 216 et
de 224 heures). Ce voile persiste pendant quelque temps au
plafond du pharynx sous la forme d'une cloison transversale
séparant le diverticule hypophysaire de la poche de Seessel,
puis il s'atrophie et disparaît complètement. Dès lors, aucune
limite anatomique ne marque la séparation entre la fosse
naso-buccale et le pharynx, et ces deux cavités peuvent être
confondues sous la même dénomination de *conduit naso-bucco-
pharyngien*. A la dilatation pharyngienne, fait suite inférieurement une portion rétrécie, l'œsophage.

9° Chorde dorsale. — De son côté, la chorde dorsale s'est
isolée de l'endoderme, et son extrémité supérieure apparaît
nettement bifurquée. La branche postérieure se dirige directement en haut, la branche antérieure s'infléchit en avant,
et, contournant la poche de Seessel, se porte vers le bord
supérieur de la membrane pharyngienne, où elle s'unit à
l'ectoderme de la poche de Rathke (fig. 46). Ces deux branches
disparaîtraient dans la suite par voie de désagrégation, et les
cellules mises ainsi en liberté se transformeraient en cellules mésodermiques (Saint-Remy, 1895). La branche posté-

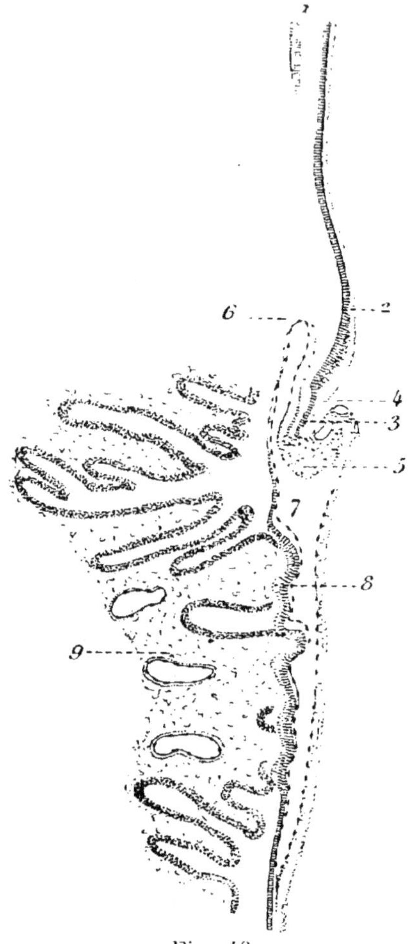

Fig. 48.

Section sagittale et axile de l'extrémité inférieure sur un embryon de lapin de 211 heures, montrant en avant le repli allantoïdien, et en arrière le repli caudal de l'amnios (Gr. 30/1).

1, tube médullaire se continuant en bas avec la gouttière médullaire dont le fond seul qui adhère à l'épaississement chordal de l'endoderme, a été intéressé sur la coupe sagittale. — 2, tête de ligne primitive. — 3, membrane cloacale. — 4, repli allantoïdien délimitant le cul-de-sac allantoïdien. — 5, bourrelet allantoïdien. — 6, repli caudal de l'amnios. — 7, cavité du cœlome. — 8, ectoplacenta — 9, muqueuse de l'utérus.

rieure répondrait à la poche palatine décrite par Selenka chez l'opossum.

§ 4. — Développement de l'extrémité caudale

Au développement de l'extrémité caudale, se rattachent la formation de la gaine caudale de l'amnios, et celle de l'allantoïde.

1° Capuchon caudal de l'amnios. — Au moment où s'accuse le repli proamniotique vers la 200ᵉ heure, on voit de même, au niveau de l'extrémité postérieure, la somatopleure se soulever à la face dorsale de l'embryon. Ce soulèvement qui va donner naissance à la *gaine caudale de l'amnios*, à *l'amnios caudal*, se produit au niveau de l'aire transparente, de telle sorte que le sillon amniotique répond à la limite inférieure de la zone pariétale.

Sur l'embryon de 211

heures, le sommet du repli amniotique s'est élevé à la hauteur
de la tête de la ligne primitive (fig. 48). Si, à ce moment, on
regarde la gaine caudale de l'amnios par la face dorsale de
l'embryon, elle se présente sous la forme d'un capuchon recouvrant l'extrémité caudale de l'embryon (*capuchon caudal de
l'amnios*). Le bord libre de ce capuchon, concave, se prolonge
de chaque côté en haut par un pli longitudinal qui s'atténue
graduellement, et finit par disparaître à la surface du blastoderme. Ce sont ces deux cornes du repli caudal de l'amnios
que nous avons désignées, sur les coupes transversales, sous le
nom de replis amniotiques latéraux. L'allongement de l'amnios semble résulter de la soudure progressive, sur la ligne
médiane, de ces deux replis qui, au fur et à mesure qu'ils se
fusionnent en arrière, se prolongent en avant à la rencontre
du proamnios.

2° **Membrane cloacale.** — D'autre part, le mésoderme, jusque-là continu sur la ligne médiane dans la région de la ligne
primitive, disparaît dans une certaine étendue, immédiatement au-dessous de cette ligne, à l'origine de la zone pariétale.
Le blastoderme dans cette étendue devient didermique, et
constitue la *membrane cloacale*. Le fond du sillon amniotique
est presque en contact avec le bord inférieur de cette membrane.

3° **Repli et cul-de-sac allantoïdiens.** — Pendant que la
lame somatique se soulève en arrière pour constituer l'amnios
caudal, la lame splanchnique de son côté s'infléchit en avant,
se recourbe en haut et dessine ainsi un repli curviligne (*repli
allantoïdien*) qui délimite au niveau de l'extrémité inférieure
du corps un cul-de-sac tapissé par l'endoderme (*cul-de-sac
allantoïdien*). La paroi postérieure de ce cul-de-sac est représentée par la membrane anale, son sommet inférieur s'enfonce dans un épaississement de la lame musculo-cutanée qui
empiète légèrement sur l'origine de la lame fibro-intestinale,
et qui forme une sorte de bourrelet saillant dans la cavité
du cœlome (*bourrelet allantoïdien*). On peut admettre que la

7..

continuité entre les deux lames somatique et splanchnique s'opère au niveau du bord antérieur de ce bourrelet (fig. 48).

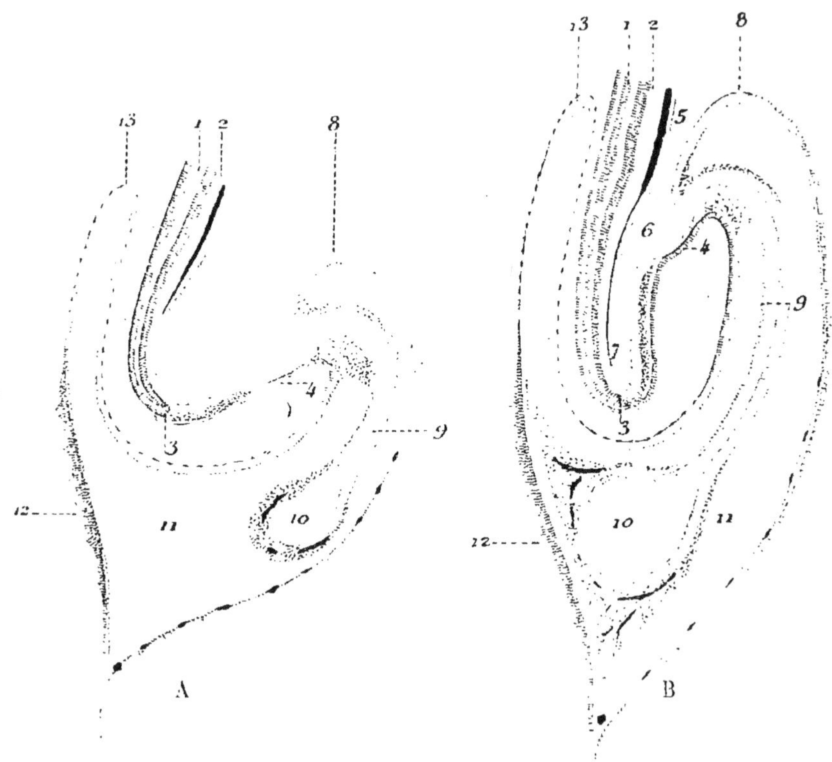

Fig. 49.

Section sagittale et axile de l'extrémité inférieure sur deux embryons de lapin, à des stades successifs du développement. Représentation schématique destinée à montrer comment se constitue l'appendice caudal, et comment l'allantoïde vient s'étaler contre l'ectoplacenta.

1, tube médullaire. — 2, chorde dorsale. — 3, tête de la ligne primitive. — 4, membrane cloacale. — 5, intestin. — 6, cloaque. — 7, intestin caudal. — 8, repli allantoïdien. — 9, pédicule allantoïdien. — 10, vésicule allantoïdienne. — 11, cœlome externe. — 12, ectoplacenta. — 13, repli caudal de l'amnios.

4° Cul-de-sac caudal de l'intestin, intestin caudal. — Une fois le cul-de-sac allantoïdien nettement délimité (vers la

212ᵉ heure), l'extrémité inférieure de l'embryon tout entière
s'infléchit en avant, autour de la tête de la ligne primitive
comme centre. Cette inflexion n'a pas lieu par un simple
mouvement de bascule, comme
semble l'indiquer la figure schématique 49, mais par une sorte de
reploiement progressif des téguments. Ainsi se trouve constitué dans
le prolongement de l'axe du corps,
l'*appendice caudal* dont le sommet
répond exactement à la tête de la
ligne primitive. Cet appendice englobe le fond d'un cul-de-sac tapissé
par l'endoderme, et se continuant
supérieurement avec la gouttière
intestinale, au niveau du bord libre
du repli allantoïdien : c'est le *cul-de-
sac inférieur de l'intestin* qu'il serait
peut-être préférable de désigner
sous le nom de *cul-de-sac caudal.*
La paroi postérieure de ce cul-de-sac
renferme d'arrière en avant : le
tube médullaire entièrement clos,
sauf au niveau de son extrémité
inférieure (pore neural inférieur),
la chorde dorsale et l'artère caudale ;
sa paroi antérieure, au-dessous du
sillon amniotique, est constituée
de haut en bas par la membrane
cloacale et par la ligne primitive
reportées sur la face ventrale de
l'appendice caudal. Vers le sommet

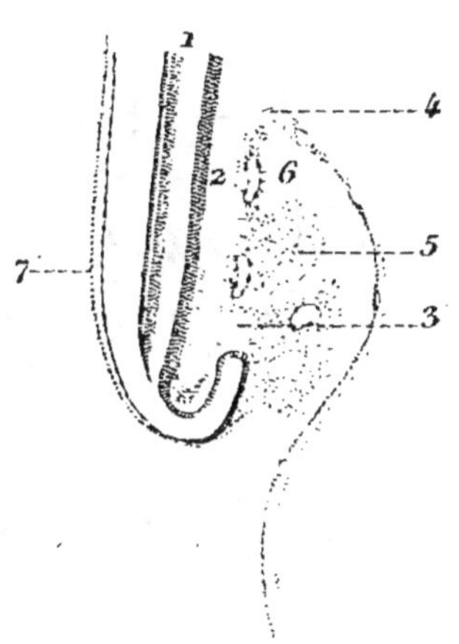

Fig. 50.
Section sagittale et axile
de l'extrémité caudale
sur un embryon de lapin
de 216 heures, montrant
l'inflexion en avant du
segment embryonnaire
situé au-dessous de la
tête de la ligne primi-
tive (Gr. 30/1).

1, tube médullaire encore ouvert à son extrémité inférieure
(pore neural inférieur). — 2, intestin. — 3, cul-de-sac allantoïdien au-dessous duquel se trouve
la membrane cloacale. — 4, repli
allantoïdien. — 5, bourrelet allantoïdien. — 6, cavité du cœlome
— 7, membrane amniotique.

de cet appendice, les éléments du tube médullaire, de la chorde
dorsale et du cul-de-sac caudal de l'intestin se perdent dans
une masse cellulaire indivise répondant à la tête de la ligne
primitive (fig. 49). La figure 50, qui représente une coupe longitudinale de l'extrémité caudale sur un embryon de lapin

7...

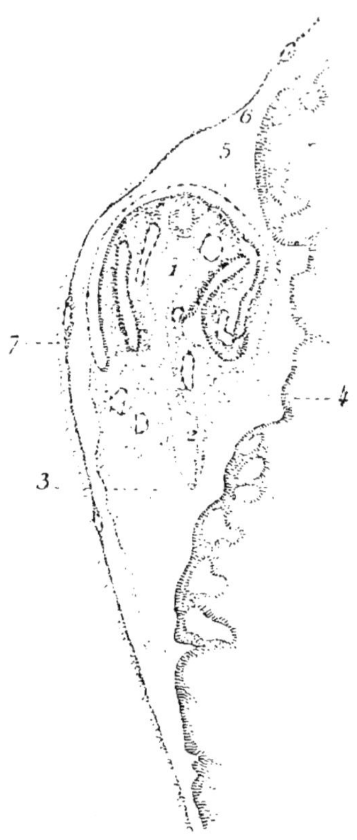

Fig. 51.

Section transversale de l'extrémité caudale sur un embryon de lapin de 224 heures, intéressant le pédicule allantoïdien (Gr. 30/1).

Cette section (vue de bas en haut) est légèrement oblique, en raison de la torsion normale de l'extrémité caudale à droite.

1, intestin. — 2, vésicule allantoïdienne. — 3, tissu du bourrelet allantoïdien s'étalant contre l'ectoplacenta. — 4, ectoplacenta. — 5, membrane amniotique. — 6, cavité du cœlome. — 7, paroi de la vésicule ombilicale (portion extra-embryonnaire de la splanchnopleure).

de 216 heures, montre le début de l'inflexion caudale.

L'intestin se prolonge donc au début à l'intérieur de l'appendice caudal. On donne à la portion de cet intestin débordant en arrière la membrane cloacale, le nom d'*intestin caudal* (KŒLLIKER) ou d'*intestin post-anal* (BALFOUR). Cet intestin caudal participe pendant un certain temps à l'allongement de la queue, puis il se fragmente en plusieurs tronçons qui s'atrophient et disparaissent entièrement (p. 196).

5° Allantoïde. — Le cul-de-sac allantoïdien se trouve reporté de son côté au-dessus de la membrane cloacale, et ne figure plus qu'un appendice de l'intestin, sous la forme d'un bourgeon creux qui s'enfonce directement en avant dans le bourrelet allantoïdien. Ce bourgeon ne tarde pas à s'allonger (216e heure), et, refoulant devant lui le feuillet musculo-cutané dont il est coiffé, s'engage dans la cavité du cœlome. Son extrémité distale se renfle en une vésicule (*allantoïde*) dont les parois viennent s'appliquer contre le chorion dans la région de l'ectoplacenta (fig. 51). Les deux couches mésodermiques en contact se soudent intimement l'une à l'autre, et ainsi s'opère, par l'intermédiaire du chorion, la fixation de l'embryon contre la paroi de l'utérus.

6° Intestin inférieur. — Au-dessus de la portion rétrécie qui fait communiquer la vésicule allantoïdienne avec l'intestin (*pédicule allantoïdien*), on rencontre le repli allantoïdien refoulé en haut par le reploiement qui a donné naissance à l'appendice caudal. Le bord libre de ce repli qui circonscrit l'ouverture du cul-de-sac caudal de l'intestin (*fovea inferior*, WOLFF ; *aditus inferior ad intestinum*, DE BAER) est concave en haut, et ses deux prolongements qui figurent sur les coupes transversales deux replis distincts, se continuent avec les bords de la gouttière intestinale. Ces deux cornes se rapprochent progressivement l'une de l'autre sur la ligne médiane, et se soudent de bas en haut, augmentant ainsi la hauteur du repli allantoïdien, en même temps que la profondeur du cul-de-sac intestinal, par la transformation en tube de l'extrémité inférieure de la gouttière intestinale. Le cul-de-sac devient ainsi l'*intestin inférieur* ou *postérieur*.

7° Cloaque, sinus urogénital. — En regard de la membrane cloacale, l'intestin inférieur légèrement dilaté présente une sorte de carrefour qui communique en avant avec la vésicule allantoïdienne, et dans lequel viendront déboucher de très bonne heure les canaux excréteurs des reins primordiaux (*canaux des corps de Wolff*). Ce carrefour qui a reçu le nom de *cloaque*, ne tardera pas à être cloisonné verticalement par l'abaissement du repli interposé en haut entre l'intestin et le pédicule allantoïdien (*repli* ou *éperon périnéal* de KŒLLIKER).

Nous insisterons plus loin sur le mécanisme de ce cloisonnement (p. 251 et suiv.), nous bornant à faire remarquer ici que le repli périnéal dont le mésoderme provient de la lame musculo-cutanée par l'intermédiaire du bourrelet allantoïdien, s'abaisse dans la cavité du cloaque, en décrivant une courbe ouverte en avant, si bien que son bord libre vient buter contre la membrane cloacale à laquelle il se soude. Le cloaque sera ainsi divisé en deux segments distincts : l'un postérieur qui reste en continuité avec le canal intestinal, et dont l'extrémité inférieure formera le rectum, et l'autre antérieur (*sinus uro-génital*), aux dépens duquel se développeront la vessie et la portion prostastique du canal de l'urèthre. Quant à la membrane cloacale, elle se trouve, elle aussi, fragmentée en deux parties, l'une supérieure ou *lame urogénitale*, en rapport avec le sinus urogénital, l'autre inférieure ou *membrane anale*, en rapport avec le rectum (p. 253).

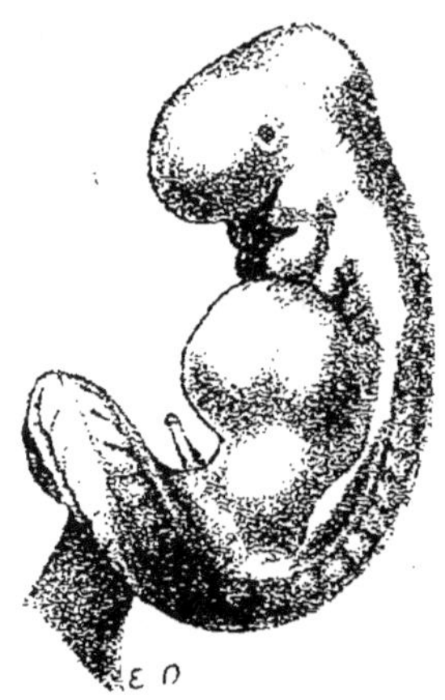

Fig. 52.

Embryon de lapin de 224 heures (5 mill.) dépouillé de sa coiffe amniotique (Gr. 8/1).

La protubérance de la nuque est peu accusée, mais on distingue nettement la protubérance du vertex, ainsi que les inflexions dorsale et sacro-lombaire. L'extrémité caudale décrit un tour de spire à droite.

§ 5. — INFLEXIONS DU CORPS DE L'EMBRYON, FENTES BRANCHIALES, APPARITION DES MEMBRES.

1° Inflexions du corps de l'embryon. — Le reploiement en avant de la somatopleure, sur le pourtour de la tache embryonnaire, a déterminé l'ébauche de la forme extérieure du corps. Sur l'embryon de 214 heures, les extrémités céphalique et caudale sont encore situées dans le prolongement de l'axe du corps, mais bientôt, (à partir de la 216ᵉ heure), les deux extrémités basculent en avant, et provoquent la formation, sur la face dorsale, de deux saillies dans les régions dorsale et lombo-sacrée. L'*inflexion dorsale* se produit à angle droit entre les régions cervicale et dorsale. Quant à l'*inflexion lombo-sacrée*, elle se fait suivant une ligne plus arrondie, et l'extrémité caudale poursuivant ensuite son mouvement d'incurvation, s'enroule sur elle-même, suivant un tour et demi de spire environ (13ᵉ jour). En même temps, cette extrémité subit un mouvement de torsion autour de l'axe longitudinal, et s'incline à droite (fig. 52).

L'extrémité céphalique, de son côté, a augmenté de volume.

Les vésicules cérébrales se sont accrues, et, comme leur développement qui intéresse surtout leur face dorsale est fort inégal, l'extrémité céphalique, en avant de l'inflexion dorsale, ne
décrit pas une courbe régulière, mais présente deux angles
saillants : l'un, *protubérance du vertex, éminence apicale*, résulte de l'inflexion céphalique antérieure, et répond à la partie
antérieure de la vésicule cérébrale moyenne ; l'autre, *protubérance de la nuque, éminence nuchale*, est due à l'inflexion
céphalique postérieure, et se trouve au niveau de la jonction
du bulbe rachidien et de la moelle (région inférieure du
quatrième ventricule). Dans la suite du développement, les
inflexions tendent à se redresser, et le tronc de l'embryon rede-
vient sensiblement rectiligne.

2° Fentes branchiales, arcs branchiaux. — Pendant que
se forment les différentes inflexions que nous venons de signaler, on voit se produire successivement, de chaque côté dans
la région cervicale, quatre sillons superficiels transversaux
auxquels correspondent à la face interne du pharynx quatre
sillons profonds. Les sillons superficiels sont séparés des sillons
profonds par une mince membrane d'occlusion, au niveau de
laquelle le mésoderme se résorbe complètement à un moment
donné : ce sont les *fentes branchiales* (p. 145).

Les bandes de tégument interposées à ces fentes branchiales
ne tardent pas à s'épaissir et à figurer des bourrelets saillants
dont le premier, de haut en bas, est situé au-dessus de la
première fente, le deuxième au-dessus de la deuxième fente,
et ainsi de suite (*arcs branchiaux, pharyngiens* ou *viscéraux*).
Nous reviendrons ultérieurement avec plus de détails sur le développement de ces formations anatomiques (p. 145 et suiv.).

3° Membres. — En même temps, les rudiments des membres
se soulèvent, aux deux extrémités d'un bourrelet peu accusé
qui s'étend suivant le bord ventral des plaques musculaires,
dans presque toute la longueur du tronc (fig. 52). Ce bourrelet
connu sous le nom de *bande* ou de *crête de Wolff*, paraît formé
par un épaississement de la somatopleure, à son union avec les

protovertèbres ; il disparaît ensuite, sans laisser de trace, dans la région moyenne interposée aux membres.

LONGUEURS DE L'EMBRYON DE LAPIN AUX DIFFÉRENTES ÉPOQUES
DE LA GESTATION

(D'après le tableau de KOELLIKER, en partie modifié).

ÉPOQUES DE LA GESTATION (heures et jours.)	DIAMÈTRE DE L'ŒUF en millimètres.	LONGUEUR DE L'EMBRYON en millimètres.
24 heures.	0,23	
48 —	0,3	
72 —	0,58	
96 —	0,7	
120 —	1 — 1,5	
144 —	2 — 3	0,5
168 —	5	1,5 — 2
192 —		2,5
216 —	15	4,5
240 —		5
11 jours.		5 — 6
12 —		6 — 7,5
13 —		7,5 — 10
14 —		10 — 13
15 —		13 — 14
16 —		14 — 16
17 —		16 — 17
18 —		22 — 25
19 —		25 — 29
20 —		36
21 —		36 — 41
23 —		54 — 56
24 —		60

§ 6. — RAPPORTS DE L'EMBRYON AVEC SES ENVELOPPES

Pour se rendre un compte exact des rapports de l'embryon avec ses enveloppes, il convient d'examiner successivement des coupes totales de l'œuf, intéressant l'embryon en travers et en long. Nous supposerons que l'embryon, dans les coupes transversales, occupe le segment supérieur de l'œuf, et que, dans les coupes longitudinales, il se trouve placé verticalement, la face dirigée vers la gauche.

1° Coupes transversales. — Les deux replis amniotiques latéraux (fig. 53), encore distincts en *A*, se sont soudés en

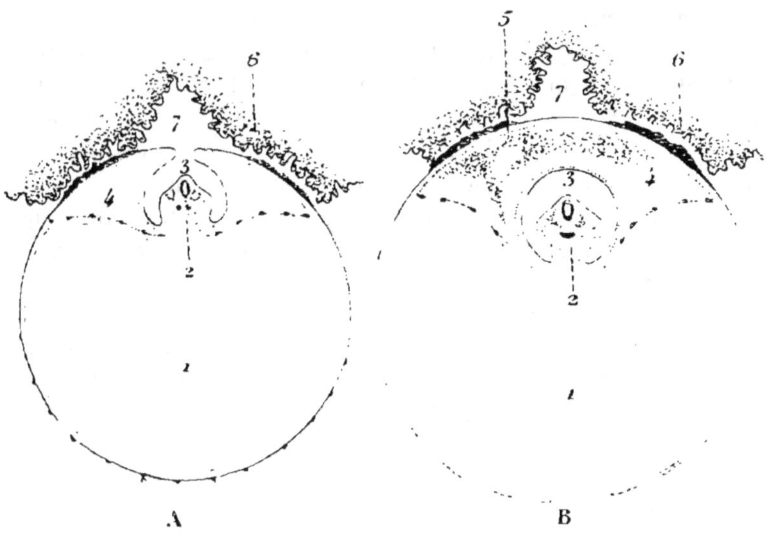

Fig. 53.

Section de l'œuf de la lapine, à deux stades successifs du développement, intéressant l'embryon en travers, et montrant ses rapports avec les annexes (représentation schématique).

Au stade B, l'amnios est entièrement clos, l'allantoïde s'étale contre le chorion amniogène, dans la région de l'ectoplacenta, et la paroi du segment non embryonné de l'œuf est en voie de disparition.

1. vésicule ombilicale. — 2. gouttière intestinale. — 3. cavité amniotique. — 4. cœlome. — 5. allantoïde. — 6. muqueuse de l'utérus. — 7. espace intercotylédonaire.

B, et la paroi de l'amnios (lame fibro-amniotique) s'est détachée du chorion au-dessous duquel la portion droite du cœlome communique avec la portion gauche. Les parois du cœlome sont constituées : en dehors par la portion extra-embryonnaire de la somatopleure (premier chorion), et en dedans par la splanchnopleure qui représente en même temps le plafond du sac vitellin. L'embryon enveloppé de son amnios fait saillie sur la ligne médiane dans la cavité du cœlome. De chaque côté, le chorion montre les épaississements ectoplacentaires (fer-à-cheval placentaire) que réunit la *lame inter-ectoplacentaire*. Dans le plafond du sac vitellin, se sont développés, à l'intérieur de la lame fibro-intestinale, les vaisseaux de l'aire vasculaire (1ʳᵉ circulation). Cette aire est limitée en dehors, sur les bords latéraux du cœlome, au point de rencontre des deux lames musculo-cutanée et fibro-intestinale, par un canal circulaire (*sinus terminal*), artériel chez le lapin (p. 376). Le réseau de l'aire vasculaire, alimenté par une seule artère, donne naissance à deux veines omphalo-mésentériques.

C'est dans le cœlome que pousse le bourgeon allantoïdien qui vient s'étaler contre les surfaces ectoplacentaires (commencement du 10ᵉ jour), transformant ainsi le chorion primaire en chorion vasculaire ou définitif. Plus tard, pendant le 13ᵉ jour, le tissu allantoïdien vasculaire déborde inférieurement l'ectoplacenta, et rejoint l'aire vasculaire vers le sinus terminal (*zone inter-ombilicoplacentaire*). Des anastomoses s'établissent alors en ce point entre la circulation de l'aire vasculaire, et celle de la vésicule allantoïdienne qui constitue la deuxième circulation.

La paroi inférieure de la vésicule ombilicale (segment non embryonné de l'œuf), est formée vers le 10ᵉ jour par le feuillet externe doublé en dedans par l'endoderme. Le feuillet externe a développé des villosités rudimentaires qui ne tardent pas à s'atrophier et à disparaître complétement. Du 12ᵉ au 14ᵉ jour, la paroi inférieure tout entière se résorbe, et il n'en persiste qu'un court tronçon vers les limites de l'aire opaque (*zone résiduelle* de Duval). Ce fait d'une importance considérable nous permettra de comprendre plus facilement le développement des mammifères à feuillets invertis.

2ᵒ Coupes longitudinales. — Les coupes longitudinales (fig. 54) sont intéressantes en ce qu'elles nous montrent le développement de l'amnios. Le capuchon caudal s'élève à la

face dorsale de l'embryon, et se dirige vers le repli proamniotique qu'il rencontre vers la 216ᵉ heure environ. A ce moment,
l'extrémité céphalique s'est allongée et a repoussé devant elle
le proamnios, si bien que le sommet du capuchon céphalique

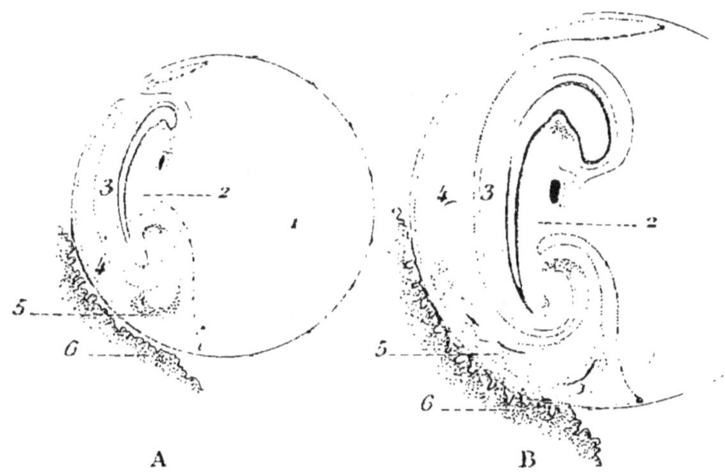

A   B

Fig. 54.

Section de l'œuf de la lapine, à deux stades successifs du développement, intéressant l'embryon en long, et montrant ses rapports
avec les annexes (représentation schématique).

Le repli proamniotique et le repli caudal de l'amnios, encore séparés au stade A
sont complètement fusionnés au stade B.

1. vésicule ombilicale. — 2. gouttière intestinale communiquant avec la vésicule
ombilicale par le conduit vitellin. — 3. cavité amniotique encore ouverte au stade A
(ombilic amniotique). — 4. cœlome externe. — 5. allantoïde. — 6. muqueuse de
l'utérus.

se trouve occupé par le bord interne de l'aire opaque. La soudure des deux replis s'opère, et la cloison interposée venant
à disparaître, la cavité du cœlome contenue dans le repli caudal se continue avec la cavité située au niveau de l'aire opaque,
au-dessus de l'embryon. Quant à la cavité amniotique désormais close, elle se compose de deux parties distinctes, la cavité
amniotique proprement dite ou cavité de la gaine caudale, et
la cavité proamniotique qui communiquent entre elles au

niveau du *trou interamniotique* répondant à la ligne de soudure des deux amnios.

L'extrémité céphalique de l'embryon, continuant à s'allonger
et à s'infléchir en avant, refoule de plus en plus le proamnios
dont elle se coiffe, et semble ainsi faire saillie dans la cavité

Fig. 55.
Embryon de lapin de 224 heures (5 mill.) vu de la cavité
de la vésicule ombilicale (Gr. 8/1).
L'extrémité céphalique enveloppée par la coiffe proamniotique fait saillie
dans cette cavité.

ombilicale par le trou interamniotique dans les bords duquel
rampent les deux veines omphalo-mésentériques (fig. 55). C'est
au 11ᵉ jour que le proamnios présente son plus grand développement, puis il se rapetisse progressivement, tandis que l'extrémité céphalique, primitivement engagée dans le proamnios,
se retire en arrière dans le capuchon caudal. Le trou interamniotique se rétrécit de son côté, et bientôt (15ᵉ jour) il ne persiste du proamnios qu'une cicatrice étroite, interposée entre les
deux troncs des veines omphalo-mésentériques (VAN BENEDEN et
JULIN).

Les coupes longitudinales montrent également la formation
du chorion, ainsi que le développement de l'allantoïde qui

vient s'appliquer contre la face profonde de l'ectoplacenta. Nous ne reviendrons pas sur ces faits, ni sur la disparition de la paroi, dans le segment non embryonné de l'œuf.

ARTICLE IV

THÉORIES DU CŒLOME ET DU MÉSENCHYME
THÉORIE SEGMENTAIRE, INVERSION DES FEUILLETS

Nous ne pouvons terminer l'étude des premiers développements du lapin, sans mentionner une théorie qui a jeté un jour nouveau sur certains faits obscurs de l'embryologie des mammifères : nous voulons parler de la théorie du cœlome et du mésenchyme à laquelle se rattache le nom des frères HERTWIG. Nous consacrerons également un paragraphe à l'étude générale des protovertèbres ; enfin nous décrirons sommairement l'inversion des feuillets chez les rongeurs, que les observations récentes de GRAF SPEE semblent indiquer dans le développement de l'œuf humain.

§ 1. — GASTRULATION, SIGNIFICATION DE LA LIGNE PRIMITIVE, THÉORIE DU CŒLOME

Si l'on compare le développement du feuillet moyen, tel que nous venons de le décrire chez le lapin, avec le développement de ce même feuillet chez les invertébrés et chez l'amphioxus, on constate au premier abord des différences assez sensibles. Le mésoderme apparaît, en effet, chez l'amphioxus, sous forme de deux évaginations latérales de l'endoderme qui s'insinuent entre ce feuillet et l'ectoderme, et qui s'étendent progressivement en arrière, sur les côtés du cœlentéron, tandis que leur extrémité antérieure se fragmente transversalement en une série de petits sacs ou segments primordiaux disposés bout à bout. Ce n'est que secondairement que les parties dorsales de ces sacs, avoisinant le tube médullaire, se détachent par étranglement des parties ventrales, pour former les protovertèbres proprement dites aux dépens desquelles se développeront les muscles striés des segments correspondants. Quant aux parties ventrales, elles se fusionnent entre elles, et ainsi se trouve constituée par leur réunion la cavité générale du corps ou cœlome.

Les frères HERTWIG, dans leur *théorie du cœlome* (1881), ont signalé une série de formes de passage entre l'amphioxus et les mammifères, et se croient autorisés à conclure que le mésoderme chez les vertébrés supérieurs doit également être envisagé comme une production de l'endoderme.

Il est certain qu'au niveau de la tête de la ligne primitive, au point où l'ectoderme et l'endoderme sont fusionnés, la prove-

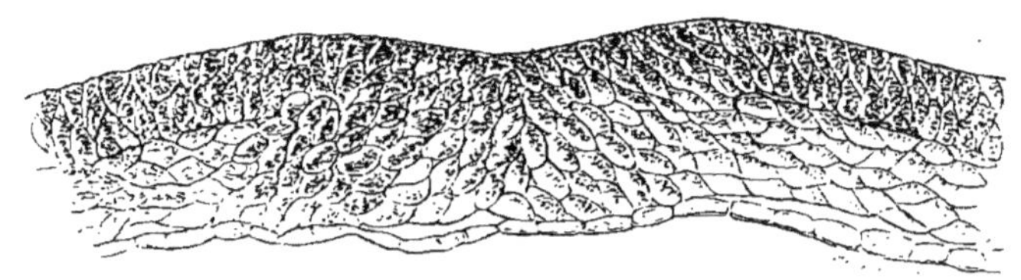

Fig. 56.

Coupe transversale de la ligne primitive sur l'aire germinative du poulet, montrant l'origine ectodermique des cellules du mésoderme, d'après POUCHET et TOURNEUX (Gr. 350/1).

nance endodermique du mésoderme peut aussi bien être invoquée que sa provenance ectodermique, mais il n'en est plus de même en arrière du nœud de HENSEN. Dans toute la longueur de la ligne primitive, en effet, l'endoderme et l'ectoderme sont nettement distincts l'un de l'autre, et le mésoderme provient manifestement de la voûte ectodermique, ainsi que le démontrent les coupes transversales de la ligne primitive sur l'aire germinative du poulet (fig. 56), et sur la tache embryonnaire du lapin (fig. 30 C, et 32 E).

On peut définir la *gastrulation* un mode de développement en vertu duquel la paroi du blastoderme monodermique rentre en elle-même, pour donner naissance par sa portion invaginée à l'endoderme et au mésoderme. Chez l'amphioxus, toutes les cellules invaginées se disposent suivant une seule couche dont se détachent secondairement les cellules qui vont former le feuillet moyen. Mais il est permis de supposer qu'au moment de l'invagination les éléments représentant le feuillet interne et le feuillet moyen étaient distincts, bien qu'agencés sur un seul plan, de même que, dans le blastoderme monodermique, on peut envisager déjà des cellules ectodermiques et des cellules endodermiques.

Chez les mammifères, et cela dès les premières phases de la segmentation, les cellules endodermiques se placent à l'intérieur de la cupule formée par les cellules ectodermiques. La cavité (*archentéron*) qu'elles délimitent, rudimentaire, ne tarde pas à disparaître, en se fusionnant avec la cavité de segmentation. Quant au feuillet moyen, il se développe isolément et directement aux dépens de l'ectoderme. Dès lors, il semble rationnel d'admettre, avec KEIBEL, que la gastrulation des mammifères comprend deux phases distinctes, la première donnant naissance à l'endoderme, et la seconde au mésoderme ainsi qu'à la corde dorsale. En d'autres termes, les cellules mésodermiques, au lieu de participer à l'invagination des cellules endodermiques (première phase), restent mélangées pendant un certain temps aux cellules ectodermiques, le long de la ligne primitive, et ne s'en séparent que tardivement (seconde phase).

Il convient cependant de faire observer que l'ectoderme définitif de la tache embryonnaire, qui se substitue à la couche de RAUBER, provient manifestement, sur l'œuf de la lapine, de la couche superficielle de l'amas vitellin (stade didermique secondaire, p. 61). Les cellules mésodermiques qui s'en détachent ultérieurement, auraient ainsi participé à l'invagination des cellules endodermiques (première phase de la gastrulation), puis auraient été reportées à la périphérie, en même temps que les cellules ectodermiques, pour s'invaginer à nouveau, le long de la ligne primitive (seconde phase de la gastrulation). Nous ignorons d'ailleurs les modifications intimes qui se passent au niveau du blastopore, lors de l'établissement du stade didermique secondaire.

Quoi qu'il en soit, on peut homologuer les expansions latérales de la ligne primitive qui constituent le mésoderme chez les mammifères, aux diverticules cœlomiques de l'amphioxus et des invertébrés. Ces expansions sont à la vérité massives, sans cavité intérieure, du moins à leur origine, mais, ainsi que le remarquent BALFOUR et HERTWIG, les ébauches d'un même organe peuvent être représentées chez des animaux différents par des invaginations creuses ou par des bourgeons pleins. Ajoutons que HERTWIG explique l'absence de cavité dans l'ébauche mésodermique de la plupart des vertébrés par la pression qu'exercerait sur cette ébauche la masse vitelline qui remplit le cœlentéron. On a désigné sous le nom d'*enterocœle* (HUXLEY et HERTWIG) le cœlome se produisant par évagination de l'entéron, et sous celui de *schizocœle* (HUXLEY) ou de *pseudocœle* (HERTWIG), le cœlome qui résulte de la fissuration des lames mésodermiques.

Les considérations qui précèdent permettent également d'homologuer au blastopore des anamniotes, la ligne primitive des amniotes. C'est en somme un blastopore dont les lèvres étirées longitudinalement se sont fusionnées en un raphé médian.

§ 2. — THÉORIE DU MÉSENCHYME

Tous les auteurs sont d'accord pour reconnaître que le mésoderme fournit l'épithélium des séreuses et celui des organes génito-urinaires, ainsi que les muscles striés. Est-il également le lieu de formation des tissus conjonctifs, des vaisseaux et du sang ? La question est controversée. Les frères HERTWIG (1881), s'appuyant sur le développement des animaux inférieurs, ont cru pouvoir distinguer : 1° le mésoderme proprement dit ou *mésoblaste* (*mésothélium* de S. MINOT) provenant de l'involution gastruléenne, et 2° le *mésenchyme* se formant aux dépens des autres feuillets. Seul, le mésoblaste composé de cellules serrées les unes contre les autres, aurait la valeur d'un feuillet épithélial (et musculaire).

Quant au mésenchyme, constitué par des cellules étoilées, il formerait les tissus conjonctifs et le sang. HIS avait déjà émis, en 1868 une opinion sensiblement analogue dans sa théorie du *germe principal* ou *archiblaste* et du *germe accessoire* ou *parablaste*, mais il s'était mépris sur l'origine du parablaste (germe des tissus conjonctifs et du sang), qu'il faisait provenir des cellules de la membrane granuleuse ayant immigré à l'intétérieur de l'œuf. Cette distinction entre le mésoblaste et le mésenchyme, très nette chez les animaux inférieurs, se trouve effacée chez les mammifères. Les lames mésodermiques, au moment où elles émanent de la ligne primitive, n'affectent pas l'aspect d'un feuillet épithélial. Les éléments qui les composent sont lâchement unis entre eux, et ce n'est que secondairement, au moment de la division du mésoderme en lames protovertébrales et en lames latérales, et surtout au moment de sa fissuration cœlomique, qu'on constate nettement dans son épaisseur la présence de couches cellulaires semblables aux épithéliums provenant des feuillets externe et interne.

§ 3. — THÉORIE SEGMENTAIRE

1° Mésomérie. — On rencontre, chez tous les vertébrés, à un moment donné de la vie embryonnaire, des formations mésodermiques particulières disposées à la suite les unes des autres, qu'on désigne sous le nom de *métamères*, de *somites* ou de *segments primordiaux*, et qu'on envisage comme une représentation phylogénique de la structure du corps des invertébrés et en particulier des annelés. La division du corps de l'embryon en segments distincts, manifeste chez les vertébrés inférieurs (amphioxus, sélaciens), puisqu'on peut encore la retrouver chez l'adulte, est difficilement reconnaissable chez les amniotes. En effet, chez les mammifères en particulier, une partie seulement du mésoderme présente cette division en segments (*protovertèbres*); en outre, la disparition rapide de cette métamérisation ne permet pas de retrouver chez eux les caractères typiques du métamère.

Pour avoir une idée exacte des segments primordiaux, il convient de les envisager chez l'amphioxus ou chez les poissons. Nous exposerons schématiquement le mode de formation de ces segments de la façon suivante.

8..

La cavité de cœlome, peu après sa formation, se divise suivant le plan frontal en trois régions distinctes, superposées de la face dorsale vers la face ventrale de l'embryon ; ce sont d'arrière en avant l'*épicœlome*, le *mésocœlome* et le *métacœlome* ou *hypocœlome*. Leurs parois mésodermiques ont reçu respectivement les noms d'*épimère*, de *mésomère* et d'*hypomère* qui répondent aux dénominations usitées depuis longtemps pour les vertébrés supérieurs, de lame protovertébrale, de lame médiane et de lame latérale. Ces trois régions du cœlome s'isolent à un moment donné complètement les unes des autres, tandis que leurs parois, à la suite d'une segmentation transversale suivie d'un remaniement, se trouvent fragmentées en une série de petits sacs disposés bout à bout. Les segments de l'épimère s'appellent *myotomes* ou *myomères*, ceux du mésomère *néphrotomes*, et enfin ceux de l'hypomère *splanchnotomes;* les cavités correspondantes portent les noms de *myocœle*, de *néphrocœle* et de *splanchnocœle*.

La division transversale n'intéresse le cœlome dans toute sa largeur que chez l'amphioxus ; chez les sélaciens, elle respecte la partie ventrale du métacœlome ; enfin, chez les vertébrés supérieurs, elle est limitée à l'épicœlome et au mésocœlome. Chez l'amphioxus, les cloisons séparant les différents splanchnocœles disparaissent ultérieurement, et toutes ces cavités se fusionnent en une cavité générale unique.

2° Neuromérie, endomérie. — La fragmentation en segments distincts que nous venons de décrire sur le mésoderme, respecte-t-elle les autres feuillets? La question est encore controversée, bien que les faits positifs s'accumulent de jour en jour. On a notamment admis une segmentation du tube médullaire ou *neuromérie*, en s'appuyant sur ce fait que, chez les vertébrés, l'arrière-cerveau présente latéralement de chaque côté une série d'étranglements et de dilatations se répétant d'une façon régulière. On a conclu à l'existence de *neuromères* (*encéphalomères* et *myélomères*), correspondant chacun à un somite mésodermique. L'observation précédente perd assurément de sa valeur, ainsi que le remarque PRENANT, en ce qu'elle porte sur des stades tardifs du développement. Toutefois Locy a montré récemment (1894) que, chez les sélaciens, l'axe nerveux est segmenté transversalement, alors qu'il se trouve encore à l'état de plaque épaissie, et avant la formation des replis médullaires.

Quant au feuillet interne, il présenterait également, d'après Houssaye (1890), chez l'embryon d'axolotl, des indices de segmentation.

§ 4. — L'INVERSION DES FEUILLETS CHEZ LES RONGEURS

Un certain nombre de rongeurs (rat, souris, cochon d'Inde, etc.) présentent un singulier phénomène signalé par Bischoff en 1852, et connu depuis cet auteur sous le nom d'*inversion* ou de *renversement des feuillets*. Voici en quoi il consiste : des deux feuillets primaires, l'externe, au lieu de donner naissance au système nerveux, formerait l'épithélium du tube digestif et de ses annexes, et l'interne, au lieu de fournir l'épithélium du tube digestif, serait l'origine du système nerveux. Cette disposition inverse des feuillets n'est qu'apparente, ainsi que l'ont montré les recherches de Kupffer, de Selenka, de Van Beneden et Julin, et de M. Duval. Les feuillets primaires du blastoderme donnent naissance aux mêmes produits que chez les autres vertébrés.

Les schémas que nous reproduisons dans la figure 57, et qui sont empruntés au remarquable mémoire de M. Duval sur le placenta des rongeurs (1889-92), nous permettront, mieux que toute description, de montrer en quoi consiste le phénomène de l'inversion des feuillets. Ces schémas représentent des coupes transversales intéressant l'œuf de plus en plus développé du campagnol.

Dans un premier stade (A), le blastoderme est didermique, mais l'ectoderme est complet, tandis que l'endoderme se trouve encore limité au pôle supérieur de l'œuf (stade didermique secondaire).

Un deuxième stade (B) nous montre que le feuillet externe s'est épaissi en regard du feuillet interne, et forme une sorte

8...

de bourgeon repoussant l'endoderme dans la cavité blastodermique. Cet épaississement ectodermique désigné par Kupffer
sous le nom de *bouchon*, et par Selenka sous celui de *suspen-*

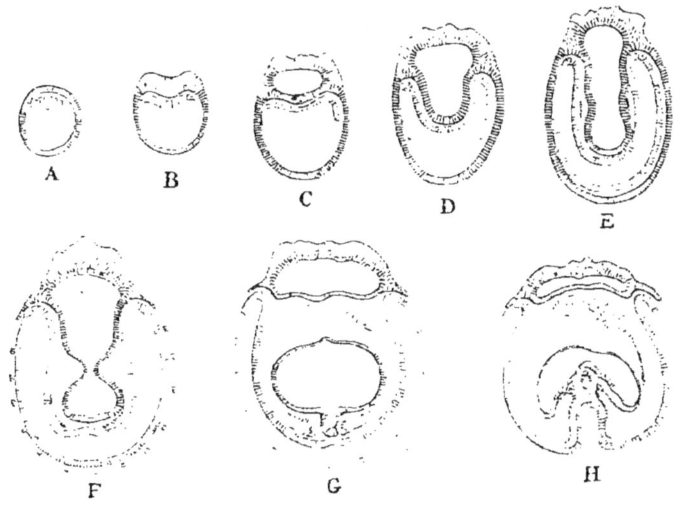

Fig. 57.

Huit stades successifs du développement de l'œuf chez le campagnol,
montrant l'inversion des feuillets (d'après M. Duval).

seur, serait dû pour la majorité des auteurs, à une hypertrophie de la couche de Rauber persistante chez les mammifères à
feuillets invertis, qui refoulerait l'ectoderme définitif; pour
M. Duval au contraire, il serait une formation identique à
l'ectoplacenta. C'est, en effet, par l'intermédiaire de ce suspenseur que l'œuf se fixe contre la paroi utérine.

Dans un troisième stade (C), le suspenseur s'est allongé, et
l'endoderme déborde latéralement sa face inférieure convexe,
mais, en même temps, une cavité s'est creusée dans la masse
du suspenseur (*cavité ectodermique*). Pour les auteurs qui
considèrent le suspenseur comme un épaississement de la
couche de Rauber, la cavité ectodermique se produirait entre
cette couche et l'ectoderme définitif.

Dans un quatrième stade .(D), la cavité ectodermique s'est

allongée, et le feuillet interne s'avance de plus en plus dans la cavité blastodermique sensiblement réduite.

Dans un cinquième stade (E), le feuillet interne tapisse complètement le segment inférieur de l'œuf. En même temps, sur les parois latérales de la cavité ectodermique, on constate de chaque côté une saillie de l'ectoderme (*repli amniotique*). Cette saillie paraît due à l'interposition d'un troisième feuillet entre l'ectoderme et l'endoderme, le feuillet moyen du blastoderme, provenant de la ligne primitive.

Un sixième stade (F) nous montre les deux replis amniotiques au contact l'un de l'autre sur la ligne médiane. La cavité ectodermique primitive se trouve ainsi subdivisée en deux cavités secondaires, l'une inférieure ou *cavité amniotique*, l'autre supérieure, *faux amnios* de SELENKA ou *cavité ectoplacentaire* de M. DUVAL. Le feuillet moyen s'est étendu inférieurement jusqu'au voisinage de la ligne médiane, tandis qu'au niveau des saillies cloisonnant la cavité ectodermique, il s'est fissuré pour donner naissance au cœlome. Au fond de la cavité amniotique, l'ectoderme s'est creusé en gouttière médullaire, et l'endoderme sous-jacent présente sur la ligne médiane l'épaississement qui donnera naissance à la corde dorsale. Enfin, dans le segment inférieur de l'œuf, l'ectoderme qui forme le revêtement superficiel de la cavité blastodermique est en voie de disparition.

Dans un septième stade (G), les cavités amniotique et ectoplacentaire sont séparées l'une de l'autre, et les portions droite et gauche du cœlome communiquent entre elles au-dessus de l'amnios. La gouttière médullaire est plus prononcée, et la corde dorsale tend à se détacher de l'endoderme. Un bourgeon mésodermique plein figure la première ébauche de l'allantoïde. Le feuillet externe du blastoderme a complètement disparu dans le segment inférieur de la vésicule blastodermique, et le feuillet interne est en voie de régression. Il est à remarquer que l'embryon s'est de plus en plus abaissé dans la cavité blastodermique.

Enfin, dans un huitième et dernier stade (H), nous assistons à la disparition du feuillet interne dans la paroi inférieure de la vésicule blastodermique. La portion de ce feuillet qui tapisse la face inférieure de l'embryon forme alors le revêtement externe de l'œuf, tandis que l'ectoderme en occupe le centre, et c'est cette disposition secondaire qui a donné lieu à la théorie des feuillets invertis. La paroi inférieure de la cavité ectoplacentaire, soulevée en quelque sorte par le bourgeon allantoïdien, se rapproche de plus en plus de la paroi supérieure, et finit par se souder avec elle.

Bien des variations peuvent se produire dans le développement des rongeurs à feuillets invertis, mais quel que soit l'animal envisagé, deux faits nous paraissent dominer tout le phénomène de l'inversion : la formation précoce de l'amnios, et la disparition du segment non embryonné de la vésicule blastodermique. Le lapin chez lequel l'hémisphère inférieur de l'œuf s'atrophie vers le quinzième jour, mais dont l'amnios se développe secondairement, après le rudiment embryonnaire, représente, ainsi que l'a indiqué M. Duval, un intermédiaire entre les mammifères à inversion et sans inversion des feuillets.

La cause de ce renversement apparent des feuillets chez les rongeurs est encore inconnue.

CHAPITRE III

PREMIERS DÉVELOPPEMENTS DE L'ŒUF

HUMAIN

Les modifications que subit pendant la première semaine l'ovule humain fécondé, nous sont totalement inconnues. La science ne possède pas la moindre donnée à cet égard, et nous pouvons simplement supposer, par la comparaison des stades ultérieurs du développement, que ces modifications ne s'écartent pas notablement de celles que l'on constate sur les mammifères domestiques, et particulièrement sur le lapin. On admet d'ailleurs, toujours par comparaison avec ce qui se passe chez les mammifères, que pendant le premier septenaire l'ovule humain parcourt toute la longueur de la trompe, et s'engage dans la cavité de l'utérus. Cette absence de renseignements concernant les premiers stades embryonnaires de l'homme, reconnaît des causes multiples dont la principale assurément est la difficulté de se procurer et d'étudier des œufs humains dans les premiers jours qui suivent la fécondation. Il faut ajouter, d'autre part, étant donnée la presque impossibilité d'observer le développement sur place, que la plupart des œufs expulsés du premier mois sont anormaux ou altérés, et permettent tout au plus de se rendre compte de la conformation extérieure des parties, mais ne sauraient être utilisés pour des recherches histologiques.

Ne pouvant rappeler ici individuellement tous les plus jeunes embryons humains décrits par les auteurs, nous grouperons ensemble ceux qui répondent à peu près au même stade de développement, et nous les confondrons dans une description commune.

§ 1. — ŒUFS HUMAINS DU PREMIER MOIS

1° Œuf du 12ᵉ jour (*œuf de* REICHERT). — L'œuf décrit par Reichert peut être considéré comme le plus jeune œuf humain connu jusqu'à ce jour, et les circonstances dans lesquelles il fut trouvé sur le cadavre d'une suicidée, rendent à à peu près certain l'âge de 12 à 13 jours que lui attribue Reichert. Il avait la forme d'une épaisse lentille à bords arrondis, dont le diamètre transversal mesurait 5,5 mill., et l'épaisseur 3,5 mill. Les deux faces polaires étaient lisses, mais toute la région équatoriale était couverte de courtes saillies villeuses non encore ramifiées (0,2 mill.) Ce corps lenticulaire constituait une vésicule blastodermique dont la paroi très mince était formée d'une seule couche de cellules épithéliales, et dont la cavité était remplie par une substance albuminoïde se coagulant sous l'influence de l'alcool en une masse fibrillaire. On ne distinguait à la surface de cette vésicule aucune tache embryonnaire, mais la zone polaire en contact avec la muqueuse de l'utérus était doublée à sa face interne d'une seconde couche de cellules granuleuses lâchement unies entre elles, répondant évidemment à la région du futur embryon.

2° Œufs du 13ᵉ jour. — On peut ranger les œufs de ce stade en deux groupes distincts :

a. *Premier groupe* (*œufs de* BREUS, *de* WHARTON JONES, *d'*AHLFELD, *de* BEIGEL *et* LŒWE, *de* KOLLMANN, *de* SCHWALBE *et de* GRAF SPEE). — La vésicule blastodermique ou choriale, complètement enfouie dans la muqueuse de l'utérus (caduque), mesure un diamètre de 5 à 9 millimètres. Les villosités choriales, encore simples dans l'œuf de REICHERT, se sont allongées (1 mill.) et ramifiées, et ont envahi progressivement les deux zones polaires. La vésicule épithéliale représentant le blastocyste primitif, se montre doublée intérieurement, dans toute son étendue, d'une couche mésodermique qui envoie de fins prolongements dans les villosités.

Aucun des auteurs ci-dessus, sauf GRAF SPEE, ne signale de véritable rudiment embryonnaire pourvu d'une ligne primitive ou d'un sillon dorsal, ce qu'il faut vraisemblablement attribuer à l'altération des œufs, ou encore à l'imperfection des procédés de fixation employés. L'extension considérable du mésoderme témoigne, en effet, en faveur de l'existence d'une tache em-

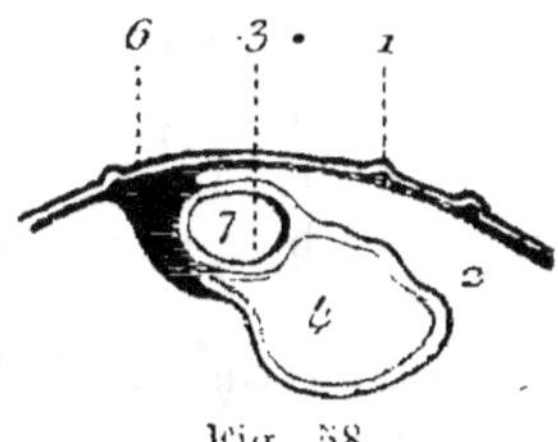

Fig. 58.

Section sagittale et axile d'un embryon humain de 0,4 mill., avec ses annexes (d'après GRAF SPEE).

(Représentation demi-schématique à un grossissement d'environ 10 diamètres.)
1, chorion. — 2, cœlome externe. — 3, rudiment embryonnaire. — 4, vésicule ombilicale. — 6, pédicule ventral. — 7, cavité amniotique.

bryonnaire, et, d'autre part, il nous serait difficile de comprendre la présence de villosités choriales sur la face polaire de l'œuf qui regarde l'utérus, avant la formation de l'amnios.

L'œuf (v. H) étudié avec soin par GRAF SPEE (fig. 58), d'un diamètre de 4,5 sur 6 millimètres, renfermait une tache embryonnaire de forme ovale (0,4 sur 0,23 mill.), dans l'étendue de laquelle le feuillet externe se montrait notablement épaissi, avec un sillon primitif sur la ligne médiane. La face externe de cette tache était en rapport avec une cavité amniotique arrondie (0,34 mill.), close de toutes parts ; sa face ventrale supportait une vésicule ombilicale (1 mill.), déjà tapissée en dehors par une couche mésodermique. La tache embryonnaire se trouvait rattachée à la face profonde du chorion par l'intermédiaire d'un large pédicule mésodermique (*pédicule ventral* de His ou *pédicule allantoïdien*) logeant en avant l'amnios, dans une saillie arrondie, et en arrière un prolongement de la cavité ombilicale que l'on pouvait suivre sur une longueur de 0,35 mill. (canal allantoïdien).

Dans toute l'étendue de la tache embryonnaire, sauf peut-être en avant, l'ectoderme était séparé de l'endoderme par une troisième couche mésodermique, ce qui fait supposer à Graf Spee que chez l'embryon humain, à un stade donné, la ligne primitive se prolonge jusqu'au voisinage de l'extrémité antérieure de la tache embryonnaire.

L'épithélium chorial était doublé en dehors par une mince membrane réfringente que l'on doit sans doute assimiler au prochorion des œufs de lapine. Enfin, entre le chorion, la vésicule ombilicale et le pédicule allantoïdien, régnait une cavité relativement considérable, le cœlome extra-embryonnaire.

b. *Deuxième groupe (œufs de* His (XLIV, Bff), *de* Keibel, *et de* Graf Spee (Gle). *Longueur de l'embryon : 1 à 1,5 mill.*). — La vésicule choriale, à peine plus développée que dans le groupe précédent, renferme un embryon de 1 à 1,5 mill., dont l'extrémité postérieure est fixée à la face interne du chorion par l'intermédiaire d'un pédicule mésodermique.

L'embryon possède un amnios complet, se réfléchissant en arrière sur le pédicule allantoïdien, et sa face ventrale supporte une vésicule ombilicale arrondie de 1 à 1,5 mill. (fig. 59). Sur la face dorsale, on remarque d'arrière en avant la ligne primitive pourvue d'un canal neurentérique au niveau de son extrémité antérieure, puis les deux plaques médullaires séparées par un sillon médian. Enfin, il existe un rudiment de l'intestin antérieur, et l'intestin postérieur se prolonge déjà sous forme de canal allantoïdien (sans renflement terminal), à l'intérieur du pédicule ventral. Le cœlome intra-embryonnaire et le cœur font encore défaut.

Le chorion, l'amnios et la vésicule ombilicale sont doublés d'une couche mésodermique dans toute leur étendue; l'épithélium chorial est formé de deux assises (couche cellulaire profonde et couche plasmodiale superficielle). L'endoderme présente l'épaisissement médian qui figure le prolongement céphalique de la ligne primitive. Les parois de la vésicule ombilicale renferment des vaisseaux, et les villosités choriales commencent à se vasculariser. L'espace compris entre le chorion d'une part, l'amnios et la vésicule ombilicale de l'autre, est occupé par un liquide colloïde et transparent.

D'après GRAF SPEE, le passage du stade précédent à celui qui

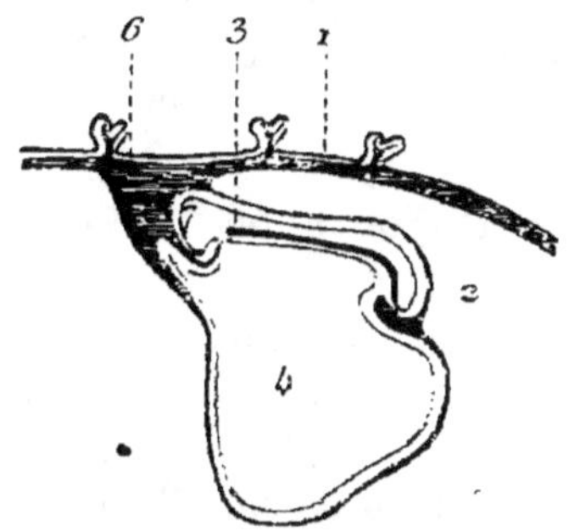

Fig. 59.

Section sagittale et axile d'un embryon humain de 1,54 mill., avec ses annexes (d'après GRAF SPEE).

Représentation demi-schématique à un grossissement d'environ 10 diamètres.
1, chorion. — 2. cœlome externe. — 3, rudiment embryonnaire. — 4, vésicule ombilicale. — 6, pédicule ventral. — 7, cavité amniotique.

nous occupe, se ferait par l'allongement et par l'abaissement de l'extrémité antérieure de la tache embryonnaire, entraînant l'amnios qui tend de plus en plus à se dégager du pédicule allantoïdien avec lequel il ne reste en contact que par son extrémité postérieure.

3° Œufs de 14 à 16 jours (*œufs de* HIS (E), *de* ALLEN THOMSON, *de* HIS (SR), *de* GRAF SPEE, *de* KOLLMANN *et de* E. VON BAER. *Longueur de l'embryon ; 1,5 à 2,5 mill.*). — L'examen comparatif des œufs décrits par les auteurs ci-dessus montre que du quatorze au seizième jour, les crêtes médullaires se sont soulevées à la face dorsale de l'embryon, délimitant une gouttière profonde (*gouttière médullaire*), et que d'autre part le cœur est apparu entre la tête et l'insertion de la vésicule ombilicale. Un certain nombre de protovertèbres sont visibles.

L'œuf (5 à 9 mill.) est entièrement couvert de villosités rameuses; la vésicule ombilicale, d'un diamètre de 2 millimètres environ, se continue largement avec la gouttière intestinale, et un pédicule ventral court et épais rattache l'embryon au chorion.

Sur les embryons les plus âgés de ce stade, la gouttière médullaire s'est déjà transformée en tube sur une partie de sa longueur, et le cœur commence à s'incurver.

4° Œufs de 16 à 18 jours (*œufs de* His, *de* Coste, *de* S. Minot *et de* Janosik. *Longueur de l'embryon : 2 à 3 mill.*). — L'œuf, couvert de villosités mesure un diamètre de 9 à 13 millimètres.

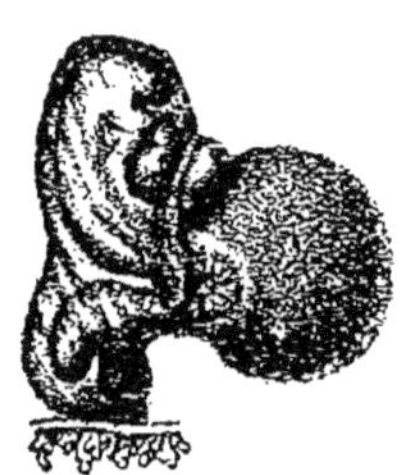

Fig. 60.
Embryon humain de
2,15 mill., d'après
His (Gr. 8,5/1).

L'embryon fortement infléchi en avant dans la région dorsale (fig. 60) est fixé par un pédicule encore court et épais à la face interne du chorion. La vésicule ombilicale est large de 2 à 2,5 mill. L'amnios enveloppe l'embryon en arrière, depuis le bord inférieur du premier arc jusqu'au pédicule ventral.

L'extrémité céphalique légèrement renflée montre sur ses parties latérales trois arcs branchiaux avec deux fentes interposées. Le cœur déjà incurvé en forme de V, et composé de trois segments distincts, fait saillie entre l'extrémité céphalique et le sac vitellin. Le système des veines cardinales est constitué. Les vaisseaux omphalo-mésentériques sont au nombre de quatre, dont deux veines et deux artères. Les segments protovertébraux apparaissent nettement, mais on ne distingue encore, à la surface du corps de l'embryon, aucun rudiment des membres.

Le tube médullaire est entièrement clos : on remarque, en avant, les deux vésicules oculaires primitives déjà séparées par un étranglement de la vésicule cérébrale antérieure; plus en arrière, on aperçoit les renflements des cerveaux moyen et postérieur. Les fossettes auditives sont nettement accusées sur les parties latérales de l'embryon, en regard de la deuxième fente. La chorde dorsale se prolonge en avant jusqu'au voisinage de la base du cerveau antérieur. L'intestin paraît déjà en libre communication avec la dépression buccale.

5° Œufs de 19 à 21 jours (*œufs de* COSTE, *de* HIS *et de* BROMAN. *Longueur de l'embryon : 3 à 4 mill.*). — L'œuf atteint à ce stade un diamètre de 11 à 14 millimètres qui peut s'élever jusqu'à 20 millimètres. Les villosités ramifiées et vasculaires mesurent une longueur de 3 millimètres.

L'embryon repose, en général, par son côté gauche sur le chorion auquel le rattache un cordon assez court. L'inflexion antérieure de la région dorsale, si accusée chez les embryons de 16 à 18 jours, et que l'on constate encore au commencement de ce stade (fig. 61), tend à s'effacer, tandis que d'autre part les deux extrémités céphalique et caudale convergent l'une vers l'autre. La courbe ainsi décrite par l'embryon de 4 millimètres, forme un cercle presque complet, et présente les diverses inflexions que nous avons signalées chez l'embryon de lapin (inflexions cérébrale, cervicale, dorsale et caudale). De plus, l'embryon se tord légèrement sur son axe longitudinal, si bien que la tête s'incline généralement à droite, et l'extrémité caudale à gauche. Le pédicule ventral et la vésicule ombilicale se trouvent déjetés à droite du corps de l'embryon. La vésicule ombilicale, d'un diamètre de 3 millimètres, se continue avec les parois de l'intestin par un canal rétréci, encore très court.

Fig. 61.
Embryon humain de 3,2 mill., d'après His (Gr. 8,5/1).

Les arcs branchiaux dont le dernier est à peine visible, sont au nombre de quatre, avec trois fentes interposées. La fossette auditive, de forme ovalaire, existe en regard de la deuxième fente branchiale. Sur les parties latérales du corps, on observe la série des protovertèbres au nombre de 25 à 30, étendues depuis le dernier arc branchial jusqu'à une faible distance de extrémité caudale. Les rudiments des membres sont visibles.

A l'extrémité céphalique, on distingue le cerveau antérieur encore unique, le cerveau intermédiaire, la vésicule moyenne, le cerveau postérieur et l'arrière-cerveau ; les vésicules oculaires sont représentées par deux saillies du cerveau intermédiaire, mais l'involution cristallinienne ne s'est pas encore creusée. La chorde dorsale s'étend depuis la pointe du coccyx jusqu'à la paroi postérieure du saccule hypophysaire ; son extrémité supérieure est légèrement bifurquée, comme chez l'embryon de lapin.

Les différents segments du tube digestif sont déjà reconnaissables, bien que leurs limites respectives ne soient pas encore très nettement indiquées. La paroi antérieure de la cavité bucco-pharyngienne présente le rudiment de la langue, et plus bas le bourgeon pulmonaire déjà bifide à son extrémité. Le renflement stomacal est encore sensiblement vertical, le duodénum donne naissance au conduit hépatique. Quant à l'intestin grêle, il forme déjà une anse dont le sommet répond au point d'implantation du pédicule vitellin.

L'éminence urogénitale existe dans toute la longueur de la paroi postérieure de l'abdomen ; sa portion supérieure présente les canalicules du corps de Wolff, contournées en S, ainsi que les ébauches des glomérules ; sa portion inférieure ne renferme que le canal de Wolff qui débouche inférieurement sur la paroi latérale du cloaque.

Le cœur, contourné en S comme dans les stades antérieurs, montre nettement ses trois segments constitutifs. Les aortes descendantes se réunissent au-dessus de l'estomac, en un seul tronc qui se divise, au niveau de la partie supérieure du cloaque, en deux artères ombilicales. Les veines ombilicales et allantoïdiennes se fusionnent entre elles de chaque côté, puis les deux troncs communs se réunissent pour former le sinus veineux, dans lequel viennent s'ouvrir presque immédiatement les deux canaux de Cuvier.

Il convient de faire remarquer qu'on rencontre des différences assez sensibles dans le développement de deux embryons mesurant exactement la même longueur, et que d'autre part, chez un même embryon, les divers appareils ne se trouvent pas au même degré de développement. C'est ainsi qu'un embryon humain de 3 millimètres (après action de l'alcool) provenant de la collection de Coste, et que nous avons décomposé en coupes transversales sériées, bien qu'incurvé en forme de C et possédant trois fentes branchiales, ne présente pas encore de bourgeon pulmonaire, ni de canal de Wolff. Nous relevons sur cet embryon les détails suivants : l'épiderme est formé d'une seule couche de cellules épithéliales cubiques, les membranes d'occlusion des deux premières fentes branchiales sont didermiques, la chorde dorsale est appliquée intimement contre la moelle, et la *membrana reuniens posterior* n'est pas encore développée. Les protovertèbres sont encore pourvues d'une cavité, et leur paroi offre un caractère nettement épithélial, surtout en dehors.

6° Œufs de 21 à 25 jours (*Œufs de* Thomson, *de* Wagner, *d'*Ecker, *de* Hensen, *de* His *et de* Fol. *Longueur de l'embryon* : 4,5 à 6 *mill.*). — Le chorion garni de villosités sur toute sa surface possède un diamètre de 15 à 25 millimètres. L'embryon est recourbé en forme de C (fig. 62). Le cordon ombilical nettement constitué, mais encore très court se dirige vers la droite, et renferme un conduit vitellin qui aboutit à une vésicule ombilicale libre (3,5 mill.).

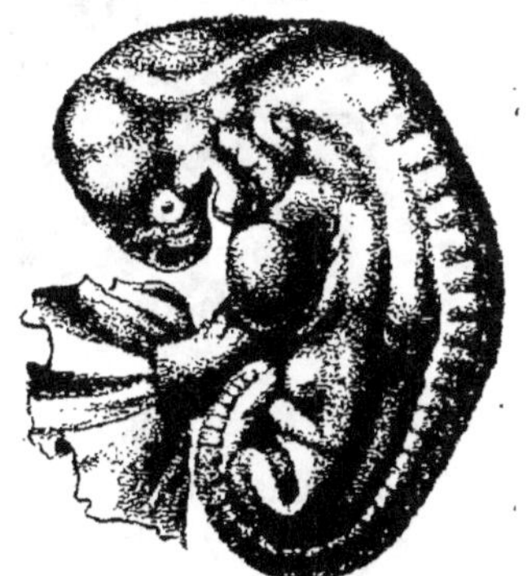

Fig. 62.
Embryon humain
de 5 mill.,
d'après His (Gr. 7/1).

L'arc facial est pourvu d'un bourgeon maxillaire supérieur encore rudimentaire. Il existe trois fentes branchiales, et quatre sur les embryons les plus âgés de ce stade. La fossette auditive s'est transformée en une vésicule formant une petite saillie en regard du deuxième arc. Le nombre des protovertèbres est d'une trentaine.

Les cinq vésicules de l'encéphale sont différenciées ; la cupule rétinienne loge l'involution cristallinienne. L'appareil de la circulation et l'appareil digestif sont à peine plus développés que dans le groupe précédent. Les bronches ne sont pas encore ramifiées ; le corps de Wolff est constitué.

7° Œufs de 26 à 28 jours (*longueur des embryons : 7 à 8 millimètres*). — La science possède aujourd'hui de nombreux échantillons de ce stade. Il nous suffira de signaler les embryons de J. MÜLLER, de COSTE, de ALLEN THOMSON, de WALDEYER et de HIS. Nous résumerons la remarquable étude de HIS sur deux embryons de 7 et de 7,5 mill. (fig. 63).

Ces embryons présentent une incurvation très prononcée du corps ; les inflexions cérébrale, cervicale, dorsale et caudale sont nettement accusées. La tête fortement fléchie en avant repose sur la saillie du cœur. La région correspondant au quatrième arc et à la quatrième fente, s'est enfoncée dans l'épaisseur des téguments (*sinus præcervicalis* de His). Les extrémités se montrent comme de petites palettes, sans trace de segments distincts. Les protovertèbres, au nombre de 35, s'étendent depuis la protubérance cervicale jusqu'à l'extrémité du coccyx.

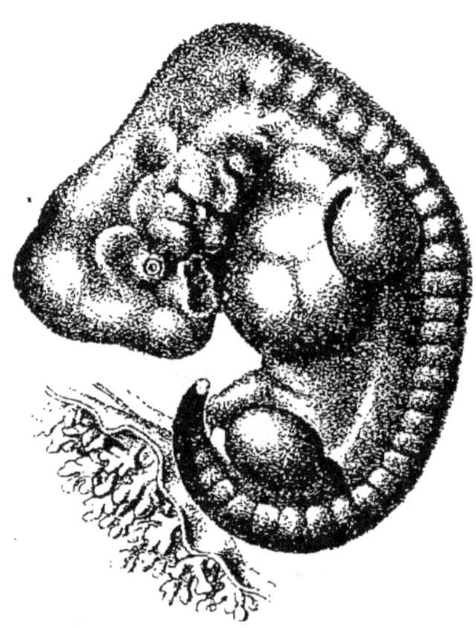

Fig. 63.

Embryon humain de 7,5 mill., d'après His (Gr. 7,1).

Les cinq divisions du cerveau sont parfaitement visibles à travers sa mince enveloppe. A la base des vésicules hémisphériques, on aperçoit la fossette olfactive, et, à peu de distance de cette dernière, l'œil avec le cristallin encore à l'état de vésicule. Au delà du cerveau postérieur, à la hauteur du deuxième arc, on remarque une petite saillie indiquant l'emplacement de la vésicule auditive et du ganglion acoustique.

L'examen des coupes sériées nous montre l'existence de la poche hypophysaire et des deux lobes olfactifs interposés entre le cerveau intermédiaire et l'extrémité antérieure du tube digestif. Les centres nerveux présentent déjà la différenciation des substances grise et blanche. Les ganglions rachidiens et craniens sont nettement visibles, ainsi que les racines antérieures. Les racines postérieures font encore défaut, de même que le grand sympathique.

L'organe de l'olfaction est représenté par deux dépressions réniformes à bords saillants présentant dans leur angle postéro-inférieur une excavation plus profonde, la fossette olfactive, tapissée par une membrane épithéliale très épaisse.

Les principales parties du tube digestif sont nettement différenciées. Sur la paroi antérieure de la bouche, on aperçoit le rudiment lingual situé au-dessus du bulbe aortique, dont il est séparé par la formation épithéliale représentant l'origine de la thyroïde médiane.

Le double mouvement de l'estomac (rotation de gauche à droite, et inflexion de l'extrémité inférieure à droite) est accusé, ainsi que la torsion de l'anse intestinale. Le foie constitue un organe assez volumineux pour refouler devant lui la paroi abdominale, et être apparent à l'extérieur : il est divisé en deux lobes principaux, et reçoit du duodénum un court conduit hépatique. Le canal de Wolff émet, un peu avant son embouchure, un canal qui représente l'origine de l'uretère.

Le cœur avec ses trois segments est incurvé en V. Les cloisons interauriculaire et interventriculaire apparaissent sous la forme d'éperons dessinant la future séparation des cavités cardiaques. Le bulbe artériel est encore indivis.

§ 2. — ŒUFS HUMAINS DU DEUXIÈME MOIS

Nous nous bornerons, pour les œufs agés de plus de quatre semaines, à esquisser le développement de la forme extérieure de l'embryon et de ses annexes, jusqu'au moment où l'embryon se rapproche par sa configuration de celle de l'adulte, c'est-à-dire jusqu'au moment où il se transforme en fœtus (38 jours).

1° Œufs de 28 à 30 jours (*Embryons de 8 à 10 millimètres*). — La courbure longitudinale du corps commence à se redresser, et la tête ne forme plus qu'un angle droit avec l'axe du dos. Le sinus præcervicalis est devenu plus profond, mais il est toujours ouvert. Les bourgeons des membres se sont allongés, et, sur les embryons de 10 millimètres, on peut reconnaître les palettes terminales qui représentent les rudiments des mains et des pieds. Le pédicule ventral a enveloppé le conduit vitellin sur les trois quarts de sa longueur, pour constituer le cordon ombilical.

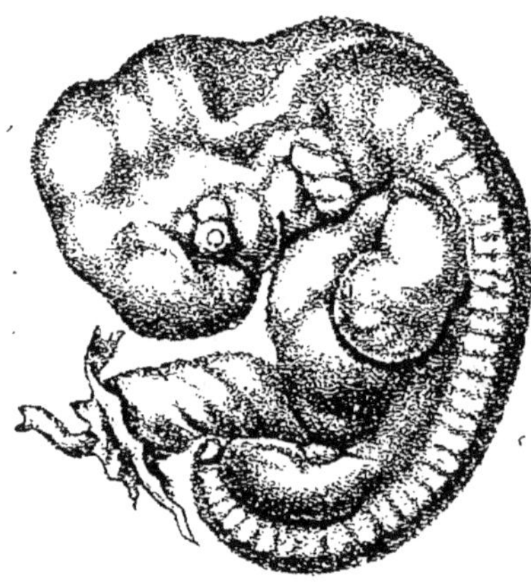

Fig. 64.

Embryon humain de 11 mill., d'après His (Gr. 4/1).

2° Œufs de 31 à 33 jours (*Embryons de 10 à 12 millimètres*). — Le dos a continué à se redresser, mais l'extrémité caudale est toujours arquée en avant, et la tête forme encore un angle droit avec l'axe du corps (fig. 64). Le sinus præcervicalis s'est tellement invaginé qu'il englobe les trois dernières fentes branchiales.

On peut encore reconnaître extérieurement les protovertèbres. Les membres présentent trois segments, et la palette du membre supérieur montre les incisures délimitant les doigts. Le cordon ombilical s'est allongé et légèrement tordu. L'appendice caudal atteint son maximum de développement sur les embryons de 13 millimètres.

3° Œufs de 35 jours (*Embryons de 14 millimètres*). — L'œuf mesure un diamètre de 30 millimètres; les villosités cho-

riales sont longues de 8 à 9 millimètres. Le dos de l'embryon
est presque rectiligne, mais la tête est toujours fléchie (fig. 65).
Dans la région de la nuque,
entre le cerveau postérieur et
les membres supérieurs, s'est
creusée une dépression que
His désigne sous le nom de
fossette nuchale. Le cordon
ombilical, d'une longueur de
6 millimètres sur une épaisseur de 2 millimètres, renferme quelques circonvolutions intestinales, et décrit un
ou deux tours de spire. La
vésicule ombilicale, d'un diamètre de 5,5 millimètres, est
rattachée à l'extrémité distale
du cordon ombilical par un
pédicule long de 4 millimètres.
Le liquide occupant la cavité
choriale s'est transformé en
un tissu muqueux qui se rap-

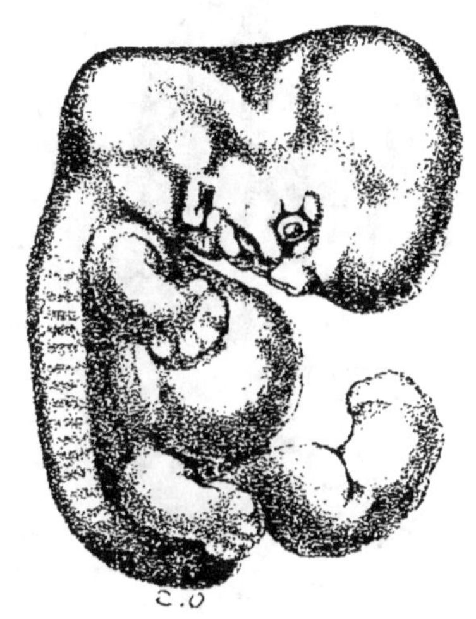

Fig. 65.

Embryon humain de 11,5 mill.,
d'après His (Gr. 3,8 1).

proche de plus en plus par ses caractères du *corps réticulé* de
Velpeau.

4° Œufs de 38 jours (*Embryons de 16 à 18 millimètres*). —
Ce stade répond à la transition entre la période embryonnaire
et la période fœtale. La tête s'est redressée ; allongée et irrégulièrement bosselée jusqu'ici, elle tend à prendre sa forme
arrondie caractéristique. L'embryon dans son ensemble a pris
forme humaine, ce qui tient surtout à l'achèvement de la face.
Entre la tête et le pédicule ombilical, l'abdomen forme une
proéminence arrondie due à l'accroissement rapide du foie.
Les divisions des doigts sont indiquées pour le membre inférieur.

5° Fœtus plus âgés. — Pour les fœtus plus âgés, nous nous contenterons de signaler que les paupières commencent à se développer au stade de 19 millimètres, et qu'elles sont entièrement soudées vers le milieu du 3ᵉ mois. Sur le fœtus de 24 millimètres (fin du 2ᵉ mois), le tubercule génital ainsi que les bourrelets génitaux se sont soulevés; les villosités, dans la région placentaire maintenant dessinée, atteignent une longueur de 1 centimètre.

Vers le milieu du 3ᵉ mois de la vie intra-utérine, le resserrement progressif de l'ombilic cutané provoque la rentrée dans l'abdomen de toutes les circonvolutions de l'intestin grêle engagées dans le cordon ombilical.

La figure 66 montre la forme extérieure du fœtus humain (grandeur naturelle), au moment où cette rentrée vient de s'accomplir.

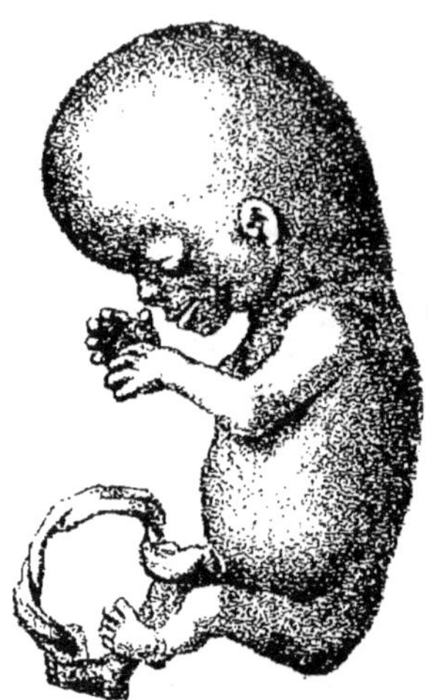

Fig. 66.
Fœtus humain
de 5 6,5 cent.,
(grandeur naturelle).

§ 3. — LONGUEURS DES FŒTUS HUMAINS AUX DIFFÉRENTS MOIS DE LA GESTATION; MODE DE CLASSEMENT.

Sauf de très rares et précieuses exceptions, on ne connaît pas l'âge exact des fœtus que l'on a sous les yeux, et l'on se voit obligé, pour les désigner, d'avoir recours à d'autres indications. Les données relatives au poids se montrent par trop infidèles, et c'est aux longueurs que les auteurs s'adressent de préférence. Depuis plusieurs années, nous avons pris l'habitude de désigner chaque fœtus par une fraction dont le numérateur indique la distance du vertex au coccyx, mesurée en ligne droite, et le dénominateur celle du vertex à la plante des pieds également en ligne droite, après redressement de la tête et des membres inférieurs.

Vers la fin du 1er mois, l'extrémité céphalique, étant fortement infléchie en avant, et la saillie de la nuque très prononcée, la plus grande longueur de l'embryon se trouve représentée par la distance de cette saillie à la courbure lombaire (*ligne de la nuque*). Pendant le cours du 2e mois, la tête se redresse progressivement, et la longueur maxima répond alors à la distance qui sépare le vertex de la courbure lombaire, et plus tard de l'éminence coccygienne (*ligne du vertex*). Aussi, pendant les deux premiers mois où on ne peut faire intervenir la longueur totale du vertex à la plante des pieds, y aurait-il intérêt, en cas de différence, à indiquer les deux longueurs de la ligne de la nuque et de la ligne du vertex.

Le mode de désignation que nous avons adopté permet d'opérer facilement le classement d'un grand nombre de fœtus. Voici comment nous avons coutume de procéder :

Nous commençons par ranger les fœtus d'après les longueurs marquées par les numérateurs des fractions, puis, si plusieurs fœtus possèdent la même longueur du vertex au coccyx, nous faisons intervenir les dénominateurs. Exemple :

Fœtus $\dfrac{8\ \text{ctm.}}{11\ \text{ctm.}}$; fœtus $\dfrac{8\ \text{ctm.}}{11.5\ \text{ctm.}}$; fœtus $\dfrac{8\ \text{ctm.}}{12\ \text{ctm.}}$; fœtus $\dfrac{8,3\ \text{ctm.}}{11\ \text{ctm.}}$, etc.

Lorsque plusieurs fœtus mesurent exactement les mêmes longueurs, nous les distinguons par les caractères italiques *a*, *b*, *c*, etc. annexés à la fraction, suivant l'ordre de réception.

Exemple : Fœtus $\dfrac{8\ \text{ctm.}}{11\ \text{ctm.}}$ *a* ; fœtus $\dfrac{8\ \text{ctm.}}{11\ \text{ctm.}}$ *b*.

Les indications inscrites sur les bocaux permettent de distinguer chaque fœtus de son voisin, soit par la fraction tout entière, soit par un des deux termes de la fraction, soit encore par la lettre annexée : toute confusion se trouvera donc évitée. D'autre part, ces indications se trouvent reproduites sur des fiches classées de la même façon, et contenant en plus divers renseignements sommaires, tels que le poids du fœtus, le sexe, le nom du donateur, l'état de conservation du fœtus, etc.

Nous avons consigné, dans le tableau suivant, les doubles longueurs du fœtus au début et à la fin de chaque mois *lunaire :*

MOIS lunaires.	JOURS	LONGUEUR du vertex au coccyx.	LONGUEUR totale.	DIAMÈTRE de l'œuf.	POIDS moyen du fœtus.	LONGUEUR du cordon.
		En millim.		En millim.	En grammes	En millim.
1er mois.	12 . . .	. . .	. . .	3,5 — 5,5	. . . . .	. . . . .
	13 . . .	1 — 1,5	. . .	5 — 9	. . . . .	. . . . .
	14-16 . .	1,5 — 2,5	. . .		. . . . .	. . . . .
	16-19 . .	2 — 3	. . .	9 — 13	. . . . .	. . . . .
	19-21 . .	3 — 4	. . .	11 — 15	. . . . .	. . . . .
	21-25 . .	4,5 — 6	. . .	15 — 25	. . . . .	. . . . .
	26-28 . .	7 — 8	. . .	25 — 30	. . . . .	2,5
2e mois.	29-30 . .	8 — 10	. . .	25 — 30	. . . . .	. . . . .
	31-32 . .	10 — 12	. . .	30 — 35	. . . . .	6
	35-36 . .	14	. . .		. . . . .	
	37-38 . .	15 -- 16	. . .	35 — 40	. . . . .	. . . . .
	39-40 . .	17 — 19	. . .	40 — 45	. . . . .	13
	56 . . .	24	. . .	50	2	20
3e mois.		En centimètres.	En centimètres.			En centimètres.
	60 . . .	2,8	. . .	. . .	5	3
	64 . . .	3,2	. . .	. . .	. . .	. . . .
	75 . . .	5,5	. . .	. . .	. . .	. . . .
	Fin . . .	7	10	. . .	20	12
4e mois.	Début . .	9	12		40	. . . .
	Fin . . .	12	17	13	125	24
5e mois.	Début . .	14	19	. . .	150	25
	Fin . . .	18	27,5	. . .	400	29
6e mois.	Début . .	19	28	. . .	450	37
	Fin . . .	24	35	. . .	930	
7e mois.	Début . .	24	35	. . .	1 200	42
	Fin . .	27	39	. . .		
8e mois.	Début . .	27	40	. . .	1 500	46
	Fin . . .	30	42	. . .	2 000	
9e mois.	Début . .	30	43	. . .	2 000	47
	Fin . . .	33	46	. . .	2 800	
10e mois.	Début . .	33	47	. . .	2 800	51
	Fin . . .	37	50	. . .	3 300	

Comme on le voit, c'est au cinquième mois de la vie fœtale que l'accroissement absolu est le plus élevé, tandis que l'accroissement relatif est le plus grand pendant les premiers mois. Ce tableau contient en plus des indications concernant le diamètre de l'œuf, le poids moyen du fœtus, et la longueur du cordon ombilical aux différents mois de la gestation.

§ 4. — CONSIDÉRATIONS SUR LES PREMIERS DÉVELOPPEMENTS DE L'ŒUF HUMAIN

Les faits principaux qui ressortent de la description des plus jeunes œufs humains, telle qu'elle a été donnée précédemment, sont :

1° Le peu d'extension de l'endoderme et de la vésicule ombilicale à ses premiers stades, eu égard au volume total de l'œuf ;

2° L'existence très précoce d'une couche du tissu lamineux embryonnaire doublant la face interne de la vésicule ectodermique dans toute son étendue ;

3° La formation également très précoce d'un *pédicule* mésodermique (*pédicule ventral, pédicule abdominal*), rattachant étroitement l'extrémité postérieure du rudiment embryonnaire à la face interne du chorion ;

4° La grandeur de la cavité de l'œuf (*cavité choriale, cavité blastodermique, cavité du blastocyste*) qui se confond ici avec le cœlome. Le contenu même de cette cavité a quelque chose de problématique, puisqu'il est représenté primitivement par un liquide albumineux coagulable, auquel se substitue bientôt un tissu conjonctif muqueux (*corps réticulé* de VELPEAU) ;

5° La fermeture très précoce du sac amniotique.

Les faits qui précèdent ne concordent pas avec ce que nous connaissons du développement de la plupart des mammifères, et il nous faut évidemment chercher une interprétation nouvelle. Les schémas représentés dans la figure 67 que nous empruntons à HIS, en les modifiant légèrement d'après les données de GRAF SPEE, permettent de saisir au premier coup d'œil l'ex-

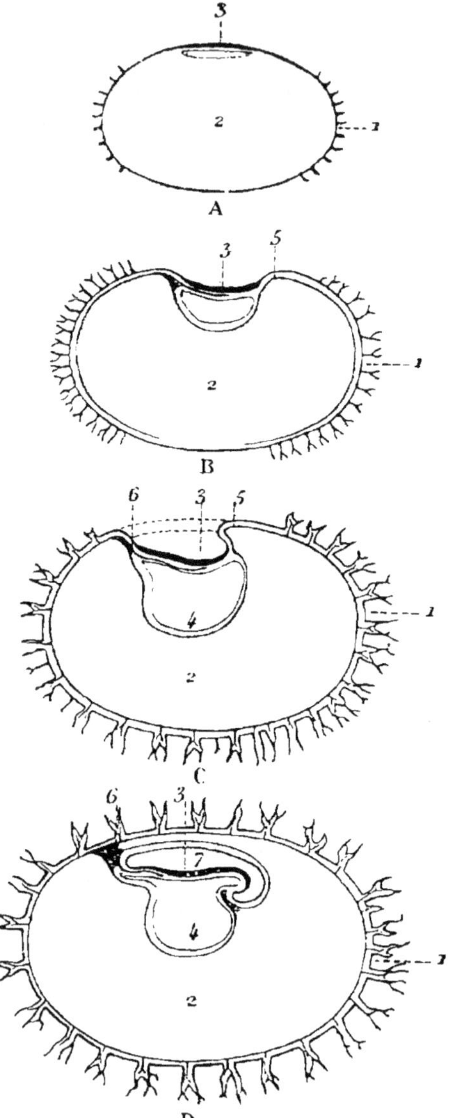

Fig. 67. — Section de l'œuf humain, à quatre stades successifs de développement, intéressant l'embryon en long (représentation schématique d'après His, modifiée d'après les figures de Graf Spee).

1, chorion villeux. — 2, cavité choriale. — 3, disque ou rudiment embryonnaire. — 4, vésicule ombilicale. — 5, repli céphalique de l'amnios. — 6, pédicule ventral. — 7, cavité amniotique.

plication ingénieuse proposée par cet auteur. Ils représentent à un grossissement de 5 diamètres : A, le stade de l'embryon de Reichert; D, le stade de l'embryon E de His (2 à 3 millimètres); B et C sont des stades intermédiaires hypothétiques.

On voit que l'amas vitellin se différencie sur place en une vésicule endodermique de petit volume fournissant ultérieurement l'épithélium de l'intestin primitif et de la vésicule ombilicale. La vésicule blastodermique primitive ne répond pas ainsi au sac vitellin, comme on l'observe chez tous les mammifères, mais bien au cœlome externe. D'autre part, les lames mésodermiques, dans leur extension en dehors de l'embryon, se cliveraient dès le début en deux feuillets dont l'externe se porterait contre l'ectoderme, pour former le chorion, et dont l'interne se réfléchirait en dedans à la surface de la vésicule ombilicale. Ajoutons que GRAF SPEE a émis récemment une opinion différente : la vésicule ombilicale se constituerait de très bonne heure, sur des œufs ne mesurant pas plus de 1 millimètre de diamètre, et la fissuration de la portion extra-embryonnaire du mésoderme suivrait immédiatement. L'hypothèse de GRAF SPEE ne concorde pas avec la composition de l'œuf de REICHERT, mais la plupart des auteurs admettent que cet œuf, eu égard à ses dimensions, devait avoir une structure beaucoup plus complexe que celle indiquée par REICHERT.

En même temps que se forme la vésicule ombilicale, le rudiment embryonnaire s'enfonce vers le centre de l'œuf, déterminant au-devant de lui un repli de la portion extra-embryonnaire du blastoderme, qui n'est autre que le repli céphalique de l'amnios. L'amnios tout entier se développe en quelque sorte aux dépens de ce capuchon qui enveloppe progressivement l'embryon d'avant en arrière, et va se fixer contre la face supérieure du pédicule ventral. Le repli amniotique est constitué par l'ectoderme déjà doublé d'une couche mésodermique, ce qui indique une formation très précoce du mésoderme ; la partie externe de ce pli forme, après la fermeture de l'amnios, la portion du chorion qui se trouve au-dessus du dos de l'embryon, au pôle supérieur ou utérin de l'œuf.

L'embryon ne s'isole à aucun moment du chorion, et le pont de tissu mésodermique qui l'y rattache n'est autre que le pédicule ventral. Quant à l'allantoïde, elle n'intervient en rien dans la constitution de ce pédicule, à l'intérieur duquel elle se prolonge plus tard sous la forme d'un petit tube épithélial endodermique.

On peut concilier l'opinion précédente de His avec celle de KŒLLIKER qui assimile le pédicule ventral au pédicule allantoïdien, en admettant qu'au moment où l'embryon s'enfonce dans la cavité blastodermique, il se forme en réalité deux replis amniotiques (céphalique et caudal), mais que le repli caudal reste stationnaire, et que le bourrelet allantoïdien, en se portant vers le chorion, s'applique intimement contre ce repli, et constitue avec lui le pédicule ventral de His. Peut-être aussi le bourrelet allantoïdien, en venant se souder intimement au repli caudal, empêche-t-il le soulèvement ultérieur de ce repli. Lorsque le repli céphalique, dans son extension d'avant en arrière, aura rencontré le repli caudal et se sera fusionné avec lui, les couches ectodermiques interposées entre les sommets des deux replis amniotiques disparaîtront, et c'est ce qui explique pourquoi le segment externe du pédicule ventral, compris entre le chorion et l'amnios, se trouve dépourvu de tout revêtement ectodermique.

On observe des dispositions analogues dans le développement des rongeurs, et c'est pourquoi certains auteurs inclinent à penser que l'œuf humain offre de grands points de rapprochement avec celui des mammifères à feuillets invertis.

DEUXIÈME PARTIE

DÉVELOPPEMENT DES ORGANES
(ORGANOGÉNIE)

Nous nous occuperons, dans cette deuxième partie, du développement des organes seconds et des appareils, en l'envisageant au double point de vue morphologique et structural. Nous avions d'abord songé à utiliser la classification embryologique, mais, outre que la plupart des organes sont formés par la réunion de tuniques dérivant de feuillets différents, cette classification a le grave inconvénient de séparer l'un de l'autre deux organes contigus dans un même appareil, comme par exemple la bouche et le pharynx. Aussi, croyons-nous devoir étudier le développement des appareils dans l'ordre suivant :

1° *Appareil de la digestion ;*
2° *Appareil de la respiration ;*
3° *Appareil génito-urinaire :*
4° *Appareil nerveux ;*
5° *Appareil de la vision ;*
6° *Appareil de l'audition ;*
7° *Appareil cutané ;*
8° *Appareil de la locomotion ;*
9° *Appareil de la circulation.*

10° Un dernier chapitre sera consacré aux *enveloppes et aux annexes du fœtus.*

Dans cette étude, nous nous occuperons presque exclusivement du fœtus humain ; nous n'aurons recours aux données de l'embryologie comparée que pour éclaircir certains points obscurs du développement, ou encore, lorsque les renseignements sur l'homme nous feront complètement défaut.

CHAPITRE PREMIER

APPAREIL DE LA DIGESTION

Les divisions du tube intestinal primitif ne répondent pas à celles qu'on observe chez l'adulte, soit qu'on envisage la provenance ectodermique ou endodermique du revêtement épithélial, soit au contraire qu'on s'appuie sur l'existence ou non d'un mésentère.

On admettait autrefois qu'en regard de chaque cul-de-sac de l'intestin primitif, il se produisait une involution du feuillet externe, l'involution supérieure donnant naissance à l'*intestin buccal* ou *stomodæum*, et l'involution inférieure à l'*intestin anal, cloaque externe* ou *proctodæum*. Les recherches contemporaines n'ont pas confirmé cette manière de voir. Nous avons vu en effet (p. 78 et 92), que la membrane pharyngienne qui obture en haut et en avant le cul-de-sac céphalique, était didermique dès l'origine, et que l'excavation buccale résultait d'un bourgeonnement des tissus ambiants amenant la production de l'arc maxillaire et du bourgeon frontal. D'ailleurs, l'emplacement de la membrane pharyngienne qui disparaît de très bonne heure, ne correspond à aucune division du tube digestif de l'adulte.

Au niveau du cul-de-sac inférieur, la membrane cloacale qui ferme superficiellement le cloaque est primitivement constituée par les trois feuillets du blastoderme, mais la couche mésodermique interposée à l'ectoderme et à l'endoderme est très mince, et sa disparition précoce ne détermine la formation d'aucune excavation. Peut-être pourrait-on voir dans la *dépression sous-caudale* qui s'accuse secondairement, le rudiment d'un proctodæum.

La division de l'intestin primitif en trois segments dont le moyen serait doté d'un mésentère, ne cadre pas mieux avec la structure du tube digestif complètement développé. Il nous suffira de rappeler ici que l'œsophage et le rectum ne sont en rapport avec la cavité pleuro-péritonéale que dans une portion de leur étendue. Aussi, nous appuyant sur la disposition qu'on rencontre chez l'adulte, nous admettrons avec BALFOUR et avec PRÉNANT, que l'intestin primitif comprend deux segments distincts : un *segment supérieur* ou *respiratoire* situé au-dessus du renflement stomacal, et un *segment inférieur* ou *digestif* placé au-dessous du cardia. Aux dépens du segment respiratoire, se formeront la bouche (avec les fosses nasales), le pharynx, l'œsophage, et, par un bourgeon émané de la paroi antérieure du pharynx, le larynx, la trachée et les poumons ; le segment digestif donnera naissance à l'estomac, à l'intestin grêle et au gros intestin.

Nous rechercherons successivement comment se développent et évoluent toutes ces parties. Toutefois, en raison de leur importance, nous consacrerons, aux dérivés branchiaux et aux dents, deux articles spéciaux qui serviront en quelque sorte d'introduction à l'étude du tube digestif. Quant à l'appareil de la respiration, auquel nous joindrons les fosses nasales, il formera l'objet d'un chapitre distinct qui trouvera naturellement place après celui consacré à l'appareil de la digestion.

ARTICLE PREMIER

FENTES ET ARCS BRANCHIAUX, LEURS DÉRIVÉS

Nous étudierons successivement dans cet article : 1° la disposition et la structure des arcs branchiaux et des fentes interposées ; 2° la destinée des fentes branchiales ; 3° la destinée des arcs branchiaux.

§ 1. — FENTES ET ARCS BRANCHIAUX

1° Fentes branchiales. — Nous avons vu (p. 107) que sur les parois antéro-latérales du pharynx, il se produisait, à

un moment donné, une série de fissures transversales disposées symétriquement par paires, ce sont les *fentes branchiales*
(*viscérales* ou *pharyngiennes*) signalées pour la première fois
chez les mammifères par RATHKE en 1825. Le nombre de ces
fentes qui est de 6 à 8 chez les sélaciens, et de 5 chez les
batraciens et chez les reptiles, se réduit à 4 chez les oiseaux
et chez les mammifères ; on les désigne de haut en bas par
les numéros 1 à 4. Quel que soit l'animal envisagé, elles se
développent toujours dans le même ordre : la première précède la seconde, celle-ci précède à son tour la troisième, et
ainsi de suite. Nous avons signalé plus haut les stades correspondant à leur apparition chez l'embryon humain : on
observe deux fentes sur l'embryon de 2 à 3 millimètres, trois
fentes sur celui de 3 à 4,5 millimètres, et enfin quatre fentes
sur l'embryon de 5 millimètres.

Les premiers observateurs pensaient que les fentes étaient
perforées, et que par leur intermédiaire on pouvait pénétrer
directement de l'extérieur à l'intérieur du pharynx. Aussi
la surprise fut-elle grande, lorsqu'en 1881 His annonça que chez
les mammifères les dépressions comprises entre les arcs ne
traversaient pas de part en part la paroi du pharynx, mais
qu'une mince cloison tendue d'un arc à l'autre séparait les
sillons superficiels des rainures profondes qu'on aperçoit à
la face interne du pharynx. Chaque fente branchiale comprendrait ainsi (BORN 1883) deux gouttières adossées par leur partie
profonde, l'une externe tapissée par l'ectoderme (*poche ectodermique*), et l'autre interne revêtue par l'endoderme (*poche endodermique*). Entre les deux gouttières, se trouve interposée une
lame obturante (HIS), pouvant se réduire en certains points
à ces deux feuillets accolés.

L'opinion de His semble avoir été définitivement admise
par BORN (1883), par KŒLLIKER (1884) et par PIERSOL (1888),
mais elle est combattue par FOL (1886) et par de MEURON (1886)
qui admettent que les extrémités postérieures des première
et deuxième fentes sont ouvertes. Sur des embryons humains
de 3, 4, 6 et 8 millimètres, nous trouvons les quatre fentes
obturées dans toute leur longueur.

Le développement des fentes branchiales a pu être suivi dans tous ses détails sur les différents mammifères. Les poches endodermiques se creusent tout d'abord, puis on voit apparaître les poches ectodermiques qui se portent à la rencontre des premières. La membrane de séparation (*lame obturante*) s'amincit graduellement par résorption du mésoderme, et n'est plus représentée à un moment donné que par l'ectoderme et l'endoderme accolés. Enfin, la disparition de cette membrane, qui se produit au niveau de toutes les fentes pour les vertébrés inférieurs (poissons), et seulement en quelques points limités des premières fentes chez les vertébrés supérieurs (oiseaux), établit une communication directe entre le pharynx et l'extérieur.

Il n'est pas sans intérêt de faire remarquer à ce propos, avec LIESSNER, qu'à mesure qu'on s'élève dans la série des vertébrés, le nombre des fentes perméables diminue progressivement de bas en haut.

2° Arcs branchiaux. — Les *arcs branchiaux, viscéraux* ou *pharyngiens* (p. 107) séparés par les fentes branchiales, se présentent comme des épaississements mésodermiques locaux de la paroi antéro-latérale de la cavité bucco-pharyngienne. Au nombre de quatre paires chez l'embryon humain de 3 millimètres, où ils atteignent leur plus grand développement, ces arcs sont disposés symétriquement de part et d'autre de la ligne médiane, et se dirigent obliquement d'arrière en avant et de haut en bas : on pourra ainsi leur considérer une extrémité antérieure ou inférieure, et une extrémité postérieure ou supérieure. Le premier arc, le plus élevé, qui circonscrit en avant et sur les côtés l'orifice buccal, a reçu le nom d'arc *maxillaire, mandibulaire* ou *facial* (MILNE-EDWARDS) ; le second s'appelle *arc hyoïdien* ou *stylo-stapédien*.

Sur l'embryon de 3 millimètres, les extrémités antérieures des arcs pharyngiens, non encore fusionnées avec celles du côté opposé, délimitent sur la face postérieure de la paroi antérieure du pharynx, un espace triangulaire à base inférieure (*champ mésobranchial* de HIS) dont le sommet est occupé par une éminence arrondie, le *tubercule lingual* (*tuberculum impar*, His) (fig. 68). Ce tubercule se trouve comme enclavé entre les extrémités des 1ers et 2es arcs; inférieurement, au niveau des 4es arcs, on remarque sur la ligne médiane une saillie en fer à cheval (*furcula*, His), sorte de bourrelet limitant une dépres-

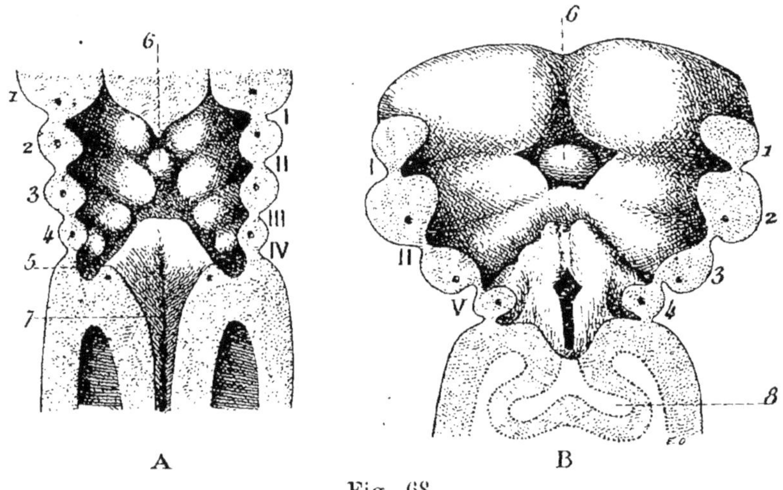

A   B

Fig. 68.

Paroi antérieure de l'excavation bucco-pharyngienne sur des embryons humains de 3,2 mill. (A, gr. 38/1), et de 4,25 mill. (B, gr. 30/1), vue par sa face postérieure (d'après His).

I, II, III, IV, fentes branchiales. — V. sinus précervical comprenant les 3e et 4e sillons ectodermiques. — 1, 2, 3, 4. arcs pharyngiens avec les arcs aortiques correspondants. — 5, fundus branchialis. — 6. tubercule impair de la langue. — 7, orifice du larynx. — 8, ébauche pulmonaire.

sion qui indique l'emplacement qu'occupera plus tard l'orifice supérieur du larynx.

Au champ mésobranchial correspond en avant, dans toute son étendue, la cavité cervicale. Le point d'origine des arcs artériels sur le bulbe aortique, se trouve placé un peu plus bas que le tubercule lingual, entre ce dernier et la saillie laryngienne. Les arcs artériels parcourent les arcs branchiaux correspondants, le cinquième arc artériel se trouvant placé au-dessous de la quatrième fente.

A mesure que les arcs viscéraux se développent, leurs extrémités antérieures se rapprochent progressivement de la ligne médiane; le champ mésobranchial tend à se rétrécir, et se réduit bientôt à une sorte de rainure en forme d'Y renversé, à laquelle aboutissent de part et d'autre les fentes branchiales. Le tubercule lingual est situé sur le trajet de la branche médiane; la saillie laryngienne se trouve comprise dans l'angle formé par les deux branches inférieures divergentes (*sillon arciforme, sulcus arcuatus* de His), et chacune de ces branches vient se terminer avec la quatrième fente dans une sorte de sinus assez profond, *sinus branchial (fundus branchialis* de His).

A chaque arc, répond un nerf crânien : au premier, le trijumeau dont les 2e et 3e branches longent les bourgeons maxillaires supérieur et inférieur; au 2e, le nerf facial; au 3e, le glosso-pharyngien ; enfin au 4e, le pneumogastrique (His).

3° Sinus précervical. — Vers la fin du premier mois de la vie intra-utérine, les arcs branchiaux primitivement parallèles se déplacent et se tassent les uns contre les autres, de telle façon que, vus du dehors, le 3e recouvre peu à peu le 4e, le 2e recouvre le 3e, etc. En comparant successivement entre elles les figures 68 et 69, on se rend parfaitement compte de ce mouvement que His compare à celui des différents segments d'une lorgnette, lorsqu'on les fait rentrer les uns dans les autres. Il en résulte finalement la formation d'un enfoncement anfractueux régnant de chaque côté entre la tête et le thorax de l'embryon, et tapissé par l'ectoderme. C'est le *sinus précervical (sinus præcervicalis,* His) qui présente, chez les embryons de 11 à 12 millimètres, l'aspect d'une fissure étroite avec trois divisions en culs-de-sac terminaux qui répondent aux trois derniers sillons branchiaux externes (fig. 69).

Chez les embryons de 12 à 13 millimètres, l'entrée du sinus se rétrécit progressivement, et bientôt la couche ectodermique qui tapisse la partie profonde de l'excavation (*fundus præcervicalis*), n'est plus rattachée à la surface que par un cordon épithélial qui lui-même ne tarde pas à disparaître. Le fundus præcervicalis se transforme ainsi en une vésicule close dont la paroi épithéliale est en contact intime avec le ganglion

du pneumogastrique. Cette vésicule que certains auteurs, en
raison de ses connexions nerveuses, considèrent comme un

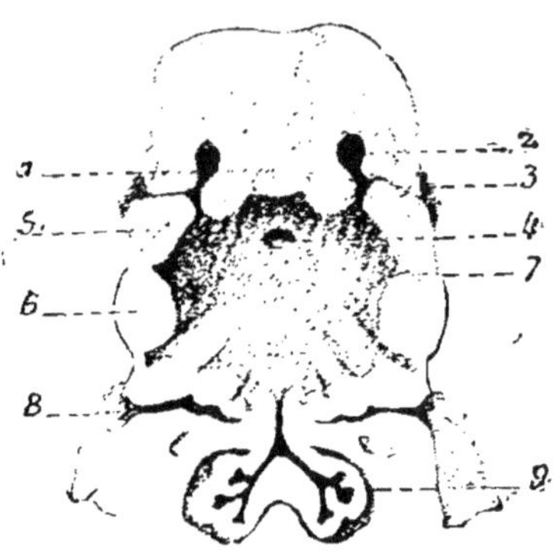

Fig. 69.

Reconstruction de la tête et de la région branchiale d'un embryon
humain de 11,5 mill., d'après His (gr. 7/1). La partie de l'embryon
située au-dessus de la fente intermaxillaire est vue en relief, la
partie inférieure suivant une coupe frontale intéressant le tube
laryngo-trachéal.

1, bourgeon frontal. — 2, fossette olfactive limitée en dedans par le bourgeon
nasal interne, et en dehors par le bourgeon nasal externe. — 3. gouttière naso-lacrymale. — 4. orifice de la poche hypophysaire. — 5. 6, bourgeons maxillaires supérieur
et inférieur du premier arc. — 7. fente intermaxillaire. — 8, sinus précervical
limité en haut, et de dehors en dedans, par les 2e, 3e et 4e arcs branchiaux. —
9, ébauche pulmonaire.

organe des sens rudimentaires, disparaît à son tour, sans
laisser aucun vestige chez les mammifères.

§ 2. — DESTINÉE DES FENTES BRANCHIALES

D'une façon générale, les fentes branchiales disparaissent
chez l'embryon humain pendant le deuxième mois. Les membranes obturantes s'épaississent graduellement, par envahissement mésodermique, et entraînent ainsi le nivellement des surfaces cutanée et pharyngienne. Toutefois, certains segments
des poches ectodermiques ou endodermiques persistent normalement, et constituent des cavités en communication avec
'extérieur ou avec le pharynx, comme l'oreille externe ou

l'oreille moyenne. D'autres segments s'oblitèrent, il est vrai, mais leur revêtement épithélial bourgeonne, et forme de véritables organes, comme le thymus et la glande thyroïde (latérale).

1° Première fente (hyo-mandibulaire). — La première fente interposée entre les 1er et 2e arcs disparaît dans ses deux tiers antérieurs. Dans sa partie postérieure persistante, elle donne naissance par la poche ectodermique, au conduit auditif externe, et, par la poche endodermique, à la trompe d'Eustache et à l'oreille moyenne. Pour ceux qui admettent avec His la fermeture complète des fentes par la membrane obturante, le tympan se formerait aux dépens de cette membrane ; pour les autres, son développement ne se produirait que secondairement.

Nous reviendrons avec plus de détails sur ces faits, à propos de l'organe de l'audition.

Chez les sélaciens, les deux lèvres de la première fente ne supportent pas de branchies, et la fente se transforme en *évent* ou *spiraculum*, par l'intermédiaire duquel les ondes sonores parviennent à l'oreille interne.

2° Deuxième fente. — La deuxième fente disparaît complètement, chez les mammifères, sans laisser de vestiges.

3° Troisième fente : formation du thymus. — Ainsi que l'ont montré les recherches de STIEDA (1881), de BORN (1883), de P. DE MEURON (1886), confirmées par un certain nombre d'observateurs, et notamment par PRENANT (1894), la troisième poche endodermique donne naissance au thymus et à la glandule thymique.

1° THYMUS. — Les lobes du thymus sont primitivement représentés par deux tubes formés aux dépens des troisièmes poches endodermiques qu'ils prolongent directement en bas (fig. 70). Sur l'embryon de 14 millimètres, les deux tubes ou canaux thymiques se sont détachés du pharynx, en même temps que leur extrémité inférieure a bourgeonné, et s'est allongée en bas et en dedans, en avant des thyroïdes latérales. Les canaux thymiques ne subissent pas seulement un allongement dans le sens vertical, mais de plus ils se déplacent en totalité,

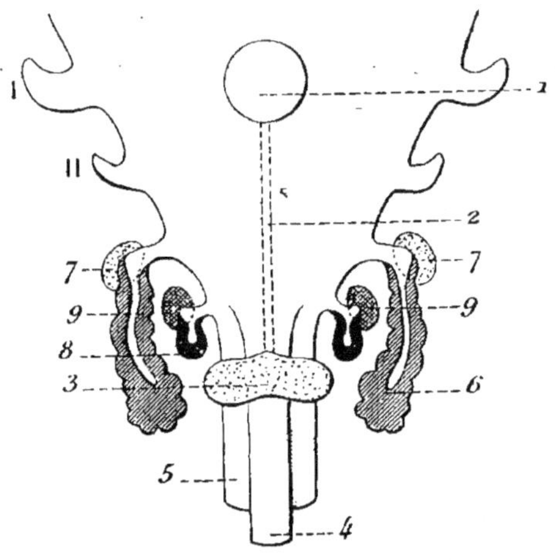

Fig. 70.

Figure schématique montrant l'origine des dérivés branchiaux, chez l'embryon humain ; la paroi du pharynx est vue par sa face antérieure.

I, II, première et deuxième poches endodermiques. — 1. tubercule impair de la langue. — 2. trajet du cordon thyréo-glosse. — 3. thyroïde médiane. — 4, tube laryngo-trachéal. — 5, œsophage. — 6, thymus. — 7, glandule thymique. — 8, thyroïde latérale. — 9, glandule thyroïdienne.

s'abaissant ainsi progressivement au-dessous des thyroïdes latérales et du croissant thyroïdien, et entraînant avec eux les glandules thymiques qui occupent leur extrémité supérieure (embryon de 16 milimètres) (fig 72).

Pendant cet abaissement, la cavité centrale s'est réduite de plus en plus, par épaississement de la paroi épithéliale, mais on en retrouve encore des vestiges sur l'embryon de 24 millimètres. Cette cavité, sur la coupe transversale, affecte la forme d'un croissant dont la concavité regarde normalement en avant et en dehors, et exceptionnellement en arrière. Les canaux thymiques se transforment ainsi progressivement en

Les glandules thymiques restent adhérentes à l'extrémité supérieure des cordons thymiques, lorsque ceux-ci, sur l'embryon de 14 millimètres, se sont détachés du pharynx, et elles les accompagnent dans leur déplacement de haut en bas et de dehors en dedans. Elles passent ainsi en avant des troisièmes poches, et vont s'accoler à la face postérieure du croissant thyroïdien, au point d'union de l'isthme avec les lobes latéraux, et au voisinage d'une glandule semblable, détachée de la quatrième poche, et connue sous le nom de *glandule thyroïdienne*.

La structure et l'évolution de ces différentes glandules sont absolument identiques; nous nous en occuperons à propos de la glandule thyroïdienne (p. 159).

4° Grains thymiques. — Aux glandules thymiques et thyroïdiennes, se trouvent annexés, chez un certain nombre de mammifères, de petits grains offrant la structure des lobules du thymus (Kohn, 1895). Ces grains, dont la provenance est encore discutée, ne se rencontrent qu'exceptionnellement chez l'homme.

4° Quatrième fente; formation de la thyroïde. — Nous avons vu que la troisième poche endodermique était le centre d'origine du thymus et de la glandule thymique; à la quatrième poche, appartient le groupe thyroïdien composé de la *thyroïde latérale* et de la *glandule thyroïdienne*.

1° Thyroïde. — Les recherches de Born (1883) sur l'embryon de porc, confirmées par celles de His (1885) sur l'embryon humain, ont montré que trois ébauches distinctes concourent à la formation de la glande thyroïde : une ébauche impaire et médiane (*thyroïde médiane*), et deux latérales (*thyroïdes latérales*).

Bien que l'ébauche médiane prenne naissance sur le plancher de la bouche, dans le champ mésobranchial, néanmoins, pour ne pas diviser notre sujet, nous la décrirons en même temps que les thyroïdes latérales.

a. *Thyroïde médiane.* — La thyroïde médiane se développe aux dépens d'un bourgeon médian de l'épithélium bucco-pharyngien qui pousse d'arrière en avant et de haut en bas, pour se mettre en rapport par son extrémité antérieure avec le bulbe aortique. Ce bourgeon, dont on peut constater la première apparition sur l'embryon de 3 millimètres, est situé en regard de la deuxième fente ; il répondra dans la suite au point d'union des trois rudiments de la langue, ainsi que l'a indiqué His. Sur l'embryon de 4 millimètres, l'ébauche thyroïdienne est manifestement creuse, ainsi qu'on l'observe chez la plupart des mammifères (le lapin excepté), et son extrémité profonde présente des traces de lobulation (Soulié et Verdun, 1897). Au stade de 6 millimètres, l'extrémité profonde renflée et bilobée n'est plus rattachée à la paroi du pharynx que par un mince pédicule épithélial ; toute trace de cavité centrale a disparu. Peu après, la thyroïde médiane se détache de l'épithélium bucco-pharyngien, et vient se loger dans l'angle de bifurcation du bulbe aortique qu'elle déborde légèrement en avant. Sur l'embryon de 14 millimètres, la thyroïde médiane, massive jusqu'à ce stade, se transforme en un réseau de cordons pleins anastomosés, par pénétration, de dehors en dedans, de cloisons ou de bourgeons conjonctivo-vasculaires. Ce réseau est déjà disposé, sur l'embryon de 16 millimètres, en forme de croissant dont la concavité regarde en bas.

Dans certains cas, le pédicule qui unissait à l'origine la thyroïde médiane à l'épithélium lingual, persiste anormalement chez l'adulte, et figure alors un cordon cellulaire (*cordon thyréo-glosse*) qui peut se creuser d'une lumière centrale dont l'ouverture répond au foramen cæcum (*canal thyréo-glosse*). Parfois, le cordon thyréo-glosse est fragmenté en plusieurs segments échelonnés sur la ligne médiane entre la thyroïde et le foramen cæcum.

b. *Thyroïdes latérales.* — Si l'origine branchiale des thyroïdes latérales a été mentionnée par Stieda dès 1881, leur mode de formation aux dépens des quatrièmes poches endodermiques semble avoir été indiqué pour la première fois par Born en 1883, sur l'embryon de porc. L'opinion de His concernant leur développement chez l'homme, se rapproche sensiblement de celle de Born, avec cette différence toutefois que ce ne sont plus les poches elles-mêmes qui donnent naissance aux thyroïdes latérales, mais bien le sillon arciforme, au point où il se réunit de chaque côté avec la quatrième poche, pour constituer le fundus branchialis.

De Meuron (1886) confirma, sur le mouton, les faits avancés par Born, et précisa en plus le lieu d'origine des thyroïdes latérales, en montrant qu'elles proviennent, sous la forme d'un diverticule ventral, des quatrièmes poches endodermiques (fig. 70). De Meuron signala, en même temps, un épaississement dorsal de la paroi de ces poches que Prenant retrouva en 1894. Cet épaississement n'est autre que le rudiment de la glandule thyroïdienne (p. 159).

Chez l'homme, le diverticule ventral de la quatrième poche endodermique, aux dépens duquel se forme la thyroïde latérale, apparaît au commencement du deuxième mois (embryons de 8 à 14 millimètres). Ce diverticule, rattaché au pharynx par une portion rétrécie (*canal thyréo-pharyngien*), se détache de la cavité pharyngienne au stade de 16 millimètres, en même temps qu'il se sépare de la glandule thyroïdienne correspondante : ses parois ne tardent pas à s'épaissir, et à combler entièrement la lumière centrale.

c. *Thyroïde définitive*. — Au stade de 18 millimètres, les cornes de la thyroïde médiane se fusionnent en arrière avec les thyroïdes latérales, pour former la thyroïde définitive. Il est assez difficile de préciser la part qui revient à chacun de ces organes dans la constitution de la thyroïde de l'adulte. Toutefois, on peut encore reconnaître, pendant un certain temps, les thyroïdes latérales à un amas plus dense occupant la face postérieure des lobes latéraux. Cet amas subit les mêmes modifications que la thyroïde médiane, mais plus tardivement. En somme, c'est la thyroïde médiane qui fournit l'appoint le plus considérable à l'édification de la thyroïde définitive. D'après les recherches récentes de Soulié et Verdun (1897) sur le lapin, sur la taupe et sur le chat, la thyroïde latérale ne prendrait même aucune part à la constitution de la thyroïde de l'adulte.

Au stade de 26 millimètres, le croissant thyroïdien émet

dans sa concavité un petit bourgeon, à l'union de l'isthme avec le lobe latéral gauche (fig. 72). Ce bourgeon est le rudiment de la pyramide de Lalouette (Tourneux et Verdun, 1897).

Nous avons vu (p. 156) que, sur l'embryon de 14 millimètres

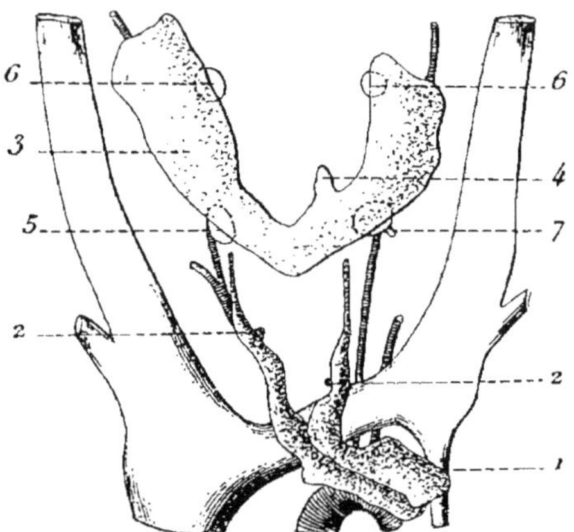

Fig. 72.

Reconstruction frontale des dérivés branchiaux avec les vaisseaux sanguins sur un fœtus humain de 29 mill. (d'après Tourneux et Verdun, gr. 15/1).

1, thymus. — 2, 2, vésicules thymiques. — 3, thyroïde. — 4, pyramide de Lalouette. 5, glandule thymique. — 6, glandule thyroïdienne. — 7, grain thymique.

l'amas cellulaire compact figurant la thyroïde médiane, se transformait en un réseau de cordons pleins. Pendant la seconde moitié du 2e et pendant le 3e mois, ces cordons émettent par leur extrémité périphérique de nombreux bourgeons qui se ramifient et s'anastomosent entre eux. Au commencement du 4e mois, on voit apparaître à leur intérieur de petites excavations ou vésicules plus abondantes dans les couches périphériques que dans les parties centrales. Au 6e mois, la glande déjà volumineuse est décomposable en lobules séparés par des cloisons conjonctives et, au 9e mois, elle rappelle par sa configuration générale celle de l'adulte.

2° Thyroïdes accessoires. — Nous désignerons sous ce nom des lobules erratiques détachés au cours du développement de la masse principale, ainsi que les glandules provenant des vestiges du canal thyréo-glosse, réservant le nom de *glandes parathyroïdiennes* aux glandules thymique et thyroïdienne (page 160). Suivant leur position, on a distingué : 1° des *glandes hyoïdiennes* (ZUCKERKANDL, 1879 ; glandulæ præhyoïdes et supra-hyoïdes, KADYI, 1878), en rapport avec l'os hyoïde ; 2° des *glandes aortiques* (WÖLFLER) situées au-dessus de la crosse de l'aorte ; enfin 3° des *glandes thyroïdiennes accessoires*, répondant à la face antérieure du cartilage thyroïde, ou de la membrane crico-thyroïdienne.

3° GLANDULE THYROÏDIENNE. — La glandule thyroïdienne prend naissance aux dépens de la paroi dorsale de la 4° poche endodermique, dont la paroi ventrale fournit la thyroïde latérale (DE MEURON, 1886 ; PRENANT, 1894), (fig. 71, B). Elle apparaît vers la cinquième semaine (embryons de 8 à 12 millimètres), et se montre formée, dès son apparition, par un amas de cellules épithéliales d'apparence étoilée. Ces éléments résultent de la transformation sur place des cellules qui forment à l'origine le revêtement dorsal des parois de la 4° poche, ainsi que nous avons pu nous en rendre compte sur un embryon de 14 millimètres, dont la glandule thyroïde était creusée à son origine d'un canal étroit. Chez cet embryon, la 4° poche se prolongeait inférieurement par deux canaux, dont l'un postérieur assez court répondait à la glandule thyroïdienne, et dont l'autre antérieur, plus long et à lumière plus large, représentait l'ébauche de la thyroïde latérale. La glandule thyroïdienne se sépare ensuite de la 4° poche, et forme un petit corps sphérique que les vaisseaux sanguins envahissent vers la fin du 2° mois, en même temps que l'aspect étoilé de cellules épithéliales s'atténue et disparaît. Au 6° mois, l'organe est fragmenté en un certain nombre de cordons vasculaires, séparés par des cloisons conjonctives.

Les glandules thyroïdiennes sont primitivement situées au-dessous des glandules thymiques. Plus tard, par suite de l'abaissement des cordons thymiques entraînant les glandules thymiques annexes, les glandules thyroïdiennes deviennent supérieures (embryon de 16 millimètres). Situées contre la face postérieure des lobes latéraux de la thyroïde (au niveau des thyroïdes latérales), elles sont interposées entre la carotide primitive et l'œsophage.

4° GLANDULES PARATHYROÏDIENNES. — Les glandules parathyroïdiennes comprenant les glandules thyroïdiennes et les glandules thymiques, ont été signalées pour la première fois chez l'adulte (homme, chien, chat, bœuf, cheval) par SANDSTRÖM (1880), contre la face postérieure des lobes latéraux de la thyroïde, au point de pénétration de l'artère thyroïdienne inférieure. Elles ont été retrouvées chez les rongeurs par GLEY qui les appelle *glandules thyroïdiennes* (1891), tandis que NICOLAS (1893) leur donne le nom de *glandules thyroïdes*. Récemment, K. GROSCHUFF (1896) admettant que la 4ᵉ poche, chez un certain nombre de mammifères, fournit, en plus de la thyroïde latérale et de la glandule thyroïdienne, un corps rappelant par sa structure le thymus dérivé de la 3ᵉ poche, et faisant remarquer que les glandules sont en rapport avec les thymus correspondants, a proposé de substituer à l'expression de glandules parathyroïdes celle de *système parathymique*. Ce système comprendrait deux parathymus (III et IV), en relation avec les thymus correspondants. Toutefois, pour maintenir les droits de SANDSTRÖM, GROSCHUFF continue à appeler la glandule IV *parathyroïdea*. Chez l'homme, ainsi que nous l'avons vu, la 4ᵉ poche fournit exclusivement la thyroïde latérale et la glandule thyroïdienne.

§ 3. — DESTINÉE DES ARCS BRANCHIAUX

Le premier arc concourt avec le bourgeon frontal à la formation de la face, les arcs inférieurs contribuent au développement du cou. Nous rechercherons la destinée de ces différents arcs, en procédant de haut en bas ; cette étude sera précédée d'une courte introduction concernant le bourgeon frontal.

1° Bourgeon frontal. — On désigne sous le nom de *bourgeon frontal* la partie de l'extrémité céphalique qui surplombe en avant l'excavation buccale. Cette partie n'est pas régulièrement cylindrique, mais sa face inférieure, qui forme la paroi supérieure de l'excavation naso-buccale, est sensiblement plane, comme si elle avait été abrasée ; sa face antéro-supérieure, que l'on a sous les yeux lorsqu'on regarde l'embryon, est arrondie et se continue en arrière, sans ligne de démarcation appréciable, avec la partie postérieure de la tête. Latéralement, le bourgeon frontal est limité par un sillon qui le sépare du premier arc, et à l'extrémité duquel on rencontre la vésicule oculaire.

Au cours de la 3e semaine, le bord inférieur du bourgeon frontal, répondant à l'intersection de sa face inférieure plane et de sa face antéro-supérieure convexe, n'est plus régulier, mais il présente une échancrure sur la ligne médiane, si bien que le bourgeon frontal se termine alors en avant et en bas par deux prolongements connus sous le nom de *bourgeons nasaux*. Vers la fin de la 3e semaine (embryon de 4 millimètres), chaque bourgeon nasal se creuse à son tour d'une petite fossette (*fossette olfactive*) communiquant avec la cavité buccale par une gouttière qui se rétrécit progressivement (*sillon nasal*). Chaque bourgeon nasal s'est ainsi subdivisé en deux bourgeons secondaires, les *bourgeons nasaux interne* et *externe* (fig. 69). C'est aux dépens du bourgeon frontal et de ses prolongements nasaux, que se forme le nez.

2° Premier arc (arc facial, mandibulaire ou maxillaire). — Les premiers arcs limitent inférieurement l'orifice naso-buccal, dont le bourgeon frontal constitue la paroi supérieure. De très bonne heure, alors que l'embryon humain ne possède encore que deux fentes branchiales, et mesure de 2 à 3 millimètres, on voit se soulever sur les parties latérales de chaque arc facial, un bourgeon qui se porte en haut et en avant contre le bourgeon nasal correspondant. L'extrémité antérieure du premier arc semble ainsi bifurquée, et ses deux divisions ont reçu les noms de *branches* ou de *bourgeons maxillaires supérieur* et *inférieur* (fig. 73, A et B). Il résulte de cette disposition qu'à un moment donné l'ouverture buccale affecte la forme

d'un pentagone allongé transversalement dont les trois côtés
supérieurs sont représentés au milieu par le bourgeon frontal,
latéralement par les bourgeons maxillaires supérieurs, et dont
les deux côtés inférieurs sont constitués par les bourgeons
maxillaires inférieurs. Un sillon sépare le bourgeon maxillaire

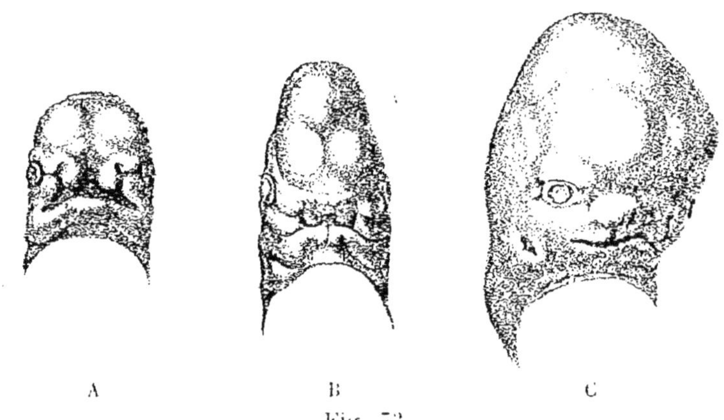

Fig. 73.

Trois stades successifs du développement de la face chez l'embryon
humain, d'après Ihs.

A, embryon de 8 mill. (Gr. 3/1). — B, embryon de 13,7 mill. (Gr. 3,4/1). —
C, embryon de 17 mill. (Gr. 3.4/1).

supérieur du bourgeon frontal : c'est le *sillon lacrymal*, étendu
depuis le globe oculaire jusqu'au sillon nasal. Quant à la fente
interposée latéralement entre les bourgeons maxillaires supérieur et inférieur, elle porte le nom de *fente intermaxillaire*.

A. Bourgeon maxillaire supérieur. — Ce bourgeon, dans son
mouvement d'extension en avant, passe au-dessous du sillon
nasal externe, et vient s'accoler puis se souder au bourgeon
nasal interne. Les sillons nasaux se trouvent ainsi transformés
en deux canaux qui sont les rudiments des fosses nasales de
l'adulte (fig 73, C).

Deux bourgeons secondaires se développent aux dépens de
chaque branche maxillaire supérieure : le *bourgeon palatin* ou

lame palatine (KŒLLIKER) et le *bourgeon ptérygo-palatin*. Les lames palatines émanées de la face buccale des deux branches maxillaires supérieures (7ᵉ semaine), se portent horizontalement à la rencontre l'une de l'autre sur la ligne médiane, et se fusionnent entre elles, tandis que par leur extrémité antérieure

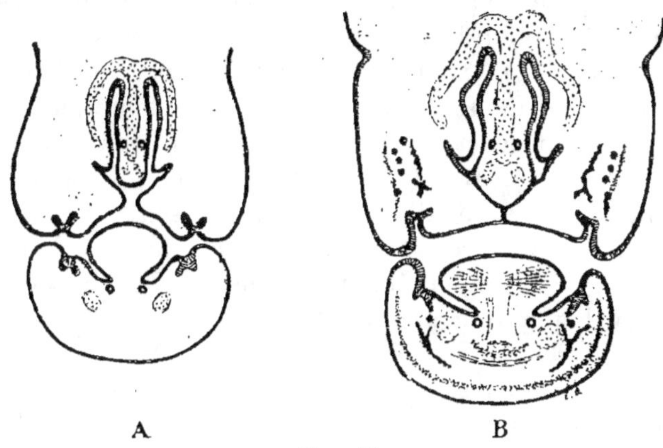

Fig. 74.

Section frontale de la face passant par l'organe de Jacobson, sur un fœtus humain de 29 mill. (A), et sur un fœtus humain de 37 mill. (B) (Gr. 5 1).

Les lames palatines encore séparées sur le fœtus de 29 mill., sont soudées sur celui de 37 mill.

elles s'unissent aux bourgeons nasaux internes (commencement du 3ᵉ mois). Ainsi se trouve constituée la partie antérieure de la voûte palatine que compléteront en arrière les lames horizontales des bourgeons ptérygo-palatins (fig. 74). La cavité naso-buccale primitive est dès lors subdivisée en deux compartiments distincts et superposés, l'un inférieur buccal, l'autre supérieur nasal. Ce dernier segment ne tarde pas à son tour à être cloisonné en deux fosses nasales droite et gauche par l'abaissement d'une lame médiane provenant du bourgeon frontal, et se soudant par son bord inférieur à la voûte du palais (fœtus de 35 millimètres). C'est dans l'épaisseur de cette *cloison nasale* que se développeront ultérieurement la lame perpendiculaire de l'ethmoïde et le vomer, succédant à un cartilage dont le vestige antérieur constitue chez l'adulte le cartilage de la cloison. Pendant toute la vie embryonnaire et même pendant les premiers mois qui suivent la naissance, on rencontre dans l'épaisseur de la muqueuse palatine, le long du raphé médian, des globes épidermiques, sortes d'enclaves épithéliales respectées par la résorption lors de la réunion des lames palatines.

Les branches maxillaires supérieures et les bourgeons nasaux internes donnent naissance à la lèvre supérieure et aux mâchoires supérieures, ainsi qu'à la portion des téguments en rapport avec ces os. Les organes osseux développés aux dépens de chaque branche maxillaire supérieure sont : le maxillaire supérieur, l'os malaire, le cornet inférieur, et, par l'intermédiaire des bourgeons ptérygo-palatins, l'os palatin et l'aile interne de l'apophyse ptérygoïde.

La trace de la soudure des lames palatines avec les bourgeons nasaux internes, et avec la cloison qui n'en est qu'une dépendance, est indiquée par le canal *naso-palatin* (*canal incisif* ou *canal de Stenson*) qui, chez certains mammifères, reste perméable pendant toute la vie.

B. Os INCISIF, BEC-DE-LIÈVRE. — L'histoire des os incisifs ou ou intermaxillaires est intimement liée à celle du *bec-de-lièvre*. On désigne ainsi une malformation caractérisée par l'absence de soudure entre deux des bourgeons qui contribuent à former la mâchoire supérieure. Cette absence de soudure se traduit chez l'adulte par une incisure intéressant plus ou moins profondément les téguments, et se prolongeant dans certains cas jusque sur le voile du palais (*gueule-de-loup*). Le bec-de-lièvre peut être médian, et rappeler la fissure qui sépare les deux bourgeons nasaux internes, mais habituellement il se trouve situé latéralement, et l'on s'est demandé, dans ce cas de bec-de-lièvre unilatéral, à quelle fissure embryonnaire répondait l'incisure de l'adulte.

D'après la théorie de GOETHE (1786), chaque bourgeon nasal interne donne naissance à un os intermaxillaire supportant deux incisives. Le bec-de-lièvre latéral résulte de ce que l'os intermaxillaire ne s'est pas soudé au bourgeon maxillaire supérieur; la fissure est donc comprise entre l'incisive latérale et la canine.

Cette théorie longtemps acceptée a été battue en brèche par ALBRECHT qui, dans une série de mémoires publiés depuis 1879, s'est efforcé de démontrer que dans la majorité des cas la fente du bec-de-lièvre passait entre l'incisive interne et l'incisive latérale. ALBRECHT reconnaît l'existence de quatre os incisifs, dont deux médians développés aux dépens des bourgeons nasaux internes, et deux latéraux formés par les bourgeons nasaux externes qui s'insinuent entre les bourgeons maxillaires supérieurs et les bourgeons nasaux internes, et contribuent ainsi à la formation de la mâchoire supérieure. Les quatre os intermaxillaires sont facilement reconnaissables sur des fœtus humains du 5ᵉ au 6ᵉ mois ; la suture interincisive ou intermédiaire (*suture d'Albrecht*) disparaît ensuite rapidement, et c'est ce qui explique l'erreur des observateurs qui ne décrivent que deux os intermaxillaires.

Si la théorie d'ALBRECHT était conforme à la réalité, elle nous rendrait compte des différentes variétés de bec de lièvre latéral : le bourgeon nasal externe, porteur de l'incision latérale, ne s'est pas soudé en dedans au bourgeon nasal interne, ou au contraire ne s'est pas réuni en dehors au bourgeon maxillaire supérieur. Mais les recherches de KŒLLIKER et de HIS, confirmant celles de COSTE, semblent avoir définitivement établi ce fait qu'au cours du développement normal, le bourgeon nasal externe ne s'abaisse pas autant que le suppose ALBRECHT, et qu'il participe seulement à la formation de l'aile du nez et des parois latérales des fosses nasales (masses latérales de l'ethmoïde, os unguis, os propres du nez). Le bourgeon maxillaire supérieur se met directement en rapport avec le bourgeon nasal interne.

Aussi deux auteurs plus récents, BIONDI (1888) et WARYNSKI (1888) se sont-ils efforcés d'expliquer l'existence à un moment donné de quatre os intermaxillaires, sans faire intervenir le bourgeon nasal externe, ou du moins en ne le faisant intervenir qu'accessoirement (WARYNSKI).

Pour Biondi, le bourgeon nasal interne fournit l'os intermaxillaire central, tandis que l'os intermaxillaire latéral se forme aux dépens du bourgeon maxillaire supérieur. Quant à Warynski, il n'admet en réalité que deux os intermaxillaires, mais dont chacun se développe par deux points d'ossification, ce qui donnerait l'apparence, à un moment donné, de quatre os distincts.

Ces deux dernières théories, il faut bien l'avouer, ne nous fournissent pas une explication satisfaisante. L'incisure du bec-de-lièvre latéral, intéressant la mâchoire supérieure, correspond évidemment à la fente qui séparait à l'origine le bourgeon maxillaire supérieur du bourgeon nasal interne. Or, si l'os intermaxillaire latéral ne se fusionne pas avec le maxillaire supérieur, dans la théorie de Biondi, ou si deux noyaux osseux de l'intermaxillaire ne se réunissent pas, dans la théorie de Warynski, il doit en résulter une suture fibreuse, et non une véritable fissure. La question du bec-de-lièvre et des os intermaxillaires est donc loin d'être résolue, et elle nous paraît devoir susciter de nouvelles recherches. Une des principales difficultés résulte de ce fait, déjà signalé par His, que les os intermaxillaires n'apparaissent qu'après la soudure complète des bourgeons qui vont constituer la mâchoire supérieure.

Quant à la fente interposée aux bourgeons nasaux internes, elle disparaît progressivement au cours du 2e mois, par accolement et soudure de ces bourgeons que refouleraient sur la ligne médiane les bourgeons maxillaires supérieurs (His). Nous n'avons pu nous convaincre de ce mécanisme, et nous inclinons plutôt à penser que la fente médiane se comble de la profondeur vers la surface, sans affrontement des surfaces épithéliales.

C. Bourgeon maxillaire inférieur. — Les branches maxillaires inférieures, séparées par un léger sillon sur la ligne médiane, limitent en bas l'orifice buccal. Cet orifice, assez étendu à l'origine, en raison de la largeur des fentes intermaxillaires, se rétrécit graduellement par rapprochement et soudure partielle de dehors en dedans des bourgeons maxillaires : ainsi se constituent latéralement les joues et les commissures des lèvres. Aux dépens des bourgeons maxillaires inférieurs, se développent la lèvre inférieure et la mâchoire inférieure, ainsi que les parties molles en rapport avec cet os. Le sillon médian interposé aux deux branches maxillaires inférieures, s'efface progressivement à la fin du 1er ou au commencement du 2e mois.

L'os maxillaire inférieur est précédé dans sa formation par deux tigelles cartilagineuses symétriques portant le nom de *cartilages de Meckel* (1835), qui s'étendent dans toute la longueur des arcs maxillaires inférieurs (commencement du 2e mois). Les extrémités renflées de ces cartilages répondent, l'antérieure à la symphyse du menton, la postérieure à la future caisse du tympan. Du 40e au 45e jour (embryons de 17 à 19 millimètres), on voit se déposer, le long de la face externe des cartilages de Meckel, les premières lamelles osseuses qui représentent le maxillaire inférieur. Ces lamelles ne s'étendent pas toutefois sur toute la longueur des cartilages dont elles respectent les deux extrémités.

Pendant les 4e et 5e mois, les segments moyens des cartilages de Meckel s'atrophient, tandis que les segments antérieurs se vascularisent et se soudent latéralement aux deux branches du maxillaire inférieur. A la fin du 6e mois, les segments moyens ont complètement disparu, mais l'ossification des segments antérieurs ne s'achève qu'au cours de la première année.

Quant aux segments postérieurs, ils se fragmentent en deux petits blocs cartilagineux qui commencent à s'ossifier du 4e au 5e mois, et qui donnent naissance à deux osselets de l'ouïe : le *marteau* et l'*enclume*. Ces deux os sont homologues de l'os *carré* des oiseaux et des amphibiens.

3° Deuxième arc — arc hyoïdien ou stylo-stapédien). — Le deuxième arc concourt, avec le troisième et le quatrième, à la formation du cou (*arcs cervicaux*). C'est à ses dépens que se développent d'autre part l'étrier (stapes) et l'appareil suspenseur de l'os hyoïde. Ces organes sont primitivement représentés dans chaque arc hyoïdien par une tigelle cartilagineuse continue, connue sous le nom de *cartilage de Reichert* (1837). La destinée de ce cartilage est en tous points semblable à celle du cartilage de Meckel. Le segment moyen disparaît, en effet, et se trouve remplacé par un cordon fibreux, le *ligament stylo-hyoïdien*. Le segment antérieur devient la petite corne de l'os hyoïde (*apohyal*). Quant au segment postérieur, il se fragmente en différents tronçons dont le plus reculé s'ossifie tardivement et constitue l'*étrier*. Les autres tronçons fournissent l'*apophyse styloïde* (*stylhyal*) et le *cératohyal* qui se soude tardivement à l'apophyse styloïde vers l'âge de cinquante à soixante ans (Sappey).

De grandes divergences règnent encore parmi les auteurs sur l'origine de l'étrier que Kœlliker et Huxley font dériver du premier arc, et que Reichert et Gegenbaur font provenir du deuxième. M. Duval (1882) et Rabl (1887), confirmant les données de Reichert et de Gegenbaur, font remarquer judicieusement à ce sujet que le muscle de l'étrier est innervé par le nerf facial, c'est-à-dire par le nerf du 2e arc, et que le muscle interne du marteau reçoit, au contraire, une branche du trijumeau, c'est-à-dire du nerf du 1er arc.

Par son bord interne ou pharyngien, le deuxième arc constitue les piliers antérieurs du voile du palais (*arc palato-glosse*).

Du côté du 3e arc, l'arc hyoïdien émet, en bas, un prolongement que Rathke a assimilé à l'*opercule* des poissons, et qu'on désigne sous le nom de *prolongement operculaire*. Chez l'embryon humain, ce prolongement est peu accusé.

4° Troisième et quatrième arcs. — Les 3e et 4e arcs donnent naissance aux parties molles du cou. Le 3e arc fournit en plus les grandes cornes de l'os hyoïde qui se fusionnent avec un nodule médian représentant le corps de cet os (*basihyal*), ainsi que les piliers postérieurs du voile du palais (*arc palato-pharyngien*). L'os hyoïde, primitivement cartilagineux, s'ossifie au moment de la naissance. Le cartilage thyroïde dériverait, d'après Dubois, du 4ᵉ arc.

ARTICLE

DÉVELOPPEMENT DES DENTS

La dentition d'un enfant de trois à cinq ans se compose de 8 incisives, de 4 canines et de 8 prémolaires; on peut la représenter, en n'envisageant qu'une des moitiés de la face, par la formule dentaire suivante : $I \frac{2}{2} + C \frac{1}{1} + P.M \frac{2}{2}$. On désigne ces premières dents sous le nom de *dents de lait, dents transitoires* ou *temporaires*. Elles tombent en effet, à des époques variables, de la 7ᵉ à la 12ᵉ année, et sont remplacées par autant de *dents permanentes*. A ces *dents de remplacement*, viennent enfin s'ajouter en arrière 12 grosses molaires qui portent le nombre total des dents de l'adulte à 32, suivant la formule dentaire : $I \frac{2}{2} + C \frac{1}{1} + P.M \frac{2}{2} + G.M \frac{3}{3}$.

Nous aurons ainsi à rechercher successivement comment se développent et évoluent : 1° les dents transitoires; 2° les dents de remplacement, et 3° les grosses molaires.

§ 1. — DÉVELOPPEMENT DES DENTS TRANSITOIRES

Les différents tissus qui entrent dans la composition de la dent se développent aux dépens de trois formations, dont l'une, d'origine épithéliale, a reçu le nom de *bourgeon dentaire*, et dont les deux autres, de provenance mésodermique, constituent le *bulbe dentaire* et la *paroi folliculaire*.

1° Bourgeon dentaire, bulbe dentaire et paroi folliculaire. — Après que les cartilages de Meckel se sont formés dans la mâchoire inférieure (milieu du 2ᵉ mois), on remarque que l'épithélium qui recouvre le bord libre des mâchoires, s'est notablement épaissi, et qu'il figure une sorte de bourrelet ou de crête saillante régnant dans toute leur longueur (*rempart maxillaire*, Kœlliker ; *mur* ou *bourrelet gingival*).

Le bord interne de ce bourrelet s'enfonce dans l'épaisseur
des téguments sous la forme d'une lame à section triangulaire, que POUCHET et CHABRY (1884) ont désignée sous le

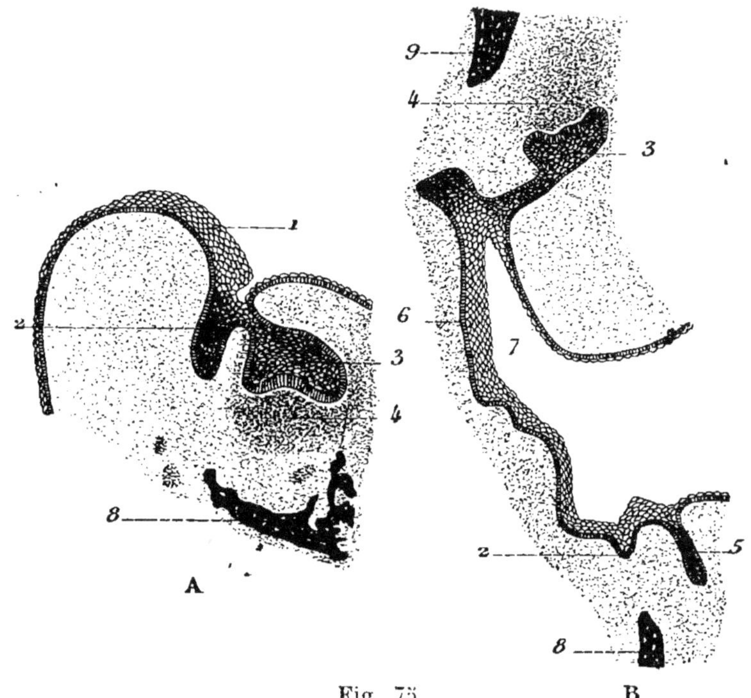

Fig. 75.

A, coupe d'une incisive temporaire inférieure ; B, coupe frontale
  d'une prémolaire supérieure, avec la paroi latérale du vestibule
  de la bouche (face interne de la joue), et la lame dentaire inférieure, sur un fœtus humain de 37 mill. (Gr. 50/1).

1, mur saillant. — 2, mur plongeant. — 3, bourgeon dentaire. — 4, bulbe dentaire. — 5, lame dentaire. — 6, face interne de la joue. — 7, vestibule de la bouche;
les murs saillants supérieur et inférieur se sont fusionnés au niveau de la commissure des lèvres, et s'étalent, en arrière de la commissure, contre la face interne de
la joue. — 8, os maxillaire inférieur. — 9, os maxillaire supérieur.

nom de *mur plongeant*, par opposition au *mur saillant* représenté par le bourrelet (fig. 75). Enfin, à l'union du mur plongeant et du bourrelet, on voit se détacher en dedans une autre
lame épithéliale qui pénètre également dans le tissu des

mâchoires (*lame dentaire; mur adamantogénique*, DEBIERRE et PRAVAZ). Le mur plongeant répond au sillon labio-gingival ; la lame dentaire fournira les bourgeons des dents.

La disposition précédente est surtout accusée dans la région des incisives, ainsi que l'ont montré POUCHET et CHABRY. Latéralement, au niveau de la commissure des lèvres, les deux bourrelets épithéliaux se fusionnent entre eux, et tapissent d'avant en arrière la face interne des joues en rapport avec le vestibule de la bouche (fig. 75,B).

La lame dentaire présente d'abord la même épaisseur dans toute sa longueur (embryon de 18 millimètres), mais, vers la fin du 2ᵉ mois (embryon de 24 millimètres), on observe, le long de son bord inférieur, une série de renflements au nombre de 20 pour chaque mâchoire. Ces renflements, désignés sous le nom de *bourgeons dentaires*, n'occupent pas le sommet même de la lame dentaire, mais font saillie en dehors sur la face labiale ou *face adamantine*, la face linguale ou *face abadamantine* (POUCHET et CHABRY) restant lisse. Les bourgeons dentaires ainsi apparus le long du bord inférieur de la lame dentaire, représentent les premières ébauches des dents transitoires, et l'on peut alors constater qu'au niveau des bourgeons répondant aux incisives et aux canines, la lame dentaire affecte une direction horizontale, tandis qu'elle devient verticale dans la région des prémolaires.

Chaque bourgeon dentaire, de forme hémisphérique, repose à l'origine sur la lame dentaire par une base élargie; il est sessile. Sa constitution reproduit, à ce moment, celle de la lame dentaire, c'est-à-dire que sa surface est limitée par une couche de cellules cubiques, tandis que sa partie centrale est formée de cellules polyédriques étroitement serrées les unes contre les autres. Dans la suite, la portion qui rattache le bourgeon à la lame dentaire se rétrécit notablement, et figure une sorte de *collet* ou de pédicule plus ou moins grêle, mais restant toujours assez court (*cordon dentaire*). En même temps, le bourgeon s'est renflé et s'est allongé, à la rencontre d'un amas de cellules mésodermiques connu sous le nom de *bulbe dentaire* (fig. 76). Entravé dans son extension par le bulbe, le bourgeon dentaire s'étale à sa surface et se moule sur lui, c'est-à-dire que sa face profonde se déprime en forme de cupule, pour loger

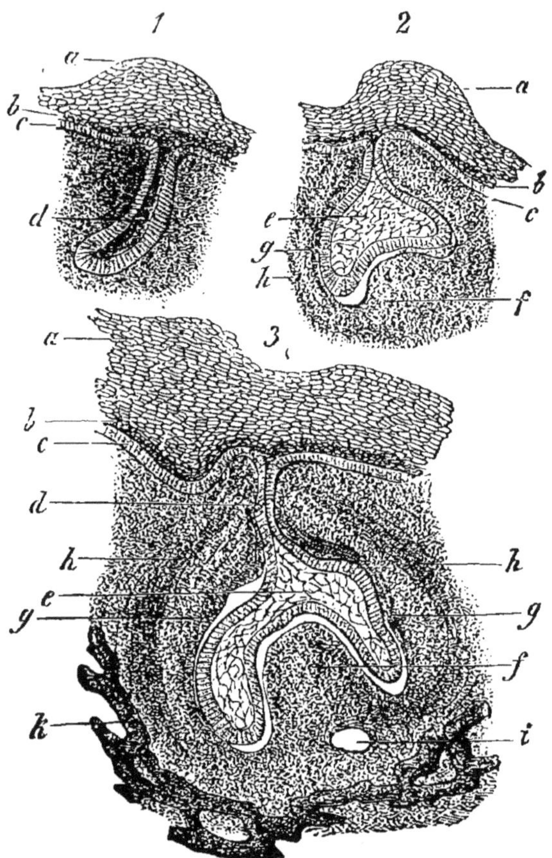

Fig. 76.

Trois stades successifs du développement d'un germe dentaire chez l'embryon de porc, d'après FREY et THIERSCH.

a, b, c, couches de l'épithélium gingival épaissi (mur saillant). — d, lame dentaire. — e, organe de l'émail. — f, bulbe dentaire (organe de l'ivoire). — g, h, couches interne et externe de la paroi folliculaire. — i, vaisseau sanguin. — k, maxillaire.

l'amas de cellules mésodermiques (fœtus de 37 millimètres). A un moment donné, l'enveloppement est presque complet, sauf au niveau de la base, où le bulbe communique encore par une portion rétrécie (*collet du bulbe*) avec le tissu ambiant, dont il reçoit ses vaisseaux et ses nerfs (commencement du 4ᵉ mois). Dès cette époque, le sommet du bulbe, coiffé par la cupule du bourgeon dentaire, présente une ou plusieurs éminences en rapport avec la forme de la dent future (*mamelons de la couronne*).

D'autre part, le tissu mésodermique qui entoure le bourgeon dentaire ne tarde pas à devenir plus dense, plus serré, constituant ainsi une enveloppe spéciale connue sous le nom de *paroi folliculaire*. Cette modification du tissu ambiant débute au niveau de la base du bulbe dentaire (commencement du 3ᵉ mois), si bien que, sur les coupes longitudinales, la paroi folliculaire apparaît comme une émanation directe de ce bulbe : on sait d'ailleurs qu'elle reçoit ses branches vasculaires du rameau dentaire destiné au bulbe. La paroi folliculaire s'élève ensuite progressivement à la surface du bourgeon dentaire, et finit par le recouvrir complètement (fin du 4ᵉ mois); elle représente alors une sorte de *sac* ou de *follicule*, à l'intérieur duquel se trouvent logés le bulbe et le bourgeon dentaires.

Le bulbe dentaire, par une série de modifications, donnera naissance à l'ivoire et à la pulpe de la dent; le bourgeon dentaire fournira l'émail; enfin, aux dépens de la paroi folliculaire, se formeront le cément et le ligament alvéolo-dentaire. Nous étudierons successivement le développement de chacune de ces parties.

2° Formation de l'ivoire et de la pulpe dentaire. — Au début, le bulbe est essentiellement constitué par des cellules mésodermiques tassées les unes contre les autres, avec un peu de matière amorphe interposée. Superficiellement, la matière amorphe déborde légèrement les éléments figurés, formant au-dessous du bourgeon dentaire une couche hyaline que certains auteurs ont désignée sous le nom de *membrana præformativa* (Raschkow, 1835). Les cellules incluses dans cette matière amorphe ne tardent pas à subir des modifications importantes. Dans les parties centrales, elles prennent une forme étoilée, et s'anastomosent par leurs prolongements, tandis que dans la couche superficielle elles deviennent cylindriques, et se disposent en série régulière. C'est cette dernière couche cellulaire qui élabore, par une véritable sécrétion, la substance de l'*ivoire* ou de la *dentine* : aussi lui a-t-on donné le nom de *membrane de l'ivoire*, et aux éléments qui la composent celui de *cellules de la dentine* ou *d'odontoblastes*.

Au moment de l'apparition de l'ivoire, les cellules de la dentine poussent vers la surface, dans l'épaisseur de la membrane préformative, un prolongement effilé, tandis que le noyau se retire dans l'extrémité opposée de l'élément (fig. 77). Le prolongement périphérique est formé par une substance homogène qui tranche sur l'aspect granuleux de la cellule ; son origine est généralement renflée en forme de cône. Il supporte

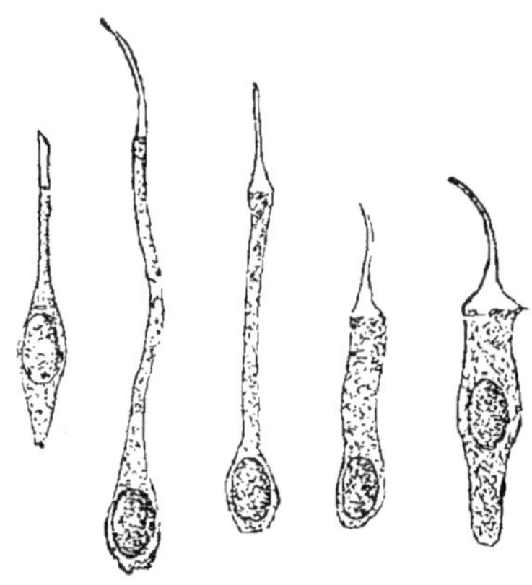

Fig. 77.

Cellules de la dentine d'un jeune chat, quelques jours après la naissance. Le corps cellulaire granuleux est surmonté d'un prolongement hyalin qui s'enfonce dans la dentine (fibre dentaire).

un certain nombre de branches sensiblement parallèles et se dirigeant toutes vers la surface.

C'est entre les prolongements des cellules de la dentine (*fibres dentaires* de Ch. Tomes) que se dépose la première couche d'ivoire, sous la forme d'un petit chapeau coiffant le sommet du bulbe (commencement du 5e mois). A la face profonde de cette première couche, vient s'apposer une deuxième couche, puis une troisième, et ainsi de suite (strates de l'ivoire ; lignes de contour, Owen). Les corps des odontoblastes, placés au-dessous de la dentine qui naît autour de leurs prolongements, se trouvent par suite incessamment refoulés plus loin de la surface, tandis que leurs prolongements s'allongent. Telle est l'origine des *canalicules de la dentine.*

Il est à remarquer qu'il se produit autant de chapeaux de dentine qu'il y a de saillies du bulbe, puis, ces chapeaux augmentant d'épaisseur et de largeur par apposition de nouvelles couches au-dessous d'eux, ils finissent par se souder et par n'en plus former qu'un seul.

Les dépôts successifs d'ivoire n'envahissent pas toutefois la partie axile du bulbe qui persiste chez l'adulte, où elle constitue la *pulpe dentaire.*

3° Formation de l'émail. — Nous avons vu que le bourgeon dentaire, arrêté dans son extension par le développement en sens opposé du bulbe, se moulait à la surface de ce dernier, et prenait ainsi la forme d'une calotte coiffant le bulbe, et rattachée à la lame dentaire par un pédicule assez court (commencement du 4ᵉ mois). A partir de cette époque, la structure du bourgeon dentaire se modifie profondément. Au centre, les cellules épithéliales se transforment progressivement en corps étoilés, anastomosés par leurs prolongements, et plongés dans une substance amorphe, translucide, coagulable par les acides et ayant la consistance et l'aspect du blanc d'œuf (*pulpe étoilée de l'organe de l'émail,* KOLLMANN, 1870). Cette métamorphose des éléments d'abord nettement polyédriques du bourgeon dentaire, débute par le centre, et s'étend peu à peu vers la périphérie.

Quant aux cellules périphériques, elles présentent de bonne heure une disposition différente, suivant qu'elles tapissent la face concave de l'organe reposant sur le bulbe, ou la partie bombée en contact avec le tissu de la gencive. Les cellules de la région déprimée par le bulbe, s'allongent et se disposent en une couche régulière dont les éléments représentent des prismes à cinq ou six pans de dimensions égales, et toujours droits ; leur longueur est de 20 à 50 μ, leur largeur de 3 à 5 μ. Ce sont ces éléments qui vont sécréter, par leur face superficielle regardant le bulbe, la substance de l'émail ; on leur a par suite donné le nom de *cellules adamantogènes adamantoblastes* ou *améloblastes*, et à la membrane qu'ils constituent celui de *membrane de l'émail*. Le bourgeon dentaire ainsi modifié représente *l'organe de l'émail* ou *organe adamantin*. Une couche de cellules polyédriques sépare la membrane de l'émail de la masse centrale des cellules étoilées : c'est le *stratum intermedium* (KOLLMANN, 1870).

Les cellules qui limitent la face convexe de l'organe adamantin s'agencent, au contraire, d'une façon irrégulière, et forment par places des éminences plus ou moins prononcées. Cette disposition est surtout accusée, quand l'organe a atteint tout son développement : sa surface, du côté de la cavité buccale, est mamelonnée, couverte de prolongements formés de cellules épithéliales, et plus ou moins couchés les uns sur les autres. Dans les dépressions séparant ces éminences, comme dans autant de papilles, rampent les vaisseaux sanguins de la paroi folliculaire.

L'émail apparaît, lorsque le chapeau de dentine mesure un millimètre de hauteur environ, et s'étend du sommet du chapeau vers les bords, en s'amincissant progressivement ; il cesse avant de les avoir atteints. Si l'on traite, dès cette époque, la dent par l'acide chlorhydrique dilué, on voit se soulever, à la surface de l'émail déjà formé, une mince pellicule transparente

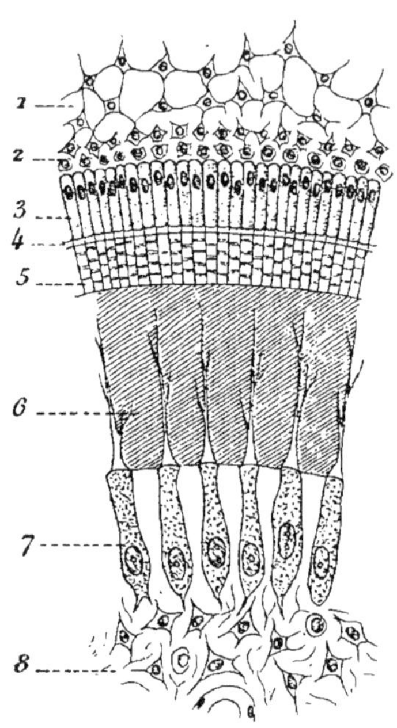

Fig. 78.

Figure demi-schématique montrant les rapports des membranes de l'émail et de l'ivoire, au début de la calcification du germe de l'ivoire (Gr. 180/1).

1, pulpe centrale de l'organe de l'émail. — 2, stratum intermedium. — 3, membrane de l'émail. — 4, cuticule de l'émail. — 5, prismes de l'émail. — 6, dentine traversée par les fibres dentaires. — 7, couche des odontoblastes. — 8, tissu central du bulbe dentaire.

d'une épaisseur moyenne de 1 μ, que Nasmyth désigna sous le nom de *cuticule de l'émail* (1839). C'est au-dessous de cette pellicule que se forment les prismes de l'émail. Chacun d'eux répond par son extrémité périphérique à l'extrémité correspondante d'une cellule adamantogène qui règle la disposition et le diamètre des prismes (fig. 78).

Les prismes de l'émail semblent n'être, en somme, qu'une production cuticulaire d'un ordre spécial, formée ou plutôt déposée par les cellules de l'organe adamantin. La cuticule représenterait, dans ce cas, simplement la couche la plus récente de ce dépôt, non encore infiltrée de sels calcaires, et s'enlevant d'une seule pièce, comme les plateaux de certaines cellules épithéliales cylindriques.

Le tissu de l'organe adamantin n'est pas vasculaire. L'organe tout entier, refoulé par le progrès du développement de la dent, finit par s'atrophier et par disparaître.

4° Formation du cément et du ligament alvéolo-dentaire. — L'apparition du cément n'a lieu qu'à l'époque où la couronne est entièrement développée, et où la racine prolonge la base de celle-ci. Ce moment correspond au début du phénomène de l'éruption. C'est dans la couche interne de la paroi folliculaire, immédiatement à la surface de l'ivoire, que se dépose la substance osseuse du cément, précédée comme partout ailleurs par l'apparition d'ostéoblastes. Elle apparait par ossification directe sur la racine, au fur et à mesure de son allongement, et s'accroît en épaisseur, de bas en haut, c'est-à-dire du sommet de la racine vers le collet. La couche de cément, très mince à la surface des dents de lait, ne renferme pas d'ostéoblastes.

Quant à la paroi folliculaire, elle se transforme en un véritable tissu fibreux, le ligament *alvéolo-dentaire*.

5° Modifications de la lame et du cordon dentaires. — La lame et le cordon dentaires, séparés de l'organe adamantin par la fermeture de la paroi folliculaire (5ᵉ mois), deviennent dès lors le siège d'un remaniement profond. Ils

envoient en effet, dans le tissu ambiant, des bourgeons irréguliers, au sein desquels on peut rencontrer des globes épidermiques, tandis que des perforations se produisent dans
l'épaisseur de la lame qui prend ainsi l'aspect d'une membrane fenêtrée. Puis, la lame et le cordon se désagrègent, et
les amas épithéliaux, épars dans le tissu lamineux de la gencive, se résorbent, mais seulement vers l'époque de l'éruption
(fig. 79,B).

6° Éruption des dents de lait. — Pendant que le bulbe et
le bourgeon dentaires subissent les modifications que nous
venons d'esquisser, et que se constitue le sac dentaire, l'os
maxillaire s'est développé, et son bord gingival s'est creusé d'une
gouttière alvéolaire logeant toute la série des sacs dentaires.
Ceux-ci, en augmentant progressivement de volume, soulèvent
le rebord gingival, et déterminent ainsi, sur chaque mâchoire,
la formation d'une saillie curviligne qui répondra plus tard au
bord alvéolaire des maxillaires. Au moment de la naissance,
chaque gouttière se trouve subdivisée par des cloisons transversales en un certain nombre de loges ou *d'alvéoles*, dont
chacune renferme une dent. Celle-ci est d'abord exclusivement représentée par la couronne, puis la racine se développe dans la profondeur, et se rapproche progressivement du
fond de l'alvéole : « Une conséquence directe de l'apparition
de la racine, c'est de soulever la couronne de la dent qui dès
lors commence à presser contre la paroi supérieure du sac dentaire et contre la muqueuse gingivale qui adhère directement
à ce dernier. Elle se fait donc jour peu à peu à travers ces parties qui subissent elles-mêmes de leur côté une atrophie. »
(KŒLLIKER.) Il convient d'ajouter que pendant la formation de
la racine, la base du bulbe non encore envahie par l'ivoire
s'allonge de bas en haut : c'est vraisemblablement cet allongement entraînant une augmentation proportionnelle de la
racine, qu'il faut considérer comme la principale cause du
soulèvement de la couronne, et par suite de l'éruption des
dents.

Nous avons indiqué, dans un tableau général annexé à la

fin de ce chapitre, l'époque à laquelle correspond l'éruption
de chaque dent transitoire.

§ 2. — DÉVELOPPEMENT DES DENTS DE REMPLACEMENT

La lame dentaire, après avoir donné naissance aux bourgeons des dents de lait, ne reste pas stationnaire, mais elle
continue à s'allonger, et descend en dedans de ces bourgeons

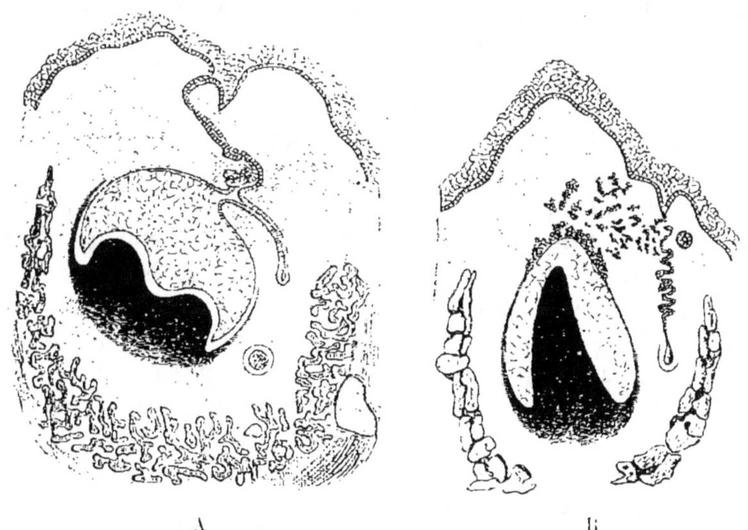

Fig. 79.

Coupe d'une molaire temporaire (A sur un fœtus humain de 20 cent.,
et d'une incisive temporaire (B) sur un fœtus humain de 38 cent.,
d'après LEGROS et MAGITOT (Gr. 60 1).

On voit, en A, le bourgeon de la dent de remplacement se détacher de la lame
dentaire au niveau du collet de la dent transitoire. En B, ce bourgeon est complétement isolé ; la lame dentaire s'est désagrégée, et ses débris cellulaires sont dis-
persés dans le tissu embryonnaire de la gencive.

qui semblent alors comme appendus à sa face externe. Le bord
profond de la lame dentaire ne tarde pas à se festonner, et
chaque feston (*lobe descendant* de POUCHET et CHABRY) représente le bourgeon d'une dent de remplacement (fin du 4e mois)

(Pouchet et Chabry, 1884 ; Rœse, 1892). Ce bourgeon s'accuse de plus en plus, et s'enfonce dans la profondeur de l'alvéole, en décrivant une spirale, pour venir se placer définitivement au-dessous et en dedans de la dent transitoire (fig. 79). Le cordon qui l'unissait à la lame dentaire se rompt au cours du 7e mois, et on voit alors se succéder tous les phénomènes qui ont marqué le développement de la dent temporaire, avec cette différence qu'ils mettent, chez l'homme, plusieurs années à s'accomplir.

Ce mode général de développement des dents de remplacement a été signalé pour la première fois par Waldeyer (1864) ; seulement cet auteur faisait provenir le bourgeon de remplacement du cordon de la dent temporaire, opinion qui est demeurée longtemps classique.

Les sacs dentaires des dents de remplacement sont contenus à l'origine dans le même alvéole que ceux des dents provisoires. Plus tard, au moment du développement de la couronne, une cloison osseuse s'établit entre eux, et le sac de la dent définitive se trouve enveloppé de tous côtés par le tissu osseux, sauf à sa partie supérieure, où la paroi alvéolaire est perforée d'un petit orifice (*iter dentis*. Serres) donnant passage à un prolongement (*gubernaculum dentis*) que la paroi folliculaire envoie à la surface du cordon dentaire ; ce prolongement se perd superficiellement dans le tissu fibreux du rebord gingival. Lorsque le cordon dentaire se sera rompu à l'intérieur du gubernaculum, et que la dent de remplacement aura fait éruption au travers du gubernaculum, les vestiges du cordon se trouveront épars au pourtour de la racine ; quelques-uns de ces vestiges persistent chez l'adulte, où ils forment les *débris épithéliaux paradentaires* (Malassez, 1884).

La chute des dents de lait, et leur remplacement par les dents définitives s'effectueraient de la façon suivante : la racine des dents transitoires disparaît tout d'abord, par suite d'une ostéite raréfiante (Redier, Albarran, 1887), qui entraîne également la résorption de la cloison intra-alvéolaire, ainsi que du rebord alvéolaire, jusqu'à la racine de la dent permanente. Puis, la dent de remplacement, en s'allongeant par accroissement de sa racine, soulève la couronne de la dent de lait,

et vient elle-même faire éruption à la surface des gencives.
Dans cet allongement en dehors, les extrémités des fibres du
ligament alvéolo-dentaire fixées contre la racine se trouvent
également entraînées vers la surface. Il en résulte que ces
fibres, primitivement parallèles à la surface de la racine,
prennent dans la suite une direction oblique qui peut même
devenir transversale pour les fibres les plus élevées.

On trouvera, dans un tableau spécial, l'époque de l'éruption
pour chaque dent de remplacement.

§ 3. — Développement des grosses molaires

Les germes adamantins des premières molaires se développent directement aux dépens de la lame dentaire qui s'est
étendue en arrière de la région répondant à la prémolaire
postérieure ; les bourgeons des deuxièmes et troisièmes molaires représentent des prolongements postérieurs de cette
lame, de véritables lobes descendants, comme ceux qui
donnent naissance aux dents de remplacement (POUCHET et
CHABRY, 1884). L'évolution des follicules des vraies molaires se
poursuit pendant plusieurs années, ainsi que le montre le
tableau ci-après (p. 182).

§ 4. — Considérations sur la dentition
des mammifères

Contrairement à ce qu'on observe pour les incisives, les canines et les prémolaires (*dents diphysaires*), les grosses molaires
ne sont pas précédées par l'apparition de dents transitoires :
elles sont *monophysaires*. La question s'est naturellement posée
de savoir à quelle dentition elles appartiennent, et suivant les
auteurs, cette question a été résolue dans un sens différent.
Remarquons tout d'abord qu'un certain nombre de mammifères
(édentés, cétacés, cheiroptères, la plupart des insectivores) ne
possèdent qu'une seule dentition (*monophyodontes*), tandis que
les autres nous montrent deux dentitions successives pour les
dents antérieures, et une seule pour les molaires (mammifères

TABLEAU CHRONOLOGIQUE MONTRANT L'ÉVOLUTION DU FOLLICULE DENTAIRE, CHEZ L'HOMME

(D'après A. Legros et Magitot).

AGE	DENTS DE LAIT	DENTS DE REMPLACEMENT		PREMIÈRES MOLAIRES	DEUXIÈMES MOLAIRES	TROISIÈMES MOLAIRES
		Incisives, canines et prémolaires postérieures.	Prémolaires antérieures.			
Semaines de la gestation.						
6e	Lame dentaire					
8e	Bourgeon dentaire					
9e	Bulbe dentaire					
10e	Paroi folliculaire					
15e			Bourgeon dentaire	Bourgeon dentaire		
16e	Sac dentaire.	Bourgeon dentaire				
17e	Dentine (incisives et canines)		Bulbe dentaire	Bulbe dentaire		
18e	Dentine (prémolaires postérieures).					
20e		Bulbe dentaire	Sac dentaire.			
25e			Dentine			
26e				Dentine.		
39e		Sac dentaire				
Naissance. 1er mois		Dentine.				
3e —					Bourgeon dentaire	
3e année					Dentine	Bourgeon dentaire
12e —						Dentine

à la fois *diphyodontes* et *monophyodontes*). On sait d'autre part que chez les sélaciens, le nombre des bourgeons dentaires de remplacement est en quelque sorte indéfini (animaux *polyphyodontes*). Il semble rationnel, avec BEAUREGARD, de caractériser une dentition par le numéro d'ordre des germes dentaires, sans faire intervenir l'époque de l'éruption. La première dentition embrasserait ainsi toutes les dents développées aux dépens des premiers bourgeons issus de la lame dentaire, c'est-à-dire, chez l'homme, les dents de lait et en plus les molaires. Quant à la seconde dentition, elle comprendrait exclusivement les dents de remplacement. Peut-être le mode de développement des dents, tel que nous le connaissons aujourd'hui, nous permettrait-il de préciser davantage, et de considérer comme faisant partie de la première dentition toutes les dents dont l'organe adamantin se forme directement sur le bord inférieur de la lame dentaire, tandis que les dents de la seconde dentition se développeraient par des lobes descendants de cette lame. Dans cette nouvelle manière de voir, les premières molaires, ainsi que les dents de lait, appartiendraient à la première dentition, les deuxièmes et les troisièmes molaires avec les dents de remplacement, rentreraient, au contraire, dans la seconde dentition.

Une troisième dentition n'a été observée qu'exceptionnellement chez l'homme.

TABLEAU INDIQUANT LES ÉPOQUES D'ÉRUPTION
DES DENTS DE LAIT ET DES DENTS PERMANENTES CHEZ L'HOMME
(d'après CH. LEGROS ET MAGITOT).

A. Dentition temporaire.

Mois après la naissance.

6	Incisives médianes inférieures.
10	Incisives médianes supérieures.
16	Incisives latérales inférieures.
20	Incisives latérales inférieures.
24	Prémolaires antérieures inférieures.
26	Prémolaires antérieures supérieures.
28	Prémolaires postérieures inférieures.
30	Prémolaires postérieures supérieures.

B. *Dentition permanente.*

Années.
3 à 6 . . . . Premières molaires.
7 . . . . Incisives centrales.
8 1 2 . . . . Incisives latérales.
9 à 10 . . . . . . Prémolaires antérieures.
11 . . . . Prémolaires postérieures.
11 à 12 . . . . . . Canines.
12 à 13 . . . . . . Deuxièmes molaires.
18 à 25 . . . . . . Troisièmes molaires (dents de sagesse).

ARTICLE III

DÉVELOPPEMENT DE L'INTESTIN ET DE SES ANNEXES

L'intestin primitif, ainsi que nous l'avons vu plus haut (p. 145), se compose de deux segments distincts séparés par le cardia : un segment supérieur ou respiratoire, et un segment inférieur ou digestif. Nous étudierons successivement le développement secondaire de chacun de ces segments.

§ 1. — INTESTIN SUPÉRIEUR OU RESPIRATOIRE

Nous avons suffisamment insisté, à propos du développement de la face (p. 161 et suiv.), sur les modifications morphologiques qu'on observe dans le segment buccal de l'intestin supérieur, pour ne devoir pas y revenir ici. La disparition précoce de la membrane pharyngienne ne permet guère de reconnaître son emplacement chez l'adulte, c'est-à-dire d'indiquer exactement quelles sont les parties qui dérivent du cul-de-sac céphalique de l'intestin ou de la fosse naso-buccale, entre lesquels elle se trouve primitivement interposée. Toutefois, comme elle est tendue entre le premier arc et la paroi postérieure de la poche de Rathke, on peut dire d'une façon générale que le plancher de la bouche, avec la langue, la région des amygdales et la portion buccale du pharynx, se développent aux dépens du cul-de-sac céphalique de l'intestin. En arrière, la limite entre le cul-de-sac et la fosse naso-buccale paraît correspondre à la bourse pharyngienne de Luschka où s'opère la transition épithéliale entre les portions nasale et buccale du pharynx, au niveau du bord supérieur du constricteur supérieur.

Nous étudierons d'abord le développement de l'épithélium bucco-pharyngo-œsophagien, puis nous passerons successivement en revue les principaux organes de la région. Nous rattacherons le développement de l'hypophyse à celui des centres nerveux.

1° Epithélium bucco-pharyngo-œsophagien. — Au moment où s'opère la résorption de la membrane pharyngienne, le cul-de-sac céphalique de l'intestin et la fosse naso-buccale sont tapissés par une seule couche de cellules épithéliales appartenant, suivant les régions, à l'endoderme ou à l'ectoderme. Chez l'adulte, les fosses nasales et la partie nasale du pharynx sont revêtues par un épithélium prismatique cilié, tandis que la bouche, la portion buccale du pharynx et l'œsophage possèdent au contraire un épithélium pavimenteux stratifié. Nous verrons plus loin comment sur le plafond de l'excavation naso-buccale séparé de la bouche par l'établissement de la voûte palatine, l'ectoderme se transforme en épithélium prismatique cilié. Dans la portion de la bouche formée aux dépens de la fosse naso-buccale, l'ectoderme se transforme progressivement en un épithélium pavimenteux stratifié. Quant aux parties développées aux dépens du cul-de-sac céphalique de l'intestin, à savoir le plancher de la bouche, l'isthme du gosier, la portion buccale du pharynx et l'œsophage, elles sont recouvertes, pendant toute la période fœtale, par un épithélium mixte formé de cellules pavimenteuses et de cellules prismatiques ciliées. A la vérité, les cellules ciliées sont plus abondantes dans le segment inférieur œsophagien, que dans le segment supérieur ou pharyngien, mais on en trouve également sur la base de la langue, dans la région amygdalienne, et même contre la face buccale du voile du palais. Nous rappellerons que chez l'adulte, le canal excréteur des glandes salivaires annexées aux papilles caliciformes possède encore un

revêtement cilié, ainsi que l'ont montré Bochdalek jun. (1866)
et R. von Ebner (1876).

Pour expliquer la présence 'd'un épithélium pavimenteux
stratifié dans le pharynx et dans l'œsophage, un certain
nombre d'auteurs ont admis la substitution de l'ectoderme à
l'endoderme, soit au fond du cul-de-sac buccal, soit au niveau
des fentes branchiales supposées perforées (Cadiat, 1881). Les

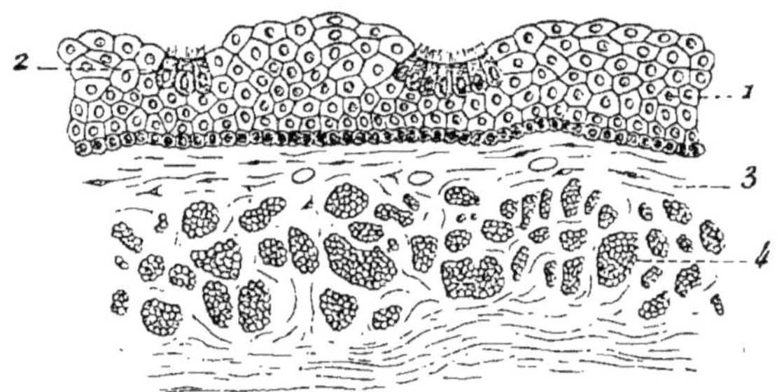

Fig. 80.

Section normale de la muqueuse œsophagienne sur un fœtus humain
de 32/43 cent. (Gr. 120 1).

1, épithélium pavimenteux stratifié. — 2. îlots de cellules ciliées. — 3. chorion. —
4, musculaire muqueuse.

faits n'ont pas confirmé cette manière de voir. Voici en effet ce
qu'on observe sur l'œsophage.

Les cellules endodermiques primitivement disposées sur un
seul plan, ne tardent pas à se multiplier et à s'agencer sur plusieurs couches. Dès la fin du 1er mois, l'épithélium appartient
à la catégorie des épithéliums polyédriques stratifiés embryonnaires, avec une épaisseur de 40 μ. Pendant le 2e mois, il présente des épaississements locaux, creusés d'excavations, qui
rétrécissent la lumière centrale, mais celle-ci ne disparaît pas
complètement, comme on l'observe chez les ovipares. Au
commencement du 3e mois, la plupart des cellules superficielles
sont devenues prismatiques, et, dès le milieu du même mois,
elles se couvrent de cils vibratiles. A cette époque, le revêtement épithélial, d'une épaisseur de 60 μ, est cilié dans presque
toute son étendue. Cependant, de distance en distance, au

milieu des cellules prismatiques, on observe des éléments pavimenteux formant de petits îlots. A partir de ce stade, les cellules pavimenteuses se multiplient plus rapidement que les cellules prismatiques, et font saillie à la surface libre de la muqueuse, tandis que latéralement elles empiètent sur les traînées ciliées. D'autre part, la couche basilaire visible dès la fin du 3e mois, donne naissance à des cellules pavimenteuses qui s'insinuent au-dessous des éléments ciliés, et finissent par les éloigner du chorion (fig. 80). Les derniers éléments ciliés ne disparaissent qu'après la naissance.

Il semble intéressant de rappeler, au point de vue phylogénique, que chez les batraciens l'œsophage reste tapissé pendant toute la vie par un épithélium cilié, dont le courant vibratile se dirige de la surface vers la profondeur.

2° Lèvres. — La limite entre les lèvres et les gencives est indiquée à l'origine par le mur plongeant qui s'enfonce comme un coin dans l'épaisseur des arcs maxillaires (p. 170). Le bord libre des lèvres se renfle progressivement, et vient faire saillie au-dessus du mur plongeant, tandis que les éléments centraux de ce dernier se désagrègent dans le cours du 4e mois, pour donner naissance au sillon labio-gingival.

Dans les derniers mois de la gestation et chez le nouveau-né, la transition entre la peau et la muqueuse gingivale s'opère par l'intermédiaire d'une zone cutanée lisse (*pars glabra*) que prolonge en dedans une zone villeuse, remarquable par l'épaisseur de l'épithélium et par la hauteur des papilles (*pars villosa*, Luschka). Le bord interne du muscle orbiculaire, recourbé en dehors vers la peau, est traversé par des fibres musculaires striées qui se dirigent de la peau vers la zone villeuse, et dont la contraction détermine la saillie de la zone lisse interposée (*muscle de la succion*, Luschka ; *compressor labii*, Klein). Chez l'adulte, la zone villeuse se confond avec la zone cutanée lisse, mais l'épithélium demeure plus épais, et les papilles plus longues. Les glandes sébacées libres du bord des lèvres ne se développent qu'après la naissance (Wertheimer, 1883).

3° Langue. — Trois ébauches distinctes concourent à la formation de la langue, dans l'étendue du champ mésobranchial, l'une supérieure et médiane, le *tuberculum impar* dont nous avons déjà parlé (page 148 et fig. 68), et deux inférieures et latérales constituées par les extrémités antérieures des 2° et 3° arcs branchiaux, fusionnées entre elles de chaque côté (His, 1885). Les ébauches inférieures (et postérieures) se réunissent et se soudent d'abord sur la ligne médiane, vers la fin du 1er mois, puis elles s'unissent en avant au tuberculum impar. Celui-ci répond au corps de la langue dont la pointe, antérieure, vient faire saillie au-dessus du maxillaire inférieur, tandis que la masse commune des ébauches postérieures en représente la racine.

Sur la paroi antérieure du sillon curviligne, ouvert en avant, qui marque pendant un certain temps la limite entre ces deux formations, se développent les papilles caliciformes qui dessinent le V lingual de l'adulte; sur le fœtus de $\frac{16}{24}$ centimètres, ces papilles renferment déjà des bourgeons gustatifs nettement constitués. Le trou borgne, vestige de l'involution de la thyroïde médiane (page 156), répond au point de jonction des trois ébauches de la langue; fréquemment il coïncide avec la papille caliciforme qui occupe le sommet du V lingual.

Pendant le 3° mois, l'épithélium qui recouvre la base de la langue se soulève en prolongements cylindriques, mais les papilles choriales n'apparaissent qu'au commencement du 4° mois.

Le cartilage précédant l'os hyoïde qui représente le squelette de la langue, apparaît pendant la 5° semaine.

4° Glandes salivaires. — Les glandes salivaires dérivent, sous forme de bourgeons pleins, de l'épithélium buccal, dans le sillon limitant de chaque côté la langue pour la sous-maxillaire (6° semaine) et pour la sublinguale, et au fond du sillon latéral de la bouche, entre les deux mâchoires, pour la parotide (8° semaine). Ces bourgeons se ramifient peu à peu, en même temps que les canaux excréteurs se creusent d'une lumière centrale qui, au cours du 5° mois, se propage à l'intérieur des

acini. Les glandes alvéolo-linguales se développent vers la
fin du 3ᵉ mois (CHIÉVITZ, 1885), ainsi que les glandes palatines.
L'embouchure du canal de WHARTON, primitivement située en
arrière du frein de la langue, se trouve progressivement reportée en avant, par fermeture du sillon latéral de la langue.
L'épithélium du canal de WHARTON, d'abord disposé sur deux
couches, devient prismatique simple, vers la fin du 4ᵉ mois.

5º Amygdales. — Les amygdales ou tonsilles palatines se
développent sur les parois latérales du pharynx, entre l'arc
palatin antérieur ou palato-glosse (*pli triangulaire* de HIS), et
l'arc palatin postérieur ou palato-pharyngien qui représentent
les extrémités profondes des deuxième et troisième arcs pharyngiens, et qui formeront chez l'adulte les piliers du voile du
palais. Dans cette région, on voit se creuser, pendant le 3ᵉ
mois, une fossette (*fossette amygdalienne*) tapissée dans toute
son étendue par un épithélium pavimenteux stratifié, et s'ouvrant dans la cavité du pharynx par une fente verticale plus ou
moins étroite. Les parois de cette fossette ne tardent pas à
pousser dans le tissu mésodermique sous-jacent des diverticules
creux qui, au commencement du 4ᵉ mois, émettent latéralement des bourgeons pleins essentiellement constitués par des
cellules épithéliales analogues à celles de la couche basilaire
(fig. 81). En même temps, les cellules mésodermiques ambiantes se sont considérablement multipliées, et ont donné
naissance à une sorte de tissu lymphoïde englobant dans son
épaisseur les diverticules avec leurs bourgeons. Pendant le
5ᵉ mois, les contours des bourgeons épithéliaux tendent à
s'effacer, par suite de la pénétration à leur intérieur d'un certain nombre d'éléments mésodermiques entraînant avec eux
des vaisseaux sanguins. Il en résulte la production d'un tissu
de nouvelle formation, constitué par le mélange d'éléments
épithéliaux et mésodermiques, et auquel RETTERER (1888) a
assigné le nom de *tissu angiothélial* (*tissu folliculaire*). Après
la naissance, un certain nombre de bourgeons se détachent
des diverticules, et figurent au sein du tissu lymphoïde de petits
corps sphériques connus sous le nom de *follicules,* tandis que

la masse du tissu lymphoïde se trouve elle-même fragmentée en plusieurs lobules par des cloisons conjonctives.

D'après Stöhr (1891), les bourgeons épithéliaux resteraient en continuité avec l'épithélium superficiel, et les éléments lymphoïdes proviendraient par émigration des vaisseaux sanguins.

Au fur et à mesure que s'accroissent les follicules et le tissu lymphoïde, la fossette amygdalienne diminue peu à peu de profondeur, et finit par s'effacer, mais seulement plusieurs années après la naissance. Les diverticules élargis représentent alors les cryptes de l'amygdale, au pourtour desquelles se trouvent groupés les follicules.

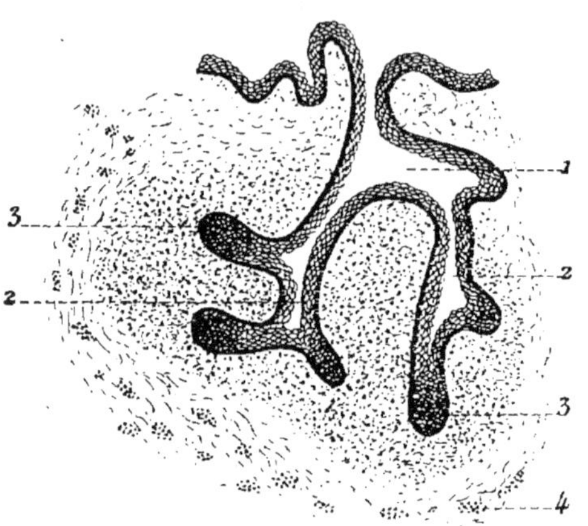

Fig. 81.

Section normale de la fossette amygdalienne sur un fœtus humain de 15,5/21,5 cent. (Gr. 20/1).

1, fossette amygdalienne. — 2, diverticules. — 3, bourgeons épithéliaux pleins. — 4, fibres musculaires striées.

Chez le vieillard, le tissu lymphoïde interposé aux follicules subit la transformation fibreuse, tandis que ceux-ci diminuent de dimensions, et présentent partiellement des signes de régression graisseuse (Retterer).

Les follicules de l'amygdale sont plus ou moins accusés suivant les mammifères. Chez le porc, ils se détachent nettement sur le tissu lymphoïde, tandis que chez l'homme adulte, en raison sans doute des nombreuses inflammations auxquelles sont sujettes les amygdales, leurs limites deviennent moins distinctes, et dans certains cas s'effacent complètement.

Les éléments mésodermiques immigrés à l'intérieur des follicules se transforment dans la suite en corps étoilés anastomosés en réseau [tissu réticulé, adénoïde (His) ou cytogène (Kœlliker)], dans les mailles duquel se trouvent incluses les

cellules épithéliales. D'après les recherches récentes de RET-
TERER (1896), les corps étoilés proviendraient également des
involutions épithéliales.

6° Bourse de Luschka. — Il faut vraisemblablement considérer la bourse de Luschka comme une conséquence mécanique
de l'adhérence que l'extrémité supérieure de la chorde dorsale
contracte, dans l'épaisseur du voile du palais primitif, avec la
face postérieure du diverticule hypophysaire, au voisinage de
son ouverture pharyngienne (page 99 et fig. 46). Sur le fœtus
de 32/40 millim., on constate, en effet, que le voile du palais
s'est complètement résorbé, et que la chorde dorsale, après avoir
constitué l'axe de l'apophyse basilaire de l'occipital, se recourbe
en avant, et va s'unir à l'épithélium qui tapisse le fond d'une
dépression verticale reconnaissable comme bourse de Luschka.
Celle-ci se développe donc immédiatement au-dessous du point
qui répond au diverticule hypophysaire, et marque la limite
entre les épithéliums dérivant de l'ectoderme et de l'endoderme.

Chez l'embryon de chien de 18 millimètres, l'extrémité de la
chorde encore unie à l'épithélium du pharynx, est renflée et
creusée d'une cavité centrale très manifeste.

L'amygdale pharyngienne, située sur le pourtour de la bourse
de Luschka, se développe de la même façon que l'amygdale
palatine.

7° Œsophage. — L'œsophage représente au début un canal
assez court interposé entre la dilatation pharyngienne et le
renflement stomacal. Pendant le 2ᵉ mois, à mesure que se
forment le cou et le thorax, l'œsophage s'allonge rapidement.

Sur l'embryon de 19 millimètres, la tunique musculaire est
déjà nettement indiquée ; le tissu interposé entre l'épithélium et
cette tunique est particulièrement riche en matière amorphe.
La musculaire muqueuse se montre un peu plus tard, au
commencement du 3ᵉ mois. Les papilles du chorion de la muqueuse apparaissent tardivement dans le cours du 8ᵉ mois.
Les glandes œsophagiennes semblent encore faire défaut, au
moment de la naissance.

Le mésentère postérieur, annexé à l'œsophage, reste court et épais. Les poumons et le cœur se développent dans le mésentère postérieur, qu'ils modifient profondément.

§ 2. — INTESTIN INFÉRIEUR OU DIGESTIF

Nous étudierons successivement : A) le développement morphologique de l'intestin inférieur ; B) le développement structural de cet intestin ; C) la destinée des mésentères ; D) le développement des organes annexes.

A) DÉVELOPPEMENT MORPHOLOGIQUE DE L'INTESTIN INFÉRIEUR

L'intestin inférieur se présente à l'origine comme un tube vertical en communication avec la vésicule ombilicale par le conduit vitellin, et rattaché à la paroi postérieure de l'abdomen par le mésentère dorsal. Déjà, avant l'occlusion complète de la gouttière intestinale amenant la formation du pédicule vitellin, l'extrémité supérieure de l'intestin digestif, en continuité avec l'œsophage, subit une dilatation fusiforme qui donnera naissance à l'estomac (*renflement stomacal*). D'autre part, la partie de l'intestin sur laquelle se fixe le conduit vitellin ne tarde pas à se soulever en une anse dont le sommet, répondant au conduit vitellin, s'engage temporairement à l'intérieur du cordon ombilical. Les deux branches de l'anse intestinale, sensiblement parallèles au début et situées dans le plan médian, décrivent avec les portions non soulevées de l'intestin, deux courbes dont la supérieure constitue la *courbure* ou *inflexion duodéno-jéjunale*, et l'inférieure la courbure ou *inflexion colicosplénique*. L'anse intestinale formera le jéjunum et l'iléon ainsi que les côlons ascendants et transverse. Le segment interposé entre le renflement stomacal et l'anse intestinale deviendra le duodénum. Enfin, aux dépens de l'intestin terminal qui fait suite inférieurement à l'anse intestinale, se développeront le côlon descendant, l'S iliaque et le rectum. L'intestin digestif se laisse donc de très bonne heure décomposer en quatre segments distincts : renflement stomacal, duodénum, anse intestinale et intestin terminal, dont nous allons rechercher successivement le mode d'évolution. Ajoutons que l'intestin terminal se prolonge au delà de l'anus par l'intestin caudal ou post-anal.

1° Estomac. — L'estomac primitivement vertical ne tarde pas à subir un mouvement de rotation de gauche à droite autour de son axe, en même temps que son extrémité inférieure s'infléchit à droite. Le mouvement de rotation s'effectuant sous un angle de 90°, il en résulte que le bord primitivement postérieur, auquel se trouve attaché le mésentère postérieur, regarde maintenant à gauche. La courbure à droite de l'extrémité pylorique de l'estomac a pour effet, d'autre part, de modifier la direction de ce bord qui, de vertical et de rectiligne qu'il était au début, devient convexe et oblique de haut en bas et de gauche à droite (grande courbure de l'estomac). Pour les mêmes raisons, le bord dirigé primitivement en avant, et auquel s'insère le mésentère antérieur, se trouve reporté du côté droit, et décrit une courbure à concavité dirigée en haut et à droite (petite courbure).

Les différents changements que nous venons d'indiquer sont déjà sensiblement appréciables vers la fin du 1er mois. Le mouvement de rotation qui entraîne l'extrémité inférieure de l'œsophage, nous explique la disposition asymétrique des deux pneumogastriques.

2° Duodénum. — L'extrémité pylorique de l'estomac, en s'infléchissant à droite, entraîne la portion attenante du duodénum, si bien que celui-ci décrit une courbe dont la convexité primitivement dirigée en avant regarde ensuite à droite. Le duodénum se continue avec l'anse intestinale au niveau de l'*inflexion duodéno-jéjunale* d'abord peu marquée, mais devenant de plus en plus accusée. Le segment duodénal donne naissance aux involutions épithéliales qui formeront le foie et le pancréas (page 206 et suiv.).

3° Anse intestinale. — Ainsi que nous l'avons indiqué, le segment moyen du tube digestif forme, dès la fermeture de la gouttière intestinale, une anse dont le sommet dirigé en avant s'engage vers la 9ᵉ semaine dans le cordon ombilical ; les embryons humains de 2,6 et de 4 millimètres figurés par His, montrent le premier soulèvement de cette anse intestinale primitive. Sur l'embryon de 25 à 28 jours représenté par Coste, la saillie de l'anse est plus accusée.

Vers la fin du 1ᵉʳ mois, les deux branches de l'anse ne se trouvent plus dans le même plan antéro-postérieur : la branche supérieure est placée à droite de la ligne médiane, la branche inférieure à gauche. Le mouvement de torsion de l'anse intestinale de gauche à droite est plus accentué sur l'embryon de Coste de 30 à 35 jours. En même temps, on voit apparaître sur la branche inférieure de l'anse, à une faible distance du sommet, un léger bourgeon qui s'allonge et figure une sorte d'appendice annexé au tube digestif : ce bourgeon est le rudiment du cæcum et de l'appendice vermiculaire (embryon de 10 à 12 millimètres). L'apparition de cet appendice sur la branche inférieure montre que le sommet de l'anse ne correspond pas à la séparation de l'intestin grêle et du gros intestin, ainsi que l'avait prétendu Oken, mais qu'une certaine partie de cette branche inférieure contribuera, avec la branche supérieure, à la constitution de l'intestin grêle. Le canal vitellin se fixe sur la partie de l'intestin grêle qui deviendra plus tard l'iléon (Kœlliker).

Au 40ᵉ jour, le sommet de l'anse a développé quelques sinuosités, tandis que la branche inférieure s'est portée, par suite du mouvement de torsion, au-dessus des circonvolutions de l'intestin grêle (fig. 82, C).

Vers le milieu du 3ᵉ mois de la vie intra-utérine, le resserrement progressif de l'anneau ombilical provoque la rentrée dans l'abdomen de tout le paquet intestinal engagé dans le cordon. On peut alors constater que l'appendice iléo-cæcal qui marque la transition entre l'intestin grêle et le gros intestin, est situé au voisinage de l'extrémité pylorique de l'estomac, au-dessus et en arrière du paquet de l'intestin grêle. La por-

tion du côlon développée aux dépens de l'anse intestinale, ne se
compose donc primitivement que d'un segment transversal
placé en avant du duodénum, avec lequel il ne tarde pas à

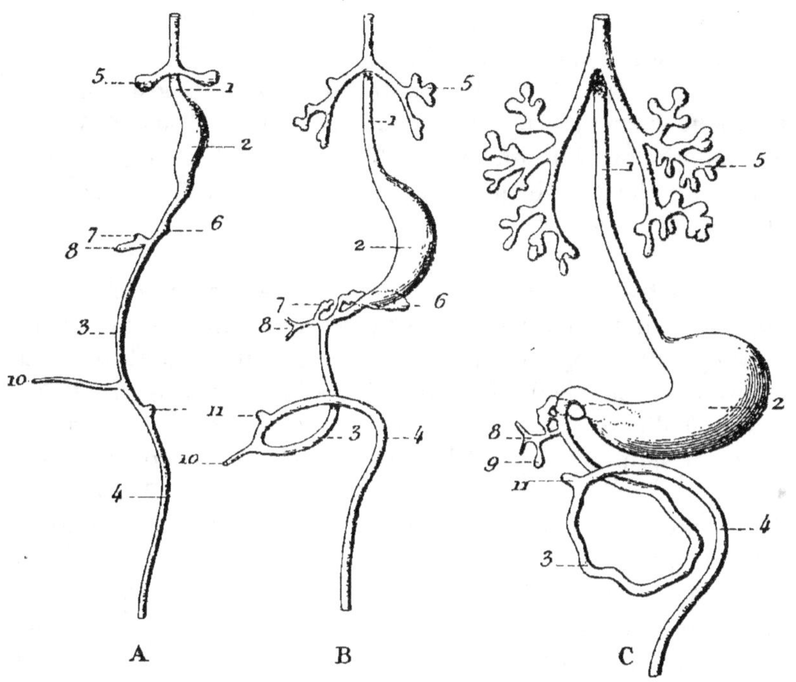

Fig. 82.

Trois stades successifs du développement du tube digestif, montrant la torsion progressive de l'anse intestinale (représentation
schématique imitée de His).

1, œsophage. — 2, estomac. — 3, intestin grêle. — 4, gros intestin. — 5, poumons. — 6, ébauche supérieure du pancréas. — 7, ébauche inférieure ou hépatique
du pancréas, fusionnée avec la supérieure au stade C. — 8, conduit hépatique. —
9, vésicule biliaire. — 10, conduit vitellin. — 11, bourgeon iléo-cæcal.

contracter des adhérences. Le segment ascendant du côlon se
forme ultérieurement par allongement du côlon transverse, et
par abaissement de l'extrémité cæcale, en même temps que
l'angle de séparation des côlons ascendant et transverse se
trouve reporté de plus en plus à droite.

L'appendice vermiforme ne se distingue pas au début du cæcum. Ce n'est que vers le milieu du 5ᵉ mois qu'on commence à apercevoir à l'origine de l'appendice un léger renflement représentant la partie cæcale. La valvule iléo-cæcale se montre vers le 3ᵉ mois de la grossesse ; elle est parfaitement développée à la naissance (MECKEL).

L'intestin grêle est plus volumineux que le gros intestin jusqu'au 6ᵉ mois de la vie fœtale (MECKEL), c'est-à-dire jusqu'au moment où le méconium franchit la valvule iléo-cæcale.

Les valvules conniventes n'apparaissent qu'au 7ᵉ mois, et sont encore peu développées à la naissance.

4º Intestin terminal. — De tous les segments de l'intestin digestif, l'intestin terminal est celui qui subit le moins de changements. Son extrémité supérieure qui se continue avec la branche inférieure de l'anse intestinale au niveau de l'inflexion colico-splénique, s'allonge progressivement de bas en haut, en même temps qu'elle se trouve déjetée à gauche par le développement croissant des anses intestinales. Vers la fin du 3ᵉ mois, la portion de l'intestin terminal située dans la fosse iliaque gauche, présente une courbure qui permet de lui reconnaître trois segments distincts : un segment supérieur répondant au côlon descendant, un segment moyen qui donne naissance à l'S iliaque (flexura sigmoidea), et enfin un segment inférieur aux dépens duquel se formera le rectum. Ce dernier segment commence à s'incurver à partir du 7ᵉ mois.

5º Intestin caudal. — Au début, l'intestin caudal (p. 103) s'allonge en même temps que l'éminence coccygienne (embryons de 3 et de 4 millimètres), puis il se fragmente, et ses vestiges ne tardent pas à disparaître (fin du 1ᵉʳ mois).

Chez un certain nombre de mammifères, l'intestin caudal présente un développement plus considérable, et persiste plus longtemps que chez l'homme. Nous représentons, dans la figure 83, une coupe longitudinale (sagittale et axile) de l'extrémité caudale, sur un embryon de chat de 6 millimètres. Cette coupe montre que le canal intestinal se prolonge encore à ce stade dans toute la longueur de la queue, au sommet de laquelle il confond ses éléments avec ceux de la chorde dorsale

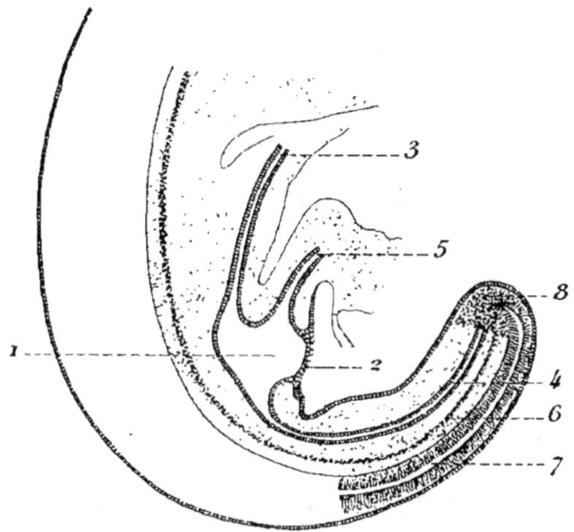

Fig. 83.

Coupe sagittale et axile de l'extrémité inférieure sur un embryon de chat de 6 mill., montrant les rapports de l'intestin caudal (Gr. 28/1).

1, cloaque. — 2, membrane cloacale. — 3, tube intestinal. — 4, intestin caudal. — 5, canal allantoïdien. — 6, chorde dorsale. — 7, tube médullaire. — 8, extrémité de l'appendice caudal répondant à la tête de la ligne primitive.

et du tube médullaire dans un amas cellulaire répondant à la tête de la ligne primitive.

B) DÉVELOPPEMENT STRUCTURAL DE L'INTESTIN INFÉRIEUR

Les parois de l'intestin inférieur ou digestif sont représentées au début par la splanchnopleure. L'épithélium qui revêt la surface de la muqueuse, ainsi que celui des glandes venant y déboucher, dérivent directement de l'endoderme ; le chorion de la muqueuse, les tuniques celluleuse, musculaire et séreuse, proviennent du feuillet fibro-intestinal.

1° Estomac. — L'épithélium de l'estomac acquiert dès le

13.

3⁰ mois sa forme définitive ; sa transition avec l'épithélium de l'œsophage, graduelle pendant les premiers mois, devient brusque vers la fin du 8ᵉ mois. Les glandes apparaissent au commencement du 4ᵉ mois, et sont à peu près développées au 8ᵉ.

Le chorion primitivement lisse et uni se couvre au 3ᵉ mois de villosités temporaires (Kœlliker) qui s'effacent vers l'époque de la naissance. La musculaire muqueuse se montre, au 5ᵉ mois, comme un prolongement de celle de l'œsophage qui se forme plus tôt.

La couche musculaire circulaire est visible dès le 2ᵉ mois ; elle augmente progressivement d'épaisseur, en même temps que se forment les faisceaux longitudinaux, dont le développement est plus tardif.

2º Intestin. — Le développement des parois du tube intestinal, envisagé d'une façon générale, progresse de haut en bas. On voit, en effet, les éléments constituant les différentes couches se différencier, au sein du feuillet fibro-intestinal, successivement dans l'estomac, dans l'intestin grêle et dans le gros intestin. D'autre part, l'ordre suivant lequel apparaissent les différentes tuniques, paraît être constamment le même, quel que soit le segment du canal intestinal que l'on considère. On voit ainsi se montrer successivement : 1º les faisceaux circulaires de la tunique musculeuse (2ᵉ mois) ; 2º le chorion qui se distingue par sa grande richesse en éléments cellulaires ; 3º le plexus d'Auerbach ; 4º les premiers rudiments des glandes et les faisceaux longitudinaux de la musculeuse (4ᵉ mois) ; 5º la musculaire muqueuse (6ᵉ mois) et les follicules clos.

Les glandes se formeraient, d'après Kœlliker et la plupart des auteurs, par un mécanisme tout différent de celui qu'on observe dans les autres parties de l'organisme. On admet généralement qu'il n'y a pas, pour les glandes de Lieberkühn, d'involutions épithéliales bourgeonnant dans le tissu sous-jacent. Ce serait le chorion qui émettrait des cloisons verticales unissant entre elles les bases des villosités, et qui arriverait de la sorte à constituer une série de dépressions en doigt de gant tapissées par l'épithélium. Le mécanisme que nous venons d'indiquer paraît surtout devoir s'appliquer à la formation du conduit excréteur; quant aux éléments glandulaires sécrétants, ils se développent, comme partout ailleurs, aux dépens de bourgeons épithéliaux profonds, d'abord pleins et pourvus postérieurement d'une cavité centrale.

Les follicules clos et les plaques de Peyer ne sont qu'ébauchés vers la fin de la vie fœtale, et n'acquièrent leur structure définitive qu'après la naissance. D'après RETTERER (1891), leur mode de formation serait identique à celui des amygdales.

La muqueuse du gros intestin, comme celle de l'estomac, supporte des villosités transitoires qui se montrent bien développées vers le milieu du 3e mois, et qui disparaissent au 8e, avec l'achèvement complet des glandes (KŒLLIKER).

3º Muqueuse anale. — C'est au cours du 3e mois que se forment successivement la couche circulaire, puis la couche longitudinale de la tunique musculeuse du rectum, et que se différencie l'épithélium de la muqueuse anale. A la fin du même mois, les deux sphincters sont nettement indiqués, et la muqueuse rectale a poussé des prolongements lamelleux qui dessinent la ligne ano-rectale. Les glandes cutanées délimitant la zone cutanée lisse apparaissent un peu plus tard fin du 4e mois). La musculaire muqueuse du rectum, se prolongeant inférieurement dans l'épaisseur des colonnes de Morgagni, se montre vers la fin du 5e mois; quant aux glandes anales, elles se développent seulement au commencement du 6e mois.

4º Méconium. — On désigne sous le nom de *méconium* le contenu du tube digestif pendant la période fœtale. C'est une substance molle, pâteuse, formée par un mélange d'une certaine quantité de mucus avec les produits de sécrétion des glandes intestinales.

Le méconium commence à se teinter en jaune du 4e au 5e mois (bile), et remplit du 5e au 6e mois tout l'intestin grêle, mais sans dépasser encore la valvule iléo-cæcale. Ce n'est que du 7ᵉ au 9ᵉ mois qu'il pénètre dans le gros intestin, où sa teinte devient brun verdâtre.

A la naissance, le méconium, d'une densité de 1150, se compose d'un mucus finement strié, englobant des granulations graisseuses, des cellules épithéliales prismatiques desquamées, des cristaux de cholestérine, des globules ovoïdes ou polyédriques de biliverdine d'un diamètre de 10 à 12 μ. On peut encore y rencontrer des cellules épithéliales pavimenteuses provenant de la partie supérieure du tube digestif, et entraînées par le mouvement des éléments ciliés du pharynx et de l'œsophage.

C) Destinée des mésentères

Le mésentère postérieur ou dorsal (p. 89) fournit de haut en bas : le grand épiploon, le mésoduodénum, le mésentère proprement dit, les mésocôlons, et enfin le mésorectum. Le segment du mésentère dorsal répondant à l'estomac et à la portion initiale du duodénum, a reçu le nom de *mésogastre postérieur*.

C'est dans l'épaisseur du mésentère antérieur ou ventral (p. 91) que bourgeonnent les cordons hépatiques. Ce mésentère se trouvera ainsi décomposé en deux parties distinctes : l'une antérieure qui deviendra le *ligament suspenseur du foie;* l'autre postérieure qui formera le petit épiploon, et que l'on peut désigner sous le nom de *mésogastre antérieur*. Dans le bord inférieur libre de ce mésogastre, rampent le conduit hépatique et la veine porte, tandis que le bord similaire du ligament suspenseur du foie contient l'anastomose que la veine ombilicale persistante envoie, au-dessous du foie, au sinus annulaire (future veine porte, p. 389). Les schémas représentés dans la figure 84 montrent la destinée générale des mésentères.

Pour bien comprendre le mode de développement des différents segments des mésentères, il faut toujours avoir présents à l'esprit ces deux faits fondamentaux qui dominent toute leur histoire : les mésentères subissent des déplacements en rapport avec les modifications des segments correspondants de l'intestin, et les portions mésentériques déplacées peuvent contracter

des adhérences secondaires entre elles, avec les organes voisins
ou avec la paroi abdominale (DEMON, 1883). Le péritoine, en tant

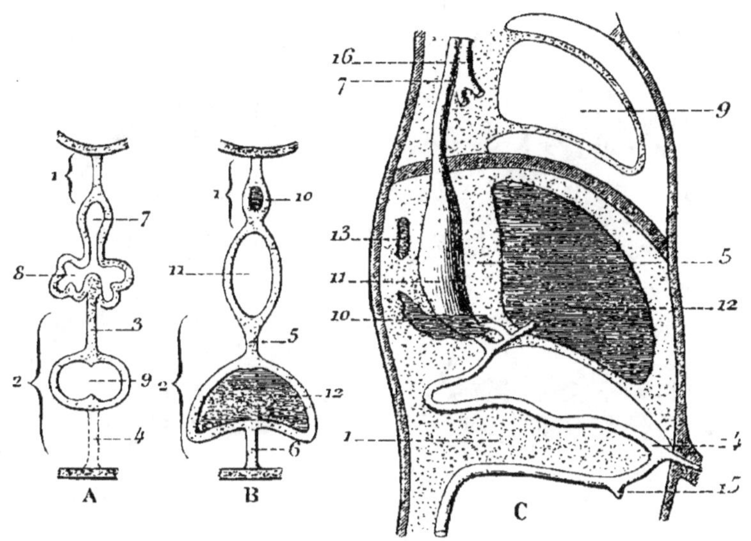

Fig. 84.

A, B, deux coupes transversales montrant les rapports de l'intestin
et des mésentères dans la région thoracique (A), et dans la région
abdominale (B) : C, coupe sagittale et axile montrant les mêmes
rapports (dessins schématiques imités des auteurs).

1, mésentère postérieur. — 2, mésentère antérieur. — 3, mésocarde postérieur.
— 4, mésocarde antérieur. — 5, petit épiploon. — 6, ligament suspenseur du foie.
— 7, œsophage. — 8, poumons. — 9, cœur. — 10, pancréas. — 11, estomac. —
12, foie. — 13, rate. — 14, anse intestinale se continuant en avant avec le canal
vitellin. — 15, bourgeon iléo-cæcal. — 16, trachée.

que membrane séreuse, ne se développe qu'ultérieurement,
et c'est ce qui explique que, chez l'adulte, il est impossible de
retrouver aucune trace de la soudure des différents feuillets.

1° Epiploons. — Le développement des épiploons est aujourd'hui bien connu depuis les travaux de MECKEL (1830), de
J. MÜLLER (1830) et de C. TOLDT (1879 et 1889).

A mesure que l'estomac exécute son mouvement de rotation
de gauche à droite (90°), il entraîne avec lui le bord adhérent

du mésogastre postérieur qui se déplace de plus en plus à gauche. En même temps, ce mésogastre s'allonge et vient former, à gauche de l'estomac, une sorte de bourse ou de repli dont le bord libre primitivement vertical s'incline de plus

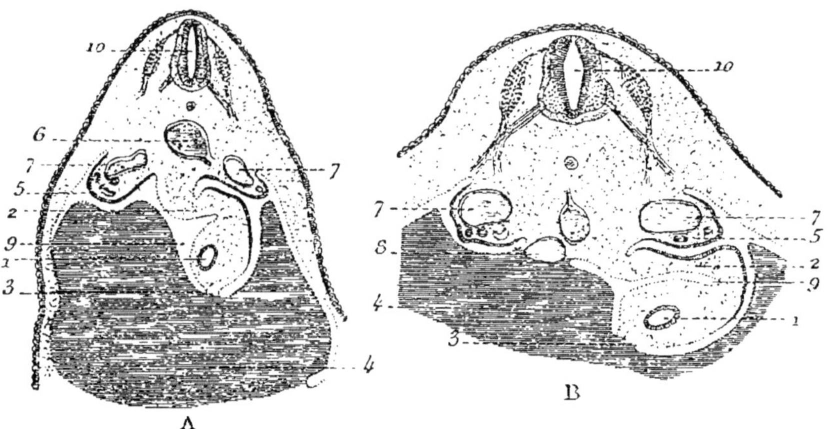

Fig. 85.

Section transversale de la région moyenne du tronc sur un embryon humain de 6 mill. (A), et sur un embryon humain de 8 mill. (B), montrant le développement des épiploons (Gr. 20/1).

1. estomac. — 2. grand épiploon (gastro-colique). — 3. petit épiploon (gastro-hépatique). — 4. foie. — 5. éminence du corps de Wolff. — 6. aorte. — 7. veine cardinale inférieure. — 8. veine cave inférieure. — 9. arrière-cavité des épiploons. — 10. tube médullaire avec les ganglions rachidiens et les racines antérieures et postérieures.

en plus, par suite de l'inflexion à droite de l'extrémité infé rieure de l'estomac, et finit par devenir horizontal : c'est le *repli gastro colique*, aux dépens duquel se formera le *grand épiploon* (fig. 85). La cavité comprise entre les deux feuillets du repli gastro-colique représente la *cavité des épiploons ;* elle se prolonge naturellement en arrière de l'estomac (*arrière-cavité des épiploons*), et communique à droite de cet organe avec le restant de la cavité péritonéale par un orifice, assez large au début, situé au-dessous du bord inférieur du mésogastre anté-rieur (*hiatus* ou *trou de Winslow*).

En continuant à s'allonger, l'anse gastro-colique descend au-

devant du mésocôlon et du côlon transverse, sans contracter au début aucune adhérence avec ces parties, mais bientôt,
le feuillet postérieur qui contient dans son épaisseur le pancréas, s'accole en arrière et se soude de haut en bas d'abord à

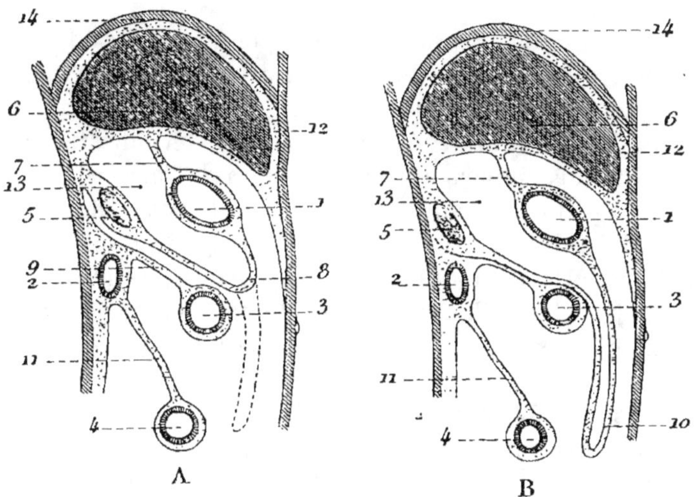

Fig. 86.

A, B, deux stades successifs du développement des épiploons (représentation schématique figurant une section sagittale et axile
du tronc, imitée de Gegenbaur et de Hertwig).

1, estomac. — 2, duodénum. — 3, côlon transverse. — 4, intestin grêle. — 5, pancréas. — 6, foie. — 7, petit épiploon. — 8, repli gastro-colique (grand épiploon) dont
le bord inférieur libre descend en avant du côlon transverse et de l'intestin grêle. —
9, méso-côlon transverse. — 10, portion du grand épiploon recouvrant en avant le
côlon transverse et l'intestin grêle ; en arrière, la portion du repli gastro-colique qui
contient le pancréas s'est soudée au méso-côlon transverse. — 11, mésentère. —
12, ligament suspenseur du foie. — 13, arrière-cavité des épiploons. — 14, diaphragme.

la paroi postérieure de l'abdomen, puis au mésocôlon transverse et enfin au côlon lui-même (fin du 3ᵉ et commencement du 4ᵉ mois) (fig. 86). A la naissance, les deux feuillets
du repli gastro-colique (grand épiploon), qui recouvrent en
avant toutes les circonvolutions de l'intestin grêle, sont
encore facilement séparables dans leur plus grande étendue.
Mais pendant les premières années, des adhérences s'établissent

entre les deux lames du grand épiploon, et diminuent ainsi progressivement les dimensions de la cavité des épiploons qui, chez l'adulte, ne descend pas au-dessous du côlon transverse.

L'épiploon gastro-splénique représente la portion supérieure du repli gastro-colique à l'extrémité de laquelle s'est développée la rate.

Quant à l'épiploon gastro-hépatique ou petit épiploon, il se forme aux dépens du mésogastre antérieur, déplacé à droite par les mouvements de torsion et d'inflexion de l'estomac auquel il est rattaché par son bord postérieur : il constitue la paroi antéro-supérieure de la portion de l'arrière-cavité des épiploons située à droite de l'estomac. L'hiatus de Winslow, limité en avant par le bord inférieur du petit épiploon contenant le canal cholédoque et la veine porte, se rétrécit graduellement par les adhérences que le foie contracte avec les parties voisines, et notamment avec la veine cave inférieure.

2° Mésoduodénum. — Le mésoduodénum n'a qu'une existence temporaire. Il s'accole, en effet, au cours du 4ᵉ mois, à la paroi postérieure du tronc, et s'unit intimement au péritoine pariétal.

3° Mésentère. — Au-dessous du duodénum, le segment du mésentère dorsal répondant à l'anse intestinale se développe rapidement pour fournir à l'accroissement de cette anse ; puis, quand les circonvolutions du jéjunum et de l'iléon se multiplieront, son bord intestinal s'allongera proportionnellement.

D'autre part, en raison du mouvement de torsion de l'anse, ce méso se trouve comme étranglé dans une boutonnière limitée en haut par le côlon transverse et en bas par le duodénum, et ne tarde pas à se souder, au niveau de ce *pédicule mésentérique* contenant l'artère mésentérique supérieure, à la paroi postérieure de l'abdomen (fig. 87, A). Au commencement du 3ᵉ mois, le restant du méso de l'intestin grêle est encore libre et flottant dans la cavité abdominale ; ce n'est qu'ultérieurement et progressivement qu'on voit se former une adhérence linéaire

entre la paroi postérieure de ce méso et le péritoine pariétal,
adhérence qui s'étend depuis le pédicule mésentérique jusqu'au cæcum (6ᵉ mois). La portion du méso située à gauche

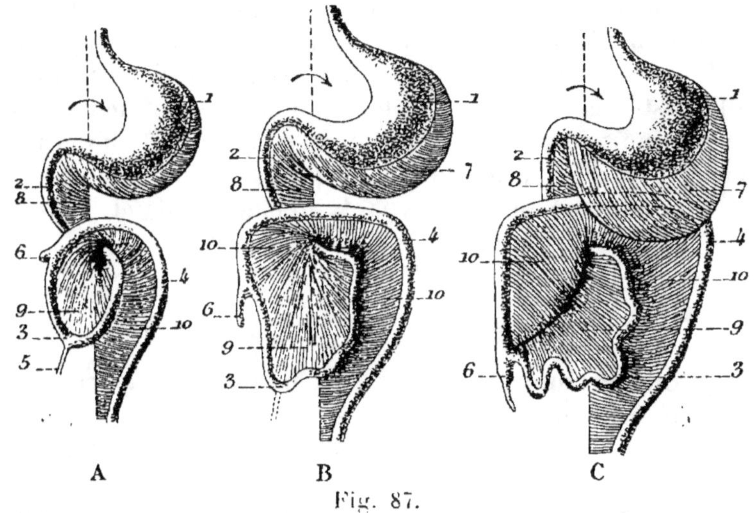

Fig. 87.

Trois stades successifs montrant le développement du tube digestif
et des mésentères chez le fœtus humain (figure imitée des
auteurs).

1, estomac. — 2, duodénum. — 3, intestin grêle. — 4, côlon. — 5, conduit vitellin. — 6. bourgeon iléo-cæcal. — 7. repli gastro-colique (grand épiploon). —
8, méso-duodénum. — 9, mésentère. — 10, méso-côlon.

de cette adhérence, en rapport avec le jéjunum et l'iléon, deviendra le *mésentère définitif*; quant à la portion droite annexée
au côlon ascendant et à une partie du côlon transverse, elle
formera les mésocôlons correspondants.

4° Mésocôlons et mésorectum. — D'après le mode de formation que nous venons d'indiquer, le mésocôlon ascendant
présente au début une certaine largeur ; mais à mesure que le
côlon ascendant s'allonge, et que le cæcum se rapproche de la
fosse iliaque, on voit des adhérences se produire en arrière entre
le mésocôlon et le péritoine pariétal, à partir de la ligne d'insertion mésentérique. Le mésocôlon ascendant diminue ainsi

progressivement de largeur, et peut même disparaître complètement.

Les mésocôlons transverse et descendant subissent une destinée analogue. L'insertion du mésocôlon descendant se fait
primitivement sur la ligne médiane, mais bientôt le côlon descendant se trouvant refoulé à gauche par les circonvolutions
de l'intestin grêle, le mésocôlon s'allonge, et en même temps
s'accole, puis se soude au péritoine sous-jacent. Son insertion
se trouve ainsi reportée de plus en plus à gauche.

Le mésorectum ne subit pas de déplacement, et conserve
son insertion primitive sur la ligne médiane.

D) Développement des organes annexes

1º Foie et pancréas. — Les premiers développements du
foie sont intimement liés à ceux du pancréas.

Sur l'embryon humain de 4 millimètres, on constate que
la paroi antérieure du tube intestinal, en regard du septum
transversum, et un peu au-dessus du canal vitellin, a poussé
en avant et en haut un bourgeon creux qui représente l'é-
bauche du foie et d'une partie du pancréas (*conduit hépatique
primitif*). Ce bourgeon creux émet latéralement des cordons
pleins qui s'enfoncent dans l'épaisseur du septum transversum et du mésentère antérieur (*bourrelet hépatique*, KŒLLI-
KER ; *avant-foie*, His). Sur l'embryon de 8 millimètres, le conduit hépatique primitif s'est bifurqué à son extrémité, et, de
plus, a donné naissance, à une faible distance de son origine,
à un bourgeon également creux qui se porte en haut et à
droite (*pancréas antérieur* ou *ventral*). D'autre part, le tube
intestinal, un peu au-dessus de l'origine du conduit hépatique,
s'est évaginé en arrière, à l'intérieur du mésentère dorsal,
sous la forme d'un conduit qui se dirige en haut (*pancréas
postérieur* ou *dorsal*). Les deux ébauches pancréatiques ont
été signalées pour la première fois chez l'embryon humain par
PHISALIX (1887) ; elles ont été ensuite décrites par ZIMMERMANN
(1889) et par HAMBURGER (1892).

Par suite du mouvement de torsion et d'inflexion de l'estomac, ces deux ébauches arrivent au contact l'une de l'autre, à droite du tube intestinal, et se fusionnent entre elles (6e semaine) (fig. 82). L'ébauche postérieure fournit le canal de Santorini ainsi que la portion du canal de Wirsung répondant à la queue et au corps du pancréas ; le segment céphalique du canal de Wirsung dérive de l'ébauche antérieure. Quant au conduit hépatique primitif, par sa partie initiale, comprise entre l'intestin et l'ébauche ventrale du pancréas, il forme l'ampoule de Vater ; son segment terminal devient le canal cholédoque dont les deux branches représentent les canaux hépatiques. Le canal cystique et la vésicule biliaire se développent vers la fin du 2e mois par un bourgeon émané de la paroi du cholédoque.

Joubin (1895) a montré que les deux canaux pancréatiques se comportaient d'une façon inverse chez le lapin et chez le mouton. Chez le lapin, le canal de Santorini persiste, tandis que le canal de Wirsung s'atrophie et disparaît. Le contraire se produit chez le mouton.

D'après Brachet (1896), le foie se développe chez le lapin, aux dépens d'une gouttière longitudinale résultant d'une excroissance de la paroi antérieure du tube digestif, et comprise entre le sinus veineux et le conduit vitellin (*gouttière hépatique primitive*). Dans ses deux tiers supérieurs, cette gouttière donne naissance à de nombreux cordons hépatiques, tandis que son tiers inférieur ne prolifère pas, et deviendra la vésicule biliaire et le canal cystique. Les deux extrémités se séparent, en effet, du tube digestif, à la suite d'un double étranglement, et l'ensemble des formations hépatique et cystique ne communique plus avec l'intestin que par un pédicule qui n'est autre que le canal cholédoque. D'après le même auteur, le pancréas reconnaît chez le lapin, comme chez les sélaciens, une double ébauche ventrale ; seulement l'ébauche du côté gauche disparaît de très bonne heure, en se confondant avec la paroi du canal cholédoque.

Les cordons hépatiques pleins (*cylindres primitifs* de Remak) s'anastomosent entre eux, et constituent un réseau continu dans toute l'épaisseur de l'organe (*glande tubuleuse anasto-*

mosée ou *réticulée*). Un certain nombre de cordons se creusent d'une lumière centrale, en même temps que leur épithélium devient prismatique ou cubique (*canaux excréteurs biliaires*). A l'intérieur des autres cordons formés de cellules polyédriques (*cordons sécréteurs*), on voit apparaître, au 3e mois, des petites cellules sphériques, soit isolées, soit disposées sous forme de traînées. Ces éléments sont surtout abondants du 4e au 7e mois ; ils disparaissent à l'époque de la naissance. ToLDT et ZUCKER-KANDL (1875) considèrent ces petites cellules comme des formes jeunes des cellules hépatiques définitives, mais on peut les rencontrer chez certains mammifères adultes, tels que le cheval, comme partie constitutive du parenchyme du foie. L'origine des canalicules biliaires à l'intérieur des cordons hépatiques ne paraît pas encore complètement élucidée.

La division du foie en lobules distincts s'établit tardivement, au moment de la naissance, et pendant les premières années ; elle paraît en rapport avec une distribution nouvelle des vaisseaux sanguins. A la même époque, les cordons cellulaires se modifient ; ils diminuent d'épaisseur, et se réduisent parfois à une seule file de cellules hépatiques.

Le foie de l'embryon présente un volume considérable, dû en grande partie à sa richesse vasculaire, et atteint inférieure-ment la région de l'ombilic. Il est primitivement formé de deux lobes symétriques, mais le lobe gauche s'atrophie par-tiellement dans la seconde moitié de la grossesse. Les canaux excréteurs des parties atrophiées persistent plus longtemps que les cordons des cellules hépatiques. On en retrouve des vestiges, même chez l'adulte, où ils sont connus sous le nom de *vasa aberrantia*.

En ce qui concerne le pancréas, LAGUESSE (1897) a montré que les bourgeons issus des deux ébauches ventrale et dorsale, étaient pleins à l'origine (*cordons variqueux primitifs*), et qu'ils se creusaient secondairement d'une lumière centrale, pour donner naissance aux *tubes pancréatiques primitifs*. La paroi de ces tubes est constituée par une couche de cellules prisma-tiques peu élevées, au milieu desquelles on rencontre de dis-tance en distance des éléments à protoplasma dense, foncé, souvent relégués en bordure, comme les cellules dites bordantes de l'estomac. Ce sont ces éléments foncés qui prolifèrent en dehors, et forment les amas cellulaires pleins connus sous le nom d'*îlots* de LANGERHANS (*îlots endocrines*, LAGUESSE). Les cavités sécrétantes se développent tardivement sous la forme de bourgeons creux émanés de la paroi des tubes pancréatiques primitifs ; on y remarque, dès le début, des cellules principales et des cellules centro-acineuses.

Nous avons indiqué plus haut le mode de formation du ligament suspenseur du foie (p. 200), et du petit épiploon (p. 204).

2º Rate. — La rate apparaît tardivement, vers la fin du deuxième mois, chez l'homme (CH. ROBIN), dans le bord libre du repli gastro-colique, et paraît représentée au début par un épaississement de l'épithélium péritonéal. Son développement structural est peu connu. Suivant les auteurs, en effet, les éléments propres de la pulpe splénique dérivent soit de l'épithélium péritonéal (PHISALIX, 1885 ; TOLDT, 1889), soit du mésenchyme (LAGUESSE 1890), soit enfin de l'épithélium intestinal, directement (MAURER, 1890), ou indirectement par l'intermédiaire des bourgeons pancréatiques (KUPFFER, 1892). Les corpuscules de Malpighi ne se montrent que vers la fin de la gestation.

D'après LAGUESSE (1890) dont les recherches ont surtout porté sur les poissons, la rate est exclusivement formée au début de *pulpe blanche*. Ce n'est qu'au fur et à mesure de la transformation de ses noyaux d'origine en globules de sang (p. 373), que la pulpe blanche se modifie et devient la *pulpe rouge*. Cette transformation est plus rapide chez les mammifères que chez les poissons. La rate pourrait être ainsi envisagée comme une sorte de réserve mésenchymateuse destinée à la régénération des globules du sang, et dont les corpuscules de MALPIGHI représentent les derniers vestiges.

CHAPITRE II

APPAREIL DE LA RESPIRATION

L'appareil de la respiration comprend deux segments distincts : un *segment respiratoire* et un *segment olfactif*. Nous les étudierons successivement.

§ 1. — Segment respiratoire

Le segment respiratoire est primitivement représenté par une gouttière verticale de la paroi antérieure de l'intestin céphalique, comprise entre le quatrième arc et le septum transversum. Au stade de 4 millimètres, l'extrémité inférieure de cette gouttière qui pousse en avant dans le mésentère antérieur, s'est évaginée en forme de bourgeon creux à sommet arrondi qui donnera naissance aux deux poumons (fig. 88). Au stade de 6 millimètres, le bourgeon pulmonaire s'est bifurqué, tandis que la partie de la gouttière située au-dessus de lui s'est séparée progressivement de l'intestin par voie d'étranglement, pour constituer la trachée. L'extrémité supérieure de la gouttière reste en communication avec le pharynx : elle deviendra le larynx.

1° Poumons. — Les deux tubes résultant de la division du bourgeon pulmonaire primitif, et figurant les ébauches du poumon (*bronches primaires principales, bronches souches*), donneront naissance, par une série de ramifications, aux arbres bronchiques ainsi qu'aux alvéoles pulmonaires (fig. 89). Enveloppés par le feuillet fibro-intestinal très épais à leur origine (*éminences pulmonaires*), ces tubes s'allongent en effet latérale-

ment dans la cavité pleuro-péritonéale, en même temps qu'ils
émettent sur leur parcours un petit nombre de bourgeons creux
dont un pour la bronche gauche et deux pour la bronche droite
(fin 1er mois). Ces bourgeons constituent, avec les extrémités

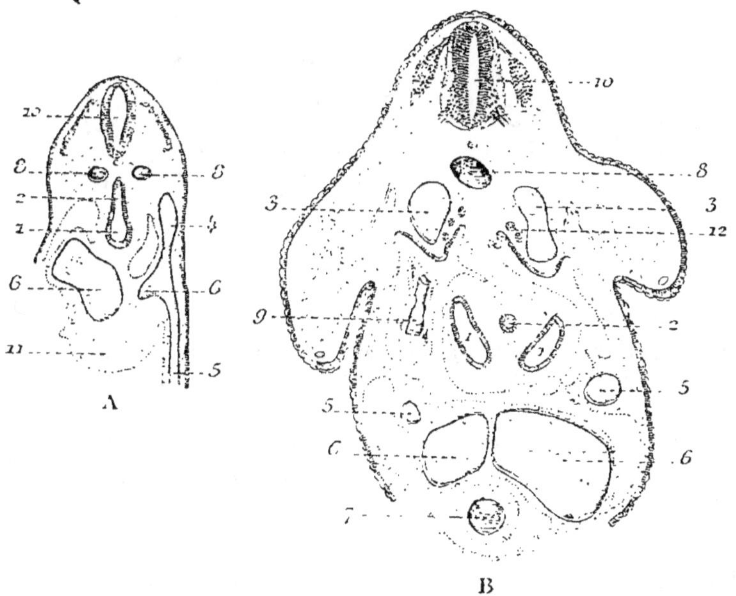

Fig. 88.

Section transversale de la région du tronc, au niveau du bourgeon
   pulmonaire, sur un embryon humain de 3 mill. (A), et sur un
   embryon humain de 6 mill. (B). Le bourgeon pulmonaire simple
   en A, s'est bifurqué en B (Gr. 20/1).

1, bourgeon pulmonaire. — 2, œsophage. — 3, veine cardinale supérieure. —
4, canal de Cuvier gauche. — 5, veine ombilicale — 6, veine omphalo-mésentérique.
— 7, bulbe aortique. — 8, aorte. — 9, extrémité supérieure du foie. — 10, tube
médullaire. — 11, septum transversum. — 12, extrémité supérieure du corps de
Wolff.

des bronches primaires, les *bronches lobaires* qui se trouvent
ainsi au nombre de deux pour le poumon gauche, et de trois
pour le poumon droit. Leurs extrémités sont légèrement dila-
tées (*sacs pulmonaires primaires*). Chacune des bronches
lobaires s'allonge à son tour, et donne naissance latéralement

14.

à de nouveaux troncs bronchiques sur le trajet desquels bourgeonnent de nouveaux ramuscules. Les premières divisions bronchiques se font ainsi par voie monopodique (His 1887,

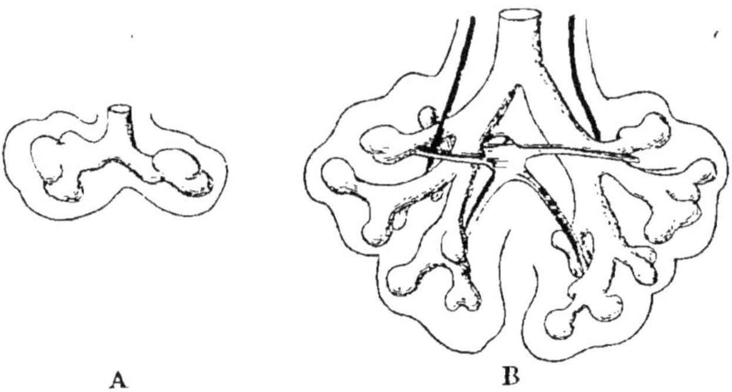

Fig. 89.

Reconstruction des poumons sur un embryon humain de 10 mill. (A), et sur un embryon humain de 10,5 mill. (B), d'après His (Gr. 25/1).

La reconstruction **A** montre les deux bronches souches avec les bourgeons représentant les bronches lobaires. — Sur la reconstruction B, la bronche lobaire supérieure du côté droit passe en arrière et au-dessus de la branche droite de l'artère pulmonaire (bronche éparterielle).

d'Hardiviller 1897), mais, dans la suite, les ramifications ont lieu dichotomiquement (fig. 90).

Il est à remarquer que toutes les bronches lobaires sont situées en avant et au-dessous des branches de l'artère pulmonaire (*bronches hyparterielles* d'Aeby 1880), sauf la bronche droite supérieure (*bronche éparterielle*). D'après d'Hardiviller, (1897), il existerait primitivement dans chaque poumon une bronche éparterielle naissant de la bronche souche, seulement la bronche éparterielle du côté gauche s'atrophie de bonne heure, et disparaît entièrement. Notons encore que la *bronche souche* du côté droit émet par sa face ventrale, chez la plupart des mammifères, une bronche accessoire, origine du *lobe azygos* ou *infracardiaque*.

A partir du 6e mois de la vie fœtale, les extrémités renflées des ramifications bronchiques se couvrent de dépressions secondaires (*vésicules* ou *alvéoles pulmonaires*), et se transforment ainsi en lobules pulmonaires. Les lobules sont trois à quatre fois moins volumineux chez le fœtus que chez l'adulte.

Jusqu'au 3ᵉ mois, le revêtement interne des bronches et des sacs pulmonaires est constitué par un épithélium polyédrique

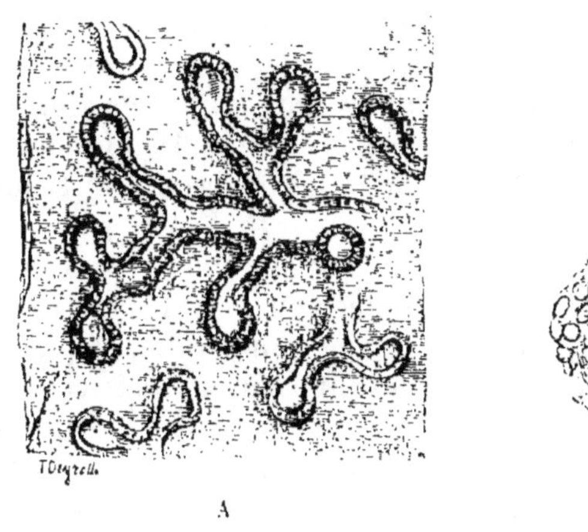

Fig. 90.

A, ramifications bronchiques en cours de développement sur un embryon de mouton de 20 mill. (Gr. 50/1). — B, grosse branche sur le même (Gr. 150/1).

stratifié, semblable à celui de l'œsophage. Pendant le 3ᵉ mois, l'épithélium des bronches se couvre de cils vibratiles, tandis que celui des sacs pulmonaires se dispose sur une seule rangée d'éléments cubiques (Kœlliker ; Jalan de la Croix, 1883). Ces derniers éléments se modifient encore dans les derniers mois de la grossesse, et s'amincissent progressivement, mais ils ne revêtent les caractères des cellules endothéliales qu'au moment de la naissance, pendant les premières inspirations qui distendent les alvéoles pulmonaires.

C'est aux dépens des éminences pulmonaires que se développe la trame du poumon, ainsi que les différentes couches des parois bronchiques situées au-dessous de l'épithélium. Les nodules cartilagineux et les muscles de Reissessen apparaissent

14..

vers la fin du 2ᵉ mois dans les grosses bronches. La couche la plus superficielle de l'éminence pulmonaire fournit la plèvre viscérale.

2° Trachée et larynx. — Une fois la trachée séparée de l'intestin céphalique, l'ouverture pharyngienne du larynx se présente comme une fente verticale, dont la forme ne tarde pas à devenir losangique (fig. 68). Cette ouverture est circonscrite en haut et en avant par une saillie en forme de croissant, la *furcula* (p. 148), dont l'extrémité supérieure formera l'épiglotte, et les bords latéraux, les replis aryténo-épiglottiques.

Vers le milieu du 2ᵉ mois, au fur et à mesure que se soulèvent les saillies aryténoïdiennes, on voit les parois latérales du larynx se souder dans leur intervalle, depuis leur sommet jusqu'aux cordes vocales inférieures. Dans cette étendue, la cavité du larynx se trouve alors comblée par une lame épithéliale médiane, dont le bord antérieur reste cependant creusé d'une lumière assez réduite. Lors de la séparation des parois latérales du larynx, qui suit de très près le début de la formation des ventricules (milieu du 3ᵉ mois), on constate que l'épithélium primitivement polyédrique stratifié (épithélium stratifié embryonnaire) s'est transformé en un épithélium cylindrique qui se couvre rapidement de cils vibratiles, à l'exception de la face glottique des cordes vocales inférieures, où l'épithélium est devenu pavimenteux stratifié. D'après LAGUESSE (1885), les éléments ciliés naîtraient de la couche profonde, et s'insinueraient entre les cellules superficielles. C'est seulement sur l'enfant de cinq à six mois que l'épithélium des cordes vocales supérieures devient pavimenteux stratifié. Cet épithélium, développé plus tardivement que celui des cordes vocales inférieures, renferme chez l'adulte une proportion moindre de cellules pavimenteuses, et le chorion sous-jacent ne forme jamais de saillies papillaires.

Les fibres-cellules de la paroi postérieure de la trachée sont accusées dès la fin du 2ᵉ mois. A ce stade, le chorion de la muqueuse est à peine apparent, et l'épithélium trachéal semble reposer directement, en arrière, sur la couche musculaire, latéralement et en avant, sur les cerceaux cartilagineux.

Les premiers bourgeons glandulaires se produisent à la fin du 3e mois; quelques-uns traversent, au milieu du 4e, le cartilage de l'épiglotte. Les élevures choriales de la muqueuse dermo-papillaire qui recouvre chez l'adulte les cordes vocales inférieures, se soulèvent seulement vers la fin de la gestation. Enfin, les follicules clos ne se développent qu'après la naissance.

Quant aux cartilages du larynx et de la trachée, et à ceux qui précèdent l'os hyoïde, ils apparaissent de très bonne heure, en même temps que ceux des grosses bronches (milieu du 2e mois). Ainsi que l'a bien montré NICOLAS (1894), le cartilage thyroïde est primitivement représenté par deux lames latérales qui se soudent entre elles au commencement du 3e mois. L'épiglotte apparaît un peu plus tard vers le milieu du 3e mois, mais les fibres élastiques ne se montrent dans son épaisseur qu'au 5e mois. Les cartilages de WRISBERG se forment tardivement pendant le 6e mois.

§ 2. — SEGMENT OLFACTIF

. Nous avons montré plus haut (p. 161) comment, sur l'embryon humain de la 3e semaine, chaque bourgeon nasal se creusait à son extrémité d'une *fossette olfactive,* s'ouvrant dans l'excavation buccale par une gouttière nasale antéro-postérieure qui communique latéralement et en dehors avec le sillon naso-lacrymal. Sur la paroi interne de la fossette olfactive, on observe à la fin du 1er mois une petite dépression, origine de l'*organe de Jacobson.*

1° Fosses nasales. — Au cours du développement, les fossettes olfactives deviennent de plus en plus profondes, en même temps qu'elles s'allongent d'avant en arrière, et que, par suite du mouvement d'inflexion en bas du bourgeon frontal, elles se trouvent en quelque sorte invaginées dans l'excavation buccale dont elles occupent en avant la paroi supérieure.

Elles se présentent alors sous l'aspect de deux demi-gouttières renversées, séparées par la cloison nasale, et communiquant chacune avec la cavité de la bouche par une *fente nasale* qui s'ouvre à l'extérieur entre les bourgeons nasaux interne et

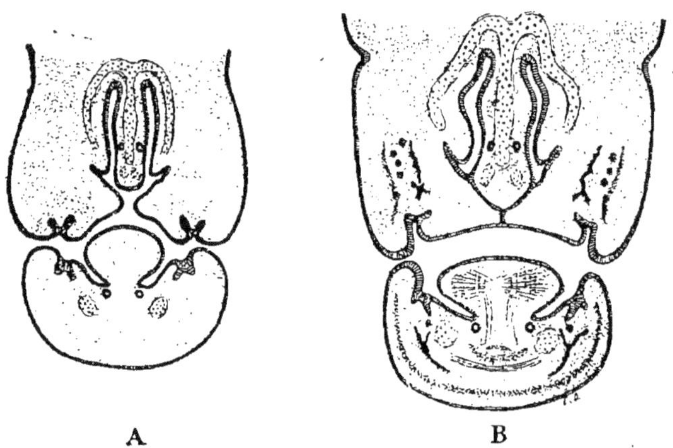

A   B

Fig. 91.

Section frontale de la face passant par l'organe de JACOBSON, sur un fœtus humain de 29 mill. (A), et sur un fœtus humain de 37 mill. (B) (Gr. 5/1).

Les lames palatines encore séparées sur le fœtus de 29 mill., sont soudées sur celui de 37 mill.

externe. La soudure du bourgeon maxillaire supérieur avec le bourgeon nasal interne, convertit l'extrémité antérieure de la gouttière en un canal qui n'est autre que la *narine*. Chaque gouttière nasale possède maintenant deux orifices : elle s'ouvre à l'extérieur par l'orifice nasal externe, et dans la bouche par une fente antéro-postérieure (*fente palatine primitive* de DURSY). Plus tard l'établissement de la voûte palatine séparera définitivement les gouttières nasales de la cavité buccale (fig. 91). Enfin l'abaissement de la cloison (p. 163) délimitera les fosses nasales droite et gauche. On voit ainsi que les fosses nasales de l'adulte comprennent, en plus des gouttières olfactives, une partie de l'excavation buccale primitive. Le fond des fossettes olfactives, revêtu dès l'origine par un épithélium plus épais, formera la *tache olfactive*. On sait que celle-ci occupe, chez l'adulte, la partie la plus élevée des fosses nasales (lame criblée de l'ethmoïde, moitié supérieure du cornet supérieur et portion correspondante de la cloison).

Vers la 6ᵉ semaine, se développe la capsule nasale cartilagineuse contournant les fosses nasales, et se prolongeant par une lame verticale dans l'épaisseur de la cloison. Les cornets se montrent vers la fin du 3ᵉ mois comme des excroissances de la paroi externe des fosses nasales, contenant un prolongement de la capsule nasale cartilagineuse ; ils délimitent des gouttières ou *méats nasaux* dont l'inférieur, situé au-dessous du cornet inférieur, est en grande partie obturé, par soudure épithéliale, pendant le 3ᵉ mois. Les sinus apparaissent plus tardivement, sous la forme de diverticules qui s'enfoncent dans les os voisins, pendant la gestation (sinus ethmoïdaux, sinus maxillaires pendant le 5ᵉ mois) ou après la naissance (sinus sphénoïdaux, palatins et frontaux).

L'épithélium des fosses nasales dérive de l'ectoderme. C'est au début un épithélium polyédrique stratifié embryonnaire qui, comme celui de la trachée, se transforme progressivement en épithélium prismatique, et se couvre de cils vibratiles vers la fin du 3ᵉ mois. Au niveau des narines, l'épithélium évolue, au contraire, en épithélium pavimenteux stratifié qui s'épaissit de bonne heure, et comble entièrement la lumière des narines de la 7ᵉ semaine au 5ᵉ mois fœtal. Les premiers bourgeons des glandes nasales apparaissent vers la fin du 3ᵉ mois, et commencent à se ramifier au 5ᵉ.

2° Organe de Jacobson. — Cet organe, découvert par JACOBSON (1811), est représenté par un diverticule de la cavité des fosses nasales qui s'enfonce, d'avant en arrière et à peu près horizontalement, dans le bord inférieur de la cloison des fosses nasales, au niveau de son extrémité antérieure, et dont l'épithélium modifié se met en relation avec des rameaux du nerf olfactif (*nerf olfactif de Jacobson*). Chez la plupart des mammifères (carnassiers, ruminants, etc.), les organes de Jacobson sont contenus dans un cartilage particulier creusé en gouttière, et situé au-dessous du cartilage de la cloison (*cartilages de Jacobson*), et ils émettent par leur paroi supérieure des canaux glandulaires. Chez l'homme, ils sont rudimentaires, sans formations glandulaires sur leur paroi, et se trouvent adossés au cartilage de la cloison, au-dessus par conséquent des cartilages de Jacobson (fig. 91). Leur extrémité antérieure répond au voisinage des canaux naso-palatins, leur extrémité postérieure reçoit le nerf

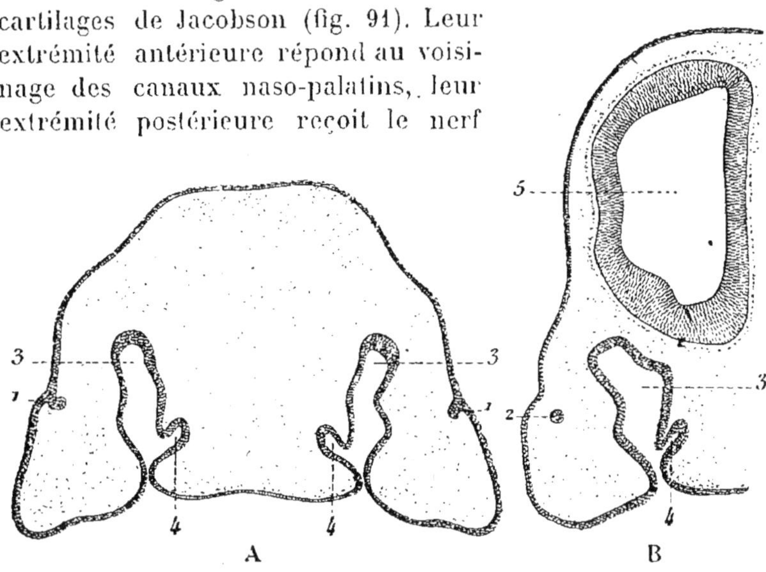

Fig. 92.

Section frontale de la face, sur un embryon de mouton de 13 mill. (A), et sur un embryon de mouton de 13,5 mill. (B), montrant le mode de formation de l'organe de Jacobson, d'après JOUVES (Gr. 20/1). La moitié droite de la coupe a seule été représentée en B.

1, lame naso-lacrymale. — 2, cordon naso-lacrymal. — 3, 3, fosses nasales. 4, organe de Jacobson. — 5, vésicule hémisphérique.

de JACOBSON (DURSY 1869, KŒLLIKER 1877).

L'organe de Jacobson se développe sous la forme d'une petite dépression de la paroi interne de la fossette olfactive (fig. 92), qui s'enfonce dans l'épaisseur de la cloison, et se met en communication, par son épithélium très épais, avec les filets du nerf olfactif de Jacobson. Chez l'homme, l'organe de Jacobson apparaît au stade de 8 mill. Vers la fin du 2ᵉ mois, l'organe mesure une longueur d'environ un tiers de millimètre, avec une épaisseur un peu moindre. Les dimensions de la cavité centrale atteignent une longueur de 230 μ, sur une largeur de 90 μ; l'épithélium est élevé de 90 μ.

A partir du 3e mois, l'organe s'atrophie graduellement. Les rameaux nerveux disparaissent du 4e au 5e mois (KŒLLIKER 1883), et l'épithélium diminue sensiblement de hauteur. La destinée ultérieure de ces organes, ainsi que leur signification physiologique sont inconnues. Ils répondraient chez l'adulte, pour certains auteurs, aux conduits muqueux de SŒMMERING.

CHAPITRE III.

APPAREIL GÉNITO-URINAIRE

Le développement des organes génitaux est intimement lié à celui des organes urinaires, et il est impossible de les étudier séparément. Nous rappellerons que le corps de Wolff, après avoir fonctionné pendant un certain temps comme rein transitoire chez les mammifères, se modifie, et que son canal devient le canal excréteur du testicule.

Nous envisagerons successivement les organes génito-urinaires internes qui évoluent dans la sphère du corps de Wolff, et les organes génito-urinaires externes qui se développent aux dépens du sinus uro-génital ou du tégument externe.

ARTICLE PREMIER

ORGANES GÉNITO-URINAIRES INTERNES

Si l'on vient à rabattre la paroi antérieure de l'abdomen sur un embryon de porc de 5 à 9 centimètres (nous choisissons à dessein ce mammifère, en raison du volume relativement considérable des organes), on aperçoit, après avoir détaché le foie et l'intestin, contre l'extrémité inférieure des reins, deux petits corps piriformes qui se dirigent obliquement de haut en bas et de dehors en dedans : ce sont les *corps de Wolff* (fig. 93). Ces corps affectent la forme d'une pyramide irrégulière à trois pans qui permet de leur considérer deux extrémités, trois faces et trois bords. L'extrémité supéro-externe (ou sommet), effilée, repose sur la face antérieure du rein, au voisinage de son bord externe ; l'extrémité inféro-interne (ou base), renflée, déborde légèrement en bas cet organe. La face externe, convexe, présente une série de stries transversales, la face postérieure concave est moulée sur le rein ; quant à la face interne,

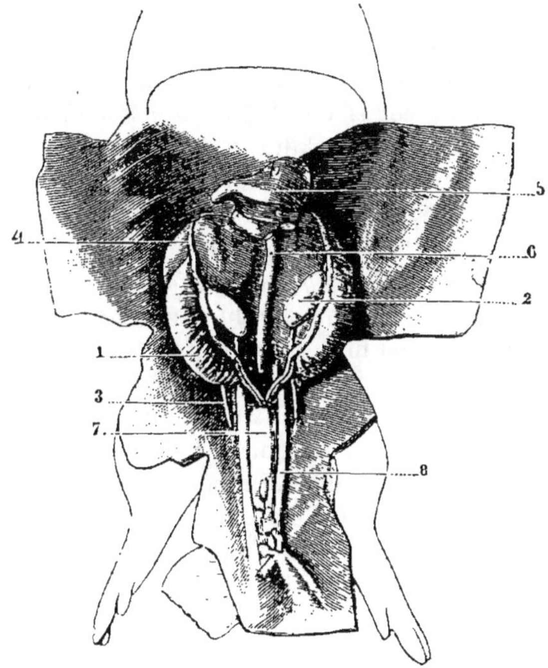

Fig. 93.

Disposition des organes génito-urinaires sur un embryon de porc long de 5,5 cent. (Gr. 2, 1). La paroi antérieure de l'abdomen a été rabattue en avant, et le foie et l'intestin grêle ont été détachés.

1. corps de Wolff le long duquel descend le cordon urogénital. — 2. ovaire. — 3. ligament inguinal. — 5. estomac. — 6. intestin. — 7. vessie. — 8. artère ombilicale.

elle est creusée dans son segment supérieur d'une petite fossette ovoïde (*fossette génitale*) destinée à loger l'*organe génital*, (testicule ou ovaire). Des trois bords, l'antérieur, le plus important, supporte un cordon longitudinal (*cordon urogénital*) qui se prolonge au-dessous du corps de Wolff, et se dirige vers le cordon du côté opposé, en décrivant un trajet légèrement oblique en bas et en dedans, en avant de l'artère ombilicale. Arrivés sur la ligne médiane, les deux cordons urogénitaux se fusionnent entre eux, et constituent un cordon médian (*cordon génital* de Thiersch, 1852), qui va se fixer par son extrémité inférieure contre la paroi postérieure du sinus urogénital.

Le cordon urogénital renferme deux conduits à direction sensiblement parallèle, dont l'un, situé profondément, sert de canal excréteur au corps de Wolff (*canal de Wolff*), et dont l'autre, superficiel, s'ouvre dans la cavité péritonéale par une extrémité supérieure évasée en forme d'entonnoir (*conduit de Müller*).

Le corps de Wolff est fixé en arrière, par un méso court et large (*méso du corps de Wolff, mésonéphron*), contre la surface du rein. L'enveloppe péritonéale du corps de Wolff supporte à son tour deux autres mésos dont l'un se trouve annexé à l'organe génital (*mésorchium, mésotestis* pour le testicule, et *mésoarium* pour l'ovaire), et l'autre au cordon urogénital (*repli urogénital* de Waldeyer). Ce dernier méso se prolonge supérieurement à la surface du rein par une sorte de ligament falciforme qui s'étend jusqu'au diaphragme (*ligament diaphragmatique* de Kœlliker), et, d'autre part, accompagne inférieurement le cordon urogénital dans son trajet au-dessous du corps de Wolff, jusqu'au cordon génital. Les extrémités du méso de l'organe génital viennent se perdre sur ce repli urogénital. Enfin, l'extrémité inférieure du corps de Wolff est rattachée à la région inguinale par un ligament également compris dans un repli du péritoine (*ligament inguinal* de Kœlliker).

Le corps de Wolff, qui possède la structure d'un organe rénal, persiste pendant toute la vie chez les vertébrés inférieurs, mais, chez les amniotes, il disparaît de bonne heure et se trouve remplacé par le rein définitif. D'ailleurs, le corps de Wolff lui-même avait été précédé par un organe encore plus rudimentaire, et d'une existence éphémère chez les vertébrés supérieurs. Trois organes successifs remplissent donc, chez les amniotes, au cours du développement, la fonction urinaire. Ce sont, suivant la nomenclature de Balfour et Sedgwick (1879) : le *pronéphros*, le *mésonéphros* et le *métanéphros*.

Nous allons étudier successivement la structure, l'évolution et la destinée de chacune de ces parties. Nous joindrons au rein définitif, comme annexe, les capsules surrénales.

§ 1. — PRONÉPHROS (REIN PRÉCURSEUR)

Cet organe, découvert par J. Müller en 1829 sur des larves de batraciens, retrouvé par Reichert (1856) chez les poissons osseux, est aujourd'hui bien connu dans sa structure, depuis les travaux de W. Müller, de M. Fürbinger et de Gœtte. On lui donne indifféremment les noms suivants : *Corps de Müller, rein cervical, rein céphalique, avant-rein* (Fürbinger, 1877), *pronéphros* (Balfour et Sedgwick, 1879), *rein précurseur* (M. Duval, 1881).

Le rein précurseur se compose d'un petit nombre de canalicules sinueux (en général trois), s'ouvrant par leur extrémité interne dans la cavité péritonéale, au voisinage du mésentère, et venant déboucher par leur extrémité externe dans un canal collecteur qui servira dans la suite de canal excréteur au corps de Wolff, et que l'on peut désigner dès cette époque sous le nom de *canal de Wolff*; celui-ci descend verticalement dans toute la longueur du corps de l'embryon, pour déboucher sur les parois latérales du cloaque. La figure 94 montre, sur la coupe transversale, les rapports que le canal de Wolff affecte avec les parties voisines.

Les ouvertures péritonéales des canalicules du pronéphros sont légèrement évasées en forme d'entonnoir, et garnies de cils vibratiles chez les poissons et chez les batraciens. Ce sont les *néphrostomes*, en regard desquels un glomérule vasculaire, alimenté par une branche de l'aorte, vient faire saillie dans la cavité péritonéale. C'est, comme on le voit, un organe rénal rudimentaire qui peut même se réduire à un seul canalicule.

Le développement du *pronéphros* est moins bien connu que sa structure, et nous ne pouvons entrer ici dans toutes les discussions soulevées à ce sujet. Nous rappellerons qu'on s'accorde généralement à admettre que son canal excréteur ou canal de Wolff se forme, dans son segment supérieur, aux dépens d'une crête dorsale de la masse cellulaire intermédiaire, et qu'il s'allonge ensuite, de haut en bas, aux dépens d'une crête épidermique, ce qui semblerait indiquer que le

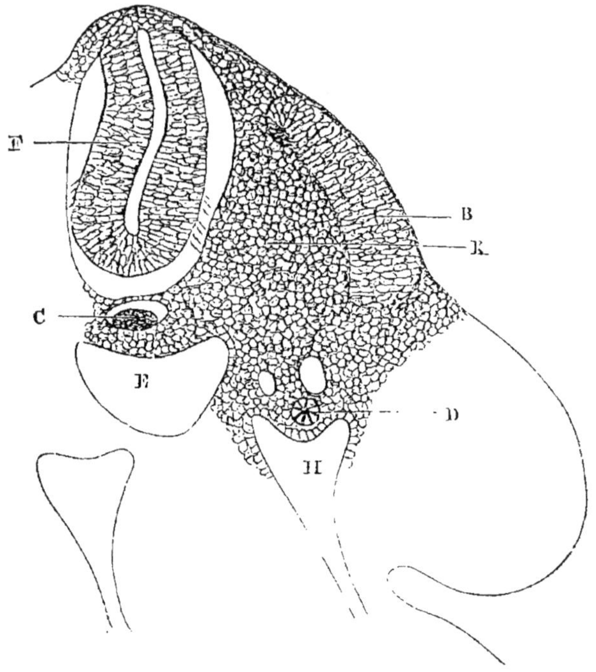

Fig. 94.

Coupe transversale de la région moyenne du tronc, sur un embryon de lapin de 6 mill. (Gr. 150/1).

B, plaque musculaire. — C, chorde dorsale. — D, canal de Wolff. — E, aorte. F, tube médullaire. — H, fente pleuro-péritonéale. — K, sclérotome.

pronéphros s'ouvrait primitivement à l'extérieur (HERTWIG). Quant aux canalicules, ce sont des involutions de l'épithélium du cœlome s'ouvrant secondairement dans le canal excréteur. Le canal de Wolff, à peine indiqué dans son segment supérieur chez l'embryon humain de 3 millimètres, débouche, au stade de 4 millimètres, dans la cavité du cloaque.

Chez les poissons osseux, le pronéphros persiste pendant

toute la vie. Chez les amniotes, il disparaîtrait au moment où se constitue le corps de Wolff.

§ 2. — MÉSONÉPHROS (CORPS DE WOLFF) ET CANAL DE WOLFF

Pendant que le rein cervical s'atrophie et disparaît, on voit se former, au-dessous de cet organe, une série de canalicules sinueux à direction transversale qui se jettent par une de leurs extrémités dans le canal excréteur du pronéphros; l'extrémité opposée, renflée, se trouve en rapport avec un glomérule vasculaire qu'elle enveloppe sur toute la surface, comme dans les corpuscules de Malpighi du rein de l'adulte. L'ensemble de ces canalicules (*canalicules wolffiens, canaux segmentaires, néphridies*) constitue le *corps de Wolff* du nom de l'anatomiste qui le découvrit en 1774 chez l'embryon de poulet (Syn. : 1800, WRISBERG appelle le corps de Wolff *corpus pampiniforme;* 1806-1807, OKEN signale chez les mammifères des *organes vermiformes* qu'il confond d'abord avec les capsules surrénales; 1825, H. RATHKE les découvre chez les reptiles et chez les poissons, et suivant la classe de vertébrés, leur donne le nom de *corps de Wolff* (ovipares), ou de *reins d'Oken* (mammifères); 1830, J. MÜLLER, les désigne chez les batraciens sous le nom de corps de Wolff; 1830, JACOBSON les nomme *reins primordiaux* ou reins d'Oken). Le canal excréteur du pronéphros devient le canal excréteur du corps de Wolff.

Chaque canalicule wolffien comprend deux segments distincts : un segment superficiel aboutissant au canal de Wolff, et un segment profond terminé par un corpuscule de Malpighi. Le segment superficiel sensiblement rectiligne (*segment droit*) longe la face externe du corps de Wolff où il détermine la formation des stries transversales bien connues; il est plus étroit que le segment profond, et possède un revêtement épithélial cubique qui se poursuit à l'intérieur du canal de Wolff. Le segment profond, plus large, présente des sinuosités (*segment contourné*), et se montre tapissé par une couche de cellules polyédriques; sa cavité renferme de nombreux globules légèrement teintés par le carmin, tantôt distincts, tantôt fusionnés en moules colloïdes (Pouchet, 1876 ; Kelsch et Kiener, 1880). Parfois, ce segment profond émet des ramifications de deuxième et de troisième ordre. Les glomérules vasculaires sont formés par des branches issues directement de l'aorte ; la veine efférente est représentée par la veine cardinale inférieure.

Ainsi que nous venons de le voir, la structure du corps de Wolff se rapproche sensiblement de celle du rein de l'adulte. Les segments tortueux des canalicules wolffiens et les corpuscules terminaux en constituent les portions sécrétantes, tandis que les segments rectilignes et le canal de Wolff figurent les canaux excréteurs.

Le corps de Wolff se développe aux dépens de la masse intermédiaire (p. 78) qui, dans chaque segment situé au-dessous du rein cervical, se transforme en un canalicule (*néphrotome*) dont l'extrémité profonde se met en relation avec le canal de Wolff. Chez les vertébrés inférieurs (sélaciens), les canalicules sont pourvus dès l'origine d'une lumière centrale (*néphrocœle*) s'ouvrant dans le cœlome par un *entonnoir segmentaire* bientôt garni de cils vibratiles (*néphrostome*, Semper). Chez les amniotes, les canalicules sont primitivement représentés par des cordons pleins qui perdent de bonne heure leurs connexions avec l'épithélium du cœlome, et ne se creusent que secondairement d'une cavité centrale. Dès que les canalicules se sont mis en relation avec le canal de Wolff, ils deviennent sinueux, en même temps que leur segment moyen se renfle en une petite vésicule dont la paroi s'invagine sur elle-même, pour loger un glomérule vasculaire alimenté par une branche de l'aorte. Ainsi se constituent, sur le trajet des canalicules wolffiens, des corpuscules de Malpighi que l'on retrouve également comme formations caractéristiques dans le rein de l'adulte. Puis, les segments interposés entre les corpuscules et l'épithélium du cœlome disparaissent chez les amniotes, les portions persistantes comprises entre les corpuscules et le canal de Wolff décrivent de nouvelles sinuosités, et le corps de Wolff se rapproche ainsi de sa structure définitive.

Quant aux ramifications de deuxième et de troisième ordre, ou ignore encore leur mode de formation chez les vertébrés supérieurs. Chez les sélaciens, d'après BALFOUR, elles résulteraient de bourgeons émanés de la paroi des corpuscules de Malpighi.

Le corps de Wolff forme à l'origine, contre la paroi postérieure de l'abdomen, de chaque côté du mésentère, une saillie longitudinale connue sous le nom du *bandelette* ou d'*éminence urogénitale*. L'épithélium du cœlome qui recouvre cette région, est remarquable par la hauteur des éléments qui le composent : en raison de sa destinée, WALDEYER l'appelle *épithélium germinatif*. Nous aurons l'occasion de revenir sur cet épithélium, à propos du développement de l'organe génital.

§ 3. — MÉTANÉPHROS (REIN DÉFINITIF)

Le mode de formation de l'appareil rénal de l'adulte est aujourd'hui bien connu dans son ensemble, depuis les travaux de KUPFFER (1865-66), confirmés par ceux de BORNHAUPT (1867) et de WALDEYER (1870). KUPFFER montra, en effet, contrairement à l'opinion de REMAK (1851, qui faisait dériver l'uretère du cloaque, que ce canal est formé par l'extrémité inférieure du canal de Wolff. Un peu au-dessus du point où le canal excréteur du corps de Wolff aboutit au cloaque, sa paroi dorsale émet un bourgeon qui remonte en arrière du corps de Wolff, et se termine dans l'épaisseur d'un *blastème rénal* situé à la face postérieure de l'organe, et qu'il convient d'envisager comme un reste de la masse cellulaire intermédiaire. Chez l'embryon humain, ce bourgeon qui donnera naissance à l'uretère, au bassinet, aux calices et au rein, s'accuse vers la fin de la troisième semaine (fig. 95, A); nous le désignerons sous le nom de *bourgeon rénal*.

Le bourgeon rénal et le canal de Wolff débouchent donc à l'origine, par l'intermédiaire d'un segment commun, dans le sinus urogénital que l'abaissement de l'éperon périnéal dans le cloaque commence à séparer de l'intestin. Dans la suite, ce segment se raccourcit de plus en plus, par suite de l'allonge-

ment de la cloison mésodermique comprise dans l'angle de
bifurcation, entre le canal de Wolff et le bourgeon. Peu à peu,
le segment commun sera ainsi divisé en deux canaux distincts
dont l'un continuera inférieurement le canal de Wolff, et dont
l'autre se trouvera dans le prolongement du bourgeon rénal.
Le cloisonnement du segment commun s'opère de telle façon,

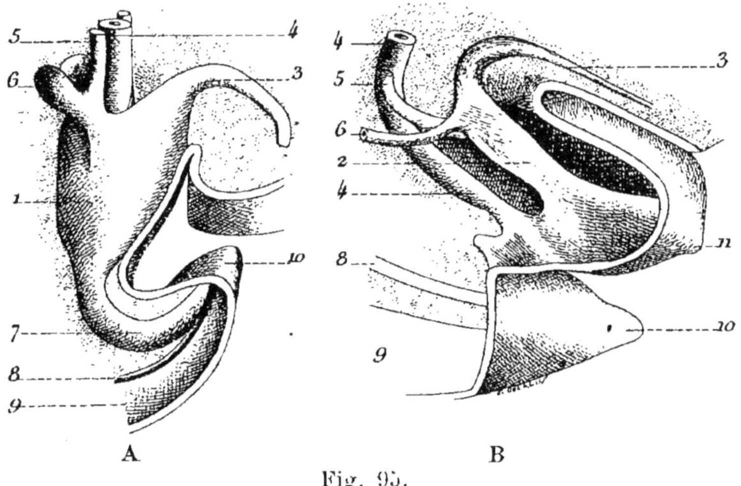

Fig. 95.

Deux reconstructions de la région cloacale sur l'embryon humain,
d'après KEIBEL. A, embryon de 6,5 mill. (Gr. 50/1 ; B, embryon
de 14 mill. (Gr. 25/1). Sur ce dernier embryon, l'uretère et le
canal de Wolff du côté gauche n'ont pas été représentés.

1, cloaque. — 2, sinus urogénital. — 3, canal allantoïdien. — 4, intestin. —
5, canal de Wolff. — 6, bourgeon rénal. — 7, intestin caudal. — 8, chorde dorsale.
— 9, tube médullaire. — 10, éminence coccygienne. — 11, nodule épithélial du tubercule génital.

qu'une fois la division complète effectuée, l'ouverture du
bourgeon rénal est située au-dessus de celle du canal de Wolff,
que le bourgeon embrasse dans sa concavité (fig. 95, B). La cloison mésodermique, en s'abaissant à l'intérieur du segment
commun, subit un mouvement de torsion dont on se rendra
facilement compte, en comparant entre elles les deux reconstructions de la figure 95, empruntées à KEIBEL (1896). La disjonction du cordon rénal et du canal de Wolff est achevée sur

l'embryon humain de 35 à 36 jours. L'extrémité inférieure du bourgeon rénal devient l'uretère.

Les ouvertures du canal de Wolff et de l'uretère sont d'abord très rapprochées l'une de l'autre, mais elles ne tardent pas à s'écarter, par suite de l'allongement du sinus urogénital. Ainsi que nous le verrons plus loin, le segment de ce sinus interposé, en s'accroissant et en s'évasant à son extrémité supérieure, donne naissance, chez le mâle, au col de la vessie et à la portion prostatique du canal de l'urèthre située en arrière de l'abouchement des canaux éjaculateurs. Chez la femelle, il fournit le col de la vessie et l'urèthre tout entier.

L'extrémité supérieure du bourgeon rénal se renfle de bonne heure en forme de bassinet (5ᵉ semaine), et se couvre de bosselures représentant les calices. Des calices, se détachent des bourgeons creux qui s'allongent et s'enfoncent en se ramifiant dans le blastème rénal, pour constituer les tubes urinifères (fin du 2ᵉ mois).

L'origine des différents segments des tubes urinifères ne paraît avoir été complètement élucidée par les embryologistes. Les uns admettent avec REMAK (1850) que les tubes urinifères, dans toute leur longueur, proviennent des bourgeons émis à l'extrémité des calices, les autres, avec KUPFFER (1865-66), pensent que les tubes collecteurs seuls reconnaissent cette origine, tandis que les portions sécrétantes (tubes contournés, anses de Henle et canaux intermédiaires) naîtraient sur place, aux dépens du blastème rénal, et ne se mettraient que secondairement en relation avec les tubes collecteurs.

Les premiers corpuscules de Malpighi apparaissent dès le commencement du 3ᵉ mois, et il s'en forme de nouveaux pendant toute la vie fœtale, au fur et à mesure de l'accroissement du rein; leur mode de dévelopement est identique à celui des corpuscules du corps de Wolff (p. 226). Au 4ᵉ mois, se différencient les anses de Henle, tandis que les sinuosités des portions sécrétantes s'accusent de plus en plus. Au 5ᵉ mois, la constitution du rein se rapproche sensiblement de celle de l'adulte.

Pendant toute la période fœtale, des sillons superficiels

marquent la séparation entre les différents lobes rénaux, dont chacun répond à un calice. Ces sillons qui persistent pendant toute la vie chez les reptiles, chez les oiseaux et chez les cétacés, s'effacent après la naissance chez l'homme.

Capsules surrénales. — Les capsules surrénales qu'on décrit habituellement avec l'appareil urinaire, n'offrent que des rapports de contiguïté avec les reins ; leur développement est d'ailleurs mal connu. Des deux substances qui les constituent, l'externe formant la couche corticale proviendrait de l'épithélium du cœlome, l'interne composant la couche médullaire dériverait des ganglions du grand sympathique.

Chez le fœtus, les capsules surrénales sont d'abord plus volumineuses que les reins, puis leur accroissement se ralentit, si bien qu'à la naissance, elles coiffent l'extrémité supérieure des reins dont elles paraissent de simples annexes.

§ 4. — Conduit de Müller

Nous avons indiqué plus haut (p. 222) les rapports généraux qu'affecte le conduit de Müller avec le canal de Wolff. Ce conduit s'ouvre dans le cœlome, au sommet du corps de Wolff, par une extrémité évasée en forme d'entonnoir, puis il descend dans le cordon urogénital, à la face externe du canal de Wolff, entre ce canal et l'épithélium du cœlome. Sur la coupe transversale, le conduit de Müller est toujours situé plus superficiellement que le canal de Wolff, par rapport à l'axe du mésonéphros. Aussi, lorsque le cordon urogénital croise l'extrémité inférieure du corps de Wolff, le conduit de Müller se place en dedans du canal de Wolff, position qu'il conserve à l'intérieur du cordon génital (fig. 96, C).

Le conduit de Müller est tapissé à l'origine par un épithélium polyédrique stratifié que nous verrons évoluer, suivant les régions, vers le type prismatique, ou au contraire vers le type pavimenteux stratifié. Son extrémité inférieure ou distale reste longtemps pleine, entièrement bourrée de cellules épithéliales polyédriques. Elle s'adosse au sinus urogénital, mêlant ses éléments à ceux de ce canal, ou encore se déjette latéra-

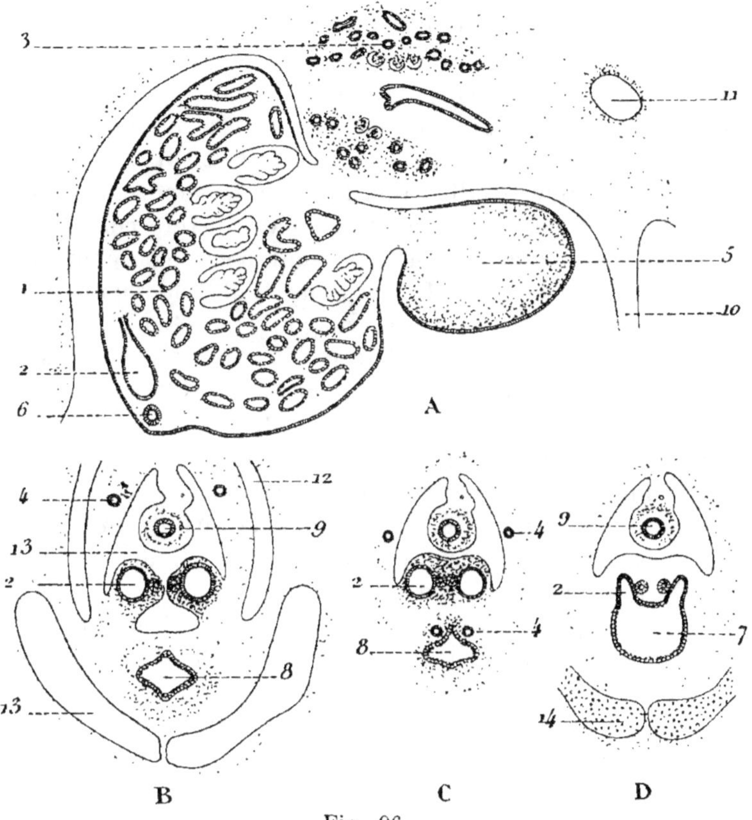

Fig. 96.

Quatre coupes transversales du corps de Wolff et des conduits urogénitaux, sur un embryon de mouton de 28 mill. (Gr. 20/1).

La coupe A, la plus élevée, porte sur le corps de Wolff, l'organe génital et le rein ; la coupe B, immédiatement au-dessous du corps de Wolff, montre la section des deux cordons urogénitaux ; la coupe C intéresse le cordon génital et les conduits de Wolff et de Müller, un peu au-dessus de l'abouchement des uretères sectionnés en deux endroits, en raison de leur courbe inférieure ; la coupe D passe au niveau de l'ouverture, dans le sinus urogénital, des deux canaux de Wolff, entre lesquels on aperçoit les extrémités inférieures pleines des conduits de Müller.

1, corps de Wolff. — 2, canal de Wolff. — 3, rein. — 4, uretère. — 5, organe génital. — 6, conduit de Müller ; dans les coupes B, C, D, les deux conduits de Müller sont situés entre les canaux de Wolff. — 7, sinus urogénital. — 8, vessie. — 9, intestin. — 10, mésentère. — 11, aorte. — 12, artère ombilicale. — 13, péritoine. — 14, pubis.

lement, comme on l'observe sur le fœtus humain, vers l'embouchure des canaux de Wolff (fig. 96, D).

Le développement des conduits de Müller est loin d'être élucidé, et s'il paraît démontré que, chez les sélaciens, ces conduits s'allongent aux dépens de la paroi superficielle des canaux de Wolff (SEMPER, BALFOUR, HOFFMANN), le fait n'a pas encore été confirmé, en ce qui concerne les mammifères. Des recherches de BALFOUR et SEDGWICK (1879) sur l'embryon de poulet, il semble résulter que l'extrémité supérieure du conduit de Müller se développe aux dépens du rein cervical, dont le canalicule supérieur persiste seul avec son néphrostome. Au niveau du sommet du corps de Wolff, le segment supérieur du canal excréteur du pronéphros se sépare du segment inférieur qui devient le canal de Wolff, pour se placer à sa face externe et se prolonger ensuite en bas, aux dépens des éléments de ce canal. On constate, en effet, que l'extrémité inférieure pleine du conduit de Müller, au fur et à mesure de son abaissement, se trouve toujours en rapport avec un épaississement de la paroi externe du canal de Wolff, qui s'isolerait progressivement du restant du canal. Le conduit de Müller se composerait ainsi de deux segments distincts : un segment supérieur représentant l'extrémité proximale du canal excréteur du pronéphros, prolongé par le canalicule le plus élevé, et un segment inférieur provenant de l'allongement du segment supérieur, aux dépens de la paroi du canal de Wolff.

Suivant d'autres auteurs, le conduit de Müller s'allongerait, sans participation des éléments du canal de Wolff, par prolifération de ses éléments propres, entre le canal de Wolff et l'épithélium du cœlome.

Sur l'embryon humain de 14 millimètres, le conduit de Müller n'existe encore qu'en regard du sommet du corps de Wolff. Sur l'embryon de 24 millimètres (fin du deuxième mois), il a atteint l'extrémité inférieure de cet organe. Enfin, sur l'embryon de 28 millimètres, il se prolonge jusqu'au sinus uro-génital.

§ 5. — ORGANE SEXUEL

L'éminence urogénitale qui répond au corps de Wolff supporte à un moment donné une saillie secondaire également longitudinale, qui occupe à peu près la moitié supérieure de sa face interne : c'est l'*éminence génitale* aux dépens de laquelle se forme l'*organe sexuel* (testicule ou ovaire) désigné communément sous le nom impropre de *glande génitale*. Cette émi-

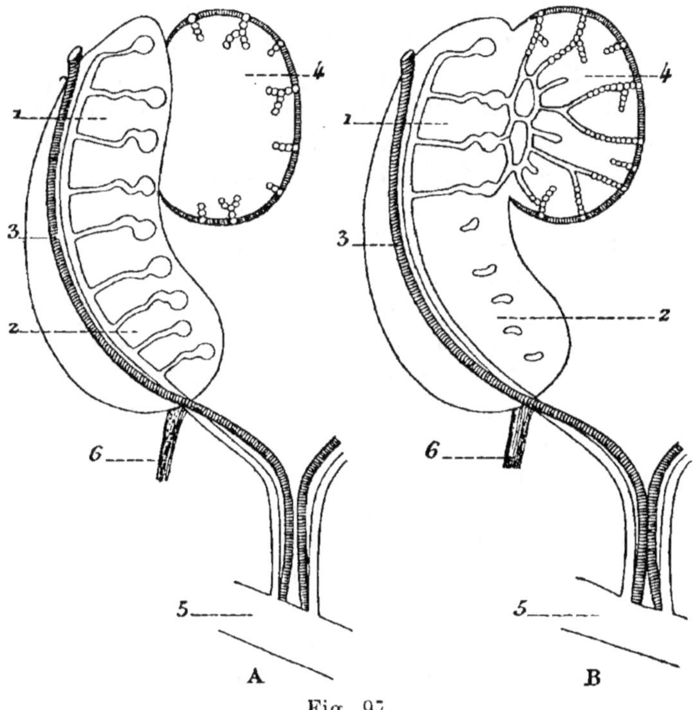

A   B

Fig. 97.

Deux phases successives du développement de l'organe génital chez l'embryon humain (représentation schématique du stade indifférent).

1, portion sexuelle du corps de Wolff. — 2, portion urinaire. — 3, conduit de Müller. — 4, organe génital. — 5, sinus urogénital. — 6, ligament inguinal.

nence mésodermique, revêtue par l'épithélium germinatif, fait une saillie de plus en plus accusée dans la cavité péritonéale, et tend ainsi à se séparer du corps de Wolff, auquel elle reste cependant unie par l'intermédiaire d'un méso (*mésotestis* ou *mésoarium*). Dès que l'organe sexuel commence à se délimiter, on remarque, au milieu des cellules épithéliales prismatiques qui constituent l'épithélium germinatif, des éléments plus volumineux et de forme sphérique, connus sous le nom d'*ovules primordiaux*. Ces éléments que l'on retrouve dans l'un et dans l'autre sexe, se multiplient activement, et forment des *cordons ovigènes* pleins qui s'enfoncent dans le stroma sous-jacent (fig. 97, A). A la rencontre de ces cordons superficiels provenant de l'épithélium germinatif, se portent des cordons profonds fournis par le corps de Wolff. La paroi épithéliale des corpuscules de Malpighi les plus voisins de l'organe sexuel émet, en effet, des bourgeons pleins qui s'enfoncent dans l'épaisseur du méso, se ramifient et s'anastomosent entre eux, de manière à constituer un réseau. De la surface de ce réseau, en rapport avec l'organe sexuel, se détachent des cordons qui se dirigent vers les cordons ovigènes, et se fusionnent avec eux (fig. 97, B). A un moment donné, l'organe sexuel est parcouru, dans toute son épaisseur, par un système de *cordons sexuels* dont les éléments dérivent en partie de l'épithélium germinatif par les cordons ovigènes, et en partie du corps de Wolff par les cordons émanés de cet organe. Les premiers éléments (*ovules primordiaux; ovoblastes*, CADIAT), sphériques, échelonnés de distance en distance à l'intérieur des cordons sexuels, donnent naissance, chez la femme, aux *ovules ovariens*, et, chez l'homme, aux *ovules mâles* qui se segmenteront en *cellules séminales* évoluant elles-mêmes en *spermatozoïdes*. Les seconds, polyédriques et plus nombreux que les ovules primordiaux, formeront les éléments épithéliaux de soutien que l'on trouve à l'intérieur des ovisacs et des canalicules séminifères.

On pourrait désigner le stade qui précède et qu'on observe dans les deux sexes, sous le nom de *stade indifférent*. Nous allons rechercher maintenant comment l'organe sexuel indifférent se modifie pour former chez le mâle le testicule, et chez la femelle l'ovaire.

La description que nous avons présentée des premiers développements de l'organe génital, est conforme aux observations de KŒLLIKER (1879), de ROUGET (1879) et de R. SEMON (1887) sur l'ovaire, et à celles de Max Braun (1876), de Balfour (1878), de Rouget (1879), de Waldeyer (1887) et de R. Semon (1887) sur le testicule. Remarquons cependant qu'un grand nombre d'observateurs font dériver de l'épithélium germinatif la totalité des éléments qui composent les cordons sexuels.

1º Organe sexuel chez le mâle. — Si l'organe sexuel doit évoluer vers le type mâle, et se transformer en testicule (fig. 98, B), on voit, dès le milieu du 2º mois chez l'homme, les cordons sexuels se détacher de l'épithélium germinatif, et une couche mésodermique, représentant l'*albuginée*, s'interposer entre ces parties. En même temps, l'épithélium germinatif diminue notablement de hauteur, contrairement à ce qu'on observe à la surface de l'ovaire. Les cordons sexuels deviennent les canalicules séminifères qui s'allongent, se divisent et se contournent; le réseau englobé dans le mésorchium, au niveau du hile de testicule, fournit le *réseau testiculaire* de Haller (*rete vasculosum* ou *vasculorum testis*). Les cellules interstitielles se différencient au cours du 3º mois.

Nous avons vu plus haut que les cordons sexuels, et par suite les canalicules séminifères qui leur succèdent, renferment à la fois des éléments sexuels et des éléments de soutien; les éléments sexuels, représentés par les *ovules mâles*, dérivent directement de l'épithélium germinatif, les éléments de soutien proviennent du corps de Wolff.

2º Organe sexuel chez la femelle. — Si l'organe sexuel donne, au contraire, naissance à un ovaire (fig. 98, A), les cordons sexuels restent plus longtemps en connexion avec l'épithélium superficiel qui conserve d'ailleurs pendant toute la vie les caractères de l'épithélium germinatif. Puis, ils se détachent à la fois de l'épithélium superficiel et du réseau profond situé dans le mésoarium, et se retirent dans la couche superficielle de l'ovaire où ils ont été signalés par Valentin (1838), par Billroth (1856) et par Pflüger (1863). On les désigne, à ce stade, sous le nom de *cordons de Valentin-Pflüger*. Chacun de ces cordons se fragmente, dans les derniers mois de la grossesse, en un certain nombre de petits blocs sphériques, au centre desquels on rencontre une cellule volumineuse,

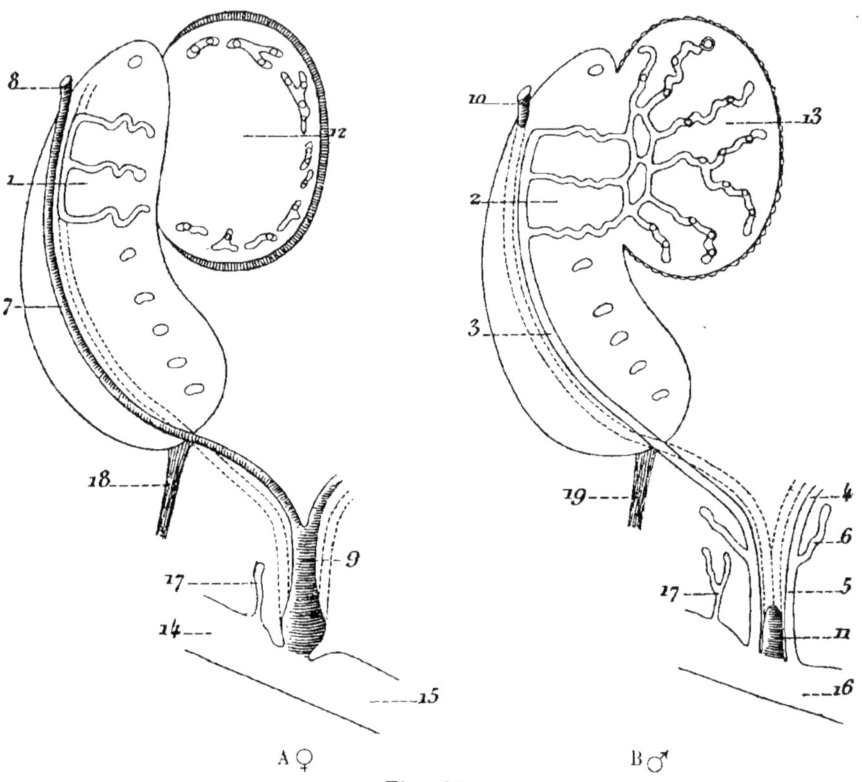

Fig. 98.

Deux figures schématiques montrant comparativement la destinée du corps de Wolff et de l'organe génital chez le fœtus humain femelle (A), et chez le fœtus humain mâle (B).

1, corps de Rosenmüller (époophore). — 2, corps de l'épididyme. — 3, canal de l'épididyme. — 4, canal déférent. — 5, canal éjaculateur. — 6, vésicule séminale. — 7, trompe. — 8, pavillon de la trompe. — 9, canal utéro-vaginal. — 10, hydatide non pédiculée. — 11, vagin mâle. — 12, ovaire. — 13, testicule. — 14, canal de l'urèthre. — 15, canal vestibulaire. — 16, portion prostatique du canal de l'urèthre. — 17, glande prostatique. — 18, ligament rond. — 19, gubernaculum.

l'*ovule primordial*. A la surface de cet ovule, se trouve étalée une couche unique de cellules cubiques se rattachant génétiquement aux éléments des cordons de Wolff, connus dans l'ovaire sous le nom de *cordons médullaires* (Kœlliker, 1874).

Le nombre des follicules primordiaux logés dans la couche superficielle de l'ovaire (*couche ovigène*, Sappey, 1863), est considérable, et peut s'élever, sur la fillette de 3 ans, à plusieurs centaines de mille, d'après Sappey. Ces follicules primordiaux, par une série de transformations, deviendront les *ovisacs* de l'adulte (*follicules* ou *vésicules de de Graaf*). Les éléments superficiels qui représentent la *membrane granuleuse*, se multiplient activement, et forment une couche épaisse au pourtour de l'ovule central. Dans cette masse granuleuse, se produit une excavation occupée dès l'origine par un liquide, le *liquide folliculaire*, qui augmente peu à peu de quantité, distend l'ovisac, et refoule en dehors les éléments de la membrane granuleuse. La portion de cette membrane dans laquelle se trouve inclus l'ovule, fait saillie dans la cavité folliculaire : c'est le *cumulus proliger*.

Tous les follicules primordiaux ne subissent pas les modifications que nous venons d'indiquer. Le plus grand nombre disparaît par atrophie dans les années qui suivent la naissance (Slaviansky, de Sinéty, Henneguy, 1894).

3° Question de l'hermaphroditisme de l'organe sexuel.

— Nous avons reconnu à l'organe sexuel une période d'indifférence répondant aux premières phases de son développement, et nous avons admis que les ovules primordiaux, dans les deux sexes, émanaient de l'épithélium germinatif, tandis que les cellules de soutènement (cellules de la membrane granuleuse de l'ovisac, et cellules pédieuses des canalicules séminifères) dérivaient du corps de Wolff. Tous les auteurs ne partagent pas cette manière de voir, et un certain nombre d'entre eux inclinent, au contraire, à penser que les ovisacs et les canalicules séminifères sont des formations absolument distinctes et de provenance différente : les ovisacs naîtraient par invagination de l'épithélium germinatif, tandis que les canalicules séminifères représenteraient des bourgeons issus du corps de Wolff. Et comme on retrouve, dans les deux sexes, les involutions superficielles de l'épithélium germinatif, et les bourgeons profonds du corps de Wolff, ces auteurs ont été amenés tout naturellement à conclure que l'organe sexuel, à une certaine phase de son développement, renfermait à la fois les éléments essentiels de l'ovaire et du testicule, c'est-à-dire qu'il était *hermaphrodite*, avec d'autant plus de raison, semble-t-il, que l'embryon possède à la fois les canaux excréteurs du mâle et de la femelle (canaux de Wolff et de Müller).

WALDEYER paraît avoir été le premier observateur qui ait cherché à faire intervenir le corps de Wolff dans le développement du testicule. Cet auteur, après avoir professé que tous les éléments des canalicules séminifères (cellules séminales et cellules épithéliales) dérivaient du corps de Wolff (1870), s'est rallié depuis aux idées de M. BRAUN (1876), de BALFOUR (1876) et de ROUGET (1879), d'après lesquelles les cellules épithéliales seules reconnaîtraient une origine wolffienne, tandis que les cellules séminales seraient de provenance germinative. D'autres anatomistes font naître *in situ* les canalicules séminifères au sein du stroma de l'organe génital (LAULANIÉ, 1885), mais il convient évidemment d'entendre, sous le nom de stroma, non point une formation mésenchymateuse analogue au stroma de l'ovaire adulte, mais une formation mésoblastique évoluant sur le terrain de la masse intermédiaire. Le stroma ainsi compris aurait la même valeur que l'épithélium germinatif (PRENANT, 1890), et l'on peut dès lors admettre que des cordons cellulaires se différencient dans son épaisseur. C'est vraisemblablement ce stroma que NAGEL (1888) décrit sous le nom de *bourrelet épithélial germinatif*.

En ce qui concerne l'ovaire, l'opinion de WALDEYER (1870), d'après laquelle les ovisacs proviendraient en entier, par invagination, de l'épithélium germinatif, fut longtemps acceptée sans conteste. Cet auteur avait signalé, dans la portion médullaire de l'ovaire des mammifères, la présence de cordons épithéliaux pleins qu'il considérait comme des vestiges de la portion sexuelle du corps de Wolff, et qu'il assimilait aux canalicules séminifères. Ces cordons épithéliaux ont été retrouvés et décrits par un grand nombre d'observateurs. KŒLLIKER (1874) leur donne le nom de *cordons médullaires*, et M. BRAUN

(1877) montre que chez les reptiles ces cordons se développent aux dépens de la paroi externe des corpuscules du corps de Wolff. BALFOUR (1878) confirme ces données sur l'embryon du lapin. Enfin KŒLLIKER (1879) et ROUGET (1879) émettent l'opinion que les cordons médullaires contribuent à la formation de la paroi de l'ovisac, en fournissant les éléments de la membrane granuleuse. Depuis, ces formations ont été signalées par VAN BENEDEN (1880), par MIHALKOVICS (1885) et par LAULANIÉ (1886), qui ont également admis leur homologie avec les canalicules séminifères.

Notre description générale repose sur les données de KŒLLIKER et de ROUGET : nous avons considéré les cordons wolffiens dans l'ovaire (cordons médullaires) comme donnant naissance aux éléments de la membrane granuleuse. L'organe sexuel serait ainsi indifférent, c'est-à-dire que, suivant des conditions qui nous échappent actuellement, il peut évoluer vers l'un ou l'autre sexe.

§ 6. — DESTINÉE DU CORPS ET DU CANAL DE WOLFF

Joh. MÜLLER (1830) avait déjà remarqué que les canalicules de la partie supérieure du corps de Wolff se distinguent par leur plus petit volume et par leur direction de ceux du reste de l'organe. BANKS en 1864 et DURSY en 1865 insistèrent à leur tour sur cette différence. En 1870, WALDEYER fit nettement la distinction entre la région supérieure du corps de Wolff, qu'il appela *région, portion génitale* ou *sexuelle*, et l'inférieure, à laquelle il donna le nom de *région* ou de *portion urinaire*. La portion génitale est caractérisée par ce fait que ses canalicules ne sont jamais ramifiés. La division établie par WALDEYER est importante au point de vue de la destinée de l'organe, que nous rechercherons dans les deux portions génitale et urinaire.

1° Portion génitale. — Nous l'examinerons successivement chez l'homme et chez la femme :

a. *Chez l'homme.* — Chez l'homme, la partie sexuelle du

corps de Wolff persiste dans toute son intégrité (fig. 98, B). Les canalicules wolffiens se transforment en *canaux efférents* du testicule (*cônes efférents*) qui conservent dans la profondeur leurs connexions avec le réseau testiculaire ; le canal de Wolff fournit par son segment supérieur attenant au corps de Wolff le *canal de l'épididyme*, et par son segment inférieur le *canal déférent*. Les *vésicules séminales* apparaissent, vers la fin du 3ᵉ mois, sous la forme de bourgeons creux émanés de la paroi dorso-latérale des canaux déférents, dont la portion terminale, comprise entre la vésicule et le canal de l'urèthre, représente le *canal éjaculateur*.

Pendant la descente du testicule, le point où le ligament inguinal vient se fixer supérieurement sur le cordon urogénital qui renferme le canal de Wolff, se trouve entraîné tout d'abord. Il en résulte la production d'un coude à sommet inférieur, qui permet de reconnaître au canal de Wolff, dès cette époque, deux parties distinctes : l'une externe, canal de l'épididyme ; l'autre interne, canal déférent. En même temps, le testicule se redresse peu à peu, et se place dans l'angle formé par le canal déférent et par l'épididyme. Plus tard, par suite de son accroissement, il vient faire saillie en avant dans la cavité abdominale, empiétant légèrement sur le canal déférent qu'il refoule en dedans et en arrière.

Les *vaisseaux aberrants* (*vascula aberrantia*, HALLER, 1745 ; *conduits déférents borgnes*, A. COOPER, 1830 ; *appendices*, LAUTH, 1830), appendus à la queue de l'épididyme ou à l'origine du canal déférent, doivent être envisagés comme des canalicules wolffiens dont l'extrémité profonde s'est détachée du réseau testiculaire, par suite de l'allongement du canal de l'épididyme, ou encore qui n'ont pas participé à la formation du réseau. La structure de ces conduits, qu'on peut observer sur tout le trajet de l'épididyme, est du reste identique à celle des canaux efférents. Enfin, ROTH (1876) a signalé l'existence assez fréquente de vaisseaux aberrants annexés au rete testis, et se dirigeant par leur extrémité libre vers l'épididyme. Ces diverticules représentent des canalicules du corps de Wolff, qui, à l'inverse des *vascula aberrantia* de Haller, se sont séparés du canal de l'épididyme, mais sont restés en communication avec le réseau testiculaire (ROTH).

Quant à l'*hydatide pédiculée* appendue par un pédicule assez grêle à la surface de la tête de l'épididyme, sa signification embryogénique n'est pas encore nettement déterminée. Certains auteurs ont prétendu qu'elle répondait à l'extrémité supérieure du canal de Wolff, mais cette explication ne peut évidemment pas s'appliquer aux cas assez fréquents d'hydatides multiples. Tout ce qu'on peut affirmer, c'est que l'hydatide pédiculée représente un vestige se rattachant à l'extrémité supérieure du corps de Wolff.

b. *Chez la femme.* — La portion sexuelle du corps de Wolff persiste également chez la femme, à l'exception toutefois du réseau compris dans le mésoarium, qui disparaît complètement dans l'espèce humaine (fig. 98, A). Elle constitue chez l'adulte un organe pectiniforme, logé dans l'épaisseur du ligament large entre la trompe et l'ovaire, et formé d'un tronc collecteur parallèle à la trompe, dans lequel viennent déboucher une quinzaine de canaux tortueux qui se terminent par une extrémité légèrement renflée au voisinage du hile de l'ovaire. Cet organe porte le nom de l'auteur qui le décrivit pour la première fois en 1802 : *organe de Rosenmüller.* On l'a aussi appelé *parovarium* (KOBELT, 1847 ; HIS, 1868), mais en confondant sous cette dénomination à la fois les vestiges de la portion génitale et ceux de la portion urinaire du corps de Wolff. Enfin WALDEYER (1870), pour préciser son homologie avec l'épididyme du mâle, l'a désigné sous le nom d'*époophore.* Le canal collecteur devient ainsi le *canal de l'époophore*, et les canaux qui s'y déversent, les *canaux efférents* de l'ovaire.

Chez certains mammifères, comme la brebis, l'organe de Rosenmüller présente une plus grande complexité que chez la femme, et rappelle entièrement par sa conformation l'épididyme du mâle. Il se compose, en effet, d'un canal collecteur ou canal de l'époophore, de vaisseaux efférents, d'un réseau formé par la convergence des vaisseaux efférents (*rete ovarii*), et enfin de quelques tubes qui se détachent du réseau et s'enfoncent dans l'épaisseur de l'ovaire, au niveau de son extrémité externe.

Chez la vache, au contraire, toute la partie superficielle de l'organe de Rosenmüller a disparu, et le réseau ovarien persiste seul. Enfin, chez les carnassiers, chez les insectivores et chez les cétacés, le réseau est compris à l'intérieur de l'ovaire, dans son segment externe, ce qui justifie la dénomination de *rete ovarii* que nous avons proposé de lui donner (TOURNEUX, 1882).

Quant au segment inférieur du canal de Wolff, situé au-dessous de l'organe de Rosenmüller, il s'atrophie normalement chez la femme pendant le 4ᵉ mois, mais peut persister exceptionnellement sur une partie plus ou moins grande de son trajet. C'est probablement à des vestiges du canal de Wolff qu'il faut attribuer la plupart des kystes développés dans la paroi antéro-latérale de l'utérus et du vagin.

La persistance des canaux de Wolff, dans leur segment inférieur, est bien plus fréquente chez la vache et chez la truie, où ils figurent deux conduits parallèles logés dans la paroi antérieure du vagin, et venant s'ouvrir à son extrémité vestibulaire. Ces conduits, signalés d'abord par MALPIGHI, dans une lettre adressée à JACOB SPON (1681), furent découverts une seconde fois en 1822 par GARTNER qui leur laissa son nom. JACOBSON (1830) et H. RATHKE (1832) démontrèrent leur relation avec les canaux de Wolff.

L'hydatide pédiculée de la trompe, appendue à l'une des franges du pavillon, doit être homologuée à l'hydatide pédiculée qu'on observe chez le mâle, mais son origine, comme celle de cette dernière, demeure encore obscure.

2° Portion urinaire. — La portion urinaire du corps et du canal de Wolff, comme la portion génitale, se comporte différemment chez l'homme et chez la femme :

a. *Chez l'homme*. — La portion urinaire du corps de Wolff s'atrophie et se résorbe presque en entier, ne laissant pour vestiges, chez l'homme adulte, que deux ou trois amas de vésicules et de tubes irréguliers, échelonnés à la partie inférieure du cordon, au-dessus de la tête de l'épididyme. L'ensemble de ces débris, dont la situation primitive s'est trouvée modifiée par suite de la descente plus rapide du testicule et de l'épididyme, a été décrit par GIRALDÈS (1857) sous le nom de *corps innominé*. KŒLLIKER l'a appelé *organe de Giraldès*, HENLE *parépididyme*, et enfin WALDEYER (1870) *paradidyme*.

b. *Chez la femme*. — Les restes de la portion urinaire sont encore plus réduits chez la femme que chez l'homme. On les rencontre sous la forme de petites vésicules dans l'épaisseur du ligament large, entre l'ovaire et la trompe, en dedans de l'organe de Rosenmüller. HIS (1868) les avait désignés chez la poule, avec les vestiges de la portion sexuelle, sous le nom de *parovarium*. WALDEYER (1870) les différencia nettement chez les mammifères, et les appela *paroophore*, pour bien montrer leur homologie avec le paradidyme du mâle.

Chez la brebis et chez la chèvre, les vésicules du paroophore sont plus abondantes que chez la femme, où elles peuvent faire complètement défaut.

Les vestiges de la portion urinaire du corps de Wolff présentent une structure identique dans les deux sexes. Les vésicules ou tubes qui les composent sont tapissés par une couche de cellules épithéliales cylindriques pourvues de cils vibratiles, et, dans le liquide contenu à leur intérieur, on rencontre fréquemment des cristaux de cholestérine, ainsi que des gouttelettes graisseuses. ROTH (1876) aurait observé, en plus, des concrétions de phosphate de chaux.

§ 7. — DESTINÉE DES CONDUITS DE MÜLLER

La destinée des conduits de Müller est diamétralement opposée à celle des canaux de Wolff (fig. 98, A et B). Tandis que ceux-ci persistent chez l'homme et disparaissent chez la femme, les conduits de Müller s'atrophient au contraire chez l'homme, et continuent à évoluer chez la femme, où ils donnent naissance aux trompes, à l'utérus et au vagin.

1° Conduits de Müller chez la femme. — L'insertion sur le cordon urogénital du ligament de Hunter qui deviendra le ligament rond, permet de distinguer aux conduits de Müller, comme aux canaux de Wolff, deux segments distincts : un segment supérieur contenu dans le cordon urogénital, le long du bord antérieur du corps de Wolff, et un segment inférieur qui se porte sur la ligne médiane, et s'accole au conduit du côté opposé, dans toute la longueur du cordon génital.

Aux dépens du segment supérieur, se forme la trompe qui s'ouvre dans la cavité péritonéale par une extrémité évasée (*pavillon*), représentant le néphrostome le plus élevé du rein cervical. La persistance des néphrostomes inférieurs donnerait naissance aux pavillons accessoires. Les trompes se développent fort lentement. Au 5e mois, les extrémités internes des ovaires sont en contact avec les bords latéraux de l'utérus; elles ne s'en éloignent qu'au moment de la naissance. Les plis commencent à se soulever au 4e mois, et les cellules épithéliales se couvrent de cils vibratiles vers la fin de la gestation (Popoff, 1893).

Au commencement du 4e mois, chez le fœtus humain, les portions des conduits de Müller, situées dans le cordon génital, se fusionnent entre elles, et forment un canal impair et médian aux dépens duquel se développent de haut en bas l'utérus et le vagin en totalité (*canal génital*, Leuckart, 1833; *canal utéro-vaginal*) (fig. 99). La fusion débute, suivant les mammifères, vers le milieu du cordon génital, ou à l'union de son tiers inférieur avec ses deux tiers supérieurs, puis elle s'étend peu à peu vers ses deux extrémités. Les cornes de l'utérus sont représentées par les portions des conduits de Müller comprises entre les ligaments ronds et le sommet du cordon génital. On sait que, chez le fœtus humain, l'utérus est bicorne jusqu'à la fin du 3e mois, et que peu à peu le fond empiète latéralement sur les cornes horizontales qui disparaissent ainsi progressivement de dedans en dehors, pour fournir à son élargissement. Les extrémités inférieures pleines et légèrement divergentes des conduits de Müller se fusionnent en dernier lieu, au 4e mois, chez le fœtus humain.

La division plus ou moins profonde de l'utérus qu'on observe suivant les espèces, la petitesse plus ou moins accusée

du corps, résultent de ce fait que la limite entre le vagin et
l'utérus a remonté plus ou moins haut dans le cordon génital.
Si cette limite atteint le sommet même du cordon, l'utérus
sera représenté uniquement par deux cornes qui s'ouvriront
par deux orifices distincts
dans le vagin ; l'utérus sera
double, comme chez le la-
pin, le lièvre et l'écureuil.
Si, au contraire, cette limite
se trouve dans l'épaisseur
même du cordon, mais à
une faible distance du sommet, l'utérus sera pourvu
de deux longues cornes,
comme chez les rongeurs.
Enfin, le corps de l'utérus
sera d'autant plus considérable, que la séparation
entre le vagin et l'utérus se
sera produite à une distance
plus grande du sommet de
l'utérus (carnassiers, pachydermes, ruminants, soli-
pèdes).

Chez la plupart des mar-

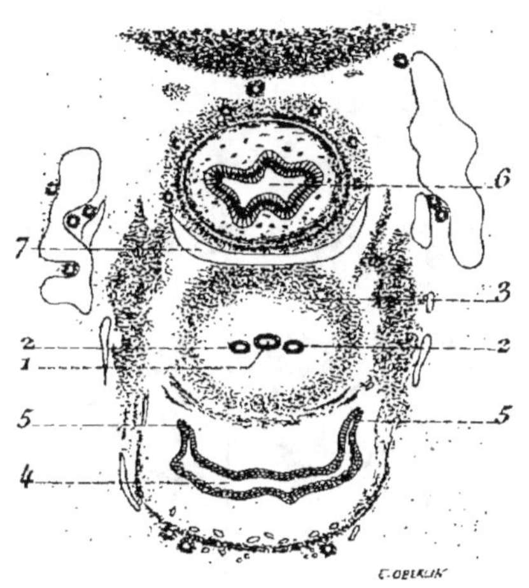

Fig. 99.

Section transversale du cordon génital sur un fœtus humain ♀ de
36 mill. (Gr. 20/1).

1, canal utéro-vaginal. — 2, 2, canaux de
Wolff. — 3, cordon génital. — 4, vessie. —
5. 5, uretères. — 6, intestin. — 7, péritoine.

supiaux (didelphes), les conduits de Müller ne se fusionnent pas,
mais évoluent isolément, et donnent naissance à deux utérus et
à deux vagins s'ouvrant par deux orifices distincts dans le vestibule. L'obstacle qui s'oppose, chez les marsupiaux, à la fusion
des conduits de Müller, résulte d'une disposition spéciale des
uretères, qui, au lieu d'embrasser dans leur courbure le cordon
génital, s'engagent entre les conduits de Müller, au milieu même
de ce cordon, et le décomposent en deux moitiés latérales,
contenant chacune un conduit de Müller et un canal de Wolff.

Vers la fin du 4ᵉ mois, au moment où la fusion des extrémités inférieures des conduits de Müller s'est effectuée, l'épithélium polyédrique stratifié qui tapissait primitivement le

canal génital a subi des modifications importantes. La moitié
supérieure ou utérine du canal génital se montre, en effet,
tapissée par un épithélium prismatique qui se prolonge à l'intérieur des trompes, tandis que la moitié inférieure ou vaginale possède un revêtement épithélial pavimenteux stratifié

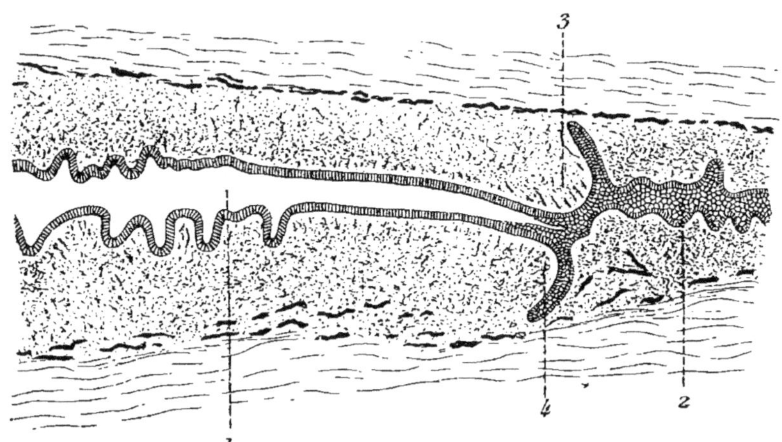

Fig. 100.

Section sagittale et axile du museau de tanche sur un fœtus humain
de 16,23,5 cent. (Gr. 16,1).

1, cavité du col de l'utérus montrant en coupe les sillons des arbres de vie. —
2, lame épithéliale du vagin terminée, du côté de l'utérus, par deux prolongements
qui dessinent le museau de tanche. — 3, lèvre antérieure du museau. — 4, lèvre
postérieure.

qui se perd inférieurement dans le bouchon épithélial comblant
l'orifice vaginal, et résultant de la fusion des extrémités inférieures pleines des conduits de Müller. Ce bouchon occupe le
sommet d'une petite saillie de la paroi postérieure du sinus
urogénital, qu'on rencontre également chez le mâle, et qui
représente l'ébauche de l'hymen. A son niveau, le diamètre
transversal du vagin est rétréci.

A mesure que le canal génital s'allonge et s'aplatit d'avant en
arrière dans sa portion vaginale, les parois épithéliales opposées du vagin s'accolent et se soudent de bas en haut. Au
commencement du 5e mois, la *lame épithéliale du vagin*

résultant de cette soudure, et comblant la cavité vaginale dans toute sa hauteur, donne naissance par son extrémité profonde, un peu au-dessus de la transition épithéliale, à un bourgeon lamelleux figurant une cupule aplatie d'avant en arrière, qui s'enfonce dans l'épaisseur du cordon génital, et y dessine un mamelon de même forme (fig. 100), représentant la portion vaginale du col de l'utérus (TOURNEUX et LEGAY, 1884). La surface de ce segment vaginal est ridée pendant toute la période fœtale.

Peu après la délimitation du museau de tanche, les cellules épithéliales qui composent la lame épithéliale du vagin augmentent de volume, et subissent une prolifération des plus actives dont le résultat est la distension considérable et rapide des parois de ce conduit. Cette multiplication exagérée des éléments de la lame épithéliale ne détermine pas seulement la dilatation transversale du vagin, mais, s'exerçant également dans le sens de la longueur, elle modifie supérieurement la forme du museau de tanche et des culs-de-sac qui le limitent, et d'autre part refoule l'extrémité inférieure rétrécie du vagin dans le vestibule. Cette saillie vaginale ou *hyménale* s'accuse très rapidement vers la fin du 5e mois. « Tout concorde pour montrer que ce qu'on appelle l'*hymen* n'est autre chose que l'extrémité antérieure du vagin, doublée à l'extérieur par la muqueuse vulvaire » (BUDIN, 1879). Lorsque la fusion des extrémités inférieures des conduits de Müller ne s'est pas opérée, la saillie hyménale présente deux orifices qui donnent accès dans une cavité vaginale unique (*hymen double*).

Il est probable que les extrémités inférieures des canaux de Wolff s'unissent aux conduits de Müller, pour constituer le segment inférieur ou hyménal du vagin (TOURNEUX et WERTHEIMER, 1884). On trouve, en effet, chez le fœtus du 4e mois, au milieu des cellules épithéliales pavimenteuses qui comblent l'orifice du vagin, deux traînées latérales de grains jaunâtres, comme il en existe dans les conduits de Wolff en voie de disparition. On sait, d'autre part, que chez la vache adulte les conduits de Wolff, devenus conduits de Gartner, ne s'ouvrent plus directement dans le sinus urogénital, mais à l'intérieur même du vagin, à une distance de 1 centimètre environ de l'orifice vaginal. On peut admettre que les extrémités inférieures des conduits de Wolff ont disparu dans cette étendue, pour prendre part à la formation de l'orifice vaginal.

Les rachis ou colonnes des arbres de vie, qui permettent de différencier sur la coupe le col du corps de l'utérus, se développent au commencement du 4e mois ; ils déterminent, sur la section transversale, une double incurvation de la lumière du canal en forme d'S couché (∞). Quant aux sillons qui délimitent les plis des arbres de vie, ils se montrent un peu plus tard, vers la fin du 4e mois.

Pendant toute la vie fœtale, et même à l'époque de la naissance, les cellules épithéliales qui tapissent la cavité de l'utérus (corps et col) sont entièrement dépourvues de cils vibra tiles. Le passage de cet épithélium prismatique à l'épithélium pavimenteux du vagin s'opère graduellement jusqu'au 8e mois ; à partir de cette époque, la transition est brusque, comme chez l'adulte.

Au commencement du 10e mois, l'épithélium cylindrique du canal cervical subit la transformation dite muqueuse. Ses éléments s'allongent, deviennent transparents et ne se colorent plus par les réactifs habituels. En même temps, on voit se former des follicules muqueux qui viennent s'ouvrir à la surface même des plis des arbres de vie, ou dans les sillons limitants (*glandes du col*). Ces modifications sont en rapport avec la production d'un bouchon muqueux qui, chez le nouveau-né, occupe toute la longueur du col. Les glandes du corps de l'utérus n'existent pas encore à la naissance.

Les bourrelets transversaux du vagin (plis ou rides) sont dessinés, au commencement du 5e mois, par des bourgeons lamelleux de la lame épithéliale qui s'enfoncent dans l'épaisseur du chorion de la muqueuse ; quant aux papilles dermiques, elles ne se montrent à la surface des bourrelets qu'au voisinage de la naissance.

La différenciation de la paroi du canal génital (tissu du cordon génital) en muqueuse et en musculeuse, n'apparaît nettement qu'au début du 6e mois. D'après PILLIET (1886), la mus-

culature primitive des conduits de Müller se composerait
de deux couches, l'une interne circulaire, l'autre externe longitudinale. La couche moyenne, plexiforme, de l'utérus de la
femme, serait due à la formation d'un abondant plexus vasculaire interposé, dont les vaisseaux entraîneraient avec eux
des faisceaux musculaires appartenant aux deux couches
interne et externe.

2° Conduits de Müller chez l'homme. — Le segment moyen
des conduits de Müller disparaît complétement chez l'homme.
Les extrémités seules persistent.

L'extrémité supérieure ou proximale, entraînée avec le testicule, figure un petit pavillon frangé ouvert dans la cavité
vaginale, et implanté par son sommet sur l'extrémité antéro-
supérieure du testicule, ou encore dans le sillon séparant cette
extrémité de la tête de l'épididyme. Ce pavillon porte le nom
d'*hydatide non pédiculée* ou *sessile* de MORGAGNI. Sa cavité, tapissée par un épithélium prismatique cilié, comme le pavillon de
la trompe chez la femme, se prolonge parfois dans le pédicule
par un canal plus ou moins long, appelé *canal tubaire*, en raison
de son assimilation avec la trompe. L'homologie de l'hydatide
sessile avec le pavillon de la trompe, a été établie par WAL-
DEYER (1876), par L. LŒWE (1879) et par ROTH (1880).

Quant aux extrémités inférieures des conduits de Müller,
elles se comportent de la même façon que chez la femme,
c'est-à-dire qu'elles se soudent entre elles, et donnent ainsi naissance à un petit organe creux qui s'ouvre dans la région prostatique du canal de l'urèthre, au sommet du verumontanum,
entre les deux canaux éjaculateurs. C'est l'*utricule prostatique*
ou *utérus mâle* qu'il serait préférable d'appeler avec THIERSCH
(1852) *vagin mâle*. Le vagin mâle, chez l'homme, répondant
au segment inférieur du vagin de la femme, ne se fusionne pas
habituellement avec les extrémités inférieures des canaux de
Wolff, par suite sans doute de son moindre développement,
mais dans certains cas, où l'homologie des parties semble s'accuser davantage, la réunion s'opère, et les canaux éjaculateurs
viennent alors s'ouvrir directement dans l'utricule prostatique.

La disparition du segment supérieur du canal génital s'opère, chez le fœtus humain mâle, vers le milieu du 3ᵉ mois.

§ 8. — DESTINÉE DES MÉSO WOLFFIENS

Les replis et ligaments annexés au corps de Wolff persistent chez l'adulte, tout en subissant quelques modifications en rapport avec celles de l'organe qu'ils supportent.

1° Chez la femme. — Chez la femme, le repli urogénital se confond avec le méso du corps de Wolff, au moment de l'atrophie de cet organe, et fournit le *ligament large*, dont le bord libre représente l'aileron supérieur. Le mésoarium supportant l'ovaire, forme l'aileron postérieur de ce ligament, et ses deux prolongements les ligaments de la trompe et de l'ovaire. Enfin, le ligament inguinal devient le ligament rond, et son repli péritonéal, l'aileron antérieur du ligament large.

Chez un certain nombre de mammifères, le ligament diaphragmatique, prolongement supérieur du repli urogénital, persiste à la surface du rein, formant le *ligament rond antérieur*.

2° Chez l'homme. — Chez l'homme, par suite de la migration du testicule et de l'isolement de la cavité vaginale, la forme de ces replis et leurs rapports se sont considérablement modifiés, et c'est à peine si l'on peut reconnaître le méso du corps de Wolff dans le court pédicule auquel sont appendus le testicule et l'épididyme.

Chez les mammifères, où la vaginale est restée en libre communication avec le péritoine, on retrouve plus facilement la disposition embryonnaire. Chez les carnassiers et chez les rongeurs, par exemple, il existe dans toute la hauteur du canal inguinal une sorte de ligament analogue au ligament large, avec un aileron interne qui englobe le canal déférent.

Le tableau suivant montre l'homologie des dérivés du corps

de Wolff, du canal de Wolff et du conduit de Müller dans les deux sexes :

		HOMME.	FEMME.
Corps de Wolff	Portion génitale.	Canalicules séminifères (partiellement). Tubes droits du testicule. Rete testis. Canaux efférents du testicule. Vasa aberrantia.	Canaux efférents de l'ovaire (époophore)
	Portion urinaire.	Organe de Giraldès (para-didyme).......	Paroophore.
Canal de Wolff		Canal de l'épididyme. Canal déférent. Canal éjaculateur.	Canal de l'époophore.
Conduit de Müller		Hydatide sessile. ... Utricule prostatique (va-gin mâle)......	Pavillon de la trompe. Trompe. Utérus. Vagin.

ARTICLE II

ORGANES GÉNITO-URINAIRES EXTERNES

Nous étudierons, dans autant de paragraphes, le développement des parties suivantes : cloaque, tubercule génital, périnée, tubercule anal, bourses et grandes lèvres (avec la migration du testicule et de l'ovaire), et nous nous occuperons, en dernier lieu, de l'évolution secondaire du sinus et du sillon urogénitaux qui donnent naissance à la vessie et au canal de l'urèthre (avec ses glandes).

§ 1. — Cloaque, sinus urogénital

Nous avons vu plus haut (p. 105) que la cavité du cloaque, obturée superficiellement par la membrane cloacale, se continuait par son extrémité supérieure, en avant avec le canal allantoïdien, en haut avec l'intestin, et que, d'autre part, elle envoyait inférieurement dans l'appendice caudal un prolongement tubuleux connu sous le nom d'intestin caudal ou post-anal, dont nous avons signalé la disparition précoce (fig. 101). C'est sur les parois latérales du cloaque, à une certaine distance

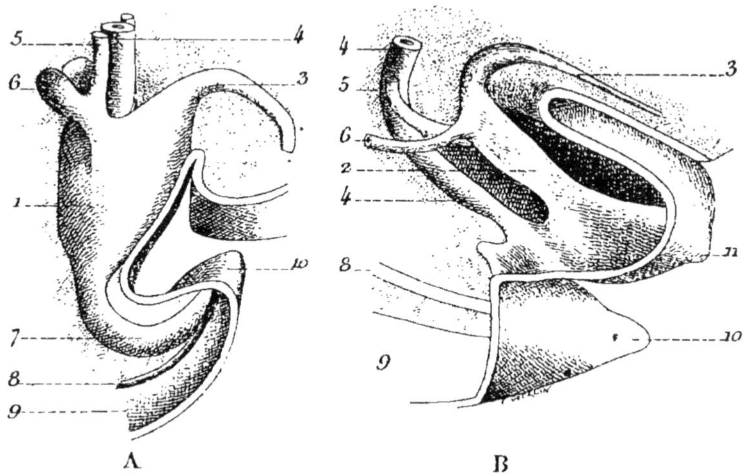

Fig. 101.

Deux reconstructions de la région cloacale sur l'embryon humain, d'après KEIBEL. A, embryon de 6,5 mill. (Gr. 50/1) ; B, embryon de 14 mill. (Gr. 25/1). Sur ce dernier embryon, l'uretère et le canal de Wolff du côté gauche n'ont pas été représentés.

1, cloaque. — 2, sinus urogénital. — 3. canal allantoïdien. — 4, intestin — 5, canal de Wolff. — 6, bourgeon rénal. — 7, intestin caudal. — 8, chorde dorsale. — 9, tube médullaire. — 10, éminence coccygienne. — 11, nodule épithélial du tubercule génital.

de son extrémité supérieure, que viennent déboucher les canaux de Wolff (p. 223).

La cloison mésodermique interposée entre le canal allantoïdien et l'intestin, et qui n'est autre que le bord inférieur du repli allantoïdien, contenant dans sa duplicature un prolongement du cœlome, a reçu le nom de *repli périnéal* (KŒLLIKER) ou encore d'*éperon périnéal* (p. 105). Ce repli ne reste pas limité à la partie supérieure du cloaque, mais il continue son mouvement d'abaissement, et divise ainsi progressivement la cavité du cloaque en deux cavités secondaires, l'une antérieure qui se continue en haut et en avant avec le canal allantoïdien, et l'autre postérieure qui prolonge inférieurement l'intestin. L'abaissement de l'éperon périnéal à l'intérieur du cloaque s'est effectué de telle façon que les canaux de Wolff s'ouvrent maintenant dans la cavité antérieure désignée par J. Müller (1830) sous le nom de *sinus urogénital*. Plus tard, lorsque les canaux de Wolff se sont transformés en canaux déférents, et que les uretères se sont développés, la partie inférieure seule du sinus urogénital, située au-dessous de l'abouchement des canaux éjaculateurs, demeure commune aux organes génitaux et urinaires. C'est à cette partie inférieure que Meckel (1848), Leuckart (1853), Kœlliker et ses élèves réservent la dénomination de sinus urogénital. Pour éviter toute confusion, nous appellerons cette portion inférieure *conduit urogénital* (*ductus urogenitalis*, Valentin, 1835) dénomination applicable dans les deux sexes, réservant au segment supérieur le nom de *conduit uréthro-vésical*.

Aux dépens du conduit urogénital, se forment, chez le fœtus femelle, le *vestibule* [*aditus vaginæ*, *urogenitalis*, Valentin (1835); *vestibulum vaginæ*, Leuckart (1853), Kœlliker; *introitus vaginæ; canal vulvaire*, Budin (1879); *canal vestibulaire*, Tourneux et Legay (1884)], et, chez le mâle, la portion prostatique située au-dessous de l'abouchement des conduits génitaux, la portion membrane et la portion bulbeuse du canal de l'urèthre.

Le conduit uréthro-vésical donne naissance, chez la femme, à la vessie et à l'urèthre tout entier, et, chez l'homme, à la vessie et à la portion de l'urèthre prostatique comprise entre la vessie et les conduits génitaux. Nous aurons occasion de rappeler ces faits à propos de la destinée du sinus congénital (p. 280 et 281).

En s'allongeant, le repli périnéal rencontre à un moment donné la membrane cloacale, et se soude intimement avec elle. Cette membrane se trouve ainsi divisée en deux parties distinctes, l'une antérieure qui obture le sinus urogénital (*membrane urogénitale*), et l'autre qui ferme le rectum (*membrane anale*). Puis, la membrane urogénitale se perfore, mettant ainsi le sinus urogénital en communication avec l'extérieur par la *fente* ou *fissure urogénitale*. Un peu plus tard, la membrane anale se résorbe à son tour, et le rectum s'ouvre au dehors par l'*orifice anal*.

La membrane cloacale, après la disparition de la couche mésodermique moyenne (p. 101), se trouve réduite à l'ectoderme et à l'endoderme, dont les éléments sont encore disposés sur un seul plan, pour chaque feuillet : elle est donc fort mince

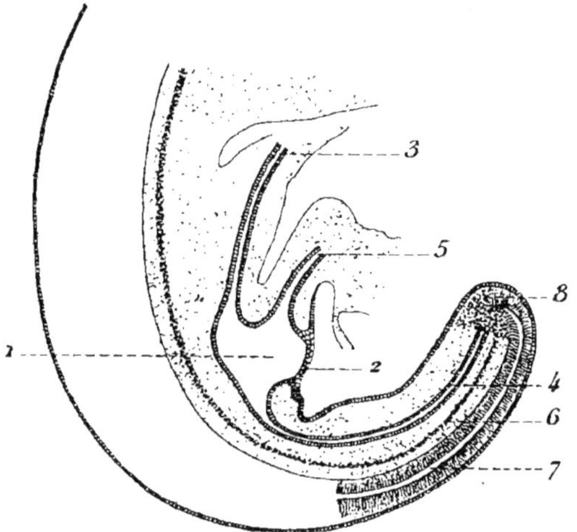

Fig. 102.

Coupe sagittale et axile de l'extrémité inférieure sur un embryon de chat de 6 mill., montrant les rapports de l'intestin caudal (Gr. 28,1).

1, cloaque. — 2, membrane cloacale. — 3, tube intestinal. — 4, intestin caudal. — 5, canal allantoïdien. — 6, chorde dorsale. — 7, tube médullaire. — 8, extrémité de l'appendice caudal répondant à la tête de la ligne primitive.

à ce stade (fig. 102). Mais bientôt, à mesure que l'éperon périnéal s'abaisse, la membrane cloacale s'épaissit notablement, surtout au niveau de son segment antérieur ou urogénital. En même temps, les éléments ectodermiques ou endodermiques se mélangent intimement, si bien qu'il devient impossible de reconnaître la limite des deux feuillets. C'est cette membrane cloacale épaissie, obturant en avant le cloaque, et dont l'épaisseur chez certains mammifères (mouton) est relativement considérable, que nous avons appelée *bouchon cloacal* (Tour-

NEUX, 1888). En fait, le bouchon n'affecte pas une forme régulièrement cylindrique, mais il est aplati latéralement, comme la membrane cloacale à laquelle il succède (*lame cloacale*, KEIBEL 1896). La membrane urogénitale qui n'est autre que la partie antérieure de la membrane cloacale et par suite de la lame cloacale, se présente également sous l'aspect d'une lame verticale et médiane : c'est la *lame urogénitale* (TOURNEUX, 1889). Quant à la membrane anale qui répond à la partie postérieure de la membrane cloacale, elle reste mince, ou du moins n'atteint jamais une épaisseur considérable.

Les dimensions de la lame urogénitale ne tarderont pas à s'accroître, avec le développement du tubercule génital. En se soulevant au niveau du bord supérieur de la lame (c'est-à-dire au pourtour de l'extrémité supérieure de son bord cutané), le tissu mésodermique du tubercule entraîne avec lui la portion attenante de la lame qui se prolonge ainsi dans toute la longueur du tubercule, le long de sa face inférieure. Sur la coupe transversale du tubercule, cette portion antérieure de la lame urogénitale, figure une sorte de bourgeon rectiligne partant de l'ectoderme, et s'enfonçant à quelque distance dans le tissu mésodermique sous-jacent (fig. 109, A).

Au moment où le sinus urogénital s'ouvre à l'extérieur par la fente urogénitale, celle-ci se prolonge à la face inférieure du tubercule par une gouttière creusée dans le bord inférieur (superficiel ou cutané) de la lame urogénitale. Aux dépens de cette *gouttière urogénitale* (*sillon urogénital*) se développent dans la suite, chez la femelle, la portion pré-uréthrale du vestibule jusqu'au sommet du clitoris, et, chez le mâle, la portion spongieuse du canal de l'urèthre.

Le repli périnéal forme la cloison du périnée ; son bord inférieur, venant faire saillie à l'extérieur et s'épaississant dans le sens antéro-postérieur, constitue le raphé périnéal.

Nous venons de faire connaître, d'une façon sommaire, le mode de formation du sinus urogénital et de la lame urogénitale. Comme ce point est encore aujourd'hui l'objet d'un litige entre les embryologistes, nous compléterons notre description précédente, en montrant le développement de la région ano-génitale, successivement chez l'embryon de mouton et chez l'embryon humain.

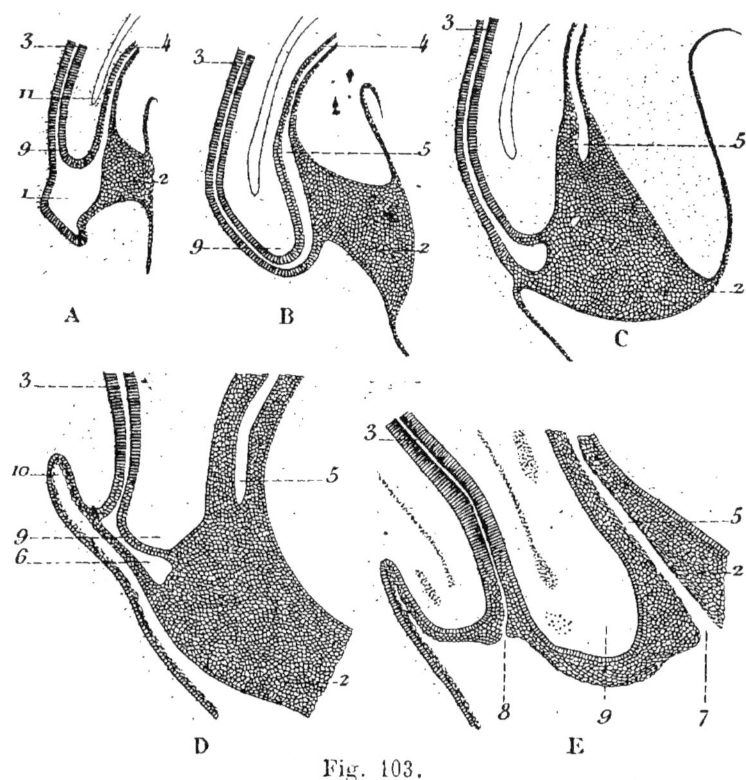

Fig. 103.

Cinq stades successifs du développement du cloaque et de la région urogénitale, sur l'embryon de mouton (section sagittale et axile, gr. 28,1).

A, embryon de 7,5 mill. — B, embryon de 10 mill. — C, embryon de 15,5 mill. D, embryon de 25 mill. — E, embryon de 38 mill. ♀.

1, cloaque. — 2, bouchon cloacal (stades A, B, C) donnant naissance à la lame urogénitale (stades D, E). — 3, intestin. — 4, canal allantoïdien. — 5, sinus urogénital. — 6, vestibule anal obturé par la membrane anale. — 7, fente urogénitale. — 8, anus. — 9, repli périnéal. — 10, dépression sous-caudale. — 11, cul-de-sac recto-urogénital du péritoine.

1° Embryon de mouton. — Nous avons représenté, dans la figure 103, un certain nombre de stades montrant en coupe

sagittale les principales phases du cloisonnement de la cavité
du cloaque. Sur l'embryon de 7,5 mill., la membrane cloacale
épaissie (bouchon cloacal) affecte, sur la coupe sagittale, la
forme d'un rectangle dont le bord profond représente la paroi
antérieure du cloaque; elle est constituée par un tassement de
cellules épithéliales polyédriques qui s'aplatissent au niveau de

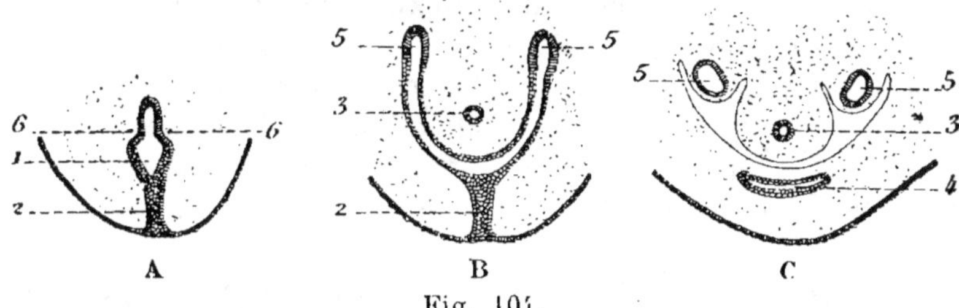

Fig. 104.

Trois sections transversales de la région cloacale sur un embryon
de mouton de 7 mill. : A, au niveau des cornes latérales du repli
périnéal; B, au niveau de l'abouchement des canaux de Wolff dans
le sinus urogénital : C, un peu au-dessus du cul-de-sac recto-
urogénital du péritoine (Gr. 28/1).

1, cloaque. — 2. bouchon cloacal. — 3. intestin. — 4. vessie. — 5. canal de Wolff.
6, cornes latérales du repli périnéal (replis latéraux des auteurs).

la surface cutanée. En arrière et en bas, où il se continue avec
l'intestin caudal, le cloaque est tapissé par un épithélium prismatique stratifié analogue à celui du rectum. Quant au revêtement du canal allantoïdien, il appartient à la catégorie des épithéliums polyédriques stratifiés embryonnaires. En regard du
cloaque, la surface cutanée est encore absolument plane.

L'examen comparatif des coupes transversales (fig. 104, A et B)
montre que l'éperon périnéal a déjà commencé, à ce stade, son
mouvement de descente, et que les canaux de Wolff s'ouvrent
à l'intérieur du sinus uro-génital qui se sépare progressivement de l'intestin. Le bord inférieur du repli périnéal regarde
directement en bas.

Dans les stades suivants, l'épaisseur (diamètre antéro-postérieur) du bouchon cloacal ira sans cesse en augmentant, et
cet accroissement, combiné avec l'allongement de l'éperon

périnéal, entraîne un rétrécissement progressif de la cavité cloacale, déjà fort visible sur l'embryon de 10 millimètres. Bientôt, le cloaque se trouve réduit, sur la coupe sagittale, à une fente étroite contournant sous la forme d'une anse à concavité supérieure le bord libre de l'éperon périnéal. En même temps, on voit s'accuser sur la surface cutanée, immédiatement au-dessus du bouchon cloacal, un léger soulèvement du tissu mésodermique, premier indice du tubercule génital.

Sur des embryons plus âgés (14 et 15 millimètres), le tubercule génital dont la saillie s'est accentuée, mesure une longueur de 1 millimètre ; le fond du sillon qui le sépare de l'appendice caudal s'est creusé sur la ligne médiane en une petite fossette revêtue par l'ectoderme (*dépression sous-caudale*, M. DUVAL).

En regard du bouchon cloacal, la cavité du cloaque s'est oblitérée par soudure de l'extrémité profonde de ce bouchon avec la paroi opposée (face antérieure de l'éperon) ; d'autre part, l'extrémité cloacale du rectum s'est rapprochée sensiblement de la surface, sous l'influence de l'abaissement progressif du repli périnéal, combiné peut-être avec un mouvement en sens inverse de la surface cutanée, au niveau de la dépression sous-caudale. La forme du bouchon cloacal, telle qu'on l'observe sur la coupe sagittale, s'est modifiée. De quadrilatère qu'elle était, elle est devenue à peu près triangulaire ; sa base répond à la surface cutanée, et son sommet profond au sinus urogénital. Le bouchon cloacal se transforme ainsi progressivement en lame cloacale, de forme triangulaire, dont l'angle antérieur et supérieur se trouve entraîné dans le soulèvement du tubercule génital (fig. 103, c).

La comparaison entre les stades 7 et 15 millimètres montre qu'il convient de distinguer dans la descente du repli périnéal deux phases distinctes : 1° l'éperon s'abaisse à l'intérieur de la cavité cloacale; 2° il glisse ensuite le long du bord inférieur de la lame cloacale. Dans ce mouvement de descente, le repli périnéal entraîne avec lui le cul-de-sac péritonéal dont la distance à son bord inférieur reste sensiblement la même. Ce n'est que plus tard (embryons de 25 et de 32 millimètres) que le périnée augmente manifestement d'épaisseur. Nous reviendrons plus loin (p. 271) sur le mode de formation de la cloison recto-urogénitale.

Sur des embryons de 18 à 25 millimètres, l'épaississement du bord inférieur de l'éperon, provoque la disjonction du rectum et du bouchon cloacal. Le rectum débouche maintenant dans une sorte de vestibule qui se prolonge en avant jusqu'à la lame cloacale. La paroi supérieure de ce *vestibule anal* est représentée par l'extrémité inférieure du repli périnéal. La paroi inférieure, exclusivement épithéliale, est formée aux dépens de la partie la plus reculée du bouchon cloacal, amincie et étirée ; c'est la *membrane anale.*

L'ouverture du sinus urogénital se produit à des époques variables suivant les sexes. Sur l'embryon femelle, c'est au stade de 32 millimètres que se fissure la partie postérieure de la lame urogénitale, tandis que, chez le mâle, le sinus est encore imperforé au stade de 70 millimètres. La membrane anale disparaît au stade de 38 millimètres, dans les deux sexes.

2° Embryon humain. — Le mode de formation et l'évolution du sinus urogénital chez l'embryon humain ne s'écartent pas sensiblement des faits que nous venons de décrire chez l'embryon du mouton. La membrane cloacale s'épaissit de même pour constituer le bouchon cloacal (fig. 105), seulement la longueur de ce bouchon est moins considérable que chez le mouton, et, par suite, la soudure de son bord profond avec l'éperon périnéal ne s'opère que tardivement, à un moment où l'abaissement de l'éperon périnéal est presque achevé. C'est peut-être ce qui explique que l'ouverture du sinus urogénital et du rectum se produisent à une époque plus précoce, chez l'embryon humain.

Sur l'embryon de 3 millimètres, la membrane cloacale laisse encore facilement reconnaître les deux assises ectodermique et endodermique, mais, dès le stade de 4 millimètres, elle s'est épaissie, et les éléments de provenance endodermique ou ectodermique ne peuvent plus être distingués l'un de l'autre.

Sur l'embryon de 8 millimètres (fig. 105, A, et fig. 106), le

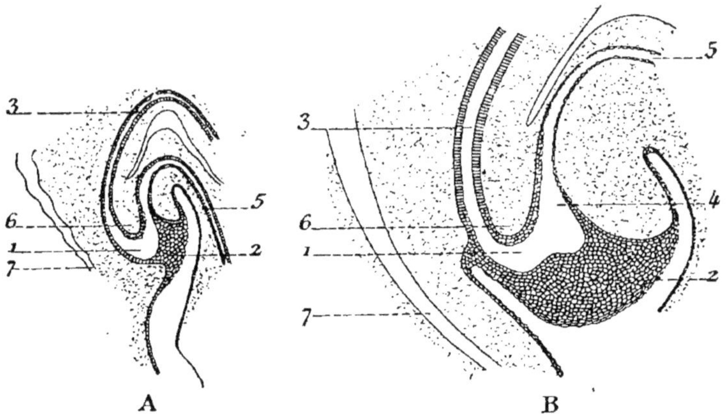

Fig. 105.

Section sagittale et axile de la région cloacale, sur un embryon
humain de 8 mill. (A), et sur un embryon humain de 14 mill.
(B) (Gr. 20 1).

1, cloaque. — 2, bouchon cloacal. — 3, intestin. — 4, sinus urogénital. — 5, canal
allantoïdien. — 6, repli périnéal. — 7, artère sacrée moyenne.

bouchon cloacal est bien constitué, assez semblable à celui du

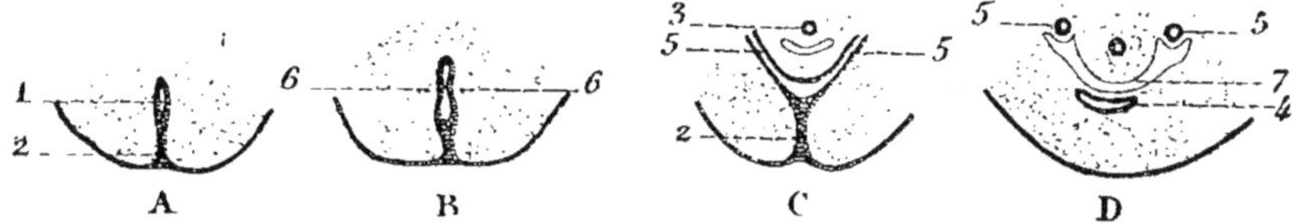

Fig. 106.

Quatre sections transversales de la région du cloaque sur un embryon humain de 8 mill. A, au-dessous du repli périnéal ; B, au
niveau des cornes latérales du repli périnéal ; C, au niveau de
l'abouchement des canaux de Wolff ; D, un peu au-dessus du
cul-de-sac recto-urogénital du péritoine (Gr. 20/1).

1, cloaque — 2, bouchon cloacal. — 3, intestin. — 4, vessie. — 5, canal de
Wolff. — 6, cornes latérales du repli périnéal (replis latéraux des auteurs). —
7, cavité péritonéale.

mouton. Sur l'embryon de 14 millimètres, le tubercule génital commence à se soulever, entraînant avec lui la portion attenante du bouchon.

C'est au stade de 6 millimètres environ que l'éperon périnéal commence son mouvement d'abaissement. La descente est achevée sur l'embryon de 16 millimètres (KEIBEL), et peu après le conduit urogénital s'ouvre à l'extérieur. Quant à la membrane anale obturant le rectum, elle ne se détache que postérieurement. Sur l'embryon de 25 millimètres, l'anus est perforé.

§ 2. — TUBERCULE GÉNITAL

Les recherches déjà anciennes de TIEDEMANN (1813) et d'ECKER (1859) ont montré que le développement des organes génitaux externes, pendant les deux premiers mois de la vie embryonnaire, progresse d'une façon analogue dans les deux sexes. Le tubercule génital, à peine accusé sur des embryons de 8 millimètres, s'allonge pendant le deuxième mois, et atteint, sur des embryons de 25 millimètres, une longueur de 1,5 à 2 millimètres. A sa face inférieure et sur la ligne médiane (fig. 107), on aperçoit le *sillon* ou *gouttière urogénitale* (prolongement antérieur de la fente urogénitale), qui se termine en avant à quelque distance du sommet du tubercule, et qui en arrière vient se perdre dans une dépression transversale que limite postérieurement une saillie (*bourrelet anal*) pourvue de deux ou trois petits tubercules (P. REICHEL). Cette gouttière répond au bord superficiel de la lame urogénitale. La base du tubercule génital est bordée de chaque côté par un pli curviligne embrassant le tubercule (*plis ou replis cutanés longitudinaux*, TIEDEMANN, 1813; MECKEL, 1820; JOH. MÜLLER, 1830; RATHKE, 1832; *replis ou bourrelets cutanés*, BISCHOFF, 1842; *plis latéraux*, ERDL, 1846; *plis génitaux externes*. ECKER, 1859; *plis longitudinaux*, RATHKE, 1861; *replis génitaux*, KOELLIKER, 1861). L'extrémité postérieure des plis génitaux semble se continuer avec le bourrelet anal, en arrière duquel s'élève l'éminence coccygienne très accusée à ce stade.

C'est vers la fin du 2ᵉ mois lunaire que le repli périnéal

de Kœlliker, achevant son mouvement de descente, vient
faire saillie à l'extérieur, et séparer l'anus de l'orifice urogénital. Peu après, la dépression anale, dirigée transversalement à

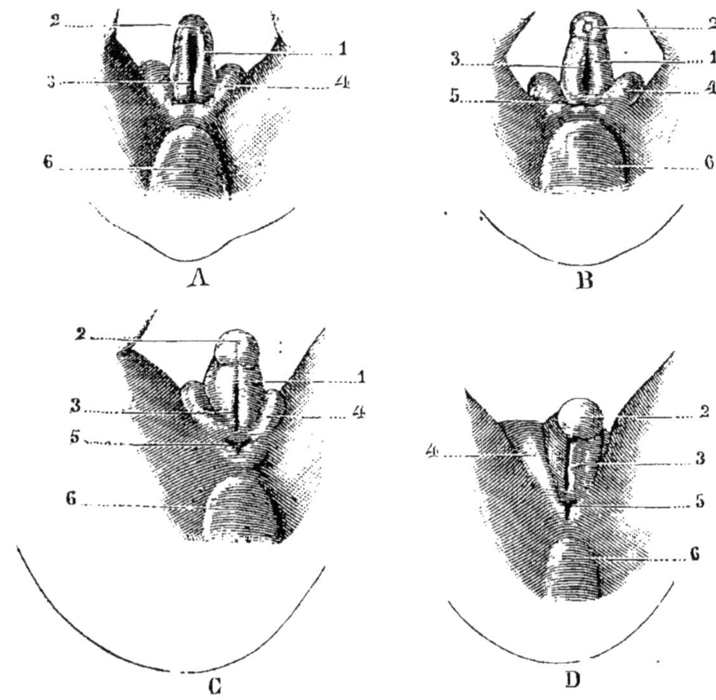

Fig. 107.

Quatre stades successifs du développement des organes génitaux
externes chez le fœtus humain (Gr. 6,1).

A, embryon de 24 mill. ♀. — B. embryon de 24 mill. ♂. — C. fœtus de 29 mill. ♂.
D, fœtus de 34 mill. ♀.
1, tubercule génital. — 2. gland. — 3. gouttière urogénitale. — 4. anus.
5, bourrelet génital. — 6. éminence coccygienne.

l'origine, s'incurve en forme de croissant ou de V dont la concavité regarde en avant; il semble que, par suite d'un accroissement inégal des parties, l'éminence coccygienne se trouve
refoulée en arrière, entraînant avec elle la partie médiane du

bourrelet anal dont les deux extrémités tendent à se rejoindre en avant.

Pendant que se produisent ces modifications, le tubercule génital a augmenté de dimensions. Il mesure maintenant une longueur de 2 millimètres sur 1 millimètre de large, et présente une extrémité renflée, qu'un léger sillon sépare du corps du tubercule. Les bourrelets génitaux sont devenus plus saillants, et leurs extrémités tendent à se détacher du bourrelet anal, pour se continuer avec la cloison du périnée.

Pendant le 3e mois, la portion de la lame urogénitale qui répond au gland, bourgeonne au dehors, et forme le long de la face inférieure de cet organe une crête longitudinale (*mur épithélial du gland, rempart balanique*), qui se termine au sommet même du gland par une sorte de petite houppe saillante (TOURNEUX, 1889); KEIBEL (1896) a montré que ce *nodule épithélial* terminal était déjà visible sur les embryons du 2e mois.

C'est à partir de la neuvième semaine que commence à s'accuser, suivant les sexes, la différenciation des organes génitaux externes.

1° Tubercule génital mâle. — Chez le fœtus mâle, le tubercule génital s'allonge, se redresse, et devient la portion libre de la verge terminée par le gland (fig. 108). La cloison périnéale s'épaissit, et un raphé apparaît sur la ligne médiane (p. 273). Enfin, les bourrelets génitaux, dont les extrémités inférieures sont en continuité avec la partie antérieure du repli périnéal, augmentent de volume, et constituent les bourses.

Sur les fœtus de 40 à 50 millimètres, la gouttière urogénitale qui se continue en arrière avec le sinus urogénital, par la fente urogénitale, occupe toute la longueur du pénis, le gland excepté. A ce moment, les deux bords de la fente urogénitale commencent à se rejoindre et à se fusionner sur la ligne médiane (fig. 109). La soudure débute à la partie postérieure, puis elle progresse d'arrière en avant, et envahit la gouttière urogénitale qu'elle transforme graduellement en portion spongieuse du canal de l'urèthre. A l'époque où commence le soulèvement préputial (deuxième moitié du 3e mois), la portio.1 encore ouverte de la gouttière urogénitale affecte la forme

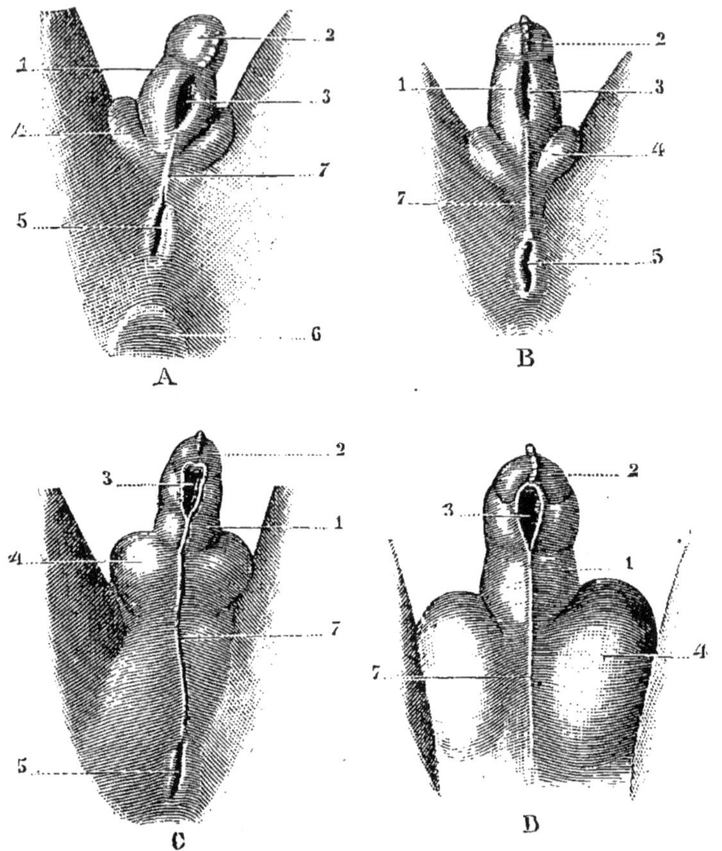

Fig. 108.

Quatre stades successifs du développement des organes génitaux
externes chez le fœtus humain mâle (Gr. 6, 1).

A, fœtus de 5,3/7 cent. — B, fœtus de 5.5/7 cent. — C, fœtus de 6.7/9.2 cent.
D. fœtus de 8.3/11 cent.
1, pénis. — 2, gland avec son mur épithélial. 3. gouttière urogénitale.
4, bourses. — 5, anus. — 6, éminence coccygienne. — 7, raphé périnéo-scrotal.

d'une excavation irrégulièrement losangique, située au niveau
de la base du gland (fig. 108, C et D).

La gouttière urogénitale se prolonge ensuite à la face infé-

rieure du gland sous la forme d'un sillon creusé dans le mur épithélial. Ce sillon balanique ne s'étend pas d'emblée jusqu'à
l'extrémité du gland, mais il progresse graduellement, avec
le soulèvement préputial, au fur et à mesure qu'il se referme

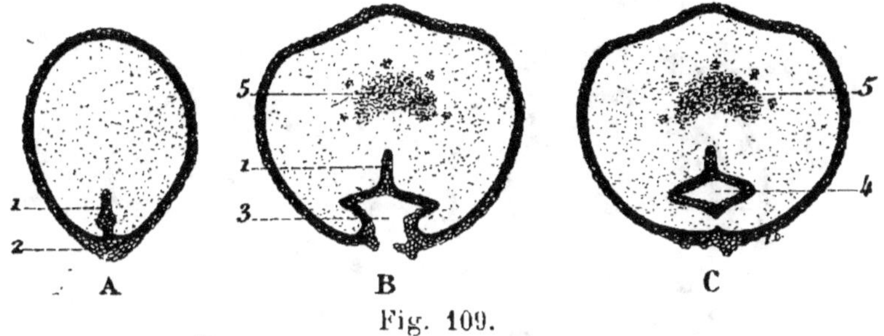

Fig. 109.

Trois sections transversales du tubercule génital sur un fœtus
humain mâle de 5,5/7 cent., montrant la transformation de la
gouttière urogénitale en portion spongieuse du canal de l'urèthre.
La coupe A intéresse le gland, les coupes B et C, le corps de la
verge, au niveau de la gouttière urogénitale (B), et un peu au-
dessous (C) (Gr. 15/1).

1, lame urogénitale. — 2, mur épithélial du gland. — 3, gouttière urogénitale.
4, canal de l'urèthre. — 5, corps caverneux.

en arrière, pour former la portion balanique du canal de
l'urèthre.

a. *Prépuce.* — Ainsi que l'a montré Schweigger-Seidel
(1866), le prépuce apparaît, vers la fin du 3ᵉ mois, comme
un bourrelet mésodermique qui s'élève de la base au sommet du gland, et finit par recouvrir complètement cet organe.
D'après Retterer (1892), ce soulèvement mésodermique serait
précédé par une involution épithéliale délimitant la couronne
du gland.

Au début, le bourrelet préputial se trouve interrompu à la
face inférieure du gland, sur la ligne médiane, par la gouttière urogénitale, avec les bords de laquelle il se continue.
Mais à mesure que la hauteur du prépuce augmente, les deux
lèvres de la gouttière urogénitale, et par suite du bourrelet
préputial, convergent l'un vers l'autre et se fusionnent sur la
ligne médiane (fig. 110). Cette soudure débute au niveau de la

couronne, puis elle se propage en avant, tandis que la gouttière
urogénitale qui entaille le bord distal du prépuce se rapproche
de l'extrémité du gland. Les deux lèvres de la gouttière urogénitale, fusionnées sur la ligne médiane, constituent le *frein du
prépuce*. Vers le milieu du 4ᵉ mois, au moment où le gland

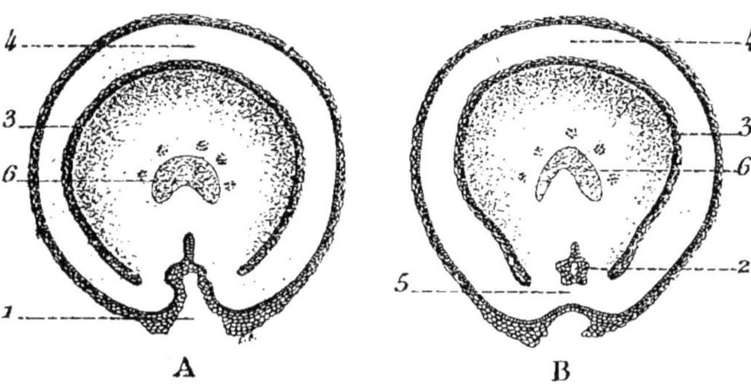

Fig. 110.

Deux sections transversales du tubercule génital, sur un fœtus
humain mâle de 8,3,11 cent., au niveau de la racine du gland,
montrant le mode de formation du frein préputial (Gr. 15,1).

1, gouttière urogénitale. — 2, portion balanique du canal de l'urèthre. — 3, épithélium balano-préputial. — 4, prépuce. — 5, frein préputial. — 6, corps caverneux.

est recouvert aux trois quarts par le prépuce, la gouttière
urogénitale, progressant plus rapidement que le prépuce, se
referme en avant du bord distal de cette membrane. Le prépuce peut alors développer sa portion libre ou annulaire.

Le soulèvement mésodermique qui représente le bourrelet
préputial, enfonce son bord tranchant dans l'épithélium très
épais qui recouvre primitivement le gland, et décompose cet
épithélium en deux couches : l'une profonde, interposée au
gland et au prépuce (*épithélium balano-préputial*, TOURNEUX,
1889 ; *épithélium glando-préputial*, RETTERER, 1892), l'autre superficielle qui formera l'épiderme du prépuce (fig. 111). Il résulte
de ce mode de développement que la face externe de l'épithélium commun, en rapport avec le sommet du prépuce, n'est
pas limitée, du moins à l'origine, par une couche de cellules
cubiques analogues à celles qui se trouvent en rapport avec la

surface du gland. Ce n'est que progressivement et à partir de la couronne, qu'on voit se former en dehors une couche basilaire de cellules cubiques, isolant nettement l'épithélium balano-préputial du tissu mésodermique du prépuce.

Vers la fin du 4ᵉ mois, la face externe de cet épithélium

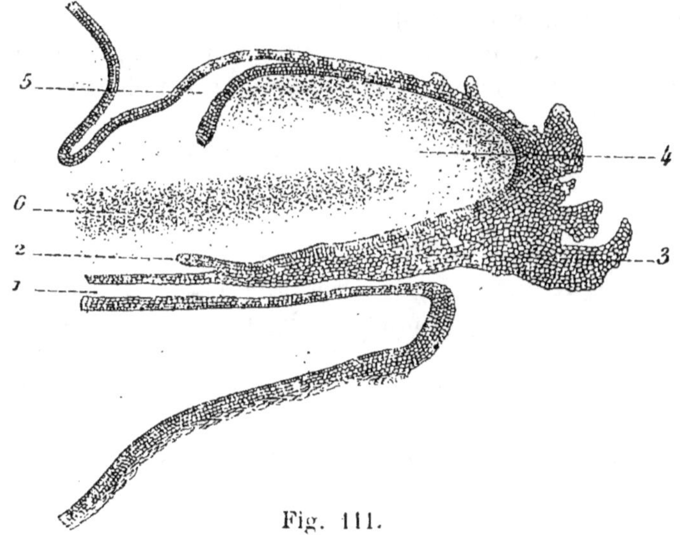

Fig. 111.

Section longitudinale de l'extrémité du pénis sur un fœtus humain de 8.12 cent., montrant le soulèvement du prépuce (Gr. 20 1).

1. canal de l'urèthre. — 2. bourgeon initial du sinus de Guérin. — 3. lame urogénitale avec son nodule terminal. — 4. gland. — 5. prépuce. — 6. corps caverneux.

commun se soulève en saillies arrondies répondant à autant de corps concentriques (SCHWEIGGER-SEIDEL); la production de ces corps paraît progresser du sommet à la base du gland. L'épithélium balano-préputial reste indivis jusqu'à l'époque de la naissance (BOKAI).

Vers le milieu du cinquième mois, le prépuce renferme des fibres musculaires lisses.

b. *Gland, corps caverneux.* — Le gland et les corps caverneux sont primitivement représentés par un tissu dense formé de petites cellules sphériques ou polyédriques, tassées les unes contre les autres, et réunies par un peu de matière amorphe (RETTERER, 1887). A aucun stade du développement, la portion spongieuse du canal de l'urèthre n'est enveloppée par un tissu comparable à celui du gland ou des corps caverneux, alors que les capillaires du corps spongieux sont déjà parfaitement constitués au commencement du 4ᵉ mois. Des relations vasculaires s'établissent, il est vrai, entre le corps spongieux et le gland, mais ce dernier organe ne saurait être envisagé, au point de vue embryologique, comme un simple renflement du premier.

Les fibres lisses se montrent dans le tissu érectile des corps caverneux au commencement du 4ᵉ mois.

2° Tubercule génital femelle. — Chez le fœtus femelle, le tubercule génital s'incline en bas (fig. 112) et devient le clitoris avec son extrémité renflée en forme de gland ; la gouttière urogénitale constitue la partie pré-uréthrale du vestibule, et ses deux bords forment les petites lèvres. Enfin, les bourrelets génitaux donnent naissance aux grandes lèvres.

a. *Capuchon du clitoris.* — Au moment où se produit le soulèvement du capuchon clitoridien (fin du troisième mois), la gouttière uro-génitale qui, jusqu'à cette époque, avait respecté le gland, empiète sur l'extrémité postérieure du mur épithélial balanique ; elle progresse ensuite parallèlement au capuchon, mais sans que ses bords se réunissent en arrière, comme chez le mâle (p. 265). La persistance chez l'adulte des dispositions anatomiques que nous constatons au début du 4ᵉ mois (fig. 113), nous explique pourquoi le capuchon clitoridien de la femme présente une interruption à sa partie inférieure, et pourquoi la gouttière urogénitale s'étend jusqu'au sommet du gland, alors que le prépuce recouvre, sans solution de continuité, toute la surface du gland chez l'homme.

A mesure que le capuchon se soulève, par un mécanisme analogue à celui qui préside à la formation du prépuce chez le mâle, il se soude intimement à la surface du gland. Pendant le 4ᵉ mois, la surface de la couche épithéliale commune (*épithélium balano-préputial*) commence à se soulever en petits mamelons arrondis répondant à autant de corps concentriques.

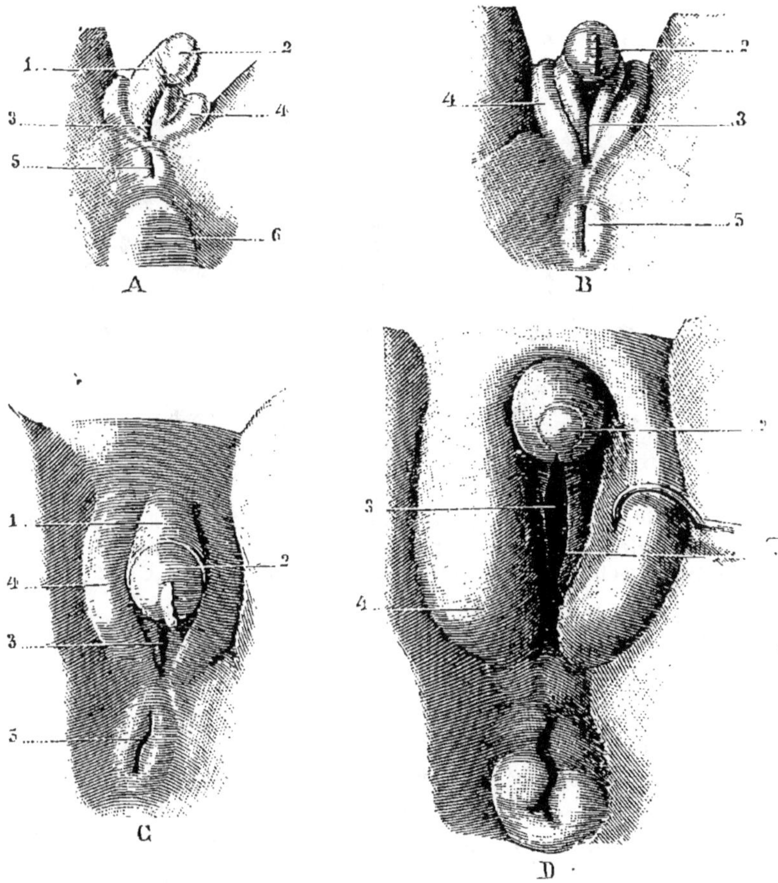

Fig. 112.

Quatre stades successifs du développement des organes génitaux
externes chez le fœtus humain femelle (Gr. 6 I).

A. fœtus de 37 mill. — B. fœtus de 6 8.5 cent. — C. fœtus de 7/9.5 cent.
D. fœtus de 10.5/16 cent.
1, clitoris. — 2. gland avec son mur épithélial. — 3. fente urogénitale. — 4. grandes
lèvres. — 5. anus. — 6. éminence coccygienne. — 7. petites lèvres.

L'adhérence du capuchon au gland persiste un certain temps
après la naissance.

b. *Gland et corps caverneux.* — Le gland et les corps caverneux présentent à l'origine la même composition que chez le mâle. Chez la femme adulte, les corps caverneux seuls deviennent érectiles ; le tissu fibro-vasculaire du gland, resté sta-

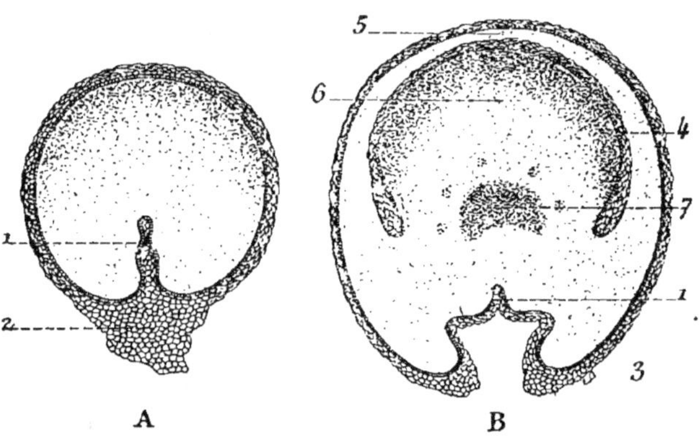

Fig. 113.

Deux sections transversales du tubercule génital sur un fœtus humain femelle de 7,5 10,5 cent. passant (A) au voisinage de l'extrémité du gland, et (B) au niveau de la racine du gland (Gr. 20/1).

1, lame urogénitale. — 2, mur épithélial. — 3, gouttière urogénitale. — 4, épithélium balano-préputial. — 5, capuchon du clitoris. — 6, gland. — 7, corps caverneux.

tionnaire, offre à peu près la même structure que chez le fœtus mâle du 7e mois.

c. *Glandes sébacées des petites lèvres.* — Les glandes sébacées des petites lèvres apparaissent tardivement, comme toutes les glandes sébacées libres non annexées à des follicules pileux (glandes du mamelon et du bord libre des lèvres buccales). C'est seulement après la naissance, vers le 4e mois (WERTHEIMER, 1883), que l'on constate les premières involutions glandulaires, en forme de doigt de gant (250 μ). Ces involutions sont dès l'origine plus nombreuses à la partie moyenne de la petite lèvre que vers ses extrémités, plus abondantes et plus volumineuses aussi sur sa face interne que sur l'externe. A deux ans, les bourgeons ont augmenté de volume (400 μ), et leur extrémité profonde s'est bifurquée. Ce n'est qu'à partir

de la 5ᵉ année, que les glandules sont définitivement constituées ; encore, n'atteignent-elles leur complet développement,
que pendant la grossesse.

§. 3. — FORMATION DE LA CLOISON RECTO-UROGÉNITALE
ET DU RAPHÉ PÉRINÉAL

Le mode de cloisonnement du cloaque, la formation de la
cloison recto-urogénitale et du périnée, sont l'objet de nombreuses controverses parmi les auteurs contemporains. On
discute principalement sur le nombre des replis concourant à la
formation de la cloison, et sur le mode de soudure de ces replis.
Les uns n'admettent qu'un seul repli périnéal, interposé entre
l'intestin et le pédicule de l'allantoïde, et s'abaissant progressivement dans la cavité du cloaque, en arrière de l'abouchement des canaux de Wolff (TOURNEUX, 1888). Les autres, avec
KŒLLIKER, MIHALKOVICS et NAGEL, tout en attribuant la plus
large part, dans la constitution de la cloison recto-urogénitale, à l'abaissement du repli périnéal supérieur (éperon périnéal), reconnaissent cependant la participation de deux replis
ou bourrelets superficiels (génitaux), se développant sur les
parois latérales du cloaque (*replis latéraux du cloaque*), ou
sur les côtés de l'orifice cloacal. D'autres observateurs enfin,
avec RETTERER (1890), expliquent la formation de la cloison
cloacale par le soulèvement de deux replis latéraux qui se
fusionnent progressivement de haut en bas sur la ligne médiane. RATHKE, après avoir admis l'existence de cinq replis
différents (1832), paraît avoir professé en dernier lieu l'opinion
d'un repli périnéal unique (1861). C'est cette opinion que nous
avons exposée précédemment (p. 252).

La comparaison entre les coupes longitudinales (sagittales
et frontales) et transversales du cloaque, ou encore la reconstruction de la région, suivant la méthode préconisée par His,
nous apprend que le bord inférieur du repli périnéal, moulé
dans l'angle de séparation de l'intestin et du sinus urogénital,
est concave, et que ses extrémités figurent deux sortes de
piliers se prolongeant en bas, à une certaie distance, sur les

parois latérales du cloaque. Ce sont ces piliers qui, examinés sur des sections transversales, ont été considérés par quelques auteurs comme représentant les plis latéraux du cloaque.

Les raisons qui paraissent devoir militer en faveur de l'existence d'un repli périnéal unique, sont les suivantes :

1° La forme du bord inférieur de la cloison recto-urogénitale est celle d'un cintre surbaissé, et non celle d'une ogive à sommet aigu, ainsi que les coupes frontales permettent faci-

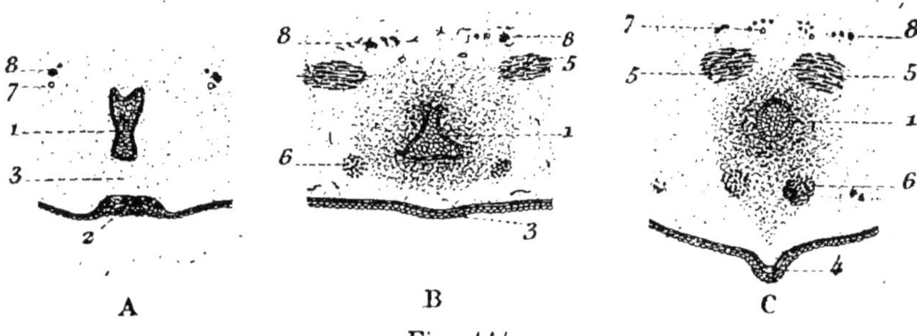

Fig. 114.

Trois coupes frontales de la région périnéale sur des embryons de mouton de 23 mill. (A), de 30 mill. (B), et de 45 mill. (C) (Gr. 14/1).

1, sinus urogénital. — 2, vestibule anal. — 3, repli périnéal. — 4, raphé périnéal. — 5, muscle ischio-caverneux. — 6, muscle rétracteur du pénis. — 7, artère honteuse interne. — 8, nerf honteux interne.

lement de le constater. L'examen des sections transversales vient apporter une confirmation de plus : on n'observe, en effet, les replis latéraux que sur un petit nombre de coupes au-dessous du sommet de la voûte, et ces replis convergent très rapidement au niveau de ce sommet.

2° La cloison recto-urogénitale ne présente aucun raphé épithélial dessinant transitoirement une ligne de soudure ; elle ne renferme pas davantage, ainsi que le remarque KEIBEL, de vestiges épithéliaux, comme on en rencontre, par exemple, au niveau de la soudure des deux lames palatines.

3° La cavité du cloaque, au moment où se constitue la cloison recto-urogénitale, ne s'ouvre pas à l'extérieur, mais elle est obturée superficiellement par une lame épithéliale pleine, étirée dans le sens vertical, la lame cloacale. Si des replis latéraux s'élevaient dans l'épaisseur de cette lame, les deux segments résultant de ce mode de division seraient pleins, au moins à l'origine. Or l'extrémité inférieure du rectum est creusée d'une lumière centrale jusqu'au vestibule anal répondant au bord inférieur du repli périnéal.

Le raphé périnéo-uréthral ne résulte pas de la soudure sur la ligne médiane, de deux formations primitivement séparées (replis latéraux du cloaque en arrière, bourrelets génitaux en avant). Il se développe exclusivement aux dépens du repli périnéal qui, poursuivant en quelque sorte son mouvement d'abaissement, vient faire saillie à l'extérieur sous la forme d'un raphé antéro-postérieur dont l'épaississement du périnée et l'accroissement des bourses augmentent progressivement la longueur (fig. 114). Seuls, les bords de la fente et de la gouttière urogénitales convergent et se fusionnent entre eux, pour former la portion spongieuse du canal de l'urèthre. Le raphé du pénis provenant de cette soudure, et prolongeant en avant le raphé périnéo-scrotal, s'atrophie et disparaît complètement chez l'adulte.

§ 4. — BOURRELET ANAL

Si l'on examine la région anale chez un embryon humain vers la fin du 2ᵉ mois, au moment où la cloison périnéale apparaît à l'extérieur, on remarque que l'anus est étiré en forme de fente transversale, ou du moins qu'il est bordé en arrière par un bourrelet transversal saillant (*bourrelet anal*). Ce bourrelet ne présente pas une surface unie, mais il supporte des tubercules au nombre de deux ou trois, auxquels P. REICHEL (1887) a donné le nom de *tubercules anaux*. Sur des embryons plus âgés (de 24 à 37 millimètres), le bourrelet anal s'incurve en forme de croissant ouvert en avant, en même temps que le périnée augmente d'épaisseur : il semble que la partie médiane du bourrelet anal se trouve refoulée, ou mieux attirée en arrière, par suite d'un accroissement inégal des parties avoisinantes.

P. Reichel explique les changements de forme du bourrelet anal de la façon suivante : les tubercules anaux, développés primitivement en arrière du cloaque, s'infléchissent en avant, et se mettent en rapport par leurs extrémités antérieures avec la partie postérieure des plis génitaux. Puis, ces extrémités se fusionnent sur la ligne médiane avec les plis génitaux, et profondément avec le repli périnéal de Kœlliker, délimitant ainsi la portion anale du rectum. Cette opinion de Reichel ne semble pas confirmée par l'observation des faits. Le repli périnéal, ainsi que nous venons de le voir, fait saillie à l'extérieur, et se continue latéralement par sa portion superficielle, en avant avec les plis génitaux, et en arrière avec les cornes du bourrelet anal. Mais on ne constate pas, à aucun stade du développement, de fusion sur la ligne médiane, ni entre les plis génitaux, ni entre les extrémités du bourrelet anal. Les modifications qui ont lieu se produisent dans la profondeur, au-dessous du tégument externe, ainsi que Rathke l'a indiqué pour le développement des bourses. L'ouverture antérieure du bourrelet anal se comble dans la suite par deux petits tubercules supplémentaires, développés aux dépens de la cloison périnéale (fig. 112, D).

La face interne du bourrelet anal ne paraît pas répondre à la muqueuse anale, mais à la zone cutanée lisse. En effet, avant la disparition de la membrane anale, l'extrémité inférieure du tube digestif possède un revêtement polyédrique stratifié, qui s'écarte notablement par ses caractères de l'épithélium nettement prismatique du rectum. L'épithélium de la muqueuse anale dérive vraisemblablement des éléments du bouchon cloacal.

§ 5. — Bourses, grandes lèvres
(migration du testicule et de l'ovaire)

Chez un certain nombre de mammifères (monotrèmes, cétacés), les testicules demeurent pendant toute la vie à l'intérieur de l'abdomen où ils ont pris naissance (*mammifères à testicules cachés*). Chez les autres mammifères, les testicules abandonnent la cavité péritonéale, et s'engagent dans un canal que cette cavité émet sous forme de diverticule à l'intérieur des bourses (*canal péritonéo-vaginal, canal vaginal, voche vaginale*). On donne à ce déplacement des testicules le nom de *migration* ou de *descente*.

Chez les insectivores et chez les rongeurs, les parois de la poche vaginale renferment de nombreuses fibres musculaires striées (*poche crémastérienne*), dont la contraction permet à l'animal de faire rentrer à volonté les testicules dans l'abdomen ; quant à leur sortie de l'abdomen dans la poche crémastérienne, elle est sous la dépendance des muscles de la paroi abdominale (SOULIÉ, 1895). La migration chez ces animaux peut donc être qualifiée de volontaire.

Dans les autres groupes, la descente est définitive, c'est-à-dire que les testicules, une fois engagés dans le canal vaginal, ne remontent plus dans l'abdomen. La migration s'opère soit avant la naissance (primates, ruminants, prosimiens, etc.), soit après (marsupiaux, carnassiers, périssodactyles, etc.). Enfin, chez les primates, la poche vaginale, une fois le testicule descendu, s'isole complètement de la cavité abdominale, par oblitération du canal de communication.

Nous étudierons d'abord la descente du testicule chez le fœtus mâle, en y comprenant le développement des bourses ; puis nous rechercherons si, chez le fœtus femelle, l'ovaire subit à l'intérieur de la cavité abdominale un déplacement analogue de haut en bas, que certains auteurs ont comparé à la migration du testicule, sous le nom de *migration de l'ovaire*. Sans rappeler toutes les hypothèses qui ont été émises sur le mécanisme de la descente, nous nous bornerons à exposer les faits, d'après les recherches de SOULIÉ (thèse Toulouse, 1895).

1° Migration du testicule. — Nous avons vu plus haut (p. 222) que l'extrémité inférieure du corps de Wolff était rattachée à la région inguinale par le ligament inguinal compris dans une duplicature du péritoine (*mésorchiagogos*). L'extrémité inférieure de ce ligament plonge dans un amas cellulaire dense (*processus vaginal*) occupant d'emblée toute la longueur du futur canal inguinal, et ne tardant pas à faire saillie, au niveau de l'orifice inguinal externe, à travers l'aponévrose du grand oblique, perforée dès le début. Son extrémité supérieure, insérée primitivement sur le corps de Wolff et sur le cordon urogénital, se fixe secondairement sur le testicule et sur le canal déférent, au fur et à mesure de l'atrophie du rein primordial. Ainsi que nous le verrons plus loin, le ligament inguinal sert en quelque sorte de gouvernail au testicule dans son abaissement : c'est le *gubernaculum* (Hunter).

De bonne heure, l'extrémité péritonéale du processus vaginal se creuse d'une petite fossette (*fossette vaginale*) qui ne tarde pas à augmenter de dimensions, et à figurer un véritable canal (*canal péritonéo-vaginal*). Le gubernaculum parcourt ce canal et va se fixer sur le fond du processus, avec lequel ses éléments se mélangent, sans démarcation précise. Chez l'homme, le canal péritonéo-vaginal n'occupe pas d'emblée toute la longueur du processus dont l'extrémité inférieure pleine n'est pas d'ailleurs nettement délimitée, et se perd insensiblement dans le tissu muqueux qui se trouve à l'intérieur des bourses.

On peut reconnaître, à la migration du testicule, cinq phases principales :

a. *Stade de la descente relative.* — Dans une période initiale, qui s'étend jusqu'à la fin du 3ᵉ mois (fig. 115, A), le processus vaginal et le gubernaculum subissent un allongement peu appréciable. Aussi le testicule, rattaché au processus par le gubernaculum, conserve à peu près sa position primitive, bien qu'il semble se rapprocher de la région inguinale, par suite d'un accroissement plus considérable des parties voisines.

b. *Stade de l'allongement proportionnel.* — Dans une deuxième période, comprise entre le commencement du 4ᵉ mois et la fin du 5ᵉ, les bourses se soulèvent, le processus s'allonge par multiplication de ses éléments, et le canal vaginal s'excave davantage. Le gubernaculum, fixé par son extrémité inférieure au fond du processus, devrait être entraîné avec lui, mais comme il s'allonge en même temps, et que son allongement est sensiblement proportionnel à celui du processus, les modifications précédentes ne retentissent en rien sur la position du testicule qui conserve la même distance à l'anneau inguinal interne Il est à remarquer que l'extrémité inférieure du processus participe à l'allongement, et s'épaissit notablement, contrairement à ce qu'on observe chez les ruminants.

c. *Stade de l'ascension temporaire.* — Dans une troisième période, correspondant au 6e mois (fig. 115, B), l'allongement du gubernaculum l'emporte légèrement sur celui du processus.

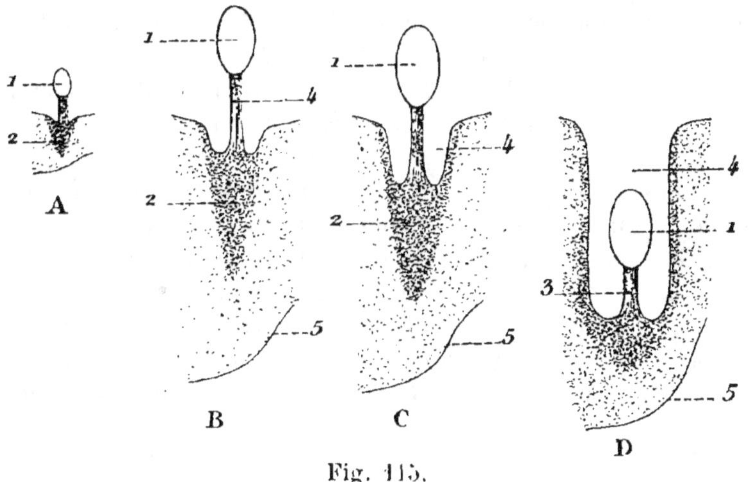

Fig. 115.

Quatre stades successifs de la migration du testicule chez le fœtus humain (représentation demi-schématique, gr. nat.).

A, fœtus 7/9,5 cent. — B, fœtus 19/30.5 cent. — C, fœtus 22,5/35 cent.
D. fœtus 24/36 cent.
1, testicule. — 2, processus vaginal avec ses deux segments creux et plein.
3, gubernaculum. — 4, cavité vaginale. — 5, paroi des bourses.

Le testicule, fixé en arrière par son méso, se déplace en même temps que les parties voisines, par suite de l'accroissement de l'extrémité inférieure du tronc, et remonte de quelques millimètres dans la cavité péritonéale (BRAMANN, 1883 ; SOULIÉ, 1895) (fig. 115, C et D).

d. *Stade de la descente.* — Dans une quatrième période (du 7e mois au commencement du 9e), le processus vaginal continue à s'allonger, en même temps que son fond diminue d'épaisseur, mais le gubernaculum conserve la même longueur (C) ou

18.

se raccourcit légèrement (D). Il en résulte que le testicule, abaissé avec le gubernaculum, s'engage dans l'orifice inguinal interne, et descend progressivement dans la cavité vaginale.

e. *Stade de la migration complète.* — Dans une cinquième et dernière période (du commencement du 9ᵉ mois lunaire à la naissance), le processus vaginal augmente encore de longueur, tandis que le gubernaculum se raccourcit rapidement, en se rétractant et en s'étalant contre la paroi de la tunique vaginale. La descente s'achève, et le testicule occupe sa situation définitive au fond de la poche vaginale.

Au moment de la naissance, le canal péritonéo-vaginal s'oblitère dans son segment supérieur; son segment inférieur qui loge le testicule constitue la *cavité vaginale*. Les parois du processus limitant cette cavité fournissent la séreuse vaginale et la tunique fibroïde. Quant au gubernaculum, à l'intérieur duquel ont apparu des fibres musculaires lisses, il persiste sous la forme d'un cordon musculaire, unissant en arrière la queue de l'épididyme et la partie correspondante du testicule aux tuniques vaginale et fibroïde, dans l'épaisseur desquelles il se prolonge pour former les *crémasters lisses interne et moyen*.

Le tissu muqueux qui occupe les bourses avant la descente représente le tissu cellulaire sous-cutané, dans la couche superficielle duquel se développent des fibres musculaires lisses vers la fin du 4ᵉ mois. On a pu ainsi diviser le tissu cellulaire sous-cutané en deux couches distinctes : une superficielle *dartoïque*, et une profonde *celluleuse*. Les adhérences fibreuses entre le fond du processus (tunique fibroïde) et la peau des bourses ou scrotum, qui représentent le *ligament scrotal*, ne se développent que secondairement. Les bourgeons des follicules pileux apparaissent dans le scrotum vers le milieu du 4ᵉ mois.

En s'abaissant dans l'épaisseur des bourses, le processus vaginal entraîne avec lui des fibres musculaires striées appartenant au petit oblique et au transverse qui constituent chez l'adulte le *crémaster externe*, dont l'épanouissement à la surface de la tunique fibroïde forme la *tunique érythroïde*. Sur le

fœtus du 3° mois, quelques fibres du crémaster pénètrent
à l'intérieur du gubernaculum, au niveau de son insertion sur
le processus. Ces fibres disparaissent plus tard, et l'on doit
admettre qu'à la suite de l'étalement de l'extrémité inférieure
du gubernaculum, elles ont été reportées dans la paroi vaginale, où elles se confondent avec le restant du crémaster.
Ces fibres ne prennent aucune part au phénomène de la descente : elles font d'ailleurs entièrement défaut dans le gubernaculum des ruminants et des solipèdes.

2° Migration de l'ovaire. — Le fœtus femelle du 3° mois
possède un processus vaginal entièrement semblable à celui
du mâle, et également pourvu à son extrémité péritonéale
d'une petite fossette (*diverticule de Nück*). Le ligament inguinal renferme, comme chez le mâle, au niveau de son insertion vaginale, des fibres musculaires striées qui ne dépassent
pas en hauteur l'ouverture péritonéale de la fossette vaginale. Seulement, tandis que, dans la suite du développement,
les organes similaires du mâle se modifient et changent de
position, ceux de la femelle évoluent sur place, en subissant un
simple accroissement. Le ligament inguinal se transforme en
un cordon de fibres musculaires lisses à direction longitudinale
(*ligament rond*), dont le segment inguinal seul contient des
fibres musculaires striées (crémaster) qui se continuent avec
les muscles profonds de la paroi abdominale. Quant au segment
superficiel ou labial du ligament rond qui répond au ligament
scrotal du mâle, il se développe, comme ce dernier, secondairement, et se compose exclusivement de faisceaux conjonctifs.

L'allongement du ligament rond, sans être accompagné
d'un déplacement de son extrémité inférieure, permet à
l'ovaire de remonter dans la cavité abdominale. C'est ainsi
que la distance de l'ovaire à l'orifice inguinal interne, qui
n'est que de 1 millimètre sur le fœtus du troisième mois,
s'élève à 11 millimètres, vers la fin du 8° mois. Remarquons,
en plus, qu'au moment où devrait se produire la descente (à
partir du 7° mois), le fond de l'utérus est déjà constitué, chez
le fœtus humain femelle, et que le ligament rond s'insère, par

son extrémité supérieure, à l'union de cet organe avec la trompe, ce qui rendrait son action à peu près inefficace. La migration de l'ovaire se fait donc de bas en haut, et peut être assimilée à l'ascension temporaire qu'on constate chez le fœtus mâle du 5ᵉ mois (SOULIÉ).

§ 6. — DESTINÉE DU SINUS UROGÉNITAL ET DE LA GOUTTIÈRE UROGÉNITALE

Nous avons déjà eu l'occasion d'indiquer sommairement la destinée du sinus urogénital et de la gouttière urogénitale,

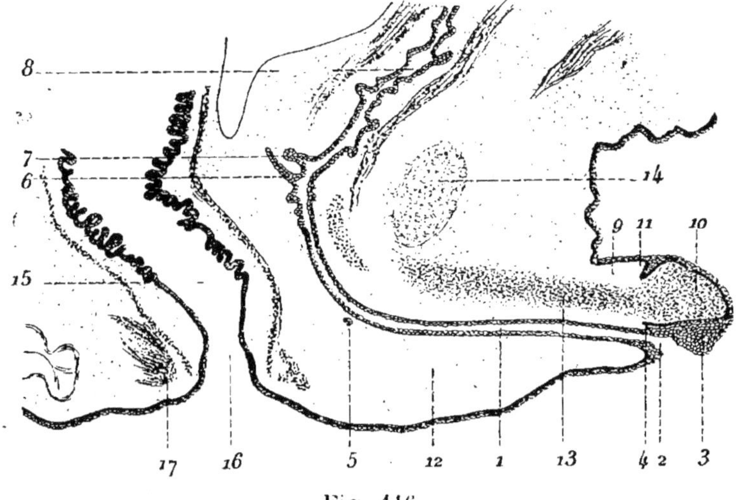

Fig. 116.

Section sagittale et axile de l'extrémité inférieure, sur un fœtus humain mâle de 6,7 9,2 cent. (Gr. 10,1).

1. canal de l'urèthre. — 2, fente urogénitale. — 3. lame urogénitale. — 4. sinus de GUÉRIN. — 5, glande bulbo-uréthrale. — 6, vagin mâle. — 7. glande prostatique. — 8, vessie. — 9, pénis. — 10. gland. — 11, prépuce. — 12. bourses. — 13, corps caverneux. — 14, pubis. — 15. rectum. — 16. anus. — 17, sphincter externe de 'anus.

dans les deux sexes. Nous rappellerons que le segment profond du sinus urogénital, situé en arrière de l'abouchement des conduits génitaux, devient, chez le mâle, la vessie et la portion prostatique postérieure du canal de l'urèthre, et, chez la femelle, la vessie et l'urèthre en entier. Le segment superficiel du sinus donne naissance de son côté, chez le mâle, à la por-

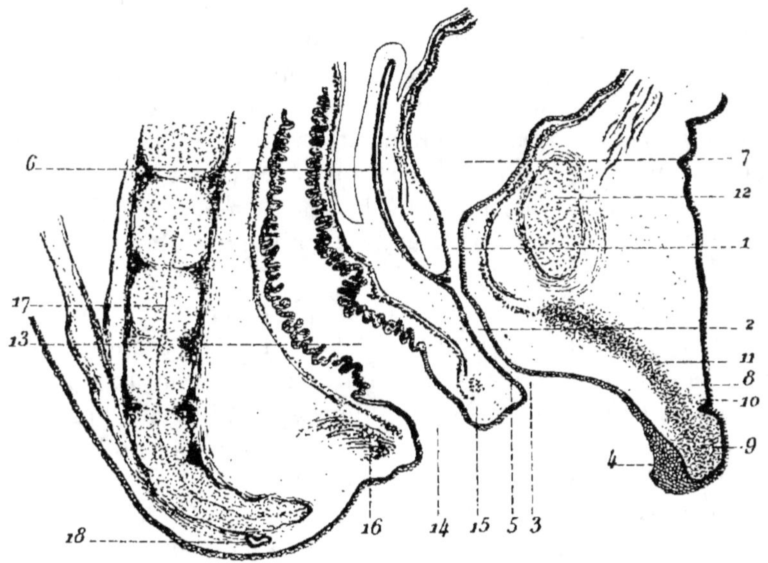

Fig. 117.

Section sagittale et axile de l'extrémité inférieure sur un fœtus humain femelle de 6.5/9 cent. (Gr. 10/1).

1, canal de l'urèthre. — 2, canal vestibulaire. — 3, fente urogénitale. — 4, lame urogénitale. — 5, niveau des glandes vulvo-vaginales non intéressées sur la coupe axile. — 6, canal génital. — 7, vessie. — 8, clitoris. — 9, gland. — 10, capuchon du clitoris. — 11, corps caverneux. — 12, pubis. — 13, rectum. — 14, anus. — 15, périnée. — 16, sphincter externe de l'anus. — 17, chorde dorsale. — 18, vestige coccygien de la moelle épinière.

tion prostatique antérieure de l'urèthre, aux portions membraneuse et bulbeuse, et, chez la femme, au vestibule. Enfin, la gouttière urogénitale fournit, chez le mâle, en se transformant en canal, les portions spongieuse et balanique de l'urèthre, et, chez la femelle, en restant ouverte, la portion pré-uréthrale du vestibule.

Nous allons rechercher le développement structural de ces parties, ainsi que des organes glandulaires qui viennent déboucher dans le canal de l'urèthre.

1° Vessie, ouraque. — Le renflement vésical, appréciable dès la fin du 1er mois, est contenu à l'origine dans la paroi abdominale antérieure, et se continue par son extrémité supérieure avec le canal allantoïdien, dont le segment interposé entre la vessie et l'ombilic représente le canal de l'ouraque. Pendant le 2e mois, la vessie augmente sensiblement de volume, et vient faire saillie dans la cavité abdominale ; elle descend ensuite progressivement dans le bassin, où elle se loge définitivement à la fin de la 2e année (Sappey).

Les différentes tuniques de la vessie sont nettement distinctes au 4e mois de la vie fœtale. L'épithélium dérive directement du revêtement cloacal.

Le canal de l'ouraque reste perméable dans toute sa longueur jusqu'au milieu de la vie intra-utérine. Puis, le segment supérieur s'oblitère et se transforme en un cordon fibreux (*ligament médian de la vessie*), tandis que le segment inférieur persiste, et continue à s'ouvrir, chez l'adulte, au sommet de la vessie, par un petit orifice rétréci (Luschka, 1862).

La cicatrisation des artères ombilicales s'opère dans le courant du 2e mois après la naissance (Robin, 1860) ; leur oblitération a lieu graduellement de haut en bas, par soudure des parois opposées de leur face interne. La portion inférieure des artères ombilicales, restée creuse, donne quelques branches à la vessie, jusqu'à une hauteur variable, suivant les sujets.

2° Canal de l'urèthre. — Le revêtement endodermique du sinus urogénital fournit, chez l'homme, l'épithélium des portions prostatique, membraneuse et bulbeuse du canal de l'urèthre, et, par une série d'involutions, donne naissance aux différentes glandes qui viennent s'y déverser (glandes prostatiques, glandes bulbo-uréthrales, glandes uréthrales). Chez la femme, ce même revêtement devient l'épithélium de l'urèthre (avec ses glandes) et du vestibule (avec les glandes vulvo-vaginales). Quant à l'épithélium des portions spongieuse et balanique du canal de l'urèthre chez l'homme, il dérive du bouchon cloacal par l'intermédiaire de la lame urogénitale, ainsi que celui de la portion pré-uréthrale du vestibule chez la femme. Or, le bouchon est lui-même formé par le mélange d'éléments endodermiques et ectodermiques, sans qu'il soit possible de préciser actuellement la part qui revient à chaque feuillet dans la constitution de la lame urogénitale, non plus que d'indiquer la limite exacte où s'arrête, chez l'adulte, l'épithélium du sinus urogénital, et où commence celui du bouchon cloacal. Il semble cependant probable que la gouttière urogénitale est tapissée en majeure partie par des cellules provenant de l'ectoderme.

Quoi qu'il en soit, à l'origine, et dans les deux sexes, le revêtement épithélial de la gouttière se rapproche du type pavimenteux stratifié; puis, du 4e au 5e mois, il devient prismatique stratifié. Ces changements successifs sont intéressants à signaler, surtout si l'on considère que, chez la femme adulte, l'épithélium du vestibule et de sa portion pré-uréthrale retourne à l'état pavimenteux stratifié, tandis que, chez l'homme, l'épithélium des portions membraneuse et bulbeuse du canal de l'urèthre conserve pendant toute la vie les caractères de l'épithélium prismatique stratifié.

Le chorion de la muqueuse uréthrale ne commence à se distinguer du tissu spongieux sous-jacent qu'à partir du 5e mois. Les fibres striées de l'orbiculaire sont reconnaissables dès la fin du 3e mois; les fibres lisses se montrent au commencement du 5e.

3° Glandes prostatiques. — Les glandes prostatiques existent dans toute l'étendue de la portion prostatique du canal de l'urèthre chez l'homme, et empiètent même sur le segment uréthral du trigone vésical, où elles affectent toutefois des dimensions moins considérables que dans la prostate proprement dite. Les glandules qu'on observe dans l'urèthre, chez la femme, doivent être considérées comme des glandes prostatiques rudimentaires; elles peuvent être également le siège de la production de concrétions azotées ou *sympexions*. (Virchow, 1853.)

Nous étudierons le développement des glandes prostatiques successivement chez l'homme et chez la femme.

a. *Chez l'homme.* — Les glandes prostatiques apparaissent au commencement du 3ᵉ mois, sous la forme de bourgeons pleins provenant de l'épithélium du sinus urogénital. Vers le milieu du 4ᵉ mois, ces bourgeons se sont allongés et ont poussé des bourgeons secondaires, en même temps qu'ils commencent à se creuser d'une lumière centrale. A la naissance, la prostate se rapproche de la configuration qu'elle présente chez l'adulte.

Les faisceaux de fibres musculaires lisses, interposés aux ramifications des glandes prostatiques, se montrent vers la fin du 5ᵉ mois.

b. *Chez la femme.* — Le développement des glandes uréthrales reproduit sensiblement celui des glandes prostatiques de l'homme. Les bourgeons glandulaires également pleins se dessinent dans la seconde moitié du 3ᵉ mois, et émettent leurs bourgeons secondaires à la fin du 4ᵉ mois ; les canaux excréteurs deviennent creux au 5ᵉ mois.

Les glandes uréthrales de la femme apparaissent ainsi plus tardivement et évoluent plus lentement que les glandes prostatiques de l'homme. Elles n'atteignent jamais le complet développement de ces dernières, et leur structure, chez la femme adulte, paraît répondre à celle qu'on observe chez le fœtus mâle du 5ᵉ au 6ᵉ mois.

Aux glandules uréthrales de la femme, semblent devoir se rattacher deux conduits venant s'ouvrir contre le bord postérieur de l'orifice uréthral, de chaque côté de la ligne médiane. Ces conduits, mentionnés pour la première fois par Skene en 1880, existeraient dans la proportion de 80 p. 100, selon Kochs. Leur longueur varierait de 0,5 à 2 centimètres, et leur calibre permettrait l'introduction d'une sonde de 1 millimètre.

Un certain nombre d'observateurs (Kochs, Böhm, Wassilief, Valenti, Debierre) considèrent ces conduits comme représentant les extrémités inférieures des canaux de Wolff, c'est-à-dire comme de véritables canaux de Gartner ; mais, ainsi que le remarque fort justement Schuller, ces conduits n'existent pas encore sur des fœtus humains de 12 à 20 centimètres, et, chez l'adulte, des glandules viennent déboucher dans leur extrémité profonde, ce qui permettrait de les considérer comme les canaux excréteurs de glandes uréthrales. DOHRN, KŒLLIKER et VAN ACKEREN se sont rangés à cette opinion, émise pour la première fois par SKENE.

4° Glandes bulbo-uréthrales et vulvo-vaginales. — Le début de la formation de ces glandes homologues répond à peu près au commencement du 3ᵉ mois. Elles se développent par un bourgeon plein émané de l'épithélium du sinus urogénital, qui commence à se ramifier au commencement du 4ᵉ mois. Vers la fin de ce mois, les conduits sont pourvus d'une lumière centrale.

Sur un fœtus femelle à la fin du 4ᵉ mois, examiné par F. VAN ACKEREN (1889), le conduit excréteur des glandes vulvo-vaginales présente cinq ramifications à son extrémité profonde. Sur un fœtus plus âgé (commencement du 5ᵉ mois), les divisions principales avaient poussé des bourgeons secondaires.

5° Glandes de Littre. — Les glandes de Littre apparaissent, vers le milieu du 4ᵉ mois, par des bourgeons pleins, qui se ramifient dans le tissu spongieux sous-jacent, et atteignent sa surface dès la fin du 4ᵉ mois. En même temps, les conduits excréteurs se creusent d'une cavité qui s'étend progressivement dans les portions profondes sécrétantes.

Le vestibule et la portion pré-uréthrale du vestibule, chez la femme, ne possèdent pas d'organes glandulaires analogues aux glandes de Littre.

6° Sinus de Guérin, glande clitoridienne. — Le sinus de Guérin, limité par la valvule de même nom, se forme aux dépens du bord profond de la lame urogénitale, qui, en regard de la base du gland, émet directement en arrière un bourgeon plein, à peu près parallèlement au canal de l'urèthre (fin du 3ᵉ mois) (fig. 118). Ce bourgeon se creuse ensuite d'une cavité, tandis que sa surface se couvre de bourgeons glandulaires (6ᵉ mois).

Chez la femme, l'extrémité postérieure de la lame urogéni-

tale du gland donne également naissance, au niveau de la
base de cet organe, à un bourgeon plein qui rappelle par son
origine, par sa situation et par sa structure, le premier rudiment de la fossette de Guérin chez le mâle. A ce bourgeon,
succède un petit crypte muqueux, au fond duquel viennent
s'ouvrir, dans certains cas assez rares, des glandules dont WER-
THEIMER a désigné l'ensemble sous le nom de *glande clitoridienne*. Cette glande, lorsqu'elle existe, devra ainsi être assi-

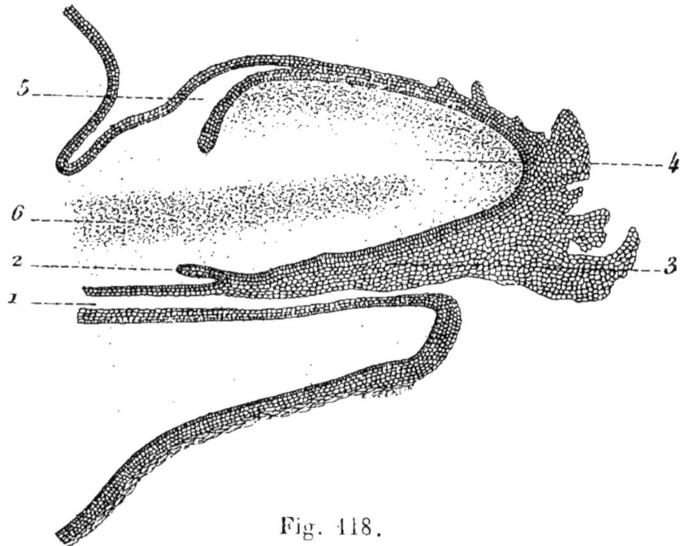

Fig. 118.

Section longitudinale de l'extrémité du pénis sur un fœtus humain de
8/12 cent., montrant le bourgeon du sinus de Guérin (Gr. 20/1).

1, canal de l'urèthre. — 2, bourgeon initial du sinus de Guérin. — 3, lame urogénitale avec son nodule terminal. — 4, gland. — 5, prépuce. — 6, corps caverneux.

milée aux glandules qui débouchent dans le fond et sur les
parois du sinus de Guérin.

La lame urogénitale donne parfois naissance à deux bourgeons pouvant évoluer tous les deux en sinus de Guérin chez
l'homme, et en cryptes muqueux chez la femme.

Le tableau suivant montre l'homologie des dérivés du sinus

urogénital, du tubercule génital et des replis génitaux, dans les
deux sexes :

		HOMME.	FEMME.
Sinus uro-génital.	Segment pro-fond. . . .	Vessie	Vessie.
		Portion prostatique de l'urèthre, en arrière des conduits éjacula-teurs (avec glandes annexes)	Urèthre tout entier (avec glandes annexes).
	Segment su-perficiel . .	Portion prostatique de l'urèthre, en avant des conduits éjaculateurs.	
		Portions membraneuse et bulbeuse (avec glan-des annexes — glandes bulbo-uréthrales).	Canal vestibulaire (glan-des vulvo-vaginales).
Tubercule génital. . . .		Pénis.	Clitoris.
Gouttière uro-génitale. . .		Portion spongieuse de l'urèthre et portion balanique	Portion pré-uréthrale du vestibule.
Replis génitaux.		Bourses.	Grandes lèvres.

CHAPITRE IV

APPAREIL NERVEUX

Nous étudierons dans ce chapitre le développement du système nerveux central, puis celui du système nerveux périphérique comprenant les ganglions et les nerfs rachidiens, et le grand sympathique.

ARTICLE PREMIER

SYSTÈME NERVEUX CENTRAL

Nous ne reviendrons pas ici sur le mode de formation du tube médullaire primitif, par soulèvement en arrière et soudure sur la ligne médiane des deux bords de la gouttière médullaire (p. 84). Nous nous bornerons à rappeler que, pendant un certain temps, le tube médullaire reste ouvert à ses deux extrémités (*neuropores antérieur et postérieur*). Le neuropore antérieur présente une certaine importance au point de vue phylogénique. Il correspond, en effet, chez l'amphioxus adulte, à une fossette garnie de cils vibratiles, par l'intermédiaire de laquelle l'eau de mer peut pénétrer à l'intérieur du canal médullaire. Chez un certain nombre de poissons, le neuropore antérieur s'oblitère; toutefois le tube médullaire reste en continuité avec l'ectoderme par l'intermédiaire d'un cordon cellulaire. Chez les mammifères, la fermeture du neuropore antérieur est également complète, mais, de plus, le tube médullaire se détache de l'ectoderme ; on donne le nom de *plaque terminale* à la membrane nerveuse d'occlusion.

Quant au neuropore postérieur, il siège au niveau de l'extrémité la plus reculée du tube médullaire, en regard du canal neurentérique et sa fermeture est plus tardive que celle du neuropore antérieur.

La persistance anormale de la gouttière médullaire, sur une partie de sa longueur, donne lieu à la malformation connue sous le nom de *spina bifida* (avec poche hydrorachidienne externe). Cette malformation est surtout fréquente dans la région lombo-sacrée, au niveau du neuropore postérieur. Dans la région des vésicules cérébrales, elle constitue l'*anencéphalie*.

Au moment où s'effectue l'occlusion des neuropores, on peut reconnaître au système nerveux central deux segments bien distincts : 1° un segment inférieur, de forme assez régulièrement cylindrique, et 2° un segment supérieur renflé en plusieurs vésicules diversement infléchies. Le segment inférieur donne naissance à la moelle épinière ; les vésicules supérieures, à l'encéphale.

§ 1. — MOELLE ÉPINIÈRE

La portion du tube médullaire primitif, aux dépens de laquelle se constitue la moelle épinière, représente un cylindre assez régulier étendu depuis les vésicules cérébrales jusqu'au sommet de l'éminence coccygienne ; toutefois son extrémité inférieure, dans l'étendue de la région sacro-coccygienne, est légèrement effilée. Nous rechercherons successivement comment se forment les substances grise et blanche ; puis, après avoir montré les modifications que subit la lumière centrale du tube médullaire, nous aborderons l'étude du segment terminal sacro-coccygien, dont l'évolution s'écarte sensiblement de celle de la partie supérieure.

1° Substance grise. — Au moment où le tube médullaire primitif se détache de l'ectoderme, ses parois sont constituées par plusieurs rangées de cellules ovoïdes étroitement serrées et disposées perpendiculairement à la surface. De bonne heure on distingue, dans la partie interne, des cellules arrondies (*cellules germinatives*, His ; *neuroblastes*) qui émigrent peu à peu à la surface, et se disposent, au stade de 4 à 6 millimètres, suivant une *couche engainante* dont les éléments évoluent en cellules nerveuses (*neurones*), le cylindraxe précédant les prolongements protoplasmiques. Quant aux cellules de la couche interne ou *spongioblastes* (His), elles donnent naissance à des expansions membraneuses qui s'anastomosent les unes avec les autres, et forment un réseau connu sous le nom de *neurosponge* ou de *myélosponge*. Ce réseau est surtout accusé à la surface de la moelle, où il constitue le *voile médullaire marginal*. Aux dépens des spongioblastes, se développeront les cellules de l'épendyme, ainsi que les cellules de la névroglie (*cellules en araignée*). L'ensemble de tous ces éléments représente la *substance grise*.

Sur l'embryon de 8 millimètres, la couche engainante s'est renflée en avant, de chaque côté de la ligne médiane, dessinant ainsi les rudiments des cornes antérieures. Les cornes postérieures, encore vaguement esquissées à cette époque, ne deviennent réellement apparentes qu'au stade de 12 millimètres. Les ganglions rachidiens sont distincts sur l'embryon de 6 millimètres, ainsi que les racines antérieures et postérieures.

2° Substance blanche. — On sait depuis longtemps que les cylindraxes des fibres motrices des racines antérieures émanent des cellules des cornes antérieures, tandis que les cylindraxes des fibres sensitives des racines postérieures proviennent des cellules des ganglions spinaux, et ne s'enfoncent que secondairement dans la moelle. Les racines antérieures précèdent dans leur apparition les racines postérieures.

Vers la fin du 1ᵉʳ mois, on voit un certain nombre de fibres provenant des cellules de la corne postérieure qui commence à se dessiner nettement, se porter vers la corne antérieure du même côté, la contourner ou la traverser, puis se diriger vers le côté opposé de la moelle. Ces fibres représentent l'ébauche de la commissure antérieure ; la disposition qu'elles affectent dans la substance grise est connue sous le nom de *formation arquée* (His) ou de *stratum semi-circulaire* (HENSEN). Les fibres arquées, après avoir constitué la commissure, viennent se placer pour la plupart en avant de la corne antérieure, où elles représentent le cordon antérieur. Un certain nombre de fibres dépassent le cordon antérieur, se portent plus en dehors sur les parties latérales de la moelle, et contribuent à la formation du cordon latéral.

A la même époque, ou peu après, les fibres des racines postérieures, immédiatement après leur pénétration dans la moelle, se divisent en deux branches, l'une ascendante, l'autre descendante, desquelles se détachent une série de collatérales qui se répandent dans la substance grise. L'ensemble de ces branches ascendantes et descendantes constitue un petit faisceau accolé à la face externe de la corne postérieure, et désigné à cette époque par His sous le nom de *faisceau ovale* (embryon de 12 millimètres). Ce faisceau ovale est le rudiment du cordon postérieur.

Quant aux cordons latéraux, ils ne sont encore représentés que par quelques fibres longitudinales bordant la substance grise depuis les racines antérieures jusqu'aux racines postérieures. Ces fibres reconnaissent une double origine ; la plus grande partie proviennent des cellules de la corne postérieure du même côté, les autres de la formation arquée du côté opposé.

Telle est la constitution de la moelle épinière à la fin du 1er mois de la vie embryonnaire. Pendant les 2e et 3e mois, les cornes antérieures et postérieures, devenues bien distinctes, se trouvent déjetées latéralement par l'accroissement des cordons antérieurs et postérieurs, si bien que les racines antérieures et postérieures se rapprochent l'une de l'autre.

C'est également au cours du 2e mois que l'on voit se dessiner les renflements cervical et lombaire de la moelle, par accroissement à leur niveau de la substance grise.

3° Myélinisation des cordons. — FLECHSIG a montré que la gaine de myéline se dépose au pourtour du cylindraxe à partir de la cellule d'origine. La myélinisation débute au

4e mois dans les racines postérieures et dans les faisceaux du cordon postérieur qui avoisinent ces racines, pour se propager ensuite dans la direction du sillon médian postérieur ; elle est achevée au 5e mois. La myélinisation du faisceau de GOLL précède donc celle du faisceau de BURDACH. Peu après, s'opère le dépôt de myéline dans le cordon antérieur, et plus tard dans le cordon latéral ; le faisceau cérébelleux direct se myélinise au 7e mois, et le faisceau pyramidal croisé seulement après la naissance.

C'est également au 5e mois qu'on voit apparaître la myéline dans les faisceaux des voies commissurales courtes : faisceau fondamental du cordon antérieur, et partie interne du faisceau fondamental latéral. Parmi les voies centripètes, c'est le faisceau cérébelleux direct dont la myélinisation complète est la plus tardive (7e mois).

A la naissance, chez l'homme, la moelle est complètement développée, et présente les mêmes caractères que chez l'adulte, alors que la myéline commence à peine à faire son apparition dans les faisceaux pyramidaux. Comme la myélinisation marque l'époque du fonctionnement, on voit que les mouvements du fœtus sont de simples actes réflexes.

4° Modifications du canal central. — Jusqu'au stade de 6 millimètres, la lumière du tube médullaire présente, sur la coupe transversale, la forme d'un ovale allongé dont le grand axe, dirigé d'avant en arrière, mesure une longueur d'environ 300 μ (fig. 85, A). Vers la fin du 1er mois, et au commencement du 2e, le canal se dilate notablement, et sa forme se rapproche de celle d'un losange dont les deux côtés antérieurs sont plus longs que les postérieurs ; sur l'embryon de 8 millimètres, les deux axes atteignent une longueur de 450 μ et de 150 μ (fig. 85, B). Vers la fin du 2e mois, les cordons postérieurs, en s'accroissant, refoulent les parois latérales du canal, et donnent à ce dernier l'aspect d'un fer de lance dont le grand axe mesure 1,5 mill. (embryon de 24 millimètres). Au commencement du 3e mois, les cordons postérieurs se coudent en dedans, et compriment l'une contre l'autre les parois latérales du canal, qui se fusionnent entre elles dans toute l'étendue de ces cordons. Cette soudure, qui progresse d'arrière en avant, entraîne naturellement une diminution du canal central. En avant, pareil phénomène se produit également, mais dans des proportions beaucoup moindres.

C'est au 3e mois que le canal central du tube médullaire acquiert les caractères définitifs du *canal de l'épendyme*. Jusqu'à cette époque, ses parois étaient constituées par plusieurs assises cellulaires à grand axe perpendiculaire à la surface (spongioblastes). Les cellules les plus internes se transforment alors en cellules cylindriques et émettent deux prolongements : un prolongement externe qui arrive jusqu'à la surface de la moelle, et un prolongement interne qui représenterait, d'après Lenhossek, un certain nombre de cils agglutinés. Quant aux cellules externes, elles s'écartent les unes des autres par interposition d'une substance amorphe assez abondante, et contribuent à former la *substance gélatineuse centrale* ou *gelée de Stilling*. Cette substance se prolonge au pourtour de la corne postérieure, où elle est connue sous le nom de *gelée de Rolando*.

5° Formation des sillons médians. — Au moment où les cordons postérieurs commencent à s'épaissir, on voit se dessiner entre eux une encoche que certains auteurs ont considérée comme l'origine du sillon médian postérieur. Mais Lenhossek a montré que ce sillon était virtuel, qu'il représentait la partie disparue du canal central, et qu'on n'y rencontrait jamais trace de vaisseaux ni d'éléments conjonctifs. Les cellules du canal central, comprises dans l'encoche des cordons postérieurs, se modifient, s'étirent et prennent une apparence cornée (*filament corné*); à la jonction de ce filament et de la portion persistante du canal central de la moelle, se développe une commissure transversale étendue entre les deux cornes postérieures (*commissure grise postérieure*).

Des modifications semblables se produisent également, d'après Prenant (1896), à la partie antérieure, où l'on voit se former un filament corné antérieur depuis la commissure antérieure jusqu'à la portion persistante du canal. Mais en avant de la commissure blanche antérieure, il existe réellement entre les cordons antérieurs un sillon permanent, envahi à un moment donné par un prolongement conjonctivo-vasculaire. Les artérioles émanées de la spinale antérieure envoient des rameaux destinés aux cornes antérieures.

6° Vascularisation de la moelle. — Les vaisseaux pénètrent à l'intérieur de la moelle dans la première moitié du 2ᵉ mois, et s'y développent rapidement. Chez l'embryon de la 7ᵉ semaine, la substance grise est déjà irriguée par un riche réseau capillaire, tandis que les vaisseaux sont encore clairsemés dans la substance blanche. La vascularisation débute par le segment ventral de la moelle.

Les gaines adventices des vaisseaux apparaissent du 3ᵉ au 4ᵉ mois dans la substance grise, et seulement à partir du 6ᵉ mois dans la substance blanche (Eichhorst).

7° Formation du cône médullaire, ascension de la moelle. — Du 3ᵉ au 6ᵉ mois lunaire, l'allongement de l'extrémité inférieure de la colonne vertébrale l'emporte sur celui du névraxe ; la moelle commence par s'étirer dans la région sacrée (*cône médullaire*), puis elle se détache finalement de la base du coccyx, et remonte à l'intérieur du canal sacré et du canal lombaire (ascension de la moelle), d'où la disposition descendante des racines lombo-sacrées connue sous le nom de *queue de cheval*. Au 6ᵉ mois, le cône médullaire se termine entre les 4ᵉ et 5ᵉ vertèbres lombaires ; au 8ᵉ mois, entre les 3ᵉ et 4ᵉ lombaires ; et, à la naissance, entre les 2ᵉ et 3ᵉ lombaires. Pendant la première année, l'extrémité inférieure de la moelle s'élève jusqu'au bord inférieur de la première lombaire, position qu'elle conserve chez l'adulte.

Dans cette ascension de la moelle, la pie-mère extensible s'allonge, et constitue en majeure partie le *fil terminal*. La dure-mère, grâce à ses adhérences multiples, subit une ascension moindre que la moelle : son cul-de-sac inférieur s'arrête au niveau du corps de la deuxième vertèbre sacrée. L'extrémité inférieure de la dure-mère, limitant le cul-de-sac dorsal, se prolonge jusqu'à la base du coccyx par un ligament engainant le segment externe du fil terminal, et connu sous le nom de *ligament coccygien*.

8° Ventricule terminal. — Le cinquième ventricule, *ventricule terminal* (KRAUSE, 1875) ou *sinus terminal* (LŒWE, 1883), compris dans le cône médullaire, ne représente pas une dilatation du canal neural primitif, analogue à celle des vésicules cérébrales, mais résulte de ce fait que l'oblitération partielle de ce canal ne s'est pas produite à son niveau (LŒWE, 1883 ; SAINT-RÉMY, 1888). Les parois du sinus terminal sont revêtues par l'épithélium épendymaire, doublé en dehors par une mince couche de substance grise.

Le sinus rhomboïdal des oiseaux constitue une formation essentiellement différente de celle du sinus terminal. Il ne répond pas à une portion élargie du canal neural, mais se trouve formé par un amas considérable de cellules vésiculeuses occupant l'espace qui sépare les cornes postérieures, et dérivant de la couche externe des spongioblastes (M. DUVAL, 1877).

9° Vestiges médullaires coccygiens. — Au commencement du 3ᵉ mois, le tube médullaire se prolonge encore en bas jusqu'à l'extrémité de la colonne vertébrale, dans l'éminence coccygienne, et son segment terminal, légèrement renflé, contracte des adhérences avec les couches profondes de la peau. Vers la fin du même mois, la colonne vertébrale, se développant plus rapidement que les parties molles, entraîne avec elle la portion attenante du tube médullaire dont l'extrémité continue à adhérer au tégument externe. Il résulte de cette inégalité de croissance que la portion terminale ou coccygienne du névraxe se recourbe en arrière, et décrit une anse dont la branche profonde est en rapport avec la face postérieure des vertèbres coccygiennes (*segment coccygien direct*) et dont la branche superficielle se dirige obliquement de bas en haut et d'avant en arrière (*segment coccygien réfléchi*). Dans le courant du 4ᵉ mois, le segment coccygien direct s'atrophie et disparaît sur place ; quant au segment réfléchi, il continue à évoluer pendant le 5ᵉ mois, donnant naissance à des cordons ou à des amas cellulaires creusés d'excavations irrégulières que limite une couche de cellules prismatiques ou pavimenteuses suivant les points envisagés (*vestiges coccygiens* du tube médullaire, F. TOURNEUX et G. HERRMANN, 1887) (fig. 117). Ces vestiges, à partir du 6ᵉ mois, subissent une atrophie progressive, mais on peut encore en retrouver des restes au moment de la naissance. Leur hypertrophie anormale peut donner lieu à certaines tumeurs sacro-coccygiennes congénitales d'origine nerveuse.

§ 2. — ENCÉPHALE

Les recherches contemporaines tendent à démontrer qu'il n'existe à l'origine que deux renflements ou vésicules cérébrales occupant l'extrémité supérieure du tube médullaire, le

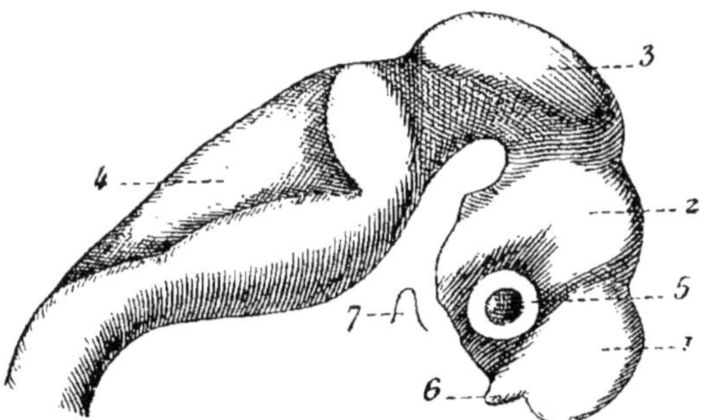

Fig. 119.

Vésicules cérébrales sur un embryon humain de la 4ᵉ semaine. Reconstruction, d'après His.

1, cerveau antérieur. — 2, cerveau intermédiaire. — 3, cerveau moyen. — 4, cerveau rhomboïdal non encore divisé. — 5, vésicule optique. — 6, lobe olfactif. — 7, trace du diverticule hypophysaire.

précerveau et le *postcerveau*, séparées par une portion rétrécie, le *pli cérébral* de KUPFFER. Le stade classique des trois vésicules (antérieure, moyenne et postérieure) serait secondaire, et résulterait du dédoublement du précerveau en deux vésicules. Ce stade d'ailleurs est également transitoire. En effet, peu après l'évagination des vésicules oculaires primitives aux dépens de la vésicule cérébrale antérieure (embryons de 2 à 3 millimètres, 16 à 18 jours), les vésicules cérébrales antérieure et postérieure se subdivisent chacune en deux cavités secondaires (embryons de 4 à 6 millimètres), ce qui porte à cinq le nombre des vésicules (fig. 119 et 120). Ces subdivisions ne sont pas dues à des étranglements du tube primitif, mais elles proviennent, ainsi que le fait remarquer justement S. Minot, d'une différence de croissance entre les diverses parties de ce tube.

Le tableau suivant montre les transformations successives des vésicules cérébrales :

STADE DES 2 VÉSICULES	STADE DES 3 VÉSICULES	STADE DES 5 VÉSICULES
A) Précerveau.	I. Cerveau antérieur (*Prosencéphale*).	1° Cerveau antérieur ou terminal (*Télencéphale. Prosencéphale*). 2° Cerveau intermédiaire (*Diencéphale. Thalamencéphale*).
	II. Cerveau moyen (*Mésencéphale*).	3° Cerveau moyen (*Mésencéphale*).
B) Postcerveau.	III. Cerveau postérieur (*Rhombencéphale*).	4° Cerveau postérieur (*Métencéphale*). 5° Arrière-cerveau (*Myélencéphale*).

L'axe du tube médullaire, sensiblement rectiligne pendant les premières phases du développement, passe à l'origine par le centre de la plaque terminale (p. 288). Mais, dès que l'extrémité supérieure du tube médullaire s'est renflée en plusieurs vésicules superposées, l'axe nerveux subit un certain nombre de courbures. Une première inflexion se produit dans la région du vertex (*courbure céphalique antérieure*, Kœlliker; *courbure de vertex*, His), se traduisant à l'extérieur par la *protubérance du vertex* ou *éminence apicale* (fig. 119 et 120). Cette première courbure, qui répond au cerveau moyen, s'opère autour de

l'extrémité supérieure de la chorde dorsale comme centre.
Peu après, une deuxième courbure apparaît dans la région
de la nuque, à l'union du cerveau postérieur et de la moelle
(*courbure céphalique postérieure*, KŒLLIKER ; *courbure nuchale*,
HIS); donnant lieu à *l'éminence de la nuque* (fig. 120). Enfin,
une troisième inflexion se montre peu après entre les deux

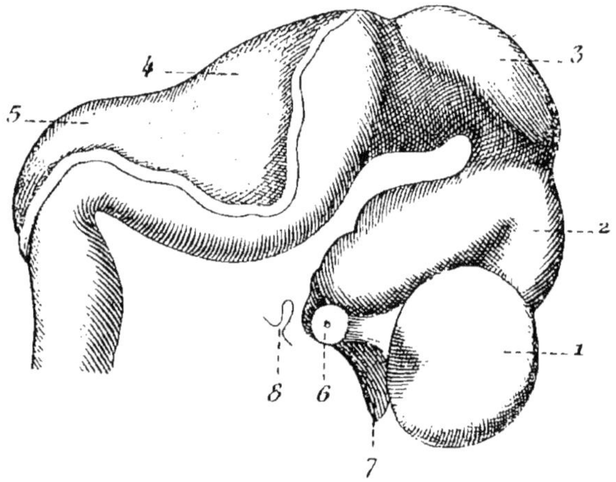

Fig. 120.

Vésicules cérébrales sur un embryon humain de la 5ᵉ semaine.
Reconstruction montrant les trois inflexions cérébrales, d'après
His.

1. cerveau antérieur. — 2, cerveau intermédiaire. — 3, cerveau moyen. —
4, cerveau postérieur. — 5, arrière-cerveau. — 6, pédicule optique. — 7, lobe
olfactif. — 8, trace du diverticule hypophysaire.

premières (*courbure pontique*), mais comme sa convexité regarde
en bas et en avant, elle ne se traduit par aucun soulèvement
superficiel. Ces différentes courbures résultent, ainsi que His
l'a démontré expérimentalement, du développement plus rapide
de la paroi postérieure des vésicules cérébrales, refoulant progressivement la lame terminale en avant.

Les différents sillons séparant les vésicules ou résultant des
inflexions du tube neural sont comblés par des prolongements
de l'enveloppe mésodermique des centres nerveux. Ainsi que
le montre la figure 121, les sillons qui délimitent les vésicules

sont surtout accusés sur la face dorsale; ils sont au nombre de quatre, et se dirigent transversalement, par rapport à l'axe neural. Aux quatre prolongements mésodermiques en forme de croissant logés dans ces sillons, s'ajoute bientôt en avant un cinquième prolongement à direction verticale (antéro-postérieure), la *faux primitive du cerveau*.

Du côté ventral, les deux dépressions provenant des courbures antérieure et postérieure, sont occupées par deux prolongements mésodermiques volumineux connus sous le nom de *piliers du crâne*. Le pilier supérieur (*pilier moyen du crâne*, RATHKE; *pilier antérieur*, KŒLLIKER; *selle turcique primitive*) qui répond à l'inflexion céphalique antérieure, renferme la terminaison de la corde dorsale; son sommet est en rapport avec le cerveau moyen. Le pilier inférieur (*pilier postérieur*, KŒLLIKER)

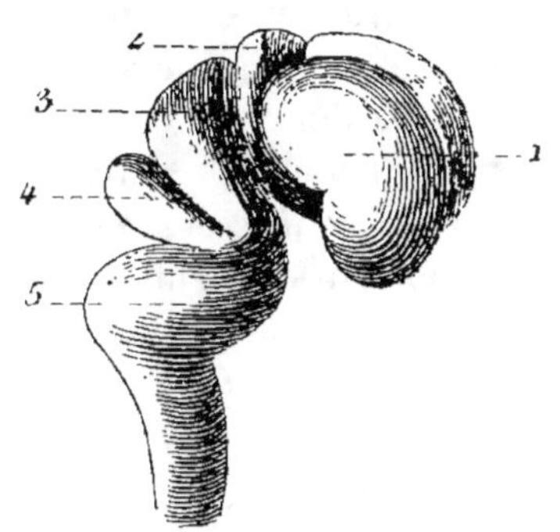

Fig. 121.

Vue latérale des vésicules cérébrales sur un embryon humain de la 7e semaine, d'après Huguenin, légèrement modifiée par L. Lœwe.

1. cerveau antérieur. — 2. cerveau intermédiaire. — 3. cerveau moyen. — 4, cerveau postérieur. — 5, arrière-cerveau.

se trouve au niveau de l'inflexion céphalique postérieure. Nous reviendrons ultérieurement sur ces prolongements mésodermiques, à propos des méninges.

C'est aux dépens des cinq vésicules cérébrales que se développent les centres encéphaliques. Nous suivrons pas à pas les transformations de chacune de ces vésicules, en commençant par la plus inférieure qui se continue avec la moelle; nous leur envisagerons une paroi inférieure ou base, des parois latérales, et une paroi supérieure ou plafond.

Il est à remarquer que les cavités des différentes vésicules restent en communication les unes avec les autres, ainsi qu'avec le canal central de la moelle, et que, d'autre part, leurs parois ne sont jamais perforées, bien qu'en certains points elles se trouvent réduites, chez l'adulte, à une simple couche épithéliale, se laissant facilement déchirer, comme au niveau du trou de Magendie et des trous de Luschka.

1° Cinquième vésicule (arrière-cerveau). — Les limites de l'arrière-cerveau ne sont pas nettement indiquées. Supérieurement, la ligne de démarcation entre les 4ᵉ et 5ᵉ vésicules est peu marquée, et s'efface d'ailleurs avec le temps; inférieurement, l'arrière-cerveau se continue graduellement avec la moelle. Aussi, certains auteurs, à la suite de His, réunissent-ils dans une même description les 4ᵉ et 5ᵉ vésicules sous le nom de *cerveau rhomboïdal*. Les cavités réunies de ces deux vésicules forment le 4ᵉ ventricule de l'adulte.

Au cours du développement, la base et les parois latérales de l'arrière-cerveau subissent un épaisissement notable; la base devient le bulbe, et les parois latérales fournissent les pédoncules cérébelleux inférieurs. Quant à la paroi supérieure, elle s'amincit sensiblement, et se transforme en une couche de cellules épithéliales, représentant la *lame obturante du 4ᵉ ventricule* (KŒLLIKER). Cette lame s'accole intimement à la face inférieure de la pie-mère qui constitue la *toile choroïdienne du 4ᵉ ventricule*, et les deux membranes réunies envoient, au cours du 3ᵉ mois, des prolongements vasculaires à l'intérieur du 4ᵉ ventricule (*plexus choroïdes postérieurs*). La forme losangique de ce ventricule résulte de l'élargissement que subit l'arrière-cerveau, par suite de la courbure pontique.

2° Quatrième vésicule (cerveau postérieur). — Les parois de la 4ᵉ vésicule s'épaississent sur tout son pourtour. La base donne naissance à la protubérance annulaire (pont de Varole), les parois latérales aux pédoncules cérébelleux moyens et supérieurs, et le plafond au cervelet.

Ce dernier organe se forme aux dépens du feuillet postérieur du pli cérébral de KUPFFER; il apparaît d'abord comme un simple bourrelet transversal qui, en s'accroissant de haut en bas, recouvre peu à peu la toile choroïdienne, et vient comprimer l'arrière-cerveau. Le vermis se montre vers le 3ᵉ mois, et les hémisphères, avec leurs circonvolutions, se soulèvent au 4°. La portion de la voûte par l'intermédiaire de laquelle le cervelet se continue en arrière avec le restant du cerveau postérieur, forme le voile médullaire postérieur (*valvule de Tarin*); celle qui réunit en avant le cervelet au cerveau moyen, donne naissance au voile médullaire antérieur (*valvule de Vieussens*).

3° Troisième vésicule (cerveau moyen). — Ainsi que le remarque HERTWIG, de toutes les vésicules cérébrales, le cerveau moyen est celle qui subit le moins de modifications : ses parois s'épaississent régulièrement autour de la cavité centrale qui se rétrécit et se transforme en *aqueduc de Sylvius*. La base fournit les pédoncules cérébraux entre lesquels persiste une mince lamelle de substance grise (*substance perforée postérieure*) ; les parois latérales donnent naissance aux corps genouillés internes, ainsi qu'à une portion du ruban de Reil ; enfin, aux dépens de la voûte, se développent les tubercules quadrijumeaux.

Le cerveau moyen, à cheval sur le pilier moyen du crâne, occupe à l'origine le sommet du vertex. Dans la suite, il est recouvert en totalité par les hémisphères cérébraux, et se trouve ainsi reporté à la base du crâne.

4° Deuxième vésicule (cerveau intermédiaire). — Nous ne pourrons déterminer les rapports intimes qu'affecte le cerveau intermédiaire avec le cerveau antérieur, qu'après avoir fait connaître le mode de développement de cette dernière vésicule.

La base du cerveau intermédiaire reste mince, et forme, d'avant en arrière, les organes suivants : chiasma des nerfs optiques, tuber cinereum, et plus tard (5° mois) les tubercules mamillaires. Les parois latérales s'épaississent considérablement, pour constituer les couches optiques qui réduisent la cavité centrale à l'état d'une fissure verticale (3° ventricule, ventricule moyen) communiquant avec le cerveau rhomboïdal par l'intermédiaire de l'aqueduc de Sylvius. La voûte se comporte comme celle de l'arrière-cerveau ; elle s'amincit et se réduit à une seule couche épithéliale qui s'accole à la pie-mère (*toile choroïdienne du 3ᵉ ventricule*).

Le cerveau intermédiaire donne naissance, par sa base et par son plafond, à trois organes : l'hypophyse, l'épiphyse et la paraphyse dont nous allons étudier le mode de formation.

a. *Hypophyse (glande pituitaire)*. — L'hypophyse se compose de deux parties bien distinctes, au point de vue de leur origine. Le lobe antérieur, le plus considérable chez les mammifères, dérive de l'ectoderme, ainsi que l'ont montré GŒTTE et MIHALKOVICS, le lobe postérieur et la tige pituitaire proviennent du cerveau intermédiaire, et sont par conséquent d'origine nerveuse.

Le lobe antérieur apparaît chez l'embryon humain de 5 millimètres comme un prolongement de la poche pharyngienne de RATHKE, qui se porte en haut et en arrière contre la base du 3ᵉ ventricule (*diverticule hypophysaire*). Sur l'embryon

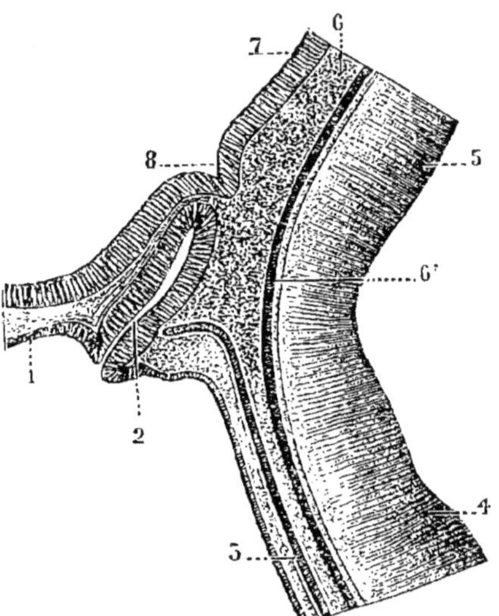

Fig. 122.

Coupe sagittale et axile intéressant le diverticule hypophysaire et l'infundibulum, sur un embryon de lapin de 12 mill., d'après MIHALKOVICS.

1, ectoderme de la cavité buccale. — 2, diverticule hypophysaire. — 3, chorde dorsale. — 4, plancher de l'arrière-cerveau. — 5, plancher du cerveau postérieur. — 6, pilier moyen du crâne. — 6', artère basilaire. — 7, plancher du cerveau intermédiaire. — 8, infundibulum.

de 8 millimètres, l'extrémité de ce diverticule se dilate en une *poche hypophysaire*, en même temps que la paroi inférieure du cerveau intermédiaire émet, directement en arrière de la poche, un bourgeon creux connu sous le nom de *prolongement infundibulaire* (fig. 122). La poche hypophysaire se moule à la surface de l'infundibulum qu'elle embrasse dans sa concavité, tandis que le pédicule creux qui la rattachait au pharynx se rétrécit de plus en plus, et finit par disparaître (embryon de 19 millimètres). Vers la fin du 2ᵉ mois, la face antérieure convexe de la poche hypophysaire pousse une série de diverticules creux qui se ramifient dans le tissu conjonctif très vasculaire enveloppant l'organe, et se détachent à un moment donné, pour constituer le lobe antérieur. D'autre part, l'extrémité du prolongement infundibulaire se renfle, et sa cavité se réduit à une simple fente qui disparaît quelquefois (lobe postérieur) ; les éléments nerveux se modifient considérablement, et, chez l'adulte, on ne trouve qu'une sorte de substance gélatineuse analogue à la névroglie. Le pédicule rattachant le lobe postérieur à la base du 3ᵉ ventricule, devient la tige pituitaire.

Des nombreuses opinions qui ont été émises sur la nature de la pituitaire, nous ne retiendrons que celle de Ch. Julin (1881) qui assimile cet organe à la glande hypoganglionnaire des tuniciers.

b. *Épiphyse (conarium, glande pinéale)*. — Chez l'homme, l'épiphyse affecte la forme d'un cône situé au-dessus de l'orifice interne de l'aqueduc de Sylvius, dont la base est unie à la voûte du cerveau intermédiaire par une série de petits tractus connus sous le nom de pédoncules de la glande pinéale. Sa structure rappelle au premier aspect celle d'un organe glandulaire, formé de bourgeons cellulaires, d'une nature assez difficile à préciser. Fréquemment, on rencontre une cavité au niveau de la base.

La glande pinéale se développe sous forme d'une évagination primitivement creuse de la voûte du 3ᵉ ventricule, qui commence à se montrer pendant la 5ᵉ semaine, et dont l'extrémité pousse secondairement des bourgeons cellulaires.

On a rapproché l'épiphyse du segment proximal de l'*organe pariétal* des reptiles, dont le segment distal, d'après les recherches de Leydig, doit être considéré comme un véritable organe visuel présentant chez certains groupes un cristallin et une rétine (*œil pinéal, œil pariétal*). Les observations les plus récentes tendent toutefois à établir qu'il existe, en réalité, chez les reptiles, deux formations distinctes, bien que contiguës, un organe pariétal et une épiphyse, cette dernière pouvant seule être comparée à l'organe de même nom des mammifères.

c. *Paraphyse*. — La voûte du cerveau intermédiaire donne naissance, en avant de l'épiphyse, à un autre organe énigmatique, entrevu par HOFFMANN et par DE GRAAF chez les reptiles, et bien décrit par SELENKA (1891), qui lui a assigné le nom de *paraphyse* ou d'*organe frontal*. La paraphyse a été retrouvée chez l'embryon humain par His et par FRANCOTTE (1894), sous la forme d'un petit bourgeon épithélial s'enfonçant dans l'épaisseur de la faux du cerveau. Sa signification est inconnue.

5° Première vésicule (cerveau antérieur). — L'étude comparative du cerveau antérieur et du cerveau intermédiaire dans la série des vertébrés montre que ces deux formations varient en sens inverse l'une de l'autre, et que le cerveau antérieur, à peine indiqué chez les poissons, atteint son plus grand développement chez les primates.

Peu après la formation des vésicules oculaires (p. 315), on remarque qu'un sillon transversal, surtout apparent dans la région dorsale, a divisé la vésicule cérébrale antérieure en deux parties distinctes, l'une postérieure (*cerveau intermédiaire*), dont nous venons de faire connaître le développement, et l'autre antérieure (*cerveau antérieur*), aux dépens de laquelle se constituent les hémisphères. Les recherches les plus récentes tendent à établir que le cerveau antérieur ne résulte pas d'une division de la vésicule cérébrale antérieure, mais qu'il représente un simple bourgeon de cette vésicule. Quoi qu'il en soit, le cerveau antérieur ne tarde pas à se diviser lui-même en deux lobes distincts (*vésicules hémisphériques*) qui, ne pouvant s'accroître du côté de la base, se dilatent en haut et en arrière, et recouvrent progressivement le cerveau intermédiaire, le cerveau moyen et même une partie du cerveau postérieur (6° mois). La scissure séparant les deux hémisphères (*scissure interhémisphérique*) est occupée par la *faux primitive* du cerveau dont le bord profond, en regard du cerveau intermédiaire, s'unit intimement à la pie-mère recouvrant cet organe ; l'ensemble présente sur la coupe transversale la forme d'un T ren-

versé (**1**). Au niveau de l'extrémité antérieure du cerveau intermédiaire, le bord inférieur de la faux primitive repose librement
sur la plaque nerveuse qui forme en ce point le fond de la
scissure interhémisphérique, et qu'on désigne sous le nom de
lame obturante ou *unissante*.

Chaque lobe hémisphérique, creusé d'une cavité centrale
(*ventricule latéral*) qui communique avec le ventricule moyen
par un large orifice (*trou de Monro primitif*), comprend deux
portions distinctes : une portion axile ou base (*ganglion basal*),
épaissie et répondant à la région d'implantation sur le cerveau intermédiaire, et une portion superficielle ou périphérique (*manteau* ou *pallium*). Aux dépens du ganglion basal, se
forment les noyaux centraux de substance grise : noyau caudé,
noyau lenticulaire, avant-mur ; le manteau donnera naissance
aux circonvolutions.

Le ganglion basal qui prolonge en avant et sur les côtés la
couche optique, dont il est séparé par le *sillon opto-strié*, représente le centre autour duquel s'effectue l'incurvation du manteau. Il correspond à une dépression de la face externe (*fosse
de Sylvius*), au fond de laquelle se développent quelques saillies
constituant le *lobule de l'insula* (*lobule central*, *lobule du corps
strié*) ; autour de ce lobe central, le manteau se dispose en
forme de fer à cheval (*lobe annulaire*). La fosse de Sylvius est
d'abord largement ouverte, mais bientôt trois prolongements
operculaires du lobe annulaire viendront recouvrir le lobule
de l'insula, et transformer la fosse de Sylvius en une scissure.

Dans la suite, on pourra reconnaître au lobe annulaire trois
segments principaux (*lobes frontal*, *pariétal* et *temporal*, auxquels viendra s'ajouter un quatrième segment, le *lobe occipital* (p. 308). A l'intérieur de chacun de ces lobes, la cavité
ventriculaire envoie un diverticule (*cornes des ventricules*).
La cavité des ventricules latéraux (1er et 2e ventricules des
anciens auteurs) se rétrécira progressivement, par suite de
l'épaississement des parois du manteau, tandis que, d'autre
part, le développement des ganglions basaux réduira sensiblement le diamètre des trous primitifs de Monro (M. DUVAL,
1879). En même temps, la paroi interne du lobe annulaire se

soude avec la paroi latérale du cerveau intermédiaire, avec laquelle elle se trouve en contact, au-dessus du sillon opto-strié.

Nous allons poursuivre l'étude des vésicules hémisphériques, en nous occupant successivement : 1º des commissures, 2º des lobes olfactifs, 3º des circonvolutions.

a. *Commissures, cloison transparente, plexus choroïdes.* —

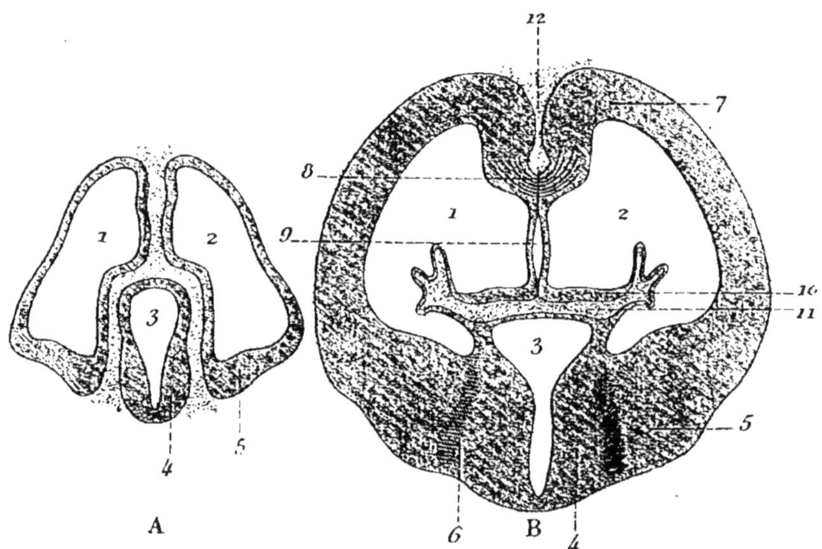

Fig. 123.

Section frontale du cerveau intermédiaire et des vésicules hémisphériques sur un fœtus humain du 2ᵉ mois (A) et sur un fœtus plus âgé (B). Représentation schématique montrant le développement du corps calleux, de la cloison, du trigone et de la toile choroïdienne.

1, 2. premier et deuxième ventricules (latéraux). — 3, ventricule moyen. — 4, couche optique — 5, corps strié. 6, fibres pédonculaires. — 7, écorce cérébrale. — 8, corps calleux. — 9, ventricule de la cloison. — 10, trigone. — 11, toile choroïdienne formant les plexus choroïdes des ventricules latéraux.

Vers le milieu du 3ᵉ mois, des commissures commencent à s'établir entre les deux hémisphères. Tout d'abord les faces internes des hémisphères, en rapport sur la ligne médiane avec la faux primitive du cerveau, s'accolent et se soudent sur un espace triangulaire situé en avant et au-dessus des trous de

Monro (*cloison transparente*). La soudure respecte toutefois, chez l'homme, le centre même de cet espace triangulaire où persiste une étroite fissure verticale (*cinquième ventricule, ventricule de la cloison*), limitée de chaque côté par une lamelle de substance nerveuse représentant la paroi hémisphérique amincie (fig. 123). Ainsi qu'on vient de le voir, le mode de formation du cinquième ventricule est essentiellement différent de celui des autres ventricules qui représentent des segments de la cavité cérébrale primitive.

En même temps que se produit la cloison transparente, on voit se creuser, sur la face interne des hémisphères, une scissure dirigée parallèlement au bord supérieur de cette face, et qui s'étend, en contournant la cloison transparente, depuis le trou de Monro jusqu'à l'extrémité du lobe temporal ; c'est la *scissure arciforme* ou *d'Ammon*. A la partie postérieure de cette scissure, répond en dedans une saillie de la paroi interne du ventricule (*repli d'Ammon, pli ou circonvolution du grand hippocampe*); l'extrémité antérieure de la scissure devient le *sinus du corps calleux*.

En regard des bords latéraux de la toile choroïdienne qui double le plafond du 3ᵉ ventricule, la paroi des hémisphères se réduit à une seule couche de cellules épithéliales qui se laisse refouler à l'intérieur des ventricules latéraux par des prolongements vasculaires de la toile choroïdienne (*plexus choroïdes des ventricules latéraux*). Ainsi se forme un second sillon (*sillon choroïdien*) parallèle au sillon arciforme, et délimitant avec lui un bourrelet désigné sous le nom d'*arc marginal*. En avant, le sillon choroïdien qui s'étend jusqu'au trou de Monro est situé au-dessous du bord inférieur de la cloison transparente dont la trace sur chaque hémisphère se trouve ainsi encadrée de toutes parts par l'arc marginal. En d'autres termes, l'arc marginal compris entre les deux scissures arciforme et choroïdienne se divise, contre la cloison transparente, en deux branches, dont l'une supérieure passe au-dessus de la cloison, et dont l'autre, inférieure, s'insinue au-dessous. C'est entre les arcs marginaux droit et gauche que s'établissent les fibres commissurales qui unissent les deux hémisphères

(*corps calleux, trigone, commissure blanche antérieure*). Le trigone est compris entre les branches inférieures des arcs marginaux, le corps calleux entre les branches supérieures et
entre les portions de ces arcs situés en arrière de la cloison
jusqu'aux tubercules quadrijumeaux. D'une façon générale,
le développement des commissures progresse d'avant en arrière.

En même temps que le trigone, on voit apparaître les fibres
de la *couronne rayonnante de Reil*, dont la partie qui traverse
le ganglion basal, et le divise en noyau caudé et en noyau lenticulaire, constitue la *capsule interne*.

Au moment où s'accuse le lobe occipital comme une sorte
d'excroissance postérieure du lobe temporal (fin du 5e mois),
la scissure arciforme envoie à sa face interne une branche
qui se prolonge jusqu'à son extrémité (*scissure calcarine,
scissure du petit hippocampe*). Cette scissure détermine dans
la cavité ventriculaire une saillie correspondante connue sous
le nom d'*ergot de Morand* ou de *petit hippocampe*.

Les faits que nous venons d'indiquer montrent que la grande
fente cérébrale de Bichat qui répond aux bords latéraux de la
toile choroïdienne, suivant la ligne de pénétration des plexus
choroïdes à l'intérieur des ventricules latéraux, ne communique pas directement avec la cavité de ces ventricules,
puisque les plexus choroïdes sont revêtus sur toute leur surface par l'épithélium ventriculaire.

b. *Lobes olfactifs.* — Les premiers développements des lobes
olfactifs sont identiques à ceux des vésicules oculaires. Au
commencement du 2e mois, on voit se détacher de la base de
chaque vésicule hémisphérique, immédiatement en avant
du ganglion basal, un bourgeon creux qui se porte directement en avant. L'extrémité de ce bourgeon qui repose sur
la lame criblée de l'ethmoïde, ne tarde pas à se renfler, et
constitue le *bulbe olfactif*; le pédicule qui rattache le bulbe
à la paroi des hémisphères représente la *bandelette olfactive*.
Le bulbe olfactif se met secondairement en rapport, au niveau
des glomérules olfactifs, avec les nerfs olfactifs qui dérivent
des cellules olfactives de la membrane pituitaire.

Le bulbe olfactif et la bandelette olfactive renferment au début une cavité centrale, prolongement de la cavité ventriculaire qui disparaît, dans la suite, chez l'homme. Cette cavité persiste, pendant toute la vie, chez la plupart des mammifères dont les lobes olfactifs, plus perfectionnés, atteignent un volume plus considérable que chez l'homme.

c. *Circonvolutions.* — Les sillons délimitant les circonvolutions se creusent tardivement. En effet, jusqu'au 5e mois de la vie fœtale, si l'on excepte la fosse sylvienne sur leur face externe convexe, et la scissure arciforme sur leur face interne plane, la surface des hémisphères est absolument lisse, et la délimitation des différents lobes ne se trouve que vaguement indiquée.

Au 5e mois, apparaissent sur la face externe les premiers sillons (sillon de Rolando, sillon perpendiculaire externe). Les autres sillons se forment pendant le 6e mois. En même temps, la fosse de Sylvius se convertit en scissure par bourgeonnement des lobes limitants. A la face interne, le sillon calloso-marginal se montre au milieu du 5e mois.

Ces différents sillons ne résultent pas d'un plissement de la paroi des hémisphères, et par suite, à l'encontre des scissures, ne déterminent pas, à la face interne des ventricules, la formation d'éminences correspondantes. Ils sont la conséquence d'épaississements locaux en forme de bourrelets qui viennent faire saillie à l'extérieur. Ces épaississements portent surtout sur la substance grise, et n'intéressent que faiblement la substance blanche profonde. Les sillons corticaux, d'abord peu accusés, se creusent de plus en plus, au fur et à mesure que la paroi des hémisphères augmente d'épaisseur.

A la naissance, toutes les circonvolutions sont développées, et le cerveau du nouveau-né diffère peu de celui de l'adulte par son aspect extérieur.

§ 3. — Méninges

Les méninges craniennes se forment aux dépens de la couche interne de l'enveloppe mésodermique des centres ner-

TABLEAU DES DIFFÉRENTES PARTIES DE L'ENCÉPHALE
DÉRIVÉES DES CINQ VÉSICULES CÉRÉBRALES, AVEC LES NERFS CORRESPONDANTS

(D'après les auteurs.)

VÉSICULES CÉRÉBRALES	BASE OU PLANCHER	VOUTE OU PLAFOND	PAROIS LATÉRALES	CAVITÉS
Arrière-cerveau.	Bulbe rachidien. VIe à XIIe paires nerveuses.	Épithélium de la toile choroïdienne et des plexus choroïdes du 4e ventricule. Valvule de Tarin, verrou, ligules.	Pédoncules cérébelleux inférieurs.	4e ventricule.
Cerveau postérieur.	Pont de Varole. Ve paire.	Cervelet et voiles médullaires. IVe paire.	Pédoncules cérébelleux moyens et antérieurs. Partie postérieure du ruban de Reil.	
Cerveau moyen.	Pédoncules cérébraux. Substance perforée postérieure. IIIe paire.	Tubercules quadrijumeaux.	Corps genouillés internes. Partie antérieure du ruban de Reil.	Aqueduc de Sylvius.
Cerveau intermédiaire.	Tubercules mamillaires. Tuber cinereum et infundibulum hypophysaire. Vésicules oculaires, chiasma des nerfs optiques. IIe paire.	Commissure postérieure. Epiphyse. Epithélium de la toile choroïdienne du 3e ventricule.	Couches optiques. Commissure grise.	Ventricule moyen.
Cerveau antérieur.	Substance perforée antérieure. Lobes olfactifs. Corps striés, avant-mur. Insula de Reil.	Circonvolutions. Corps calleux; commissure antérieure, trigone; septum lucidum. Epithélium des plexus choroïdes des ventricules latéraux.		Ventricules latéraux.

veux, dont la couche externe constitue le crâne primordial membraneux (p. 359). Cette enveloppe mésodermique se moule exactement à la surface des vésicules cérébrales, et envoie des prolongements vasculaires dans les sillons qui les séparent. Nous avons vu plus haut (p. 299), qu'à la face dorsale du névraxe ces prolongements étaient primitivement au nombre de cinq dont quatre dirigés transversalement, par rapport à l'axe nerveux, et un longitudinalement (faux primitive du cerveau).

Des quatre prolongements transversaux, un seul persiste entre le cerveau moyen et le cerveau postérieur, et devient la tente du cervelet. Les autres disparaissent comme formations distinctes, au fur et à mesure de l'extension en arrière des vésicules hémisphériques et du cervelet. Quant à la faux primitive du cerveau, elle suit les hémisphères dans leur accroissement, c'est-à-dire qu'elle se prolonge progressivement d'avant en arrière, unissant son bord inférieur à la couche vasculaire qui recouvre le plafond du cerveau intermédiaire. Dans la suite, lorsque les fibres commissurales du corps calleux se seront étendues entre les deux hémisphères, la faux primitive se trouvera divisée en deux parties distinctes : une partie supérieure verticale qui deviendra fibreuse dans la suite, et formera la *faux définitive*, et une partie inférieure, horizontale, qui conserve son caractère conjonctivo-vasculaire, et reste étalée à la face dorsale du cerveau intermédiaire (*toile choroïdienne*).

Des deux prolongements qu'on rencontre à la face ventrale des vésicules cérébrales, le pilier postérieur contribue à former le tissu conjonctif lâche qui entoure le plexus veineux intrarachidien, au niveau de l'articulation occipito-atloïdienne (Dursy) ; le pilier moyen, dont la base est pénétrée par le cartilage de la selle turcique, fournit la gaine lamelleuse de l'artère basilaire (Dursy), ainsi qu'une portion de la pie-mère située au niveau de l'espace perforé postérieur.

De très bonne heure, la pie-mère se distingue de la dure-mère par sa vascularité plus abondante, et aussi par sa texture moins serrée. L'arachnoïde se forme tardivement, dans les derniers mois de la grossesse.

Les méninges rachidiennes se développent de la même façon que les méninges craniennes, aux dépens de la couche la plus interne du rachis membraneux.

ARTICLE II

SYSTÈME NERVEUX PÉRIPHÉRIQUE

Nous rechercherons successivement comment se développent 1° les ganglions cérébro-rachidiens ; 2° les nerfs périphériques ; 3° le grand sympathique.

1° Ganglions cérébro-rachidiens. — Le développement des ganglions rachidiens a pu être suivi chez le poulet par His (1868) et par Duval, chez les sélaciens par Balfour (1876), et chez les batraciens par Goette (1877). Il ressort des recherches de ces différents observateurs, qu'avant la fermeture complète de la gouttière médullaire, on peut voir se détacher de la zone unissant les bords de la plaque médullaire à l'ectoderme (*pédicule médullaire*) des éléments cellulaires qui se portent latéralement dans la direction des protovertèbres. A l'origine, ces éléments cellulaires forment de chaque côté du pédicule médullaire une bandelette longitudinale continue (*crête neurale* ou *ganglionnaire*), adhérente par sa base au pédicule. Dans la suite, la crête neurale se détache complètement du pédicule, les éléments qui la constituent se multiplient activement, puis la crête se fragmente en un certain nombre de blocs disposés en série longitudinale : ce sont les *ganglions* qui affectent ainsi une disposition segmentaire.

Les neuroblastes ganglionnaires ou *ganglioblastes* sont primitivement bipolaires (His, Lenhossek) ; plus tard, les deux prolongements se rapprochent, s'accolent et se soudent sur une certaine longueur, disposition décrite sous le nom de bifurcation en T. On sait, en effet, depuis les recherches de Ranvier (1875), que le cylindraxe sortant de la cellule ganglionnaire adulte, après avoir parcouru un segment interannulaire, se bifurque en deux branches dont l'une se dirige vers la moelle, et contribue à former la racine postérieure, et dont l'autre se porte en dehors, et devient l'axe d'un tube nerveux sensitif périphérique. C'est ce qu'on observe dans tous les ganglions cérébro-rachidiens, à l'exception de l'acoustique, dont les cellules conservent la bipolarité. Ajoutons que CAJAL (1891) a émis l'hypothèse que des deux prolongements originels de la cellule ganglionnaire, le prolongement périphérique doit être considéré comme un prolongement protoplasmique, dendritique, ce qui expliquerait son mode de conduction cellulipète, et que le prolongement central seul représente le véritable cylindraxe à conduction cellulifuge.

Les ganglions craniens (ganglion de Gasser, ganglion acoustique, ganglion d'Andersch, ganglion plexiforme, etc.) se forment de la même façon que les ganglions spinaux, aux dépens de la crête neurale. Les branches qui réunissent ces ganglions aux centres nerveux, doivent par suite être assimilées à des racines postérieures.

2° Nerfs périphériques. — Malgré les recherches importantes dont ils ont été l'objet, les nerfs périphériques présentent encore, dans l'étude de leur développement, de nombreuses lacunes. La majorité des auteurs admettent que le cylindraxe d'un tube nerveux blanc ou myélinique est une émanation directe d'une cellule nerveuse.

A la surface de ce prolongement, viendraient s'appliquer et s'enrouler de distance en distance des éléments amiboïdes, dont la provenance est encore discutée (KŒLLIKER ; VIGNAL, 1883). Le cylindraxe se montre alors entouré de gaines partielles dont chacune correspond à un segment interannulaire ; c'est dans l'épaisseur des corps cellulaires de ces cellules engainantes que se dépose la myéline sous forme d'une nappe continue. La gaine de Schwann apparaît seulement lorsque les cellules à myéline, dans leur allongement progressif, sont arrivées au contact l'une de l'autre, délimitant ainsi les étranglements annulaires.

Cette manière de comprendre le développement des tubes à myéline, que nous devons à RANVIER, ne s'applique pas toutefois aux fibres blanches des centres nerveux, qui sont dépourvues, comme on sait, de gaine de Schwann.

3° Grand sympathique. — Les recherches de BALFOUR (1876), d'OXODI (1886) et de BEARD (1888) semblent avoir montré que les cellules des ganglions du grand sympathique proviennent de l'extrémité ventrale des ganglions spinaux, c'est-à-dire qu'elles sont d'origine ectodermique. Les cordons se forment secondairement, au moyen d'anastomoses que s'envoient les différents centres ganglionnaires; mais le développement des fibres grises, amyéliniques ou de Remak, est encore peu connu.

CHAPITRE V

APPAREIL DE LA VISION

Nous nous occuperons successivement, à propos de l'appareil de la vision : 1° du globe oculaire ; 2° de ses annexes.

§ 1. — GLOBE OCULAIRE

Sur l'embryon de 3 millimètres, avant l'occlusion complète du tube médullaire, la vésicule cérébrale antérieure émet latéralement deux expansions creuses (*vésicules oculaires primitives*) qui se portent vers l'ectoderme, au niveau de l'extrémité postérieure du sillon séparant le premier arc du bourgeon frontal (*sillon* ou *gouttière naso-lacrymale*) (fig. 124, A). Bientôt (embryon de 6 millimètres), en regard de la vésicule oculaire, le feuillet externe s'épaissit, puis s'invagine et constitue une cupule ouverte à l'extérieur, dont le pédicule se rétrécit progressivement et finit par disparaître (HUSCHKE, 1881) (fig. 124, B et C). Ainsi se détache de l'ectoderme une vésicule épithéliale aux dépens de laquelle se formera le cristallin (fin du 1er mois).

Cette *vésicule cristallinienne*, en s'invaginant, refoule devant elle la paroi antérieure et inférieure de la vésicule oculaire primitive, qui s'applique contre la paroi postérieure et supérieure, de manière à faire disparaître la cavité interposée. La vésicule oculaire primitive se transforme ainsi en une *cupule optique* (*vésicule oculaire secondaire*) dont la paroi présente en bas et en dedans une fente (*colobome, fente de l'œil, fente rétinienne*) qui se prolonge en forme de gouttière, dans une certaine étendue, sur le pédicule rattachant la cupule au cerveau antérieur. Ce pédicule deviendra dans la suite le nerf optique, tandis que les parois de la cupule donneront naissance à la rétine. Dans la gouttière, se place une branche de l'artère ophtalmique dont la portion postérieure persistera comme artère centrale de la rétine.

La figure schématique 125, empruntée à HERTWIG, montre

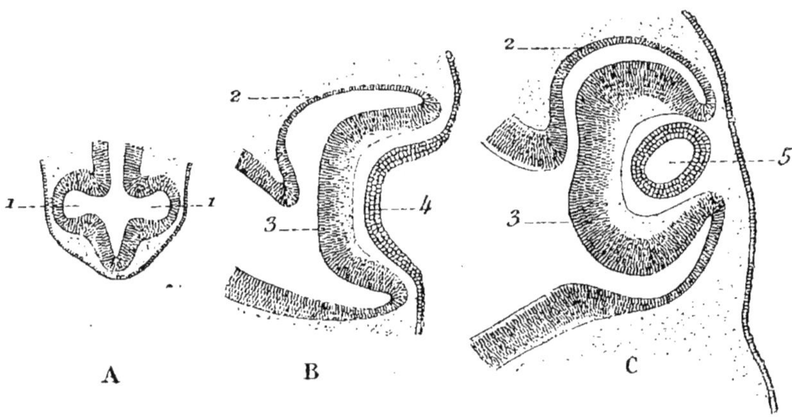

Fig. 124.

Trois stades successifs du développement de l'œil montrant le mode de formation de la vésicule oculaire secondaire et du cristallin, sur des embryons humains de 4 mill. (A). de 6 mill. (B), et de 8 mill. (C) (Gr. 30, 1).

1, 1, vésicules oculaires primitives. — 2, lame externe de la vésicule oculaire secondaire (épithélium pigmenté de la rétine). — 3, lame interne (rétine). — 4, involution cristallinienne. — 5, vésicule cristallinienne.

que la fente colobomique résulte du mode même de formation de la cupule optique, par refoulement, de dehors en dedans et de bas en haut, de la paroi antérieure de la vésicule oculaire primitive par l'involution cristallinienne. Cette fente, large au début, se rétrécit progressivement par rapprochement des deux bords qui la limitent, et disparaît même complètement à un moment donné. La cupule figure alors une sorte de cloche dont le sommet est rattaché à l'encéphale par le pédicule optique, et dont l'ouverture superficielle est comblée par le cristallin. On peut donner à l'ensemble de la cupule optique et du cristallin, le nom de *globe oculaire primitif*.

Le mésoderme ne tarde pas à se condenser au pourtour de ce globe primitif, et à lui constituer une enveloppe qui se continue, à la surface du pédicule optique, avec les méninges cérébrales. Dans la suite, cette enveloppe mésodermique se différencie en deux couches, dont l'externe fournit en avant la cornée, latéralement et en arrière la sclérotique, et dont l'interne devient la choroïde qui pousse secondairement un prolongement annulaire (iris) dans la chambre antérieure. Le globe oculaire primitif s'est ainsi transformé en *globe oculaire secondaire*.

1° Cristallin. — La cavité de la vésicule cristallinienne s'efface peu à peu par suite du développement exagéré des cellules épithéliales de sa paroi profonde.

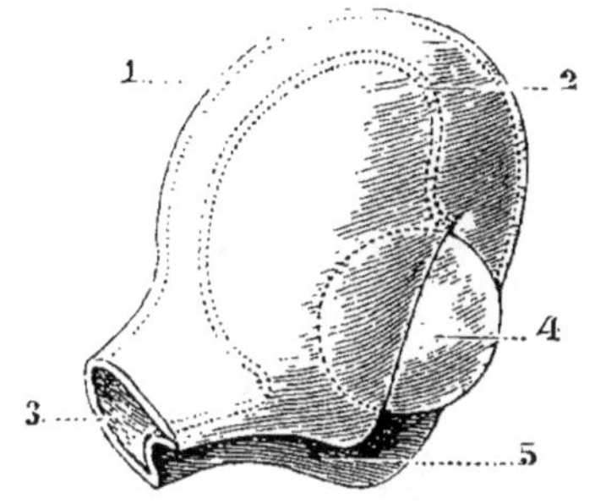

Fig. 125.

Figure schématique montrant la forme de la capsule optique, et ses rapports avec le cristallin, d'après HERTWIG.

1, lame externe de la capsule optique. — 2, lame interne. — 3, cavité du pédicule optique. — 4, cristallin. — 5, fente optique.

En effet, tandis que les cellules de la paroi antérieure gardent les dimensions ordinaires des éléments épithéliaux, et se disposent sur un seul rang (*épithélium de la cristalloïde antérieure*), celles de la face postérieure s'allongent considérablement d'arrière en avant, et se transforment progressivement en *fibres* ou *prismes du cristallin*. Cet allongement débute au stade de 14 millimètres (fig. 126, A); sur le fœtus de 4,7/6 centimètres, les fibres du cristallin ont atteint la paroi antérieure, et comblé presque entièrement la cavité primitive qui ne persiste plus que sous la forme d'un étroit canal situé dans la région équatoriale, au point où les cellules de la paroi antérieure se continuent en arrière, par une transition graduelle, avec les fibres cristalliniennes. Les noyaux des cellules ainsi transformées en fibres, se trouvent relégués dans le segment antérieur, où leur ensemble constitue sur la coupe la *zone des noyaux*, ce qui semble indiquer que l'allongement porte surtout sur le segment postérieur.

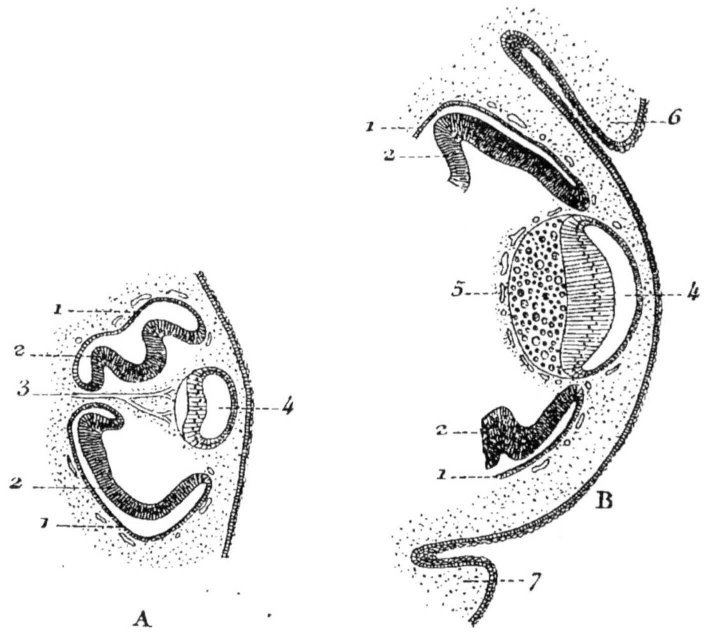

Fig. 126.

Deux stades successifs du développement de l'œil chez l'embryon humain. A, coupe horizontale de l'œil sur un embryon de 14 mill., intéressant la fente oculaire ; B, coupe verticale de l'œil sur un embryon de 24 mill., montrant le soulèvement des paupières (Gr. 30,1).

1, lame externe de la vésicule oculaire secondaire (épithélium pigmenté de la rétine). — 2, lame interne (rétine). — 3, artère hyaloïdienne. — 4, vésicule cristallinienne ; sur l'embryon de 24 mill. (B), le segment postérieur des fibres du cristallin s'est fragmenté en boules hyalines (action du liquide de Müller). — 5, capsule vasculaire du cristallin dont les vaisseaux se continuent sur le bord antérieur de la cupule optique avec les vaisseaux choroïdiens. — 6, paupière supérieure, — 7, paupière inférieure.

Les premières fibres du cristallin, sensiblement rectilignes, représentent le noyau du cristallin adulte. Celles qui naissent ensuite, par multiplication et allongement des cellules de la cristalloïde antérieure vers l'équateur de la lentille, enveloppent les précédentes à la fois en avant et en arrière, et les séparent de plus en plus des cristalloïdes, avec lesquelles toutes les fibres ont été primitivement en contact. Les extrémités de ces fibres, dont les couches se recouvrent les unes les autres, ne se prolongent pas toutefois en avant et en arrière jusqu'aux pôles du cristallin, mais elles se terminent contre les branches des étoiles antérieure et postérieure.

Sur la plupart des pièces conservées dans le liquide de Müller, on voit les prismes s'arrêter à une certaine distance de la cristalloïde postérieure, et l'espace qui les sépare rempli de globes irréguliers, peu réfringents (fig. 126, B). Ces globes résultent d'une altération cadavérique ayant porté exclusivement sur l'extrémité postérieure des prismes. On doit admettre que cette extrémité, nouvellement formée, est extrêmement molle, et que cette différence de consistance est seule cause de l'altération observée.

2° Cristalloïdes et capsule vasculaire du cristallin. — Les parois de la vésicule cristallinienne s'entourent bientôt d'une mince cuticule qui se distingue nettement du tissu ambiant, et que nous devons envisager comme un produit de sécrétion des cellules épithéliales composant la vésicule cristallinienne (KŒLLIKER). Cette *capsule* hyaline s'épaissit peu à peu avec les progrès du développement; on lui considère deux parties, l'une antérieure, l'autre postérieure, désignées toutes deux sous le nom de *cristalloïdes*.

Vers la fin du 2e mois, on voit se développer à la surface de la capsule un réseau vasculaire alimenté par des branches de l'artère hyaloïdienne (p. 320), et en relation, dans la région équatoriale du cristallin, avec les vaisseaux qui tapissent extérieurement la vésicule oculaire secondaire (vaisseaux choroïdiens). Les veines efférentes se détachent du bord de la lentille, et vont se jeter dans les veines vortiqueuses. D'après ARNOLD (1876), il y aurait à l'origine deux réseaux distincts, l'un postérieur irrigué par l'artère hyaloïdienne, l'autre antérieur en communication avec les vaisseaux choroïdiens; ces deux réseaux s'enverraient ensuite des anastomoses sur le pourtour du cristallin.

Les capillaires, rampant à la surface des cristalloïdes, constituent avec les éléments mésodermiques qui les accompagnent, la *capsule vasculaire de cristallin*. Suivant les régions qu'elle tapisse, cette capsule vasculaire a reçu des appellations différentes. C'est ainsi qu'au niveau de la pupille, elle a été appelée *membrane pupillaire*, et, en arrière de l'iris, *membrane capsulo-pupillaire;* à la face postérieure du cristallin, elle est connue sous le nom de *membrane capsulaire*. Ces distinctions n'offrent plus aujourd'hui qu'un intérêt restreint; le fait essentiel, c'est que le cristallin, pendant la période fœtale, est enveloppé de toutes parts par un riche réseau vasculaire, lui apportant les matériaux nécessaires à son développement.

La capsule vasculaire du cristallin est surtout accusée au 7e mois de la gestation ; elle persiste jusqu'au voisinage de la naissance. Les vaisseaux s'oblitèrent alors sur place, et on peut en retrouver assez longtemps des vestiges contre la cristalloïde postérieure. L'oblitération débuterait, suivant ARNOLD, par l'équateur du cristallin, puis elle progresserait en sens inverse sur les deux faces du cristallin, en avant, du centre à la périphérie, et en arrière, de la périphérie au centre.

Chez les oiseaux, la membrane capsulo-pupillaire n'existe pas.

3° Corps vitré. — La vésicule cristallinienne, en s'invaginant, emprisonne entre elle et la vésicule oculaire quelques éléments mésodermiques qui représentent l'origine du corps vitré. Ces éléments, très rares dans la partie supérieure du globe oculaire, deviennent plus abondants au voisinage de la fente oculaire par l'intermédiaire de laquelle le corps vitré communique avec le tissu mésodermique ambiant. C'est d'ailleurs par la fente oculaire que les vaisseaux sanguins pénètrent à l'intérieur de l'œil. Dans la gouttière creusée à la face inférieure du nerf optique et dans la fente rétinienne, vient se placer *l'artère centrale de la rétine* (branche de l'artère ophtalmique) qui, poursuivant son trajet au delà de la rétine, pénètre dans le corps vitré où elle est connue sous le nom d'*artère hyaloïdienne* (*artère capsulaire*), et, après avoir fourni quelques rameaux au corps vitré, se ramifie à la face postérieure du cristallin pour former la capsule vasculaire.

Le développement des vaisseaux (2e mois) coïncide avec l'apparition, entre les éléments cellulaires, d'une matière amorphe semi-fluide qui devient de plus en plus abondante, si bien que certains auteurs ont pu admettre avec KESSLER qu'il s'agissait, dans ce cas, d'un véritable transsudat sanguin. En réalité, le corps vitré présente la structure d'un tissu muqueux dans lequel la matière amorphe presque liquide est particulièrement abondante (KŒLLIKER, SCHWALBE).

Chez les oiseaux, on trouve plongeant dans le corps vitré, une membrane vasculaire, plissée : c'est le *peigne* ou *marsupium*. Cette membrane, plus ou moins développée suivant les groupes, représente un prolongement du tissu choroïdien qui s'engage dans la fente oculaire, et vient faire saillie dans le corps vitré (embryon de poulet de 4 à 5 jours). Les vaisseaux du peigne sont toutefois indépendants de ceux de la choroïde : ils naissent d'une branche spéciale de l'artère ophtalmique qui pénètre dans la gaine du nerf optique, au moment où celui-ci traverse la sclérotique. Cette branche est assimilée par BEAUREGARD (1876) à l'artère centrale de la rétine des mammifères. On sait, en effet, que chez les oiseaux la rétine ne renferme pas de vaisseaux et que, d'autre part, la fente colobomique ne se prolonge pas sur le pédicule optique. Le peigne peut ainsi être envisagé comme un organe de nutrition, en dehors du rôle mécanique qu'il semble jouer dans la vision. M. DUVAL (1884) le considère comme l'homologue du corps vitré embryonnaire des mammifères. On rencontre une formation analogue au peigne chez les reptiles, chez les batraciens et chez les poissons.

4° Modifications de l'enveloppe mésodermique. — Nous avons déjà indiqué (p. 317), que l'enveloppe mésodermique fournissait par sa couche externe la sclérotique et la cornée, et par sa couche interne la choroïde, le corps ciliaire et l'iris.

a. *Cornée, sclérotique.* — La cornée intimement appliquée à l'origine contre la capsule vasculaire du cristallin s'en sépare au commencement du 3ᵉ mois, déterminant ainsi la formation d'une chambre antérieure primitive de l'œil. Dès que la séparation qui débute sur le pourtour s'est produite, on peut démontrer à la face postérieure de la cornée l'existence d'une mince couche de cellules plates, d'apparence épithéliale, bien que dérivant du mésoderme. Au commencement du 4ᵉ mois, la cornée est bien constituée, mais les limitantes n'existent pas encore ; l'épithélium antérieur est formé d'une assise profonde de cellules cubiques surmontée de deux couches de cellules pavimenteuses. La membrane de Descemet n'apparaît qu'au commencement du 5ᵉ mois.'

La cornée et la sclérotique se différencient tardivement l'une de l'autre.

Les muscles de l'œil sont déjà reconnaissables à la fin du 2ᵉ mois.

b. *Choroïde.* — La choroïde est exclusivement représentée à son début par un lacis de vaisseaux qui se continuent au niveau de son bord antérieur avec les vaisseaux de la capsule cristallinienne. Les fibres lamineuses se développent plus tardivement ; quant au pigment, il ne se montre à l'intérieur des corps fibroplastiques que longtemps après avoir envahi l'épithélium postérieur de la rétine.

Vers la fin du 4ᵉ mois, la choroïde et la sclérotique sont nettement différenciées l'une de l'autre.

c. *Corps ciliaire, iris.* — Le corps ciliaire apparaît comme un bourrelet circulaire bordant la choroïde et en rapport par sa face profonde avec la portion ciliaire de la rétine. Il renferme de bonne heure de nombreux vaisseaux établissant la communication entre les vaisseaux capsulaires et les vaisseaux choroïdiens.

Les procès ciliaires commencent à se soulever au commencement du 4ᵉ mois ; ils sont bien accusés vers le milieu du 5ᵉ.

L'iris représente un bourgeon annulaire de la choroïde qui s'enfonce dans la chambre antérieure primitive de l'œil, en s'appliquant contre la capsule vasculaire (fin du 4ᵉ mois) ; il entraîne avec lui la portion ciliaire de la rétine qui s'étend ainsi depuis l'ora serrata en arrière, jusqu'au bord interne de la pupille en avant. A la face postérieure de l'iris, les deux couches qui la constituent se chargent dans la suite de granulations foncées (*uvée*).

D'autre part, les vaisseaux qui dans la région équatoriale du cristallin établissent la communication entre la capsule vasculaire et la choroïde, se trouvent repoussés en dedans par le bourgeon irien, et contournent ainsi le bord interne de l'iris. Cette disposition, signalée par J. CLOQUET dès 1818, concorde avec ce que nous savons du mode de continuité de la région ciliaire de la rétine à la face postérieure des procès ciliaires et de l'iris.

La résorption de la capsule vasculaire du cristallin détermine la formation, en arrière de l'iris, de la chambre postérieure qui communique avec la chambre antérieure par l'intermédiaire de la pupille.

5° Rétine. — Les deux lames ou feuillets qui composent les parois de la vésicule oculaire secondaire subissent une destinée différente. Déjà, au moment où se produit l'involution cristallinienne (embryon de 6 millimètres), on peut reconnaître que la lame interne est sensiblement plus épaisse que la lame externe. Les éléments de cette dernière lame, en effet, chevauchent les uns sur les autres, et se disposent sur une seule rangée, tandis que les cellules de la lame interne se multiplient au contraire très activement, et forment une couche de plus en plus épaisse.

Au stade de 14 millimètres, les cellules de la lame externe commencent à présenter des granulations pigmentaires dans leur segment interne ; elles constituent la *couche pigmentée* de la rétine. La lame interne fournit les autres couches de la rétine dont le développement, dans les premiers temps au moins, rappelle celui des centres nerveux. Ainsi que l'a montré CHIÉVITZ (1887), la différenciation des couches progresse d'arrière en avant, et de dedans en dehors.

A la fin du 2° mois, les cellules de la rétine sont agencées sur deux couches distinctes : une couche interne à noyaux arrondis, représentant la couche ganglionnaire, et une couche externe à noyaux ovoïdes. Les fibres nerveuses et les fibres de Müller sont visibles, surtout dans la partie postérieure. Au 5e mois, se montrent successivement au pourtour du nerf optique, la couche granuleuse interne, puis la couche granuleuse externe, en même temps qu'apparaissent les rudiments des cônes. A la fin du 6e mois, la couche granuleuse interne a atteint en avant la portion ciliaire, tandis que la couche granuleuse externe n'a pas encore dépassé l'équateur. Les bâtonnets se développent vers la fin du 7e mois, sous forme de bourgeons provenant des cellules de la couche externe à noyaux (KŒLLIKER). Chez les mammifères qui naissent avec les yeux complètement fermés (chat, chien), ils n'apparaissent qu'après la naissance.

Au cours du 6e mois, on distingue la *tache jaune* à l'épaisseur de la couche des cellules ganglionnaires, et à la minceur de la couche externe à noyaux. Vers la fin du 7e mois, se creuse la *fovea centralis*. Les fibres du nerf optique se trouvent repoussées latéralement, tandis que les cellules ganglionnaires, dans l'étendue de la fovea, se disposent sur une seule couche, comme les cellules de la couche externe à noyaux (CHIÉVITZ, 1887). La substance qui donne à la tache jaune sa coloration, apparaît vers la fin de la vie fœtale.

Pendant toute la période fœtale, la rétine, se développant plus rapidement que les parties voisines, forme une série de plis qui s'enfoncent dans le corps vitré. Ces plis commencent à se montrer vers la fin du 2e mois, et disparaissent un peu avant la naissance.

La fermeture de la fente colobomique s'opère vers la fin du 2e mois.

6° Nerf optique. — Le nerf optique est primitivement représenté par le pédicule creux qui rattache la vésicule oculaire au cerveau intermédiaire. Chez les mammifères, la fente oculaire intéresse, sur une certaine longueur, la face inférieure de ce pédicule, dont la paroi inférieure invaginée se continue avec la lame interne de la vésicule oculaire secondaire (fig. 125). Dans la gouttière ainsi creusée, se place la branche de l'artère ophtalmique qui persistera comme artère centrale de la rétine.

La cavité centrale du pédicule s'oblitère progressivement, au fur et à mesure que ses parois augmentent d'épaisseur, en même temps que la gouttière optique se referme, emprisonnant l'artère centrale de la rétine. La fermeture de la gouttière optique débute vers la 7e semaine, au niveau de l'insertion du pédicule sur la vésicule optique, puis elle progresse à la fois dans les deux sens. D'autre part, on voit apparaître, d'abord à la périphérie du pédicule, des fibrilles nerveuses qui proviennent en majeure partie de la rétine, et qui se mélangent peu à peu aux éléments cellulaires ; ceux-ci se transforment ultérieurement en cellules de la névroglie.

§ 2. — ANNEXES DE L'ŒIL

Nous étudierons, comme annexes de l'œil : 1º les paupières, 2º les cils ; 3º les glandes de Meibomius ; 4º la caroncule lacrymale ; 5º les glandes lacrymales, et enfin 6º les voies lacrymales.

1º Paupières. — Les paupières apparaissent comme deux bourrelets ou replis cutanés, l'un inférieur, l'autre supérieur, qui marchent à la rencontre l'un de l'autre, et finissent par se souder sur leurs bords. Cette soudure intéresse l'épithélium qui forme ainsi, entre les deux paupières fermées, une lame unique établissant la continuité entre l'épiderme extérieur et l'épithélium conjonctival (*lame palpébrale*). La séparation ultérieure des deux paupières se fait par nécrose des cellules moyennes de cette lame épithéliale.

Chez l'homme, les paupières commencent à se soulever vers la 6e semaine ; elles sont soudées sur l'embryon de 37 millimètres ; leur disjonction s'opère peu avant la naissance.

2º Cils. — Les cils se développent, vers la fin du troisième mois, aux dépens de la lame palpébrale, sous la forme de bourgeons pleins, analogues aux involutions pileuses, qui s'enfoncent dans l'épaisseur de chaque paupière. Le cône pileux est formé vers la fin du quatrième mois, et, au commencement du cinquième, les pointes des cils pénètrent dans la lame épithéliale, en se recourbant en dehors.

Les rudiments des glandes sébacées annexées aux cils se montrent vers la fin du quatrième mois.

3° Glandes de Meibomius. — Les glandes de Meibomius apparaissent dans la seconde moitié du 4ᵉ mois, comme des invaginations pleines de la lame palpébrale, au voisinage de son bord interne ; elles poussent des bourgeons latéraux vers le milieu du 5ᵉ mois.

4° Caroncule lacrymale. — La caroncule peut être reconnue, dès la fin du 2ᵉ mois, comme un léger soulèvement des tissus, siégeant dans l'angle interne de l'œil, entre les deux paupières. Il faut vraisemblablement la considérer comme une sorte d'enclave du tégument externe, au milieu de la conjonctive, ce qui permet d'expliquer la présence dans son épaisseur d'organes pilo-sébacés dont les premiers bourgeons se montrent vers la fin du 3ᵉ mois.

5° Glandes lacrymales. — Les glandes lacrymales débutent sous la forme d'involutions pleines de l'épithélium conjonctival, dans l'angle externe de l'œil, au point où la conjonctive qui double la paupière supérieure se réfléchit sur le globe oculaire (commencement du 3ᵉ mois). Ces involutions, au nombre de cinq à six de chaque côté, commencent à se ramifier vers le milieu du 3ᵉ mois, et se creusent d'une lumière centrale qui se propage graduellement du conduit excréteur aux ramifications secondaires et tertiaires.

6° Voies lacrymales. — Le conduit naso-lacrymal ne résulte pas de l'occlusion du fond de la gouttière naso-lacrymale, par rapprochement et soudure de ses bords, ainsi que l'avaient admis ERDL, COSTE et KŒLLIKER, mais il se forme par voie de bourgeonnement, aux dépens de l'épithélium qui tapisse le fond de cette gouttière. Les recherches récentes de BORN

(1876-83) sur les reptiles et sur les oiseaux, celles de LEGAL (1881) sur le porc, sur le lapin et sur la souris, et enfin celles d'EWETZKY (1888) sur l'embryon humain ont, en effet, montré que l'épithélium du sillon naso-lacrymal émettait par sa face profonde une lame cellulaire s'étendant sur toute sa longueur (fig. 127, A). Cette *lame naso-lacrymale* qui plonge dans le tissu mésodermique, se détache à un

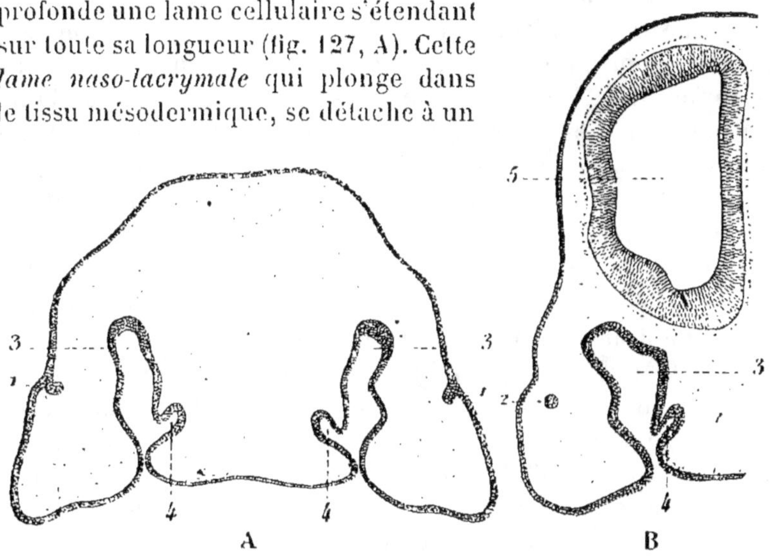

Fig. 127.

Section frontale de la face, au niveau de l'organe de Jacobson, sur un embryon de mouton de 13 mill. (A), et sur un embryon de mouton de 13,5 mill. (B), montrant le mode de formation du cordon naso-lacrymal, d'après JOUVES (Gr. 20/1). La moitié droite de la coupe a seule été représentée en B.

1, lame naso-lacrymale. — 2, cordon naso-lacrymal. — 3, 3, fosses nasales. 4, organe de Jacobson. — 5, vésicule hémisphérique.

moment donné de la gouttière, et constitue un cordon plein, isolé sur tout son parcours (fig. 127, B) ; aux dépens de ce *cordon naso-lacrymal* se formeront les voies lacrymales comprenant le canal nasal, le sac lacrymal et les canalicules.

Les phénomènes que nous venons d'indiquer se produisent chez l'embryon humain de la 6ᵉ semaine. Au stade de 19 millimètres, le cordon naso-lacrymal supporte déjà par son extrémité supérieure deux canalicules également pleins (*conduits*

lacrymaux), soit qu'il s'agisse d'une véritable ramification dicho-
tomique, ainsi que l'admet Ewetzky, soit, au contraire, que
l'extrémité du cordon devienne sur place le canalicule supérieur, et émette secondairement une branche latérale représentant le canalicule inférieur, ainsi que l'indique Legal.

Le cordon naso-lacrymal s'allonge ensuite, portant son extrémité inférieure vers les fosses nasales, tandis que les canalicules
se rapprochent de l'épithélium des paupières correspondantes.
En même temps, le cordon se couvre d'excroissances transitoires, qui paraissent propres à l'embryon humain (Kœlliker).

Au milieu du 3ᵉ mois, une lumière apparaît au centre de
l'extrémité supérieure élargie du cordon (*sac lacrymal*), et se
propage ensuite dans le restant du cordon et dans les canalicules. Ceux-ci, après s'être coudés sur eux-mêmes, atteignent l'épithélium palpébral et le soulèvent (*papilles lacrymales*). L'ouverture des points lacrymaux s'opère au commencement du 5ᵉ mois (Jouves, 1897). Quant au canal nasal, il
ne débouche que tardivement dans les fosses nasales, pendant
les derniers mois de la grossesse ; son extrémité inférieure est
encore imperforée au milieu du 6ᵉ mois. A ce moment, les
bosselures de la surface ont complètement disparu.

Au début, le cordon est exclusivement formé de cellules
épithéliales polyédriques étroitement serrées les unes contre
les autres. Plus tard, au moment où se creuse la lumière centrale (milieu du 3ᵉ mois), le revêtement épithélial du canal
naso-lacrymal présente tous les caractères d'un épithélium
pavimenteux stratifié. Cet épithélium persiste pendant toute
la vie dans le segment externe des canalicules, tandis qu'à
l'intérieur du sac et du canal nasal, on voit des éléments
prismatiques ciliés se substituer progressivement aux cellules
pavimenteuses ; cette transformation épithéliale débute vers la
fin du 3ᵉ mois.

CHAPITRE VI

APPAREIL DE L'AUDITION

L'appareil de l'audition se compose de trois parties essentiel·
lement distinctes au point de vue de leur mode de formation :
l'oreille interne, l'oreille moyenne et l'oreille externe. Nous les
étudierons successivement.

§ 1. — OREILLE INTERNE

L'oreille interne est primitivement représentée par une
fossette ectodermique siégeant en arrière de la 2ᵉ fente branchiale (fig. 61). Cette *fossette auditive* (*acoustique* ou *otique*),
largement ouverte sur l'embryon humain de 3 millimètres, se
pédiculise au stade de 4 millimètres, puis elle se détache
complètement de l'ectoderme, et se transforme ainsi en une
vésicule auditive, appliquée contre la paroi latérale du cerveau postérieur, en rapport en avant et en dedans avec le
ganglion acoustique (embryon de 6 millimètres) (fig. 128).

Dès son isolement, la vésicule auditive s'allonge dans le sens
antéro-postérieur, et de plus elle pousse en arrière et en haut
par sa face interne un diverticule, ébauche de l'*aqueduc du vestibule*, qui permet de la diviser en deux segments distincts
(fig. 128, C). Le segment externe ou postéro-supérieur fournira
l'utricule et les canaux semi-circulaires, le segment interne
ou antéro-inférieur donnera naissance au saccule et au canal
cochléaire.

Le segment externe ne tarde pas à émettre, par son extrémité libre dirigée en arrière et en haut, trois bourgeons creux
en forme de disques semi-lunaires. Au centre de chacun de

ces disques, les deux feuillets épithéliaux s'accolent et se soudent en une plaque centrale qui finit elle-même par disparaître, si bien que le bord marginal du disque semi-lunaire persiste

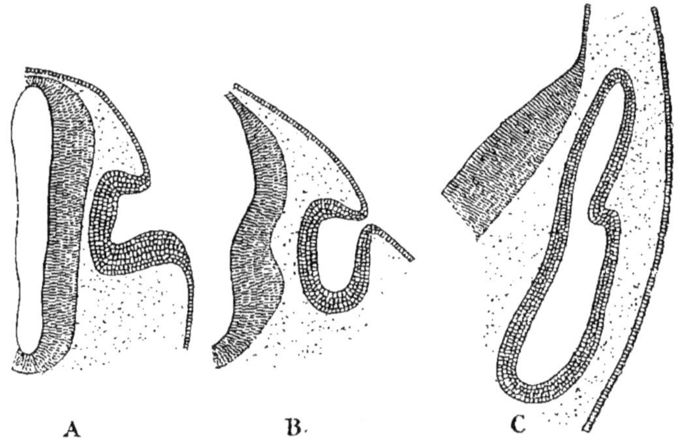

Fig. 128.

Trois coupes transversales montrant les premiers développements de la vésicule auditive chez l'embryon humain (Gr. 60/1).

A, embryon de 3 mill. — B. embryon de 4 mill. — C, embryon de 6 mill.
La capsule auditive largement ouverte en A, étranglée en B, s'est complètement détachée de l'ectoderme en C, et s'est transformée en vésicule, en même temps qu'elle a poussé en arrière, contre le cerveau postérieur, un bourgeon creux représentant l'aqueduc du vestibule.

seul sous la forme d'un canal semi-circulaire communiquant par ses deux extrémités avec la cavité du segment postérieur dilatée en *utricule*. L'une des branches de ce canal se renfle au voisinage de son abouchement dans l'utricule (*dilatation ampullaire*). D'après KRAUSE, les deux canaux semi-circulaires verticaux proviendraient d'une ébauche unique, mais incurvée, ce qui expliquerait leur fusion sur une certaine distance, à partir de l'utricule.

Quant au segment antéro-inférieur, il se divise par un étranglement (*canalis reuniens* de HENSEN, 1863) en deux portions : une portion attenante à l'aqueduc du vestibule (*saccule*), et une portion terminale qui s'allonge considérablement en s'enroulant sur elle-même (*canal cochléaire*).

D'autre part, la vésicule auditive, en regard de l'aqueduc du vestibule, se rétrécit sensiblement, de sorte que ce dernier canal semble communiquer par deux branches étroites, d'un côté avec le saccule, et de l'autre avec l'utricule.

L'ensemble de toutes les subdivisions de la vésicule auditive constitue le *labyrinthe épithélial*.

Pendant que se produisent les modifications précédentes, le nerf auditif se divise en deux branches (*cochléaire et vestibulaire*), et le ganglion acoustique se fragmente de son côté en *renflement ganglionnaire de Scarpa* annexé au nerf vestibulaire, et en *ganglion spiral* avec lequel le nerf cochléaire décrit deux tours et demi de spire.

Vers la fin du 2ᵉ mois, le mésoderme se différencie au pourtour du labyrinthe épithélial, pour former une capsule enveloppante cartilagineuse

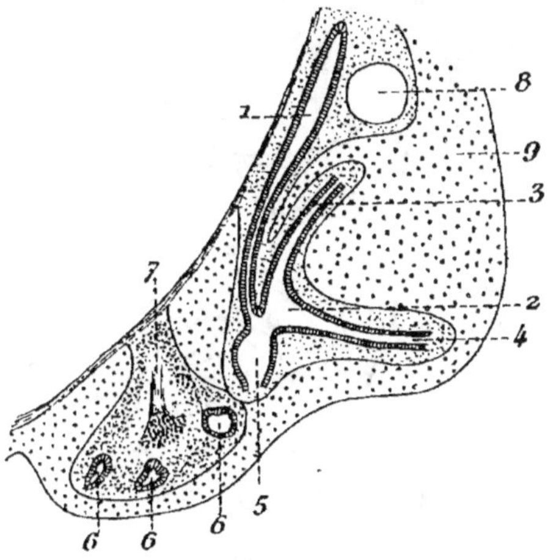

Fig. 129.

Coupe intéressant l'oreille interne sur un fœtus humain de 32/40 mill. (Gr. 12/1).

1, aqueduc du vestibule. — 2, utricule. — 3, 4, canaux semi-circulaires. — 5, saccule. — 6, canal cochléaire sectionné en trois endroits. — 7, nerf cochléaire avec le ganglion spiral. — 8, sinus latéral. — 9, capsule cartilagineuse de l'oreille.

(*labyrinthe cartilagineux*). La différenciation respecte toutefois la zone immédiatement attenante à l'épithélium et qui, emprisonnée à l'intérieur du labyrinthe cartilagineux, représente avec les subdivisions de la vésicule auditive, c'est-à-dire avec le labyrinthe épithélial, le *labyrinthe membraneux*. Cette zone mésodermique subit les modifications suivantes : elle se transforme d'abord en tissu muqueux dans presque toute son épaisseur, puis on voit des vacuoles se produire dans la couche moyenne, s'anastomoser entre elles et donner ainsi naissance à une sorte de tissu lacunaire creusé de larges espaces dans lesquels circule la périlymphe. La couche interne appliquée à la surface du labyrinthe épithélial fournit la paroi conjonctive du labyrinthe membraneux, la couche externe doublant la face profonde de la capsule cartilagineuse devient plus dense et se transforme en périchondre. Chez certains mammifères, comme le rat, le tissu muqueux de l'oreille interne persiste pendant toute la vie.

Au niveau du canal cochléaire enroulé sur lui-même, les lacunes contenant la périlymphe ne se creusent pas sur tout le pourtour du canal, mais restent limités à ses parois supérieure et inférieure (le limaçon reposant sur sa base). La paroi interne regardant la columelle, et la paroi opposée en sont dépourvues. C'est ce qui nous rend compte des rapports qu'à l'intérieur du canal spiral

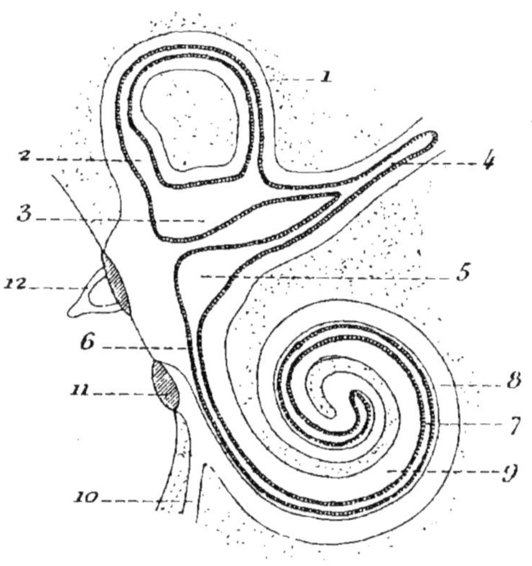

Fig. 130.

Représentation schématique du labyrinthe membraneux avec les espaces périlymphatiques.

(Le tissu osseux est figuré en pointillé.)
1, canal demi-circulaire. — 2, dilatation ampullaire de ce canal. — 3, utricule. — 4, aqueduc du vestibule. — 5, saccule. — 6, canalis reuniens. — 7, canal cochléaire. — 8, rampe tympanique du limaçon. — 9, rampe vestibulaire. — 10, aqueduc du limaçon. — 11, fenêtre ronde. — 12, étrier dont la base est enchâssée dans la fenêtre ovale.

d'abord cartilagineux, puis osseux, le canal cochléaire affecte avec les deux rampes vestibulaire et tympanique représentant les espaces périlymphatiques.

Ces deux rampes communiquent entre elles au sommet du limaçon; du côté opposé, la rampe vestibulaire se continue vers la base du limaçon avec les espaces périlymphatiques du saccule, la rampe tympanique aboutit à la fenêtre ronde.

Dans la suite, le labyrinthe cartilagineux se transforme en *labyrinthe osseux* ; la columelle et la lame spirale osseuse s'ossifient directement aux dépens d'une ébauche conjonctive.

Le labyrinthe épithélial ne présente pas seulement des chan-

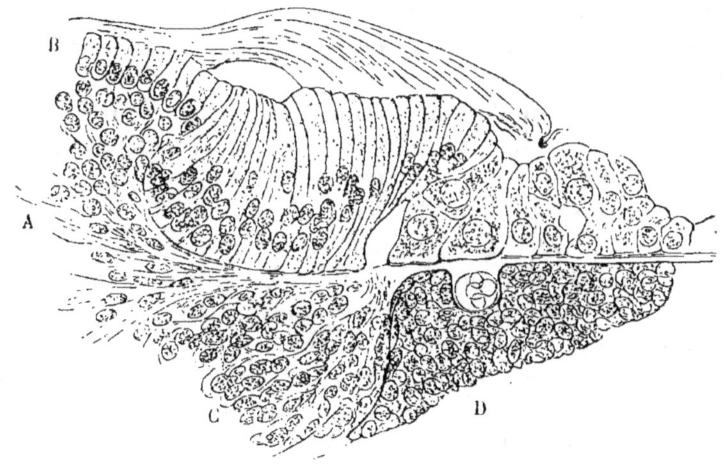

Fig. 131.

Section transversale de la paroi inférieure du canal cochléaire sur un embryon de mouton de 35 cent., d'après Pouchet et Tourneux.

A, bandelette sillonnée (périoste) dessinant le sillon spiral interne. — B, épithélium tapissant la paroi inférieure du canal cochléaire, et divisé en deux bourrelets : l'un interne (par rapport à l'axe du limaçon) formé de longues cellules granuleuses qui comblent le sillon spiral interne, et qui sont recouvertes par la membrane de Corti ; l'autre externe, composé de cellules plus larges, plus claires et à noyau plus volumineux, qui représentent l'organe de Corti. Au milieu de ces derniers éléments, on remarque deux cellules disposées parallèlement au-dessus du vaisseau spiral, qui donneront naissance aux piliers. — C, ganglion spiral et nerf cochléaire. — D, couche mésodermique doublant inférieurement la lame basilaire qui supporte le bourrelet externe.

gements dans sa forme extérieure, mais les éléments de sa paroi subissent également des modifications importantes. Par places les cellules épithéliales diminuent de hauteur, deviennent cubiques ou pavimenteuses, et revêtent l'aspect d'un simple épithélium de revêtement. Ailleurs, au contraire, elles s'allongent, prennent la forme cylindrique, et leur surface libre se couvre de cils raides qui plongent dans l'endolymphe ; elles évoluent ainsi en éléments sensoriels (*cellules acoustiques*), en rapport par leur extrémité profonde avec les branches du nerf acoustique.

Les parties ainsi modifiées de l'épithélium ont reçu des noms divers suivant les régions : *tache acoustique* dans le saccule et dans l'utricule, *crête acoustique* dans chacune des trois ampoules des canaux semi-circulaires, et enfin *organe de Corti* dans le canal cochléaire.

La structure de l'organe de Corti est toutefois plus complexe que celle des taches ou des crêtes acoustiques, et son développement n'a pu encore être suivi dans tous ses détails. Nous avons représenté, dans la figure 131, une section transversale de la paroi inférieure du canal cochléaire sur un embryon de mouton de 35 centimètres Cette section montre que les cellules épithéliales sont disposées suivant deux bourrelets, dont l'un (grand bourrelet), interne par rapport à l'axe du limaçon, tapisse le sillon spiral interne et disparaîtra partiellement dans la suite, et dont l'autre (petit bourrelet), externe, recouvre la membrane basilaire, et se transformera en organe de Corti.

§ 2. — OREILLE MOYENNE

L'oreille moyenne, comprenant la caisse du tympan et la trompe d'Eustache, se développe aux dépens de la portion postérieure de la gouttière interne (ou endodermique) appartenant à la première fente. Cette portion postérieure se transforme, en effet, en un canal (*canal pharyngo* ou *tubo-tympanique*), par rapprochement et soudure de ses deux lèvres, tandis que la portion antérieure de la même gouttière branchiale se nivelle progressivement, et finit par disparaître.

Le canal tubo-tympanique reste en communication avec le pharynx par son extrémité antérieure. L'extrémité postérieure de ce canal, séparée du premier sillon branchial externe par la membrane d'occlusion, s'élargit bientôt, empiétant latéralement sur les arcs correspondants (1er et 2e), et les déborde même en haut et en arrière. Le segment élargi du canal tubo-tympanique représente la caisse du tympan, et le segment cylindrique, la trompe d'Eustache ; enfin la membrane d'occlusion avec les portions membraneuses des arcs voisins deviendra la membrane du tympan.

Pendant toute la période fœtale, la cavité de la trompe et de la caisse du tympan demeurent très étroites. Le chorion de la muqueuse s'infiltre, en effet, d'un tissu muqueux abondant qui refoule en dedans l'épithélium, et applique les parois opposées l'une contre l'autre. Ce n'est qu'après la naissance, au moment où la respiration s'établit, que ce tissu muqueux s'atrophie, et que les osselets de l'ouïe viennent faire saillie à l'intérieur de la caisse du tympan, tout en restant rattachés à la paroi par des replis de la muqueuse.

Le tympan est primitivement représenté par la membrane d'occlusion de la première fente ; il est donc didermique à son origine. Plus tard, une couche mésodermique vient

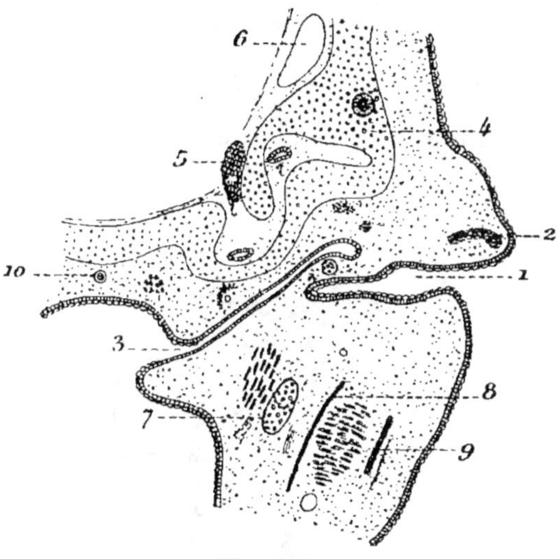

Fig. 132.

Coupe intéressant l'oreille moyenne et l'oreille externe sur un embryon humain de 32,40 mill. (Gr. 7,1).

1, conduit auditif externe. — 2, ébauche du fibro-cartilage du pavillon. — 3, trompe d'Eustache dont l'extrémité profonde renflée représente la caisse du tympan. La membrane du tympan qui sépare l'oreille moyenne du conduit auditif externe, renferme le manche du marteau encore cartilagineux. — 4, capsule auditive cartilagineuse se continuant avec le cartilage de la base du crâne, et enveloppant le labyrinthe membraneux sectionné en trois endroits. — 5, ganglion de Scarpa. — 6, sinus latéral. — 7, cartilage de Meckel. — 8, maxillaire inférieur. — 9, canal excréteur de la parotide. — 10, chorde dorsale.

s'insinuer entre les deux feuillets primordiaux, transformant ainsi le tympan didermique en membrane tridermique. A mesure que l'oreille moyenne se développe, le tympan augmente de largeur par empiétement sur les arcs voisins. C'est ce qui explique qu'on trouve, chez l'adulte, le manche du marteau implanté dans cette membrane.

Le tympan participe à l'épaississement muqueux de la paroi interne de l'oreille moyenne ; il s'amincit au moment de la naissance.

§ 3. — OREILLE EXTERNE

De même que le sillon endodermique de la première fente donne naissance à l'oreille moyenne, de même le sillon ecto-

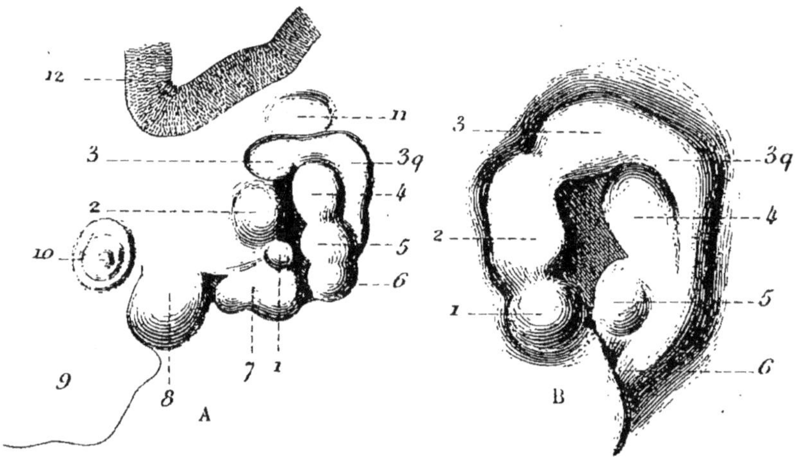

Fig. 133.

Deux phases successives du développement de l'oreille externe sur des embryons humains de 11 mill. (A), et de 14,5 mill. (B), d'après His.

1, tubercule du tragus. — 2 et 3, tubercules de l'hélix. — 3q, queue de l'hélix. — 4, tubercule de l'anthélix. — 5, tubercule de l'antitragus. — 6, lobule de l'oreille. — 7, bourgeon maxillaire inférieur. — 8, bourgeon maxillaire supérieur. — 9, bourgeon frontal. — 10, œil. — 11, vésicule auditive. — 12, paroi du cerveau postérieur.

dermique de cette même fente persiste dans son segment postérieur, en regard de la membrane du tympan, et se transforme en oreille externe. Les parois du sillon limitent le *conduit audilif externe*, et le bord libre de ses deux lèvres se soulève en une série de bourgeons, pour constituer le *pavillon de l'oreille*. Nous avons représenté dans la figure 133, deux stades principaux du développement de l'oreille externe concernant des embryons de 11 mill. et de 14,5 mill. et nous avons numéroté les saillies des 2e et 3e arcs de 1 à 6, conformément aux indications de His. On remarquera que les saillies 1 et 5 deviennent le tragus et l'antitragus, les saillies 2 et 3, l'hélix, et enfin la saillie 4, l'anthélix. Le lobule qui se forme tardivement, dérive de la saillie 6.

Un bouchon épithélial analogue à celui qui ferme les narines obture le conduit auditif externe jusqu'à l'époque de la naissance. Les glandes cérumineuses apparaissent au 5e mois, et évoluent suivant le type des glandes sudoripares. Le cartilage de la conque se différencie au commencement du 3e mois.

CHAPITRE VII

APPAREIL CUTANÉ

Sous ce titre, nous étudions successivement le développement de la peau et des organes plus ou moins complexes qui
lui sont annexés, tels que les ongles, les poils, les glandes
sudoripares, les glandes sébacées et les glandes mammaires.
Nous terminerons enfin par l'examen de l'enduit fœtal.

1° Peau. — Des deux couches qui entrent dans la composition de la peau, l'une superficielle, l'*épiderme*, dérive directement de l'ectoderme, et l'autre profonde, le *derme*, provient
du mésoderme.

a. *Épiderme.* — Vers la fin du 1er mois (embryons de 6 à
8 millimètres), l'épiderme, formé jusqu'à ce stade par une seule
rangée de cellules, devient didermique. Il se compose d'un
plan profond de cellules cubiques et d'une couche superficielle
de cellules pavimenteuses aplaties parallèlement à la surface.
Cet état persiste jusqu'au début du 3e mois. A ce moment, on
voit une troisième couche de cellules polyédriques s'interposer
entre les deux premières. Ces nouveaux éléments qui naissent
par segmentation des cellules profondes (couche basilaire), se
multiplient rapidement, et l'épiderme ne tarde pas à présenter
un nombre assez considérable de couches superposées (sept à
huit couches à la fin du 4e mois, mesurant une épaisseur totale
de 40 µ). Les cellules de la couche superficielle possèdent des
caractères qui leur sont propres : leur partie centrale qui renferme le noyau, bombe à l'extérieur, fait que Ch. Robin avait
signalé dès 1861. Ces éléments ne paraissent pas prendre part
à la formation de la couche cornée que l'on voit apparaître du

5e au 6e mois. Chez certains mammifères, la membrane qu'ils constituent se détache tout d'une pièce, et forme une pellicule superficielle au-dessous de laquelle les poils s'allongent, d'où le nom d'*épitrichium* qui lui a été assigné par WELCKER (1864). L'évolution de l'épitrichium serait différente, suivant qu'on envisage des portions de la peau glabres ou couvertes de poils. Dans les portions pileuses, l'épitrichium reste simple, et l'on peut voir les poils follets s'insinuer par leur pointe superficielle entre cette membrane et la couche cornée sous-jacente ; l'épitrichium disparaît ensuite par exfoliation. Dans les régions glabres, au contraire, l'épitrichium s'épaissit, mais là encore il ne persiste pas, et se sépare à un moment donné du restant de l'épiderme.

Pendant le 4e mois, dans les parties lisses de la peau (notamment à la pulpe des doigts et des orteils), la face profonde de l'épiderme donne naissance, par bourgeonnement, à des prolongements lamelliformes disposés plus ou moins parallèlement et concentriquement, qui s'enfoncent normalement dans l'épaisseur du derme, et divisent sa surface en une série de *crêtes primitives* (HENLE). C'est du bord profond de ces prolongements que se détachent les bourgeons des glandes sudoripares.

Le pigment mélanique du corps muqueux de Malpighi, qu'on n'observe qu'en quelques points limités chez la race blanche (scrotum, aréole du mamelon), et sur toute la surface du corps chez la race noire, n'apparaît qu'après la naissance.

b. *Derme*. — Le derme, formé aux dépens de la partie superficielle du mésoderme (lame musculo-cutanée), ne se délimite nettement qu'au 3e mois. Au 6e mois seulement, les fibres élastiques, ainsi que les lobules adipeux apparaissent dans le tissu cellulaire sous-cutané. C'est à la même époque que se soulèvent les papilles dermiques sous la forme d'excroissances du derme qui pénètrent à l'intérieur de l'épiderme. Le mode de formation de ces élevures paraît toutefois différer dans les portions glabres de la peau, où des lamelles secondaires issues des prolongements de Henle viendraient fragmenter les crêtes dermiques en papilles distinctes, agencées plus ou moins régulièrement en deux séries parallèles. Les sillons que l'on observe chez l'adulte répondent aux crêtes dermiques primitives.

2° Ongle. — Au commencement du 3° mois, on voit un léger sillon curviligne, ouvert en avant, se creuser au niveau de la future racine de l'ongle (*sillon* ou *rainure péri-unguéale*). A ce sillon superficiel, ne tarde pas à répondre dans la profondeur une invagination de la couche profonde de l'épiderme qui pénètre obliquement à l'intérieur des téguments, selon la direction de la future matrice unguéale. En même temps

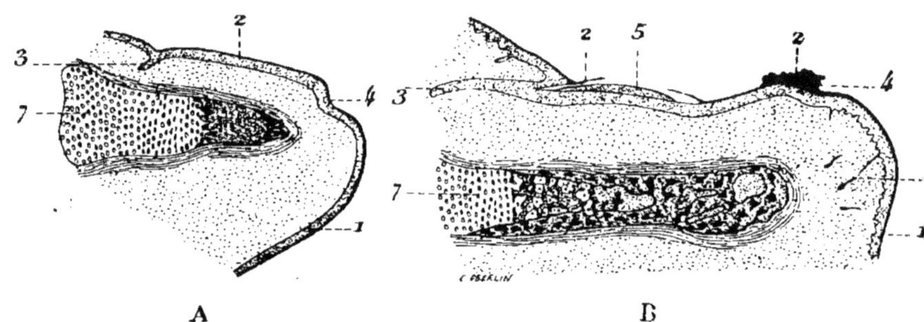

Fig. 131.

Coupe intéressant en long la face unguéale du pouce sur un fœtus humain de 6 cent. (A), et sur un fœtus humain de 15/22 cent. (B) (Gr. 14/1).

1, épiderme. — 2, couche épithéliale superficielle du champ unguéal (éponychium). — 3, involution postérieure. — 4, sillon antérieur. — 5, corps de l'ongle. — 6, bourgeons des glandes sudoripares. — 7, phalangette en voie d'ossification.

(milieu du 3° mois), les deux cornes antérieures du sillon péri-unguéal se prolongent en avant, et se rencontrent sur l'extrémité libre du doigt, délimitant ainsi un espace ovalaire que l'on peut désigner sous le nom de *champ unguéal primitif*. Ce champ ne répond pas, en effet, à l'ongle définitif, car au commencement du 5° mois, un sillon secondaire transversal (*sillon* ou *rainure préterminale*, CURTIS, 1889) le divisera en deux segments inégaux, dont le plus étendu, proximal, supportera l'ongle, et dont le plus réduit, terminal ou distal, donnera naissance à un stratum corneum très épais rappelant la sole des ongulés. Le champ unguéal primitif se distingue des parties ambiantes par l'épaisseur de la couche épithéliale superficielle ou épitrichium (*éponychium* de UNNA, 1876).

Par suite de l'allongement progressif du doigt, le champ unguéal tout entier se trouve reporté à sa face dorsale (fin du 3ᵉ mois). Peu après, apparaissent les crêtes de Henle, délimitées par des bourgeons lamelleux de l'épiderme, d'abord à la pulpe du doigt, puis sur le dos, au-dessous du lit de l'ongle. En même temps, se forme dans la partie postérieure du champ unguéal un stratum granulosum avec gouttelettes d'éléidine, qui s'étend progressivement en avant, tandis qu'en arrière l'éléidine se trouve remplacée par de gros grains de kératine (CURTIS, 1889). C'est entre le stratum granulosum et l'éponychium superficiel, que se développe la substance unguéale par modification des cellules de la couche granuleuse.

A la fin du 4ᵉ mois, l'éponychium se déchire à partir du milieu du champ unguéal, et ses débris persistent pendant un certain temps sur le pourtour du bourrelet, formant le périonyx primitif: l'ongle apparaît alors à la surface. Au 5ᵉ mois, la kératine disparaît, et les cellules qui constituent le lit de l'ongle se chargent de granulations de *substance onychogène* (RANVIER, 1882). A cette époque, l'ongle s'enfonce en arrière dans l'involution épithéliale postérieure, toujours précédé par l'apparition de substance onychogène dans les cellules situées au-dessous de lui, et sa *racine* divise ainsi l'épithélium invaginé en deux couches distinctes dont la plus superficielle tapisse la face profonde du repli sus-unguéal, et dont l'inférieure devient la *matrice unguéale*. La consistance de l'ongle augmente en même temps, et sa surface devient lisse ; sur les coupes longitudinales, la substance unguéale se montre nettement striée de haut en bas et d'arrière en avant. Au 8ᵉ mois, l'ongle atteint le fond de la rainure ; il s'allonge alors en avant, et développe son bord libre.

En résumé, l'ongle représente un stratum lucidum modifié reposant sur un stratum granulosum qui, au lieu d'éléidine, renferme de la substance onychogène (CURTIS, 1889).

3° Poils. — Les premiers rudiments des poils sont représentés par des épaississements locaux du corps muqueux de Malpighi (*nodules épithéliaux*, Ranvier, Retterer 1894), au-dessous desquels les cellules mésodermiques apparaissent serrées les uns contre les autres (*nodules conjonctifs*). Les nodules épithéliaux s'allongent et figurent des bourgeons qui poussent obliquement dans le derme, refoulant devant eux les nodules conjonctifs. Bientôt l'extrémité renflée du bourgeon pileux s'étale à la surface du nodule conjonctif, et se déprime en forme de cupule logeant dans sa concavité, le nodule conjonctif qui devient ainsi la *papille* du poil. De la base de cette papille hémisphérique, se détache latéralement une expansion membraniforme enveloppant progressivement de bas en haut le bourgeon pileux (*paroi folliculaire*).

Les premiers bourgeons pileux apparaissent d'abord sur la tête (du 3e au 4e mois), puis sur le tronc; aux membres, ils se montrent seulement vers la fin du 5e mois. Au commencement du 5e mois, sur les poils du tronc, on distingue au centre de chaque bourgeon un cône d'une substance plus solide dont la pointe est dirigée vers la surface : c'est le *poil*. A mesure que le poil se développe et s'allonge, les cellules qui l'environnent revêtent les divers caractères des parties constituantes de la racine. Les cellules les plus superficielles donnent naissance à la gaine externe de la racine.

L'éruption des poils se fait à partir du 5e mois sur la tête, et du 6e sur le tronc. Ils continuent de croître jusqu'au moment où ils sont remplacés par des poils persistants. La chute de ces *poils follets* ou *poils du duvet* (formant le *lanugo*), en général incolores, a lieu ordinairement dans les premiers mois qui suivent la naissance; cependant on peut déjà en rencontrer dans le liquide amniotique. Cette chute est préparée par l'atrophie du bulbe pileux qui se détache de la papille. Les poils follets de certaines régions persistent toutefois pendant la vie entière (visage). Les poils persistants naissent, ainsi que l'a montré Kœlliker, par un bourgeonnement de la gaine externe de la racine des anciens follicules.

4. Glandes sébacées. — Les glandes sébacées annexées aux follicules pileux (*glandes pileuses*) apparaissent presque en même temps que les bourgeons pileux, sous la forme d'excroissances de leurs parois latérales. Au 6° mois, les cellules centrales commencent à se charger de gouttelettes graisseuses.

Les glandes sébacées libres des nymphes et du mamelon, ainsi que du bord libre des lèvres, se développent seulement après la naissance par des bourgeons provenant directement de l'épiderme (chez l'enfant de 4 à 5 mois pour les glandes des petites lèvres, WERTHEIMER, 1882) (p. 270).

5° Glandes sudoripares. — Le développement des glandes sudoripares commence vers la fin du 4° mois. On voit à cette époque la couche profonde de l'épiderme donner naissance à des bourgeons pleins dont l'extrémité, renflée en massue, s'enfonce à peu près normalement dans le derme. Dans les régions cutanées dépourvues de poils, ces bourgeons émanent du bord profond des lamelles épidermiques de HENLE (p. 339). Au cours du 6° mois, ils se creusent d'une lumière centrale, en même temps que leur extrémité profonde s'allonge et se contourne en glomérule (sur le tronc). A la naissance, le canal excréteur, dans sa portion intra-épidermique, décrit un trajet spiroïde.

6° Mamelle. — Le premier rudiment de la mamelle est représenté par un bourgeon plein de la face profonde de l'épiderme (KŒLLIKER) qui apparaît au commencement du 3° mois (fœtus de 26 millimètres). Au niveau de ce bourgeon cylindrique large, l'épiderme forme à l'origine une légère saillie superficielle (fig. 135, A) qui s'atténue graduellement, au fur et à mesure que le rudiment mammaire augmente de dimensions, et qu'un sillon circulaire vient délimiter à son pourtour une couronne annulaire aux dépens de laquelle se constituera l'aréole (*champ aréolaire*, fig. 135, B).

Pendant le 5° mois, le bourgon primitif qui répond à la poche mammaire des monotrèmes, s'étale en surface, en même temps qu'il se déprime en son centre, et que de sa face profonde se détachent des bourgeons de premier ordre, représentant les canaux galactophores. Un peu plus tard (6ᵉ mois), on voit, dans le tissu mésodermique sous-jacent, se former de petits faisceaux de fibres musculaires lisses constituant le muscle sous-aréolaire ; à la même époque, apparaissent les bourgeons

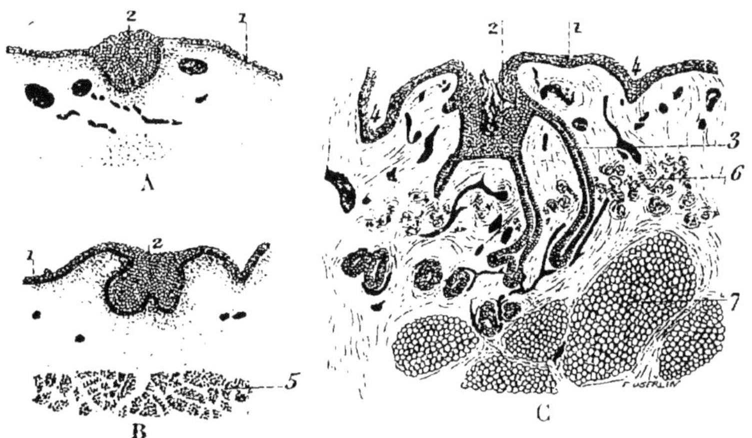

Fig. 135.

Coupes représentant trois stades successifs du développement de la mamelle chez l'homme (Gr. 24,1).

A, fœtus ♂ 32/40 mill. — B, fœtus ♀ 10/16 cent. — C, fœtus ♂ 24/35 cent.
1, épiderme. — 2, bourgeon primitif de la mamelle. — 3, canaux galactophores. — 4, sillon délimitant le champ aréolaire. — 5, muscle grand pectoral. — 6, muscle lisse sous-aréolaire. — 7, pannicule adipeux sous-cutané.

des glandes accessoires connues sous le nom de *glandes de Montgoméry*.

Les bourgeons de premier ordre, entièrement pleins à l'origine, se creusent bientôt d'une lumière centrale, tandis que leur extrémité se ramifie. D'autre part, le centre du bourgeon primitif se déprime de plus en plus, et celui-ci prend la forme d'une sorte de cratère (*poche mammaire*) dont le fond est occupé par des cellules épithéliales desquamées (fig. 135, C).

Dans les derniers mois de la vie intra-utérine, le tissu dermique (*plaque mammaire*) interposé aux canaux galactophores s'épaissit et refoule en dehors le reste du bourgeon primitif, avec les extrémités attenantes des canaux galactophores. La surface mammaire se nivelle, et les canaux galactophores viennent déboucher directement et isolément à l'extérieur.

Au moment de la naissance, et dans les deux sexes, les canaux glandulaires se dilatent, leur épithélium se modifie, et une sécrétion lactée s'établit (*lait de sorcière*). Ces modifications qui débutent dans les premiers jours après la naissance, atteignent leur plus grand développement vers la fin de la deuxième semaine (DE SINÉTY, 1875).

Au stade précédent de lactation succède une période de régression : les canaux reviennent sur eux-mêmes, et reprennent l'aspect qu'ils avaient avant la naissance ; quelques-uns même s'atrophient et disparaissent entièrement. De la naissance à la puberté, la mamelle évolue très lentement, et ce n'est guère qu'au voisinage de la puberté qu'on voit se former, à l'extrémité des canaux glandulaires, de petits lobules distants les uns des autres de plusieurs millimètres. C'est pendant cette période que se produit le soulèvement du centre de l'aréole, sous la forme de *mamelon* entraînant les embouchures des canaux galactophores et la portion attenante du muscle sous-aréolaire. Ce soulèvement est dû à l'épaississement de la plaque mammaire, plus accusé en regard des canaux galactophores que sur les parties latérales.

Les glandes mammaires accessoires ou surnuméraires, dont on a observé un certain nombre d'exemples (dans un cas, NEU-GEBAUER en a compté quatre de chaque côté) sont disposées suivant une ligne courbe à convexité interne, étendue du creux axillaire au pli inguinal. Chez les rongeurs, les insectivores, les carnassiers et le porc, cette ligne est figurée sur le jeune embryon par une bandelette résultant d'un épaississement local de l'ectoderme (*bandelette mammaire*, O. SCHULTZE, 1892-93). C'est sur le trajet de cette bandelette que se forment les involutions des glandes mammaires.

7° Enduit fœtal. — L'enduit fœtal de couleur blanche (*vernix caseosa, smegma embryonum*) qui recouvre le corps du fœtus dans les derniers mois de la gestation, est formé par le mélange de cellules épithéliales pavimenteuses ou polyédriques avec des gouttelettes de graisse provenant des glandes sébacées dont le fonctionnement débute vers la fin du 5° mois. S. Mixot a émis l'opinion que l'accumulation et le tassement des cellules épithéliales étaient favorisées par la persistance temporaire de l'épitrichium. L'enduit fœtal est surtout abondant au niveau des plis articulaires.

CHAPITRE VIII

APPAREIL DE LA LOCOMOTION

Sous ce titre, nous comprendrons le squelette, les articulations et les muscles volontaires. Nous rechercherons successivement le développement de ces parties dans les membres, dans le tronc et dans la tête.

ARTICLE PREMIER

SQUELETTE

Trois paragraphes distincts seront consacrés : 1° au squelette des membres ; 2° à la colonne vertébrale ; 3° au crâne.

§ 1. — SQUELETTE DES MEMBRES

Après avoir montré le mode de formation des membres, nous décrirons le développement de leur squelette cartilagineux et osseux.

1° Formation des membres. — Les membres apparaissent chez l'embryon humain de 4 millimètres, aux deux extrémités de la crête de Wolff, sous la forme de deux bourgeons aplatis transversalement, et qui figurent en s'allongeant, chez l'embryon de 7 millimètres, deux *palettes* appliquées de chaque côté sur les parois latérales du tronc. Le développement des palettes répondant aux membres inférieurs est toujours un peu moins avancé, pour un stade donné, que celui des palettes supérieures.

Vers la 5ᵉ semaine, la palette terminale représentant la main ou le pied se distingue par un sillon du restant du membre, tandis que son bord marginal s'épaissit en un *bourrelet digital* que des rainures longitudinales diviseront bientôt en cinq articles distincts, mais réunis par une membrane interdigitale. A la même époque, la saillie du coude s'accuse et indique la séparation du bras et de l'avant-bras ; peu après, les doigts s'allongent et débordent la membrane interdigitale.

Jusqu'au début du 3ᵉ mois, le coude et le genou sont orientés de la même façon, et regardent directement en dehors. A ce moment, le bras exécute sur l'épaule un mouvement de rotation de 90°, dirigé de dedans en dehors, qui porte le coude en arrière. De son côté, le membre inférieur, décrit également un mouvement de rotation de 90°, mais en sens inverse du premier, c'est-à-dire de dehors en dedans, si bien que le genou se trouve maintenant placé en avant, dans une direction diamétralement opposée à celle du coude.

2° Squelette cartilagineux des membres. — Les palettes des membres développés à chaque extrémité de la crête de Wolff, au niveau du point d'union de la somotapleure avec les protovertèbres, sont formées par un axe mésodermique recouvert par l'ectoderme. Celui-ci présente, le long du bord supérieur de la palette, un épaississement longitudinal, au-dessous duquel rampe un vaisseau veineux (veine basilique primitive pour le membre supérieur, et veine saphène interne pour le membre inférieur) (fig. 88, B). L'épaississement ectodermique formé exclusivement aux dépens de la couche profonde, est surtout accusé vers l'extrémité du membre, où il a été décrit et figuré par de nombreux observateurs ; sa signification nous est encore inconnue.

Au sein du mésoderme axial se différencient, pendant le 2ᵉ mois, les segments cartilagineux aux dépens desquels se constitueront plus tard les pièces osseuses. Cette différenciation débute au niveau de la racine du membre, et se propage ensuite graduellement vers l'extrémité. Il est aujourd'hui démontré que le squelette cartilagineux n'est pas continu dans toute la longueur du membre, mais qu'il se compose d'un certain nombre d'articles distincts (HAGEN TORN, 1882; LEBOUCQ, 1882; RETTERER, 1886), dont le nombre peut se trouver supérieur à celui des os qui les remplacent. C'est ainsi que, dans le cours du développement normal, on voit un cartilage du carpe connu sous le nom de *cartilage central (le central)* se fusionner, au 3ᵉ mois fœtal, avec un autre cartilage du carpe (*le radial*), pour former le scaphoïde (LEBOUCQ, 1882). A la suite d'une ossification spéciale, le central peut persister anormalement chez l'adulte, et constituer un os distinct (*os central* ou *intermédiaire* de DE BLAINVILLE).

3ᵒ Squelette osseux des membres. — Les cartilages qui se sont différenciés dans la continuité du membre, s'ossifient dans la suite par un ou plusieurs *centres d'ossification (points d'ossification)*. Certains points apparaissent de bonne heure 3ᵉ mois fœtal), et forment la plus grande partie de l'os (*points primitifs, principaux*); d'autres se montrent tardivement, et contribuent surtout à modeler sa forme extérieure (*points secondaires, accessoires* ou *complémentaires*). Dans l'ossification d'un cartilage précédant un os long, le point primitif est central (*diaphysaire*), les points complémentaires sont relégués aux extrémités (*diaphysaires*).

Nous ne relaterons pas ici, pour chaque os des membres, les époques correspondant à l'apparition et à la soudure des points d'ossification primitifs et secondaires ou complémentaires. On trouvera, à cet égard, des tableaux synoptiques dans la plupart des traités d'anatomie descriptive, et dans la thèse d'agrégation de POIRIER, (1886), à laquelle nous avons fait plusieurs emprunts. Nous nous bornerons à signaler les particularités suivantes en ce qui concerne les os des membres proprement dits, et les os des ceintures scapulaire et pelvienne qui les rattachent au squelette axial :

Les os du carpe et du tarse, à l'exception du calcanéum, s'ossifient par un seul point.

Les métacarpiens et les métatarsiens présentent un point

primitif pour le corps (début du 3ᵉ mois fœtal), et un point épiphysaire pour l'extrémité distale (3 ans).

Les phalanges des doigts et des orteils possèdent également un point diaphysaire et un point épiphysaire, seulement ce dernier occupe l'extrémité voisine de la racine du membre.

Le premier métacarpien et le premier métatarsien s'ossifient comme les phalanges, avec un point épiphysaire proximal ou carpien : on a pu, par suite, les considérer comme représentant les premières phalanges du pouce.

Dans les phalangettes, l'ossification débute par l'extrémité distale (3ᵉ mois fœtal), et se complète, après la naissance, par un point épiphysaire proximal. Les phalangettes se comportent donc, au point de vue de l'ossification, comme des demi-phalanges.

Les os longs des membres (cubitus, radius, humérus, tibia, péroné, fémur) présentent un point diaphysaire (fin du 2ᵉ mois), et deux points épiphysaires qui n'apparaissent qu'après la naissance, sauf celui de l'épiphyse distale du fémur qui se forme peu avant la naissance. Les points complémentaires (trochanter, épicondyle, épitrochlée, etc.), se montrent tardivement à partir de la 5ᵉ année. D'après A. JULIEN (1892), le premier point épiphysaire occupe l'extrémité la plus importante au point de vue fonctionnel.

La rotule s'ossifie par un seul point d'ossification, vers la troisième année.

Le premier point d'ossification qui apparaisse dans l'économie, est le point primitif de la clavicule qui se forme du 30ᵉ au 35ᵉ jour (ὀστέον πρωτογενές) dans un milieu conjonctif; le cartilage ne se développe que secondairement. On sait que, chez les poissons, la clavicule est un os exclusivement dermique ou cutané.

L'omoplate se développe par un point primitif répondant à la fosse sus-épineuse (du 40ᵉ au 50ᵉ jour), qui forme la plus grande partie de l'os. Les points complémentaires, nombreux, ne se montrent qu'après la naissance.

Chacun des os iliaques présente trois points osseux primitifs correspondant à l'iléon, au pubis et à l'ischion, qui se renconlrent au fond de la cavité cotyloïde, et 9 points complémentaires. La soudure du pubis à l'ischion s'opère vers l'âge de huit ans, celle de l'iléon au pubis et à l'ischion, à l'époque de la puberté.

§ 2. — COLONNE VERTÉBRALE

La colonne vertébrale traverse trois phases distinctes : membraneuse, cartilagineuse et osseuse, dont nous nous occuperons successivement. Nous croyons devoir lui rattacher l'éminence coccygienne.

1° Rachis membraneux, chorde dorsale. — On admet que le squelette du tronc est primitivement représenté, chez les vertébrés, par la chorde dorsale qui s'étend dans toute la longueur du corps de l'embryon, en avant du tube médullaire, depuis la poche hypophysaire jusqu'au sommet de l'appendice caudal. C'est du moins au pourtour de la chorde que vont se développer les corps des vertèbres d'abord cartilagineuses, puis osseuses, aux dépens des expansions mésodermiques (*rachis membraneux*) élaborées par les segments internes des protovertèbres ou sclérotomes (p. 85).

Au début de la période cartilagineuse, la chorde dorsale offre l'aspect d'une tigelle assez régulièrement cylindrique, d'un diamètre de 70 μ environ; elle se compose alors d'un cordon central cellulaire (*cellules de la notocorde*), enveloppés par une gaine hyaline qui fait corps avec la substance fondamentale des vertèbres cartilagineuses. Bientôt on remarque que, suivant sa longueur, la chorde présente une série de renflements qui répondent aux centres des disques intervertébraux. Dans la partie supérieure du rachis, ces renflements intervertébraux sont étirés dans le sens vertical, tandis qu'inférieurement, dans la région lombaire, leur grand diamètre devient transversal (forme lenticulaire). Le renflement le plus élevé se trouve au niveau de l'extrémité antérieure de l'apophyse basilaire, le deuxième entre l'apophyse basilaire et le sommet de l'apophyse odontoïde, et le troisième plus réduit entre l'apophyse odontoïde et le corps de l'axis. La chorde traverse dans toute sa longueur l'apophyse odontoïde. Nous reviendrons sur ces particularités à propos du développement de l'atlas et de l'axis.

Les renflements de la chorde persistent au centre des disques intervertébraux. La gaine se résorbe, et les cellules s'égrènent dans le tissu ambiant (*noyau pulpeux*). Au niveau des corps des vertèbres, la chorde disparaît au moment de la formation du premier point osseux.

2° Rachis cartilagineux. — Avant d'aborder l'étude de la chondrification du rachis membraneux en articles distincts appelés *vertèbres*, nous rappellerons brièvement que, d'après la théorie de E. GEOFFROY-SAINT-HILAIRE (1822) et surtout de R. OWEN (1838), la vertèbre type est constituée par un corps (*centrum*) pourvu d'un arc postérieur (*arc neural*), et d'un arc antérieur (*arc hæmal*). L'arc postérieur comprend les lames vertébrales (*neurapophyses*) et l'apophyse épineuse qui les surmonte (*neurépine*). L'arc antérieur se compose des côtes (*pleurapophyses*) et d'un segment sternal (*hæmépine*). Sur les côtés du corps, se détachent latéralement les apophyses transverses (*parapophyses*) et les apophyses articulaires (*zygapophyses*).

C'est au milieu du 2° mois, qu'on voit se différencier au sein du rachis membraneux, les segments cartilagineux représentant les vertèbres. Les premières vertèbres apparaissent dans la partie inférieure de la région dorsale, puis la chondrification progresse à la fois en haut et en bas (CH. ROBIN, 1864). Dès leur apparition, on constate que les vertèbres cartilagineuses ne correspondent pas exactement aux segments musculaires, mais que ces formations alternent entre elles, soit que l'ébauche vertébrale se soit déplacée secondairement vers la tête, de la longueur d'une demi-vertèbre (FRORIEP), soit, au contraire, que chaque vertèbre soit formée par les moitiés correspondantes de deux sclérotomes successifs (v. EBNER). La disposition des vaisseaux intersegmentaires, situés au niveau du centre des vertèbres, tendrait à confirmer cette dernière manière de voir.

Le premier dépôt de substance cartilagineuse se produit presque en même temps dans le corps et dans les masses latérales (apophyses transverses et articulaires), et la soudure de ces trois nodules s'opère de très bonne heure, si bien qu'on a pu dire que l'ébauche cartilagineuse de la vertèbre est continue dès le début. Elle représente un arc ouvert en arrière qui se referme lentement à la face dorsale de la moelle. Ce n'est qu'au quatrième mois que les lames vertébrales, poussant en arrière, se rencontrent et se fusionnent sur la ligne médiane, pour donner naissance à l'apophyse épineuse.

D'après FRORIEP (1882) dont les recherches ont porté sur le poulet et sur le veau, les vertèbres cartilagineuses dériveraient de trois ébauches distinctes, l'une centrale développée au pourtour de la chorde (*centre, corps*), et les deux autres latérales (*arcs latéraux primitifs*). Celles-ci se réuniraient en avant du corps par une sorte de boucle (*boucle hypochordale*), et, d'autre part, se prolongeraient en arrière du tube médullaire et se souderaient sur la ligne médiane (apophyse épineuse). La fusion du corps et de l'arc antérieur ne se produirait que secondairement.

Le tissu du rachis membraneux qui reste emprisonné entre les tronçons cartilagineux se transforme en fibro-cartilage (*disques intervertébraux*).

La persistance de la gouttière vertébrale, consécutive à la non-fermeture de la gouttière médullaire, constitue la malformation connue sous le nom de *spina bifida* (p. 289).

a. *Atlas, axis.* — Les travaux de RATHKE (1833) et ceux de BERGMANN (1845) ont montré que l'apophyse odontoïde représente le corps de l'atlas soudé au corps de l'axis. La soudure de ces deux pièces cartilagineuses s'effectue chez l'embryon humain de 14 millimètres (CH. ROBIN, 1864), et, à ce moment, disparaît le petit renflement de la notocorde interposé entre l'apophyse odontoïde et l'axis. L'arc antérieur de l'atlas se forme aux dépens de prolongements antérieurs des masses latérales qui se réunissent en avant de l'apophyse odontoïde (boucle hypochordale).

b. *Côtes, sternum.* — Les côtes se développent à l'intérieur des cloisons secondaires (*myosepta*) séparant les myotomes, et leur chondrification progresse d'arrière en avant : elle est un peu plus tardive que celle des vertèbres correspondantes. Arrivées sur la ligne médiane, les sept premières côtes cartilagineuses se fusionnent entre elles par leur extrémité antérieure, et donnent ainsi naissance à une bande cartilagineuse verticale qui ne tarde pas à s'unir avec la bande du côté opposé, pour former le sternum. Les trois côtes suivantes (*fausses côtes*) sont rattachées de chaque côté, entre elles et à la septième côte, mais elles ne se prolongent pas jusqu'au sternum, c'est-à-dire que leurs extrémités antérieures ne se soudent pas d'un côté à l'autre sur la ligne médiane, en raison sans doute du développement considérable des organes abdominaux et en particulier du foie. Les deux dernières côtes restent *libres* ou *flottantes*.

3° Rachis osseux. — L'ossification, comme la chondrification, se montre tout d'abord dans les dernières vertèbres dor-

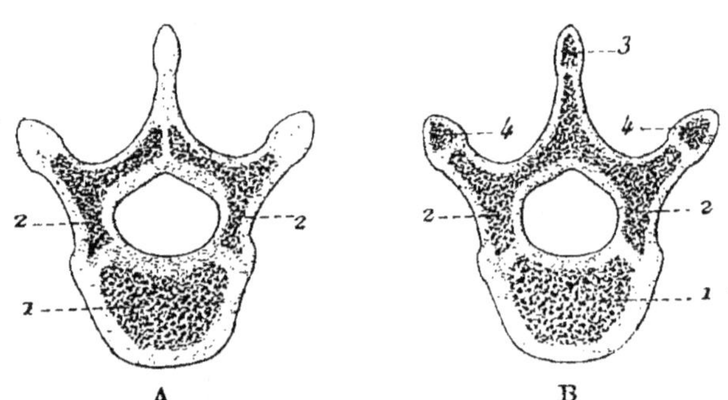

Fig. 136.

Ossification d'une vertèbre dorsale, sur un enfant de 2 ans (A), et sur un adolescent (B). Représentation schématique, d'après Poirier.

Points primitifs : 1, point central. — 2, points latéraux. — *Points complémentaires :* 3, point épineux. — 4, 4, points transversaires.

sales, puis elle se propage à la fois en haut et en bas (fin 2° mois et début 3°). On compte, pour chaque vertèbre, trois points osseux primitifs (fig. 136, A) dont un pour le corps (*point central*) et deux pour les masses latérales (*points latéraux*). Le point médian est double à l'origine, mais les deux ébauches se fusionnent presque aussitôt entre elles ; elles ne restent distinctes que dans l'apophyse odontoïde représentant le corps de l'atlas.

L'ossification progresse rapidement, et, vers le 5e mois, elle a envahi toute la vertèbre cartilagineuse, ne respectant que l'apophyse épineuse et les apophyses transverses dans lesquelles peuvent se développer ultérieurement des points complémentaires (*points transversaires* de 15 à 16 ans, *point épineux* de 16 à 17 ans) (fig. 136, B). La soudure des points latéraux entre eux et avec le point central, caractérisée par l'ossification des bandes cartilagineuses interposées, a lieu de la 3e à la 8e année suivant les régions.

Chaque vertèbre présente, en plus, *deux points épiphysaires* occupant les faces supérieure et inférieure des corps vertébraux dont ils sont séparés par un cartilage de conjugaison aux dépens duquel le corps de la vertèbre s'allonge dans le sens vertical. Ces épiphyses, qui se montrent de 14 à 15 ans, se soudent au corps vertébral, de la 20e à la 25e année.

Le nombre des points complémentaires varie suivant les régions. C'est ainsi que les vertèbres cervicales ne présentent que les deux points épiphysaires (sauf la septième pourvue d'un point épineux), que les vertèbres dorsales possèdent en plus un point épineux et deux transversaires, et qu'enfin dans la région lombaire, deux nouveaux points viennent se surajouter aux précédents, les *points mamillaires (tubercules mamillaires)*.

a. *Atlas.* — Trois points osseux concourent à la formation de l'atlas (fig. 137 A) : deux points primitifs dans les masses latérales, répondant aux points latéraux des autres vertèbres (début 3e mois), et un point complémentaire dans l'arc antérieur (2 ans à 2 ans et demi). Les points latéraux se soudent entre eux de 4 à 5 ans, et se réunissent au point antérieur de 7 à 9 ans.

b. *Axis.* — On compte cinq points primitifs (fig. 137), dont

deux latéraux (masses latérales), un antérieur et inférieur
(corps), et deux antérieurs et supérieurs, placés de chaque
côté de la ligne médiane (apophyse odontoïde); plus deux points
complémentaires, un pour le sommet de l'apophyse odontoïde

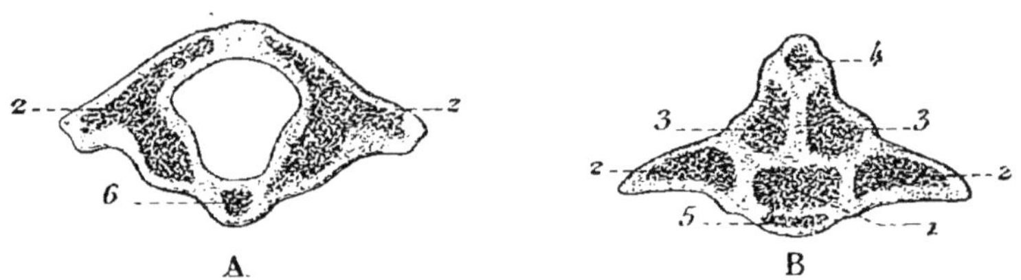

Fig. 137.

Ossification de l'atlas (A, vue supérieure), et de l'axis (B, vue antérieure). Représentation schématique, d'après Poirier.

Points primitifs : 1, point central — 2, points latéraux. — 3, 3, points de
l'apophyse odontoïde. — *Points complémentaires :* 4, point pour le sommet de
l'apophyse odontoïde. — 5, point épiphysaire. — 6, point de l'arc antérieur de
l'atlas.

qui apparaît de 4 à 5 ans, et un autre pour la base inférieure
du corps (point épiphysaire).

c. *Sacrum.* — Chaque vertèbre sacrée présente : trois points
primitifs répartis comme sur les autres vertèbres, et apparaissant du 4e au 8e mois de la vie intra-utérine, de haut en
bas ; cinq points complémentaires, dont deux épiphysaires
(se montrant de 10 à 13 ans), un épineux (de 15 à 16 ans), et
deux costaux (du 5e au 6e mois fœtal) représentant les côtes
sacrées (GEGENBAUR), et se soudant dans la suite aux masses
latérales.

A ces points complémentaires, il faut ajouter quatre points
marginaux dont deux supérieurs et deux inférieurs (de 17 à
18 ans) modelant les bords latéraux du sacrum, et représentant
les points transversaires soudés deux à deux ; la cinquième
vertèbre sacrée serait dépourvue de point transversaire.

La soudure des vertèbres sacrées entre elles commence par
les parties latérales, et se termine par le corps (de 8 à 20 ans);
elle s'effectue de bas en haut, c'est-à-dire du sommet du
sacrum vers la base.

d. *Coccyx*. — Chacune des quatre premières vertèbres coccygiennes possède : un point primitif pour le corps (de 4 à
9 ans), et deux points épiphysaires supérieur et inférieur (de
10 à 12 ans). La première vertèbre présente en plus deux
points complémentaires pour les petites cornes ; enfin la cinquième vertèbre ne se développe que par un seul point osseux
(10 ans). Comme pour le sacrum, la soudure des vertèbres
coccygiennes a lieu de la pointe vers la base.

Il est à remarquer que, dès le 6e mois de la vie fœtale, les
vertèbres coccygiennes sont pénétrées par des vaisseaux sanguins.

e. *Côtes*. — Les côtes s'ossifient par quatre points, dont un primitif pour le corps qui apparaît du 40e au 50e jour, et s'étend
rapidement dans toute la longueur de la côte, et trois points
complémentaires pour la portion saillante de la tubérosité,
pour la fossette articulaire de la tubérosité, et pour la facette
articulaire de la tête.

Dans la région cervicale, les côtes sont représentées par la
branche antérieure de l'apophyse latérale, et dans la région
lombaire par l'apophyse latérale (appendice costiforme).

f. *Sternum*. — Du 6e mois à la naissance, on voit apparaître
dans le sternum cartilagineux neuf points osseux dont un
pour la poignée, et huit pour le corps, ces derniers disposés
symétriquement par paires de chaque côté de la ligne médiane.
Enfin, l'appendice xiphoïde possède un point complémentaire
qui ne se montre qu'après la 3e année.

4° Éminence et fossette coccygiennes. — Il ressort des
travaux de Ecker (1859) et de His (1880) que l'embryon humain
de la première moitié du deuxième mois (8 à 15 millimètres)
possède une véritable queue sous la forme d'un prolongement
conique débordant en arrière le cloaque, et recourbé en avant
et en haut vers la face ventrale. Ce prolongement caudal
comprend deux segments distincts, l'un proximal, possédant
des vertèbres, et l'autre distal, qui en est dépourvu, et qu'on
a assimilé au filament caudal des mammifères. Les recherches
de H. Fol (1885) et de Phisalix (1887) ont montré, d'autre part,

que l'embryon de 8 à 9 millimètres possède 38 vertèbres. A la sixième semaine (12 millimètres), les trois dernières vertèbres sont confondues, et à la septième (19 millimètres), il n'y a plus que 34 vertèbres.

Le segment vertébral de la queue de l'homme, qui contient les vertèbres coccygiennes ou caudales, s'atténue graduellement, mais la saillie qu'il détermine à la partie inférieure du tronc reste appréciable jusqu'au 5ᵉ mois de la vie fœtale. ECKER a donné, dès 1859, à cette saillie le nom d'*éminence coccygienne*. Dans certains cas, on voit se creuser, au point répondant à cette saillie, une dépression tantôt circulaire, tantôt allongée, connue sous le nom de *fossette coccygienne* (ROSER, 1853), dont le revêtement cutané ne renferme pas de follicules pileux, mais possède des glandes sudoripares assez nombreuses. La production de la fossette coccygienne paraît résulter de ce fait que les vestiges coccygiens de la moelle épinière (p. 295), qui se dirigent obliquement de bas en haut et d'avant en arrière, de la dernière vertèbre coccygienne à la peau, sont accompagnés par des faisceaux lamineux qui leur constituent une sorte d'enveloppe, et qui unissent l'extrémité inférieure de la colonne vertébrale à la face profonde du derme (*ligament caudal*. LUSCHKA et ECKER). Au moment où s'opère le redressement de l'extrémité inférieure du tronc, provoqué par un développement exagéré des parties molles (pannicule adipeux, muscles, etc.), le segment du revêtement cutané qui se trouve en regard des vestiges, maintenu par le ligament caudal, sera débordé progressivement par les parties avoisinantes, et pourra tapisser, en s'invaginant, une dépression infundibuliforme, la *fossette coccygienne* (5ᵉ mois).

§ 3. — CRANE

De même que la colonne vertébrale, le crâne, primitivement représenté par une ébauche membraneuse, devient ensuite cartilagineux, puis osseux. Après avoir décrit successivement ces différents états, nous rappellerons brièvement en quelques mots la théorie vertébrale du crâne.

1° Crâne membraneux. — L'ébauche membraneuse du crâne se développe, comme celle du rachis, aux dépens des lames protovertébrales. Celles-ci, dans leur portion céphalique non régulièrement segmentée, donnent également naissance par leur bord interne à des expansions membraneuses qui entourent l'extrémité supérieure de la corde dorsale, et, d'autre part, s'étendent en arrière à la surface des vésicules cérébrales (*membrane unissante supérieure*), de manière à les envelopper complètement d'une sorte de manchon membraneux. Ces expansions qui répondent aux sclérotomes des segments primordiaux sous-jacents, et qu'on peut désigner avec Kœlliker sous le nom de *lames céphaliques*, ne se transforment pas totalement en pièces squelettiques : leur couche interne formera les méninges encéphaliques; leur couche externe seule représente ce qu'on a désigné sous le nom de *crâne primordial membraneux*. Celui-ci entoure également les ébauches des organes des sens (fossettes olfactives, vésicules oculaires, vésicules auditives), en leur formant une coque protectrice.

L'inflexion céphalique antérieure se produit autour de l'extrémité supérieure de la chorde dorsale comme centre. Il en résulte la formation en ce point d'un angle mésodermique saillant dans la vésicule cérébrale moyenne (*pilier moyen du crâne*, Rathke, *selle turcique primitive*, fig. 46). La portion basilaire du crâne membraneux comprendra ainsi deux segments distincts (Kœlliker) : un segment postérieur renfermant la portion terminale de la chorde (*segment chordal* ou *parachordal*), et un segment antérieur situé en avant de la chorde (*segment préchordal* ou *segment prévertébral*, Gegenbaur). La limite entre ces deux segments répondra plus tard au corps du sphénoïde.

2° Crâne cartilagineux. — La chondrification du crâne membraneux débute à la base par quatre cartilages longitudinaux, disposés par paires, dont les postérieurs sont placés de chaque côté de l'extrémité supérieure de la chorde (*cartilages parachordaux*), et dont les antérieurs, situés en avant de la chorde, se prolongent au-dessous du cerveau intermédiaire et du cerveau antérieur (*poutrelles crâniennes* de RATHKE). Ces quatre segments ne tardent pas à se fusionner entre eux, de manière à former une ébauche cartilagineuse unique. Sur la ligne médiane, les deux poutrelles restent séparées pendant un certain temps, au niveau de la fosse pituitaire, pour le passage du tube hypophysaire.

De la base du crâne, la chondrification gagne progressivement les parties latérales, en respectant certains points destinés au passage des nerfs et des vaisseaux (trou optique, trou carotidien, etc.). La voûte du crâne membraneux ne participe pas à la chondrification ; elle s'ossifie directement. Au pourtour des organes des sens, le crâne cartilagineux constitue une série de capsules particulières (capsule nasale, capsule orbitaire, capsule auditive).

3° Crâne osseux. — La capsule cartilagineuse du crâne se comporte différemment suivant les endroits que l'on envisage. Elle s'ossifie sur sa plus grande surface, mais en quelques points elle se résorbe pour faire place à un os de membrane, comme le vomer ; en d'autres, elle persiste, sous la forme de cartilages permanents (cartilage de la cloison, cartilages du nez, etc.). Les points osseux qui apparaissent au sein de cette masse cartilagineuse répondent à autant d'os distincts chez les vertébrés inférieurs (poissons). Chez l'homme, un certain nombre de ces points se soudent entre eux, pour ne former qu'un nombre d'os restreint (*os primaires, os de cartilage*), constituant la base du crâne.

Le squelette du crâne se complète, à la même époque, par l'adjonction de noyaux osseux développés directement aux dépens du crâne membraneux, sans passer par la phase cartilagineuse ; une partie de ces noyaux contribuera à la formation d'os distincts (pariétal), une autre se fusionnera avec le squelette de la base (écaille du temporal). Les os ainsi développés sans cartilage préexistant, ont été appelés *os de membrane, de revêtement* ou *de recouvrement*, en raison de leur mode de formation, et de ce fait qu'en certains points ils viennent s'appliquer à la surface du squelette cartilagineux : on leur a aussi donné le nom d'*os dermiques* et d'*os secondaires*, parce qu'on incline volontiers à les considérer comme un vestige du squelette cutané des vertébrés inférieurs, ayant persisté dans la région de la tête chez les vertébrés supérieurs, et s'étant mis en rapport avec le squelette interne d'ordre primaire (HERTWIG).

Les os primaires sont : 1° l'occipital, à l'exception de la partie supérieure de l'écaille ; 2° le sphénoïde, à l'exception de l'aile interne de l'apophyse ptérygoïde ; 3° l'ethmoïde et les cornets ; 4° la pyramide et l'apophyse mastoïde du temporal ; 5° les osselets de l'oreille moyenne : marteau, enclume et étrier ; 6° le corps et les cornes de l'hyoïde.

Parmi les os de membrane, on range : 1° la partie supérieure de l'occipital ; 2° le pariétal ; 3° le frontal ; 4° l'écaille du temporal ; 5° l'aile interne de l'apophyse ptérygoïde ; 6° l'anneau tympanique ; 7° le palatin ; 8° le vomer ; 9° les os propres du nez ; 10° l'os unguis ; 11° l'os malaire ; 12° le maxillaire supérieur ; 13° le maxillaire inférieur (HERTWIG).

Nous ne pouvons aborder ici, pour chaque os du crâne, l'étude complète des points d'ossification qui ne se prêtent guère à une description méthodique. Nous nous bornerons aux indications suivantes, renvoyant pour les détails aux traités d'anatomie descriptive.

a. *Occipital.* — Nous empruntons la plupart des renseignements qui suivent à DEBIERRE (1895). Quatre points osseux d'ordre primaire concourent à la formation de l'occipital. Ce sont : en avant, le *basi-occipital*, donnant naissance à l'apophyse basilaire qui prolonge en haut les corps des vertèbres rachidiennes (centrum) ; latéralement, les *exoccipitaux* fournissant les masses latérales (condyles, apophyses pétreuses, apophyses jugulaires) ; en arrière et en haut, l'*infra-occipital*, répondant au point épiphysaire des vertèbres (fig. 138).

A l'infra-occipital d'origine enchondrale, vient se souder, au-dessus, un os de membrane, le *supra-occipital (os interpariétal, os épactal* ou *os des Incas*) développé par deux points d'ossification, et formant avec lui l'écaille de l'occipital.

L'espace primitivement compris sur la ligne médiane entre les deux condyles, se trouve comblé par l'apparition d'un nodule osseux (*osselet de Kerckringe*) qui au 5e mois se soude à l'écaille.

Les quatre centres d'ossification primaire marchent à la rencontre l'un de l'autre, et ne sont plus séparés au moment de la naissance que par une mince bande cartilagineuse ; leur réunion s'opère de la 2e à la 4e année. La fusion des deux segments de l'écaille s'effectue pendant le 3e mois après la naissance.

Les recherches récentes tendent à faire admettre que l'occipital résulte de la réunion d'un certain nombre de vertèbres, quatre suivant FRORIEP (1882). C'est ce qui explique que RAMBAUD et RENAULT (1864) ont pu rencontrer, pour l'apophyse basilaire, deux points d'ossification placés

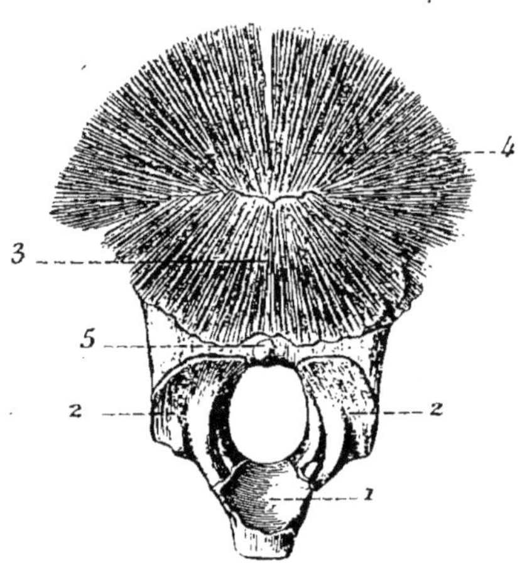

Fig. 138.

Ossification de l'occipital sur un fœtus humain de 4 mois, d'après Rambaud et Renault.

1, basi-occipital. — 2, 2, exoccipitaux. — 3, infra-occipital. — 4, supra-occipital (os interpariétal). — 5, osselet de Kerckringe.

l'un derrière l'autre. Le point supérieur répond vraisemblablement à l'*os basiotique* signalé par ALBRECHT (1883), et qui représenterait ainsi un nouvel os de la base du crâne, interposé entre le basi-occipital et le basisphénoïde : l'indépendance complète de cet os est toutefois exceptionnelle.

b. *Sphénoïde.* — Le sphénoïde se développe par un grand nombre de points d'ossification (quatorze d'après SAPPEY). Il existe en réalité deux sphénoïdes, l'un antérieur ou *presphénoïde*, l'autre postérieur ou *basisphénoïde*. Le corps de chacun de ces os se forme par deux noyaux placés symétriquement de chaque côté de la ligne médiane ; au sphénoïde antérieur, appartiennent les petites ailes, au sphénoïde postérieur, les grandes ailes. La soudure des deux corps du sphénoïde s'effectue vers la fin de la grossesse.

Les cornets de Berlin apparaissent du 6⁰ au 8⁰ mois après la naissance.

c. *Temporal.* — La portion pétreuse du temporal ainsi que l'apophyse mastoïde se forment aux dépens de la capsule auditive cartilagineuse. A ces segments primaires, viennent s'adjoindre, chez l'homme, deux os de membrane, la portion squameuse et la portion tympanique (*anneau tympanique, cadre tympanal*). L'anneau tympanique qui sert de soutien au conduit auditif externe, se fusionne ultérieurement avec la portion pétreuse, sauf au niveau de la scissure de Glaser, par laquelle passe l'apophyse grêle du marteau.

La soudure des différentes pièces du temporal représentées chez les vertébrés inférieurs par autant d'os distincts (os pétreux, os tympanique, os squameux), est presque achevée au moment de la naissance. Les cellules mastoïdiennes ne se creusent qu'à la fin de la première année, par résorption du diploé (SAPPEY).

d. *Ethmoïde.* — L'ethmoïde et les cornets se développent aux dépens de la portion postérieure de la capsule nasale cartilagineuse. La portion antérieure persistante de cette capsule fournit le cartilage de la cloison et les cartilages du nez.

Les pariétaux, le frontal, les os propres du nez, les os unguis et le vomer sont des os de revêtement qui commencent à s'ossifier à partir du 3⁰ mois de la vie fœtale.

Nous avons fait connaître plus haut (p. 161 et suiv.), d'une façon générale, le mode de développement des os qui se forment à l'intérieur des arcs branchiaux, et dont l'ensemble constitue le squelette viscéral. Nous rappellerons que l'os hyoïde et les osselets de l'oreille moyenne sont des os primaires, tandis que le maxillaire supérieur, le maxillaire inférieur, l'os ptérygoïde et l'os malaire sont des os de revêtement.

Les os primaires, développés au sein du crâne cartilagineux, sont séparés au début les uns des autres par des cloisons de substance cartilagineuse ; les os dermiques, formés directement dans le crâne membraneux, sont isolés par des espaces membraneux. Au point de rencontre de plusieurs os, ces espaces membraneux présentent une surface plus considérable : on les désigne sous le nom de *fontanelles*. Au moment de la naissance, on distingue six fontanelles principales dont la plus étendue, losangique, se trouve comprise sur la ligne médiane entre les pariétaux et le frontal (*fontanelle antérieure, grande fontanelle, fontanelle bregmatique*), et dont la seconde comme dimensions, de forme triangulaire, est interposée entre les pariétaux et l'écaille de l'occipital (*petite fontanelle, fontanelle lambdatique*). Les fontanelles disparaissent progressivement, au fur et à mesure de l'extension des os qui les limitent.

4° Segments céphaliques. — Les recherches poursuivies sur les sélaciens et sur les amphibiens, ont montré qu'il existe des mésomères céphaliques donnant naissance à des muscles et à des portions de squelette cranien. Au niveau des arcs branchiaux, la segmentation intéresse le mésoderme dans toute son épaisseur, et les arcs branchiaux renferment une cavité pouvant communiquer avec celle des protovertèbres craniennes (*branchiomérie*). Chez les mammifères, les somites ne sont agencés régulièrement qu'à l'origine de la tête. Plus haut, en raison du développement exagéré et de l'inflexion de l'extrémité céphalique, leur disposition est des plus irrégulières. Quelques-uns se présentent à l'état rudimentaire, d'autres ont disparu, ou se sont fusionnés avec les somites voisins. On admet, en général, que neuf segments concourent à la formation de la tête.

5° Théorie vertébrale du crâne. — Cette théorie, d'après laquelle les pièces osseuses du crâne constitueraient un certain nombre de vertèbres analogues aux vertèbres rachidiennes, a été édifiée au commencement du siècle, par OKEN en 1807 et par GŒTHE en 1821. Elle a longtemps régné sans conteste dans la science, et les opinions individuelles ne variaient que sur le nombre des vertèbres craniennes. On admettait en général quatre vertèbres craniennes : 1° occipitale, 2° sphénoïdale postérieure, 3° sphénoïdale antérieure, 4° ethmoïdale.

La vertèbre occipitale était une des mieux caractérisée. On lui
considérait pour centre l'apophyse basilaire, pour lames latérales la portion squameuse, pour apophyses transverses les apophyses jugulaires, pour apophyses articulaires inférieures les
condyles, et enfin pour apophyse épineuse la protubérance et
la crête occipitales externes.

A mesure que les recherches embryologiques se multiplièrent
et devinrent plus précises, les objections se présentèrent. Les
vertèbres osseuses du rachis sont précédées dans leur développement par des pièces cartilagineuses distinctes, tandis que
l'ébauche cartilagineuse du crâne est continue, non seulement
chez les mammifères, mais encore chez tous les vertébrés. De
plus, le développement de certains os du crâne s'écarte absolument de celui des vertèbres. Ces objections, présentées par
HUXLEY (1858) ont été reprises depuis par GEGENBAUR (1872-87)
qui opposa à la théorie vertébrale, la théorie segmentaire
du crâne, seule admise aujourd'hui. Il nous sera toutefois
permis de faire remarquer que les vertèbres du tronc dérivent des sclérotomes qui eux-mêmes procèdent des protovertèbres, et que, si l'on peut retrouver, dans les vertèbres
définitives du tronc, les indices d'une segmentation mésodermique originelle, on est peut-être autorisé à faire des déduc-
tions analogues en ce qui concerne le crâne. Ainsi convien-
drait-il de ne pas rejeter définitivement la théorie vertébrale
du crâne, mais de la considérer plutôt comme un chapitre de
la théorie segmentaire.

ARTICLE II

ARTICULATIONS

Au moment où les segments cartilagineux se montrent
dans la continuité d'un membre, ils sont réunis les uns aux
autres par une bande d'un tissu spécial dont la nature est
encore aujourd'hui l'objet de discussions. Certains auteurs
considèrent, en effet, la *bande articulaire* (VARIOT 1883), comme
formée de cellules cartilagineuses entre lesquelles se déposera

progressivement la substance cartilagineuse, à partir des nodules cartilagineux. D'autres observateurs attribuent à la bande articulaire une nature conjonctive, et pensent que dans l'allongement des segments cartilagineux qui tendent à rapprocher leurs extrémités, les éléments conjonctifs de cette bande se trouvent comprimés, s'atrophient et finissent par disparaître. Quoi qu'il en soit, dès qu'apparaissent, vers la 10e semaine, les premières fentes articulaires, on constate nettement que leurs parois sont tapissées par un tissu cartilagineux dont les éléments sont aplatis parallèlement à la surface, et que cette couche cartilagineuse limitante fait corps avec le segment cartilagineux. En d'autres termes, les segments cartilagineux sont séparés les uns des autres par une fente articulaire qui s'est creusée dans la partie médiane de la bande cartilagineuse. Généralement, la fente articulaire se montre sur les bords de la bande articulaire, et n'envahit sa partie centrale que secondairement.

Dans les articulations pourvues de fibro-cartilages interarticulaires (sterno-claviculaire, temporo-maxillaire, cubito-pyramidale), ceux-ci se développent sur place aux dépens d'une zone mésodermique enclavée dans la bande articulaire cartilagineuse. La fissuration se produit de chaque côté de cette zone moyenne, mais toujours dans l'épaisseur de la bande articulaire. Les ligaments croisés et les ménisques interarticulaires du genou se forment d'une façon analogue.

Les ligaments périarticulaires et les capsules représentent des modifications locales du périchondre, ainsi que la couche profonde des membranes synoviales. Quant à la couche superficielle des synoviales, elle dérive du pourtour de la bande articulaire, et c'est ce qui explique qu'on rencontre des éléments cartilagineux dans son épaisseur. Certains auteurs la considèrent même comme une surface cartilagineuse de glissement (TOURNEUX et HERRMANN, 1880; RENAUT; VARIOT, 1883).

On sait que, chez l'adulte, cette couche superficielle est représentée par une substance fondamentale, légèrement granuleuse, parfois striée, englobant dans son épaisseur des cellules cartilagineuses dont quelques-uns viennent faire saillie à la surface libre de la synoviale. Sur les franges et sur leurs appendices, la substance fondamentale fait défaut, tandis que les éléments cellulaires se sont considérablement multipliés, et, tassés les uns contre les autres, ont revêtu un aspect épithélial.

Les bourses péri-tendineuses et les bourses muqueuses résulteraient de la fonte et de la disparition de tout un terri-toire conjonctif (RETTERER, 1896).

ARTICLE III

MUSCLES

Nous envisagerons successivement : 1° les muscles du tronc ; 2° les muscles des membres.

1° Muscles du tronc. — Les muscles du tronc dérivent des plaques musculaires des protovertèbres (*lames dermo-muscu-laires*, RABL). Celles-ci par leur bord périphérique recourbé en dedans, donnent naissance à des cellules allongées qui s'insi-nuent au-dessous d'elles, et représentent la couche profonde ou musculaire du myotome. C'est, en effet, aux dépens de ces éléments que se forment les fibres musculaires dirigées à l'ori-gine longitudinalement, comme les éléments dont elles pro-viennent ; la couche superficielle du myotome se transforme sur place en derme cutané.

Les lames musculaires, disposées bout à bout, sont sépa-rées par des cloisons mésodermiques (*ligaments intermus-culaires*) qui se prolongent en arrière jusqu'à la colonne ver-tébrale, et dans l'épaisseur desquelles rampent les vaisseaux et les nerfs intersegmentaires. Dans la suite, les segments mus-culaires s'étendent progressivement, d'arrière en avant, dans l'épaisseur de la somatopleure qui constitue les parois thora-cique et abdominale ; au 3° mois, ils atteignent en avant la ligne médiane. Nous ignorons les transformations ultérieures que subissent ces parties chez les mammifères ; la disposition originelle segmentaire persiste chez les poissons.

2° Muscles des membres. — Les muscles des membres
dérivent de prolongements émanés d'un certain nombre de
segments musculaires, ainsi que l'ont montré les recherches
de Kleinenberg, de Balfour et de Dohrn sur les sélaciens. Ces
prolongements musculaires sont accompagnés de troncs nerveux provenant du tube médullaire et des ganglions rachidiens, au nombre de cinq pour le membre supérieur mieux
étudié à ce point de vue.

CHAPITRE IX

APPAREIL DE LA CIRCULATION

L'appareil circulatoire a pour fonction de puiser, dans des
organes servant de réservoirs, des matériaux de nutrition et
de respiration (oxygène, eau, hydrocarbures, principes azotés),
et de les distribuer ensuite à tous les tissus de l'organisme.
Tout appareil de la circulation présentera donc à étudier deux
parties distinctes : une première partie chargée de transporter

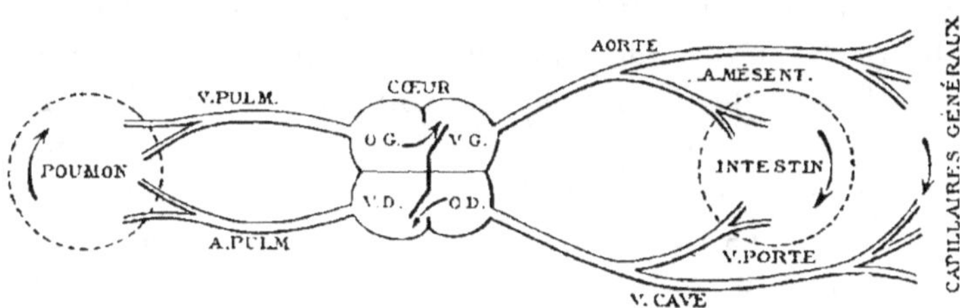

Fig. 139.

Représentation schématique de la circulation chez l'homme adulte,
montrant la circulation générale et les deux petites circulations
(pulmonaire et porte).

à un moteur central (cœur) les matériaux contenus ou accumulés dans certains organes, c'est la circulation d'apport ou
petite circulation, et une deuxième partie chargée de répartir ces matériaux dans toute l'économie, c'est la circulation
de distribution ou *grande circulation*. Si les principes destinés à la nutrition et à la respiration des éléments anatomiques sont contenus dans le même organe, il n'y a qu'une
seule petite circulation, mais s'ils sont répartis dans des organes

distincts, on se trouve en présence de plusieurs circulations
d'apport : le nombre des petites circulations est donc en relation avec celui des réservoirs. D'autre part, la petite circulation
peut être disposée bout à bout avec la grande, ou au contraire
être greffée sur elle, c'est-à-dire que les vaisseaux de la petite
circulation peuvent déboucher directement dans le cœur, ou
au contraire s'ouvrir dans les vaisseaux de la circulation de
distribution. Chez l'homme adulte, ainsi que le montre la figure
schématique 139, il existe en réalité trois circulations distinctes :
une grande et deux petites dont l'une (la circulation pulmonaire) est disposée bout à bout avec la grande, et dont l'autre
(la circulation porte) est greffée sur cette dernière.

Il ressort des considérations qui précèdent, que la description méthodique du développement de l'appareil de la circulation chez l'embryon, devra comprendre à la fois le développement
de la grande circulation et celui des circulations d'apport. Au
début, les matériaux de réserve se trouvent accumulés dans
le sac vitellin ; plus tard, c'est aux tissus maternels, par l'intermédiaire de la vésicule allantoïdienne, que le fœtus emprunte
les substances nécessaires à son évolution. La circulation allantoïdienne ou placentaire se substituera donc, à un moment
donné, à la circulation vitelline, comme circulation d'apport,
mais les mêmes vaisseaux continueront à distribuer le sang
aux organes du fœtus. Nous examinerons successivement la
circulation vitelline et la circulation placentaire, en décrivant
en même temps les modifications que subissent les vaisseaux
appartenant à la circulation générale. Nous ferons précéder
cette étude d'un aperçu sur le développement des premiers
vaisseaux et du sang, ainsi que sur la rénovation du sang chez
l'adulte, et nous rechercherons, en dernier lieu, le mode de formation du diaphragme, du péricarde et des plèvres.

§ 1. — PREMIERS DÉVELOPPEMENTS DES VAISSEAUX ET DU SANG

C'est dans la région postérieure de l'aire opaque qu'apparaissent les premiers vaisseaux sanguins des mammifères

(8e jour chez l'embryon de lapin). Les *germes vasculaires* (Uskow), représentés par des amas de cellules mésodermiques indépendants les uns des autres, s'anastomosent entre eux, et constituent un réseau dont les parties renflées répondent aux premières ébauches vasculaires. Des éléments qui entrent dans la composition de ce réseau, les plus superficiels s'aplatissent et deviennent des cellules endothéliales, les plus profonds se chargent d'hémoglobine et se transforment progressivement en *hématies embryonnaires* nucléées (*érythroblastes*, Lœwit). Ces hématies sont particulièrement abondantes dans les points de rencontre de plusieurs cordons, où elles forment des amas désignés sous le nom d'*îlots sanguins* (de Wolff et de Pander). Bientôt des fissures apparaissent à l'intérieur de la masse cellulaire des cordons ; ces fissures d'abord isolées se fusionnent entre elles, et donnent naissance à la cavité vasculaire.

D'après Vialleton (1892), les germes vasculaires seraient constitués par une masse homogène parsemée de noyaux. La zone périphérique de ce plasmodium s'individualiserait en cellules endothéliales, tandis que la zone centrale se fragmenterait en hématies nucléées qui persistent en amas pendant un certain temps, après que le vaisseau est devenu perméable. Ces amas représentent les *berceaux des globules sanguins* de Kœlliker.

Les hématies embryonnaires développées aux dépens des cellules mésodermiques se multiplient par segmentation. Vers la fin du 2e mois de la vie fœtale, chez l'homme, on voit apparaître les premiers globules sanguins dépourvus de noyau (*plastides rouges* de S. Minot). Ces globules sont d'abord très clairsemés, mais, dès la fin du 3e mois, ils l'emporteront en nombre sur les hématies nucléées. Toutefois, il serait encore possible de rencontrer des érythroblastes dans les derniers mois de la gestation, et même à l'époque de la naissance.

Les auteurs ne sont pas d'accord sur l'origine des premiers globules sanguins. On admet généralement que ces globules dérivent des hématies nucléées par résorption ou par expulsion du noyau ; nous nous bornerons à faire remarquer combien ce

24.

mode de formation s'éloigne de celui que nous connaissons chez l'adulte. Quant aux leucocytes, ils n'apparaissent que postérieurement aux hématies embryonnaires, et seulement au 9ᵉ jour chez l'embryon de lapin. Le plasma sanguin se montre en même temps que la lumière des vaisseaux.

L'extension des premiers réseaux capillaires constitués aux dépens des germes vasculaires d'Uskow, résulte de la poussée de prolongements à la surface des capillaires déjà formés, et non de l'adjonction de nouveaux germes. La paroi épithéliale d'un capillaire émet une petite élevure conique en regard d'un noyau, puis l'élevure s'allonge, et figure une sorte d'éperon à l'intérieur duquel ne tarde pas à s'engager le noyau épithélial. L'éperon renflé, au niveau du noyau, représente alors une cellule fusiforme rattachée par un prolongement encore plein au capillaire, et se terminant en pointe à l'extrémité opposée (*cellule angioplastique*, ROUGET ; *hématoblaste* des auteurs allemands ; *cellule vaso-formative*, RANVIER). Ces cellules sont d'abord implantées perpendiculairement sur la paroi du vaisseau, puis elles peuvent s'incurver et se mettre en communication avec une paroi vasculaire voisine, ou avec l'extrémité effilée d'une autre cellule. Plus tard, on voit ces éléments se creuser peu à peu, à partir d'une de leurs extrémités ou des deux à la fois. La cellule vaso-formative ainsi émanée sous forme de bourgeon d'une cellule endothéliale, se transforme à son tour en cellule endothéliale, et se divise par voie karyokinétique.

La lumière du vaisseau de nouvelle formation est d'abord étroite, et ne saurait en aucune façon livrer passage soit aux hématies, soit aux leucocytes. Le plasma seul circule, puis on y voit passer quelques granules, jusqu'au moment où le conduit a une largeur suffisante pour être parcouru par les éléments normaux du sang. Dès que les cellules vaso-formatives, transformées en capillaires, sont devenues perméables, on les voit pousser à leur tour des expansions latérales qui suivent la même évolution que celles qui leur ont donné naissance.

Ce mode d'accroissement des vaisseaux capillaires se poursuit pendant toute la croissance de l'individu. Il a été bien observé dans la queue des larves de batraciens, ainsi que dans le grand épiploon du lapin, où RANVIER (1874) considère toutefois les cellules vaso-formatives comme se développant isolément, en dehors des vaisseaux, avec lesquels elles ne contractent que secondairement des anastomoses, alors qu'elles se sont déjà creusées d'une lumière centrale.

§ 2. — RÉGÉNÉRATION DES GLOBULES SANGUINS CHEZ L'ADULTE

Les globules rouges du sang sont soumis à une régénération constante, et leur existence limitée ne paraît pas devoir excéder une durée de quelques mois. On les voit, dans leur période de déclin, diminuer de volume et prendre une forme plus ou moins régulièrement sphérique (*microcytes* de VANLAIR et MASIUS), puis ils se dissolvent dans le plasma, sans que leur destruction paraisse plus active dans aucun organe spécial.

La régénération des globules rouges peut être étudiée avec fruit sur des animaux que l'on soumet à des saignées successives. Elle présente deux modes distincts, suivant qu'on envisage les ovipares ou les mammifères, c'est-à-dire des animaux à globules rouges nucléés ou au contraire dépourvus de noyau.

1° Ovipares. — Ainsi que l'ont montré les recherches de VULPIAN (1877), de HAYEM et de POUCHET, les hématies proviennent, chez les ovipares, de la transformation de petites cellules nucléées que POUCHET assimile aux éléments de la rate et du tissu folliculaire des ganglions, et qu'il désigne sous le nom de *leucocyte d'origine* (*leucocyte primaire, noyau d'origine, lymphocyte, leucoblaste*). Ces petits éléments, à corps cellulaire extraordinairement réduit, peuvent évoluer dans deux directions différentes. Dans un premier cas, le corps cellulaire augmente de volume, son noyau se divise, et l'élément se transforme en *leucocyte à noyaux multiples* (généralement au nombre de quatre). Dans un second cas, le corps cellulaire grandit également, mais le noyau ne prolifère pas. L'élément s'allonge et fixe de l'hémoglobine, tandis que le noyau revient sur lui-même, et sa composition se rapproche progressivement de celle des hématies adultes. On observe facilement dans les préparations tous les stades intermédiaires entre les leucocytes d'origine et les hématies définitives. Pouchet pense que cette évolution du leucocyte d'origine n'est en somme qu'une *dégénérescence hémoglobique* indiquant que la forme ultime est destinée à disparaître sans laisser de descendance.

Si la transformation des leucocytes d'origine en hématies a été suivie dans toutes ses phases, et paraît devoir être acceptée sans conteste, nous sommes moins fixés en ce qui concerne le mode de formation de ces leucocytes. Assurément ils présentent de grands points de rapprochement avec les éléments de la rate et des ganglions, s'ils ne sont pas entièrement identiques, et il est permis de supposer que ces derniers éléments, détachés des organes où ils ont pris naissance, sont ensuite entraînés par le courant sanguin ou par le courant lymphatique. Peut-être aussi, comme le pensent quelques auteurs, une partie des leucocytes d'origine serait émise sous la forme de bourgeons, par l'endothélium vasculaire, comme le fait semble à peu près démontré pour les leucocytes des séreuses (grand épiploon).

2° Mammifères. — Les hématies, chez les mammifères adultes, ne paraissent pas dériver directement de la transformation d'éléments cellulaires, bien que certains auteurs, comme Neumann et Bizzozero, les fassent provenir des cellules de la moelle des os. Il est certain que les éléments de la moelle osseuse (médullocelles) peuvent se charger d'hémoglobine, perdre leur noyau, et ressembler à des globules sanguins, mais la question reste toujours posée de savoir comment ces éléments modifiés traversent la paroi capillaire, pour tomber dans le courant sanguin. La même remarque s'applique aux observations de Malassez (1882), d'après lesquelles les globules rouges seraient émis sous la forme de bourgeons par certains éléments de la moelle osseuse (*cellules bourgeonnantes*). Rappelons encore que Ranvier (1874) dans les taches laiteuses du grand épiploon du lapin, pendant la croissance, et Wissowzky (1876) dans les enveloppes fœtales du poulet et du

lapin, font naître les hématies à l'intérieur des cellules vaso-
formatives, par une véritable génération endogène. On a enfin
admis que les premiers globules rouges non nucléés succédant
aux hématies embryonnaires provenaient de ces derniers éléments, par résorption ou par expulsion de leur noyau. Il est
probable que le mode de développement. des globules rouges
non nucléés est partout uniforme, et à ce point de vue, les
recherches des auteurs que nous venons de citer, pour être
définitivement admises, mériteraient d'être confirmées.

Si l'on épuise un mammifère par des saignées successives,
on aperçoit dans son sang une multitude de petits corps allongés qui paraissent être l'origine de globules rouges. Ces petits
corps existent dans le sang normal, la saignée n'a eu pour
effet que de provoquer artificiellement leur abondance. Ils ont
été signalés pour la première fois par DONNÉ en 1838 sous le
nom de *globulins*, puis retrouvés en 1846 par ZIMMERMANN qui
proposa de les appeler *corpuscules élémentaires*, et qui entrevit
leur destinée. C'est à HAYEM (1878), bientôt suivi par POUCHET,
que revient le mérite d'avoir établi la nature réelle de ces
corps, en montrant qu'ils se transformaient en globules rouges.
HAYEM les désigna sous le nom d'*hématoblastes* qui prête
peut-être à la confusion avec celui des cellules d'accroissement
des vaisseaux sanguins. Enfin, ces corps ont été étudiés par
BIZZOZERO (1881) sous le nom de *plaquettes sanguines*.

Les plus petits que l'on aperçoive nettement dans le sang,
mesurent, d'après POUCHET, une longueur de 2 μ sur une largeur de 1 μ; à côté d'eux, on en trouve d'autres un peu
plus volumineux (3 à 4 μ de long sur 2 à 3 μ de large), et
commençant à offrir une légère affinité pour l'hémoglobine ;
leur forme est celle d'un ovoïde aplati. Puis ces corps continuent à grandir, tout en se chargeant d'hémoglobine, jusqu'à
dépasser sensiblement en longueur le diamètre d'une hématie
normale. A ce moment, l'élément se rétracte suivant son grand
axe, se renfle sur ses bords, et tend à prendre la figure discoïde définitive de l'hématie (POUCHET).

Quant à l'origine des globulins eux-mêmes, elle est encore
inconnue. Quelques auteurs supposent qu'ils prennent nais-

sance à l'intérieur des leucocytes (HAYEM), tandis que d'autres les considèrent comme des concrétions organiques, d'un ordre particulier, apparues au sein du plasma sanguin (POUCHET).

§ 3. — PREMIÈRE CIRCULATION (VÉSICULE OMBILICALE)

Nous passerons successivement en revue dans ce paragraphe, la petite circulation ou circulation d'apport, et la grande circulation ou circulation de distribution.

1° Petite circulation (circulation d'apport). — L'œuf des mammifères subissant la segmentation totale, chaque élément blastodermique renferme une certaine quantité de deutoplasma qui pourvoira à ses premiers développements. Lorsque ces réserves nutritives mélangées intimement au protoplasma auront été épuisées, le germe devra chercher en dehors de la substance des éléments qui le composent, les matériaux nécessaires à son évolution. Ces matériaux sont peu abondants dans l'œuf des mammifères, où ils se trouvent représentés par le liquide albumineux qui remplit la vésicule ombilicale, mais chez les ovipares dont la segmentation est partielle, ils constituent une masse considérable, le *jaune* (deutoplasma), qui servira à la nutrition de l'embryon jusqu'au moment de l'éclosion.

Quoi qu'il en soit, dans l'un et dans l'autre cas, on voit se développer dans l'épaisseur des parois de la vésicule ombilicale (lame fibro-intestinale), un réseau capillaire au niveau duquel aura lieu l'absorption des substances contenues dans la vésicule. Ce réseau capillaire qui constitue l'aire vasculaire, occupe une étendue plus ou moins grande suivant le mammifère envisagé. Chez l'homme, chez les carnassiers et chez les ruminants, il tapisse toute la surface de la vésicule ombilicale; mais, chez le lapin, il reste limité au pourtour de la tache embryonnaire dans la région du cœlome, comme chez les ovipares.

Lorsque le réseau capillaire de l'aire vasculaire a atteint son complet développement, il est limité extérieurement, chez l'embryon de lapin (fig. 140), par un sinus annulaire, désigné sous le nom de *sinus terminal*. Le sinus terminal renferme du

sang veineux chez les oiseaux, mais, chez le lapin, il contient
du sang artériel, et se trouve en communication directe avec
une artère émanée de corps de l'embryon, l'artère *omphalo-*

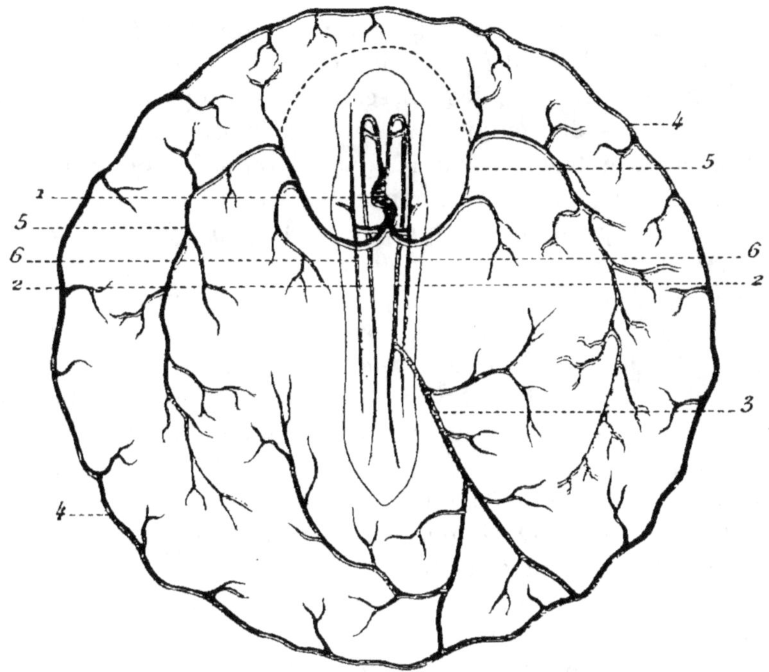

Fig. 140.

Circulation omphalo-mésentérique sur un œuf de lapin de 215 heures.
Représentation schématique, en partie d'après VAN BENEDEN et
JULIN.

1, cœur. — 2, 2, aortes primitives. — 3. artère omphalo-mésentérique. — 4, sinus
terminal. — 5, 5, veines omphalo-mésentériques. — 6, 6. veines cardinales se jetant
par les canaux de CUVIER horizontaux dans les veines omphalo-mésentériques.

mésentérique ou *vitelline*. Des parois latérales de cette artère,
parfois bifurquée, ainsi que du bord interne du sinus terminal,
se détachent de nombreuses artérioles qui vont alimenter le
réseau de l'aire vasculaire. De ce réseau, prennent naissance
deux gros troncs veineux qui, rampant dans l'épaisseur du
feuillet fibro-intestinal, côtoient de chaque côté les bords laté-

raux du trou interamniotique, et, parvenus au niveau du corps de l'embryon, vont se jeter dans l'extrémité inférieure du tube cardiaque.

2° Grande circulation (circulation de distribution). — Pendant que s'établit la circulation de la vésicule ombilicale (circulation d'apport), des vaisseaux se développent également dans le corps de l'embryon, pour transporter aux différents organes les matériaux charriés par les veines omphalo-mésentériques, ainsi que pour ramener au cœur le sang veineux. Ces vaisseaux représentent la *grande circulation* ou *circulation de distribution*.

Le système artériel est représenté par deux gros troncs (*aortes primitives* ou *artères vertébrales*) qui émanent de l'extrémité supérieure du cœur (*bulbe aortique*). Ces aortes s'élèvent d'abord dans la paroi antérieure de l'intestin céphalique jusqu'à son extrémité supérieure (*aortes ascendantes, artères vertébrales supérieures*), puis, logées dans l'épaisseur du premier arc, elles contournent en dehors le cul-de-sac supérieur de l'intestin (*crosses des aortes*), se placent à sa partie postérieure, et descendent ensuite dans toute la longueur de l'embryon, entre l'endoderme et le tube médullaire (*aortes descendantes, artères vertébrales inférieures*). De la surface de ces deux aortes primitives, se détachent de nombreuses artérioles qui se répandent dans tout le corps de l'embryon, et vont alimenter les réseaux capillaires des organes.

Le sang revient au cœur par le système des *veines cardinales*. On désigne ainsi quatre troncs veineux longitudinaux, deux supérieurs (*veines cardinales supérieures, veines jugulaires*), et deux inférieurs (*veines cardinales inférieures*) logés dans la paroi postérieure du tronc, en rapport avec la masse cellulaire intermédiaire. Les deux troncs supérieurs ramènent le sang de l'extrémité céphalique, les deux troncs inférieurs celui de l'extrémité caudale. En regard de l'extrémité inférieure du cœur, les deux troncs d'un même côté se fusionnent entre eux, et donnent naissance à un canal horizontal qui va se jeter dans la veine omphalo-mésentérique correspondante, au voisinage de sa terminaison. Ces deux troncs collecteurs des veines cardinales sont connus sous le nom de *canaux de Cuvier*.

Ainsi que nous venons de le voir, la circulation de la vésicule ombilicale est en partie greffée sur la circulation générale, et en partie disposée bout à bout, puisque l'artère omphalo-mésentérique provient de l'aorte, tandis que les veines omphalo-mésentériques débouchent directement dans le tube cardiaque.

Il résulte des recherches de VAN BENEDEN et JULIN (1884) sur le lapin, et de VIALLETON (1892) sur le poulet, qu'au début le réseau de l'aire vasculaire se prolonge à l'intérieur du corps de l'embryon dans l'épaisseur de la splanchnopleure jusqu'aux aortes qui représentent en quelque sorte la limite interne de ce réseau. Les aortes se trouvent donc à l'origine largement anastomosées avec les vaisseaux de l'aire vasculaire. Ces anastomoses diminuent progressivement de nombre, et au 10ᵉ jour il ne persiste plus, chez l'embryon de lapin, qu'une seule artère omphalo-mésentérique provenant de l'aorte du côté gauche ; cette artère traverse tout le réseau de l'aire vasculaire pour se jeter directement dans le sinus terminal. Chez l'homme, chacune des aortes descendantes donne d'abord naissance à une artère omphalo-mésentérique, mais vers le 35ᵉ jour (COSTE), l'artère du côté gauche disparaît, et l'artère omphalo-mésentérique droite continue seule à alimenter le réseau de l'aire vasculaire.

§ 4. — DEUXIÈME CIRCULATION (VÉSICULE ALLANTOÏDIENNE)

Comme pour la première circulation, nous étudierons successivement la circulation d'apport et la circulation de distribution.

1° Petite circulation (circulation d'apport). — Les matériaux contenus dans la vésicule ombilicale s'épuisent rapidement, et l'embryon de mammifère est obligé d'emprunter aux tissus maternels les substances nécessaires à son développement ultérieur. C'est par l'intermédiaire de l'allantoïde et des villosités choriales (placenta fœtal) qu'il se met en rapport avec la muqueuse utérine. L'allantoïde, en poussant dans la cavité du cœlome, et en se portant vers la région ecto-placentaire, entraîne les extrémités inférieures des deux aortes primitives qui se ramifient dans l'épaisseur de la couche mésodermique provenant du bourrelet allantoïdien (lame musculo-cutanée). Les extrémités inférieures des aortes ainsi entraînées partiellement dans les annexes de l'embryon, constituent les *artères allantoïdiennes, ombilicales* ou *placentaires*. Nous avons vu plus haut que cette poussée de l'allantoïde s'effectuait très rapidement chez l'embryon de lapin, au commencement du 10ᵉ jour.

Les capillaires qui serpentent dans la couche mésodermique superficielle de l'allantoïde, et qui, plus tard, lorsque le chorion vasculaire se sera constitué, s'engageront dans les villosités, donnent naissance à des veines aboutissant à deux gros troncs : les veines *allantoïdiennes, ombilicales* ou *placentaires*. Ces veines pénètrent à l'intérieur du corps de l'embryon dans la région ombilicale, et s'élèvent de bas en haut, dans l'épaisseur de la lame musculo-cutanée dont le bourrelet mésodermique allantoïdien n'est qu'une dépendance extra-embryonnaire. Parvenues au niveau du repli cardiaque, les veines ombilicales abandonnent la lame somatique, se portent en dedans, s'insinuent dans l'épaisseur des mésocardes latéraux (p. 403), et vont se jeter dans les veines omphalo-mésentériques, à une faible distance de leur abouchement dans le tube cardiaque. L'extrémité inférieure du cœur reçoit ainsi un mélange de sang artériel apporté par les veines ombilicales, et de sang veineux charrié par les veines cardinales.

Chez l'embryon humain, d'après les données de His, le cordon ombilical n'est parcouru que par une seule veine, qui au voisinage de l'ombilic se divise en deux branches, droite et gauche, rampant ensuite dans la paroi antérieure de l'abdomen.

2° Grande circulation (circulation de distribution). — Pour répartir le sang aux différents organes, la deuxième circulation utilise les artères de la première, c'est-à-dire les aortes et leurs branches ; le retour du sang au cœur est de même assuré par les veines cardinales et par leurs affluents. Ces vaisseaux toutefois ne tardent pas à subir de nombreuses modifications, dont les plus importantes tendent à la séparation de plus en plus complète du sang hématosé et du sang veineux. Rappelons que, chez l'adulte, cette séparation n'existe que pour le sang hématosé de la circulation pulmonaire, mais que le sang de la veine porte renfermant des matériaux de nutrition puisés au niveau de l'intestin, continue à se déverser dans le système veineux général.

Dans l'impossibilité où nous nous trouvons de confondre dans une même description, comme nous l'avons fait pour la première circulation, les artères, les veines et le cœur, avec leurs modifications qui se poursuivent jusqu'au moment de la naissance, nous consacrerons à l'étude de ces parties autant de paragraphes distincts.

§ 5. — DÉVELOPPEMENT DU SYSTÈME ARTERIEL

Le système artériel, pendant la première circulation, comprenait deux aortes primitives émanées du bulbe aortique, et parcourant toute la longueur du corps de l'embryon, après avoir décrit une courbe à la hauteur du premier arc pharyngien. De la surface de ces aortes, se détachaient les artères omphalo-mésentériques, ainsi que de nombreuses artérioles destinées aux différentes parties du corps. C'est aux dépens de ces vaisseaux que se constitue, à la suite d'une série de changements, le système artériel de la deuxième circulation, et par suite celui de l'adulte.

Tout d'abord, on voit se former dans la concavité des crosses aortiques, entre les artères vertébrales ascendantes et descendantes, quatre anastomoses transversales logées dans l'épaisseur des arcs pharyngiens. On désigne ces anastomoses sous le nom d'*arcs artériels* ou *aortiques*, que l'on numérote de haut en bas, en considérant les crosses des aortes comme représentant les premiers arcs droit et gauche. Les arcs aortiques ainsi contenus de chaque côté dans les arcs viscéraux correspondants, dont ils suivent la direction, embrassent dans leur courbe l'intestin céphalique. Leur extrémité antérieure ou superficielle se continue (pour les quatre premiers) avec l'artère vertébrale ascendante, leur extrémité postérieure ou pro-

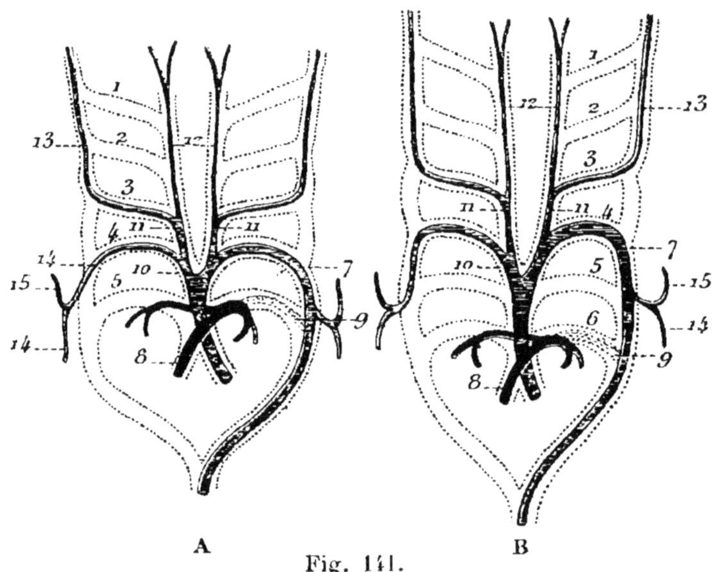

Fig. 141.

Figure schématique montrant la transformation des arcs aortiques chez l'homme, d'après RATHKE (A) et d'après BOAS (B).

1, 2, 3, 4, 5, 6, arcs aortiques, au nombre de 5 d'après RATHKE, et de 6 d'après BOAS. — 7, crosse de l'aorte. — 8, artère pulmonaire avec ses deux branches. — 9, canal artériel ou de Botal. — 10, tronc brachio-céphalique. — 11, carotide primitive. — 12, carotide externe se divisant en temporale superficielle et en maxillaire interne. — 13, carotide externe. — 14, sous-clavière. — 15, vertébrale.

fonde se jette dans l'artère vertébrale descendante. Il importe de faire remarquer, pour l'intelligence du schéma ci-dessus (fig. 141, A), que le 4ᵉ arc se trouve situé un peu au-dessus de la bifurcation du bulbe aortique, et que le 5ᵉ prend directement naissance sur ce bulbe.

C'est aux dépens des arcs aortiques que se développent les artères de la tête et des membres supérieurs. Les deux premiers arcs ne tardent pas à disparaître, tandis que les artères vertébrales ascendantes et descendantes, se prolongeant supérieurement, donnent naissance aux *carotides externe et interne*, et que d'autre part le 3e arc persistant de chaque côté prolonge en quelque sorte en avant la carotide interne jusqu'à la carotide externe. En réalité, chez la plupart des mammifères et chez le lapin en particulier, les cinq paires d'arcs aortiques n'apparaissent pas en même temps, et la formation des dernières paires coïncide avec la disparition des deux premières. Toutefois His a pu constater, chez l'embryon humain de 3 à 4 millimètres, la coexistence des cinq paires d'arcs aortiques.

La *sous-clavière* apparaît comme une branche des aortes descendantes, entre les extrémités postérieures des 4e et 5e arcs. Le 4e arc persiste de chaque côté, tandis que les segments des aortes descendantes interposés aux 3e et 4e arcs disparaissent. A gauche, le 4e arc fournit la *crosse de l'aorte* définitive, tandis qu'à droite il prolonge la sous-clavière jusqu'au *tronc brachio-céphalique artériel*, représenté par la portion de l'artère vertébrale ascendante droite comprise entre la bifurcation du bulbe aortique et l'extrémité antérieure du 4e arc droit. Les segments des vertébrales supérieures situés entre les extrémités antérieures des 3e et 4e arcs, deviennent à droite et à gauche la *carotide primitive*.

Le 5e arc disparaît à droite, ainsi que la portion de l'aorte descendante droite jusqu'au point de fusion des deux aortes (p. 385); du côté gauche, le 5e arc donne naissance vers le milieu de sa longueur à l'*artère pulmonaire* qui ne tarde pas à se diviser en deux branches. Le segment antérieur du 5e arc prolonge l'artère pulmonaire jusqu'au bulbe aortique, tandis que le segment externe persistant jusqu'à la naissance, établira une large communication entre l'artère pulmonaire et l'aorte descendante (*canal artériel* ou *de Botal*) (fig. 142). Enfin, l'extrémité supérieure du bulbe aortique se divisera de telle façon que le segment antérieur se continuera avec l'artère pulmonaire, tandis que le segment postérieur appartiendra au système aortique.

Les recherches récentes de van Bemmelen (1886) sur les reptiles et les oiseaux, celles de Zimmermann (1889) sur le lapin, sur le mouton et sur l'homme, ont modifié légèrement le schéma classique de Rathke, en montrant qu'il existe de chaque

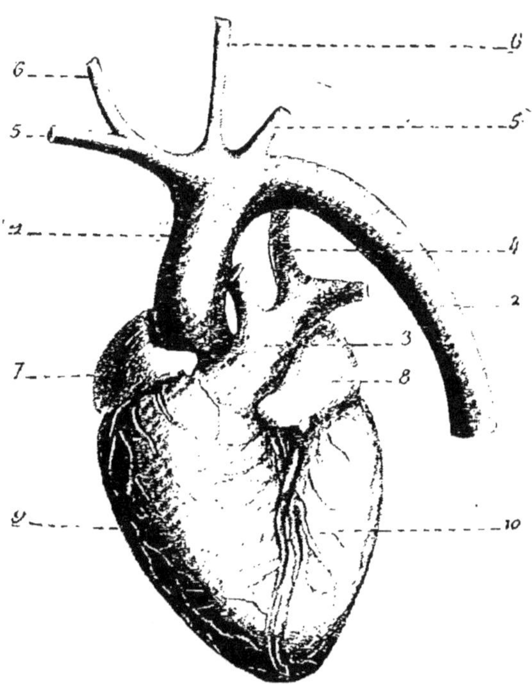

Fig. 142.

Cœur avec les gros troncs artériels vu par sa face antérieure sur un nouveau-né (Gr. nat.).

1, aorte ascendante. — 2, aorte descendante. — 3, artère pulmonaire avec ses deux branches — 4. canal artériel. — 5, 5. artères sous-clavières. — 6, 6, carotide primitives. — 7, oreillette droite. — 8, oreillette gauche. — 9, ventricule droit. — 10, ventricule gauche.

côté six arcs aortiques (fig. 141, B). Toutefois le 5ᵉ arc disparaît de très bonne heure chez les vertébrés supérieurs, et c'est pour cette raison que les auteurs n'en font pas mention. La sous-clavière que nous avons vu apparaître entre le 4ᵉ et le 5ᵉ arc, représente vraisemblablement le prolongement de l'extrémité profonde de ce cinquième arc intercalaire.

Chez le lapin adulte, comme chez un grand nombre de mammifères, la carotide primitive gauche et le tronc brachio-céphalique artériel naissent ensemble de la crosse aortique, par l'intermédiaire d'une portion commune désignée sous le nom d'*aorte antérieure* (supérieure). Cette disposition anatomique résulte de ce fait que la paroi de la crosse aortique, sur laquelle s'ouvraient primitivement côte à côte la carotide primitive gauche et le tronc innommé, s'est soulevée de bas en haut, et s'est allongée en forme de canal. Les recherches de SOULIÉ et VERDUN (1897) ont montré que ce soulèvement de l'aorte antérieure s'effectuait, chez l'embryon de lapin, entre les stades 15 et 16 millimètres.

Pendant le développement des arcs aortiques, les deux aortes descendantes ont augmenté de volume, et de plus se sont rapprochées l'une de l'autre sur la ligne médiane. Leurs parois en contact finissent par disparaître, et les deux aortes se fusionnent en un canal impair et médian, l'*aorte définitive*. Cette soudure s'étend depuis le bord inférieur du repli cardiaque jusqu'à quelque distance de la ligne primitive ; les extrémités inférieures non fusionnées des aortes deviennent les *artères ombilicales*.

Chez l'embryon de lapin, la fusion des deux aortes s'opère vers la 224e heure. Chez l'embryon humain, elle se produit du 19e au 21e jour, alors que l'embryon mesure une longueur de 3 à 4 millimètres. Par suite de la soudure des aortes, les deux artères vitellines qui chez l'homme naissaient à l'origine de chacun de ces conduits, se trouvent maintenant provenir du même canal. Dans la suite, l'artère vitelline gauche s'atrophie et disparaît ; le tronc persistant de l'artère droite fournira l'*artère mésentérique supérieure*.

A un moment donné, les artères ombilicales émettent par leur bord externe, à une faible distance de leur origine, un rameau qui deviendra le tronc de l'*iliaque externe*. La portion initiale des artères ombilicales formera l'*iliaque primitive*, et la partie qui lui fait immédiatement suite, l'*artère hypogastrique*. Enfin, l'extrémité inférieure de l'aorte, dans l'angle de bifurcation des artères ombilicales, pousse en bas, le long de la

colonne vertébrale, une branche destinée à l'appendice caudal
(*artère caudale* ou *sacrée moyenne*).

§ 6. — DÉVELOPPEMENT DU SYSTÈME VEINEUX

Nous avons vu précédemment que le tube cardiaque rece-
vait par son extrémité inférieure les veines omphalo-mésentériques, dans lesquelles débouchaient, au voisinage de leur terminaison, les veines ombilicales et les canaux de Cuvier. Plus
tard, alors que le cœur s'est nettement différencié comme
organe, les veines omphalo-mésentériques ne s'ouvrent plus
directement dans sa cavité, mais elles en sont séparées par
l'interposition d'un canal commun, sorte de confluent des six
gros troncs veineux : c'est le *sinus veineux* du cœur (*sinus
reuniens* de His). Ce sinus est allongé transversalement, présentant ainsi deux prolongements latéraux ou cornes recevant les
canaux de Cuvier, et constituées de chaque côté par la fusion
des veines omphalo-mésentérique et ombilicale.

Nous rechercherons successivement comment se développent : 1° la veine cave supérieure et ses affluents; 2° la veine
cave inférieure et les veines iliaques; 3° le système porte veineux du foie.

1° Veine cave supérieure. — Chez les reptiles, chez les
oiseaux et chez un certain nombre de mammifères, il existe
deux veines caves supérieures formées aux dépens des deux
canaux de Cuvier. Chez l'homme, le canal de Cuvier gauche
perd de bonne heure ses connexions avec les veines cardinales
correspondantes qui disparaissent dans une certaine étendue
à partir de ce canal ; l'atrophie de la veine cardinale supérieure gauche, remonte jusqu'à la sous-clavière. La portion
persistante du canal de Cuvier gauche reçoit le sang des veines
cardiaques, et devient la *grande veine coronaire*.

L'atrophie partielle de la veine cave supérieure gauche, chez
l'homme, est précédée par la formation d'une anastomose
entre les deux veines cardinales supérieures ou jugulaires
(embryon de 19 millimètres). Cette anastomose, oblique de

haut en bas, et de gauche à droite, s'étend de l'origine de la
sous-clavière gauche à l'extrémité inférieure de la veine jugulaire droite; un peu au-dessus du canal de Cuvier, et représente
le *tronc veineux brachio-céphalique gauche*. Le *tronc veineux*

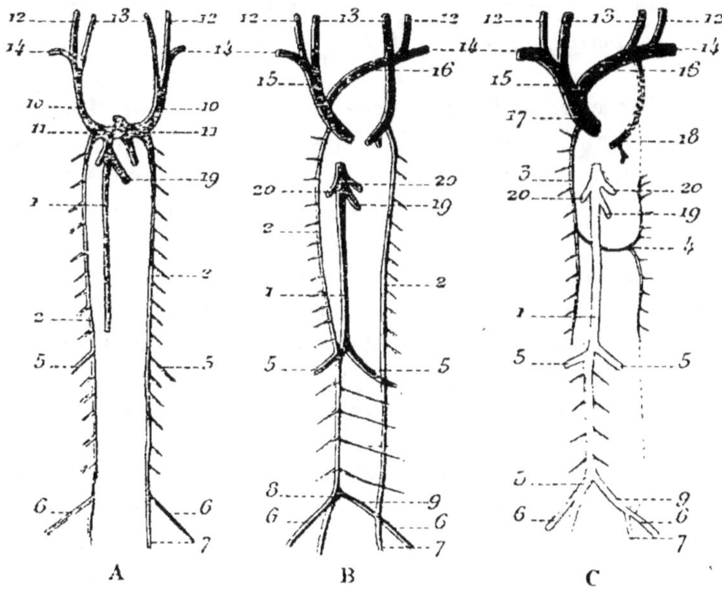

Fig. 143,

Représentation schématique du système veineux chez l'homme,
à trois stades successifs du développement (imitée de HERTWIG).

1. veine cave inférieure. — 2, veine cardinale inférieure. — 3, grande azygos. —
4, petite azygos. — 5, veine rénale. — 6. veine iliaque externe. — 7, veine iliaque
interne. — 8, veine iliaque primitive droite. — 9, veine iliaque primitive gauche. —
10, veine cave supérieure. — 11, canal de Cuvier. — 12, veine jugulaire externe. —
13. veine jugulaire interne. — 14, veine sous-clavière. — 15, tronc veineux brachio-
céphalique droit. — 16, tronc veineux brachio-céphalique gauche. — 17, veine cave
supérieure. — 18, veine coronaire. — 19, canal veineux d'ARANTIUS. — 20, veine
hépatique efférente ou sus-hépatique.

brachio-céphalique droit, plus court, est formé par la portion
de la veine jugulaire droite comprise entre l'anastomose et la
veine sous-clavière droite. Enfin, l'extrémité inférieure de la
veine jugulaire droite, prolongée par le canal de Cuvier jusqu'au cœur, constitue la *veine cave supérieure droite*.

25.

Le canal de Cuvier droit, et par suite la veine cave supérieure, reçoit la veine cardinale inférieure droite. Le segment supérieur de cette veine se détache du segment inférieur, au niveau des veines rénales, et figure la *grande azygos*, qu'une anastomose transversale passant en arrière de l'aorte, réunit au segment moyen persistant de la veine cardinale inférieure gauche ou *petite azygos* (fig. 143).

2° Veine cave inférieure. — Les recherches de HOCHSTETTER (1888), confirmées par plusieurs observateurs, ont montré que la *veine cave inférieure* se développait aux dépens de deux segments distincts : 1° un segment supérieur constitué par une anastomose verticale entre l'extrémité cardiaque de la veine omphalo-mésentérique droite et la veine cardinale inférieure droite ; 2° un segment inférieur formé par la portion de la veine cardinale inférieure droite située au-dessous de la veine rénale. L'anastomose verticale qui représente le segment supérieur de la veine cave inférieure se développe de haut en bas, en se portant à droite, et, arrivée au niveau des veines rénales, se bifurque en deux branches qui vont s'unir aux veines cardinales correspondantes, à l'origine même des *veines rénales*. La branche droite continuera en bas la veine cave inférieure, la branche gauche, passant en avant de l'aorte, prolongera de gauche à droite la veine rénale gauche jusqu'à la veine cave.

Pendant ces modifications, les veines sous-jacentes aux veines rénales envoient une série d'anastomoses, en arrière de l'aorte, à la veine cardinale droite. La plus inférieure et la plus large de ces anastomoses, unissant les veines iliaques gauches à la veine cardinale droite, un peu au-dessus de sa bifurcation en iliaques interne et externe, au-dessous de la division de l'aorte en artères ombilicales, deviendra la *veine iliaque primitive gauche*, la *veine iliaque primitive droite* étant représentée par l'extrémité de la veine cardinale droite située au-dessous de l'anastomose. L'extrémité inférieure de la veine cardinale gauche disparaît ensuite tout entière, sauf peut-être un tronçon en rapport avec la veine rénale gauche et qui fournirait la veine spermatique gauche. D'autre part, le segment supérieur de la veine cardinale inférieure droite se détache de la veine cave inférieure pour former la *grande veine azygos*.

Le mode de développement que nous venons d'esquisser nous explique comment la veine cave inférieure se trouve déjetée à droite de l'aorte, et comment aussi la veine iliaque primitive gauche présente un trajet plus long et plus oblique que celui de la veine iliaque primitive droite. Il nous rend également compte de ce fait que la veine rénale gauche parcourt un trajet plus long que la droite, et que son embouchure dans la veine cave se trouve à un niveau un peu plus élevé. Il nous montre aussi pourquoi la veine spermatique du côté gauche se jette dans la veine rénale correspondante, tandis qu'à droite elle s'ouvre directement dans la veine cave inférieure.

3° Système porte veineux. — Le sang des enveloppes fœtales est ramené au cœur par quatre gros troncs veineux : deux veines vitellines émanées des parois de la vésicule ombilicale, rampant dans la splanchnopleure, et deux veines ombilicales provenant du placenta, situées dans la lame somatique. Le foie, en se développant dans l'épaisseur du septum transversum, s'interpose entre les extrémités des veines vitellines et ombilicales, si bien que les veines vitellines accompagnent le tube digestif dans son trajet au-dessous du foie, tandis que les veines ombilicales contenues dans la paroi abdominale pénètrent dans le septum transversum au-dessus de l'ébauche hépatique, pour déboucher ensuite avec les veines vitellines dans le sinus veineux du cœur (fig. 144).

Dans la région qui répond aux bourgeons hépatiques, les veines vitellines s'envoient de très bonne heure (embryons humains de 3 à 4 millimètres) des anastomoses transversales, au nombre de trois, deux antérieures et une postérieure qui entourent le duodénum d'un double cercle veineux (*sinus annulaire* de His). Les bourgeons hépatiques se ramifient dans l'épaisseur du mésentère antérieur et du septum transversum, et un réseau capillaire sanguin se constitue entre les cordons de cellules hépatiques. Ce réseau sanguin est alimenté par des branches afférentes (*vasa advehentia*) provenant des veines

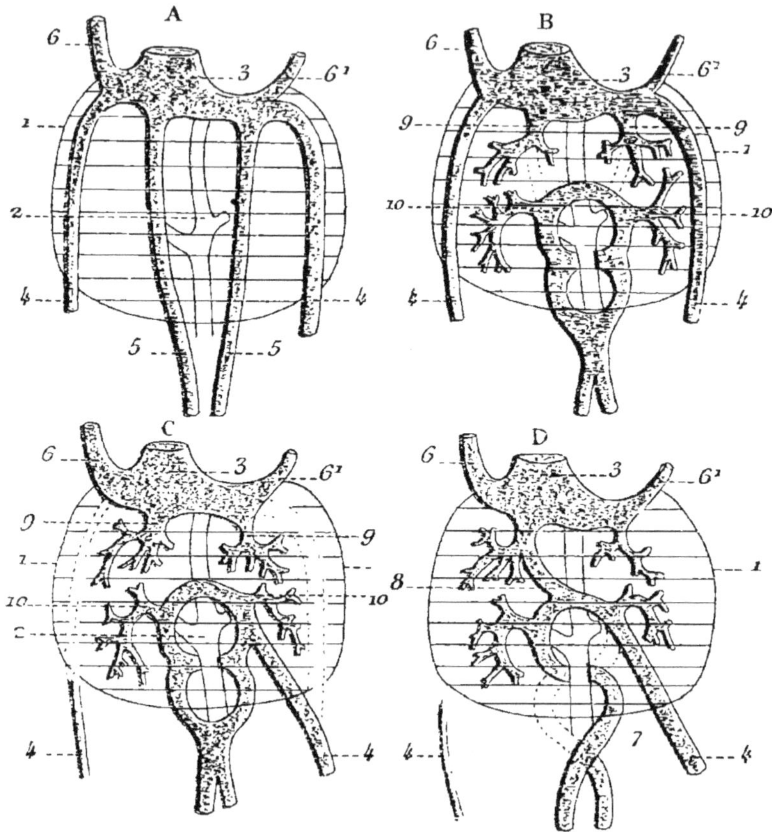

Fig. 144.

Quatre stades successifs du développement du système porte veineux, chez l'embryon humain, en grande partie d'après His. Les
organes, recouverts par les lignes transversales, sont cachés par
le foie.

1, contour du foie. — 2, duodénum. — 3, sinus veineux. — 4, 4, veines ombilicales. — 5, 5, veines vitellines réunies en B et en C par le sinus annulaire. —
6, veine cave supérieure. — 6', veine coronaire. — 7, veine porte. — 8, canal veineux d'Arantius. — 9, 9, veines hépatiques efférentes. — 10, 10, veines hépatiques
afférentes

vitellines, notamment de leur anastomose supérieure; les
branches efférentes (*vasa revehentia*) vont se jeter dans l'extré-

mité des veines vitellines. Pendant un certain temps, le sang
de la vésicule ombilicale pourra suivre ainsi une double voie :
une voie directe, celle des veines vitellines, et une voie indirecte représentée par le réseau sanguin hépatique (*système porte
veineux*). Mais bientôt la portion des veines vitellines, comprise
entre les veines hépatiques afférentes et efférentes, s'atrophie,
et tout le sang de la vésicule ombilicale traverse le système
porte.

Les extrémités supérieures ou cardiaques des veines vitellines, dans lesquelles se jettent les veines hépatiques efférentes,
représentent alors les troncs de ces veines qui débouchent,
par leur intermédiaire, dans le sinus veineux. Peu après, le
tronc de la veine sus-hépatique droite donne naissance par
un bourgeon à la veine cave inférieure, dont la veine sus-hépatique ne figure bientôt plus qu'un affluent, tandis que la
veine sus-hépatique gauche abandonne ses connexions avec le
sinus veineux, pour s'ouvrir également dans la veine cave inférieure.

Les segments inférieurs des veines vitellines, attenants au
sinus annulaire, se fusionnent partiellement le long du tube
digestif, tandis que la branche droite du cercle inférieur et
la branche gauche du cercle supérieur du sinus annulaire
disparaissent. C'est ce qui explique comment la *veine porte*,
reste des veines vitellines, passe chez l'adulte en arrière du
duodénum.

Les veines ombilicales, de leur côté, subissent des modifications importantes. La veine droite s'atrophie partiellement, et
son vestige fournit une veine épigastrique. La veine gauche
envoie une anastomose au-dessous du foie à la branche supérieure du sinus annulaire, ce qui entraîne la disparition de
son extrémité cardiaque située au-dessus de cet organe (embryon humain de 5 millimètres). Tout le sang charrié par les
veines vitellines et ombilicales parcourt alors le réseau sanguin
hépatique. Un peu plus tard, et comme si cette voie n'était
pas suffisante, l'extrémité de la veine ombilicale, tout en restant unie au sinus annulaire, c'est-à-dire à la veine porte, se
prolonge jusqu'au tronc de la veine sus-hépatique droite

25..

(future veine cave inférieure), par un canal qui porte le nom de *canal veineux* d'Arantius (fig. 145), et qui reste perméable jusqu'à la naissance. Le sang du placenta sera ainsi conduit directement dans la veine cave inférieure, mais il pourra

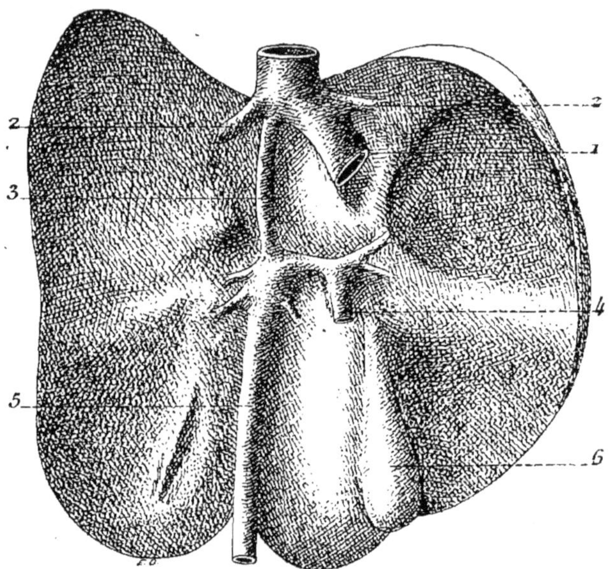

Fig. 145.

Face inférieure du foie sur un fœtus humain au commencement du 7ᵉ mois lunaire, montrant le canal veineux d'Arantius (Gr. nat.).

1, veine cave inférieure. — 2, 2, veines sus-hépatiques. — 3, canal veineux d'Arantius. — 4, veine porte. — 5, veine ombilicale. — 6, vésicule biliaire.

aussi suivre la voie collatérale du système porte. Nous étudierons plus loin les modifications qui se produisent au moment de la naissance (p. 402).

§ 7. — DÉVELOPPEMENT DU CŒUR

Le tube cardiaque, résultant du rapprochement et de la soudure sur la ligne médiane de deux ébauches latérales (p. 95), ne conserve pas longtemps une direction verticale. Déjà, avant la fusion complète des deux ébauches, chez l'embryon de lapin, on peut constater que le tube cardiaque s'est incurvé en avant, et que la portion ainsi infléchie est légèrement dilatée. Lorsque cette inflexion, déterminée par un allongement rapide du tube cardiaque, est achevée, le cœur affecte la forme d'un S couché (∽), dont le coude antérieur se dirige en bas et à droite, et le coude postérieur en haut et à gauche.

Le tube cardiaque ainsi contourné en S ne présente plus un calibre uniforme, mais on remarque sur sa longueur trois

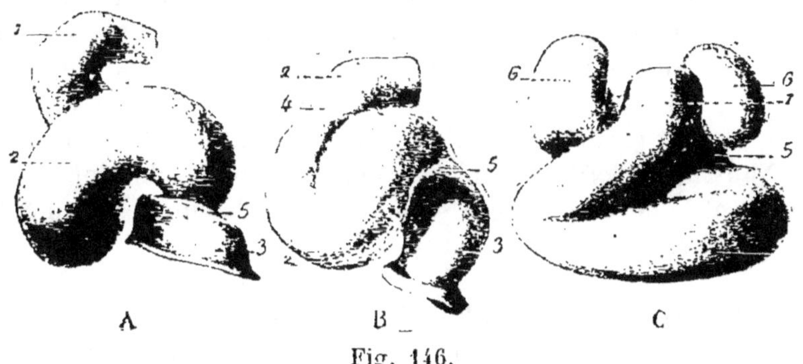

Fig. 146.

Trois stades successifs du développement du cœur chez l'embryon humain, d'après His.

A, embryon de 2,15 mill. — B, embryon de 4,2 mill. — C, embryon de 4,3 mill. Les stades A et B sont vus du côté gauche, pour montrer l'oreillette primitive du cœur et le canal auriculaire.

1, bulbe aortique. — 2, ventricule primitif. — 3, oreillette primitive. — 4, détroit de Haller. — 5, canal auriculaire. — 6, 6, auricules droite et gauche.

segments renflés, séparés par deux portions rétrécies. L'étranglement le plus accusé occupe la branche postérieure : c'est le *canal auriculaire* qui sépare la portion veineuse du cœur, postérieure et inférieure, de la portion artérielle, antérieure et supérieure. La portion veineuse qui représente l'*oreillette primitive* du cœur, communique en bas avec le sinus veineux par un orifice rétréci, bordé d'une valvule (*valvule du sinus veineux*).

Sur la branche antérieure du tube cardiaque, se trouve le second étranglement, moins accusé toutefois que le canal auriculaire : c'est le *détroit de Haller* (*fretum Halleri*). Ce détroit sépare le segment moyen du cœur (*ventricule primitif*) du segment supérieur (*bulbe* ou *tronc aortique*). Du bulbe aortique, se détachent en haut les deux aortes primitives ou artères vertébrales supérieures.

Au cours du développement, le ventricule s'abaisse, tandis que l'oreillette remonte en arrière de lui, et tend à se placer dans son prolongement supérieur; elle subit, en même temps, un mouvement de torsion en vertu duquel l'embouchure du sinus veineux se trouve déplacée à droite. D'autre part, les trois segments du cœur s'orientent progressivement dans un même plan vertical antéro-postérieur. Sur l'embryon humain de 4 à 5 millimètres, l'oreillette primitive pousse deux prolongements (*auricules*) qui embrassent en avant le bulbe aortique.

Nous allons étudier successivement le mode de cloisonnement et le développement secondaire de chacun des segments cardiaques.

1° Cloisonnement de l'oreillette, trou ovale. — Le cloisonnement des cavités du cœur débute par l'oreillette. Au cours de la 4° semaine, chez l'embryon humain, on voit se creuser, sur la face externe de la paroi postéro-supérieure de l'oreillette, un léger sillon vertical. A ce sillon, répond sur la face interne une lame également verticale en forme de croissant qui s'allonge peu à peu dans la cavité de l'oreillette, et se dirige vers la paroi antéro-inférieure (*septum superius*, His). Directement en avant, cette lame se fixe contre la paroi de l'oreillette : en bas, au niveau du canal auriculaire, elle rencontre une cloison intermédiaire (*septum intermedium*, His), développée isolément aux dépens de deux bourrelets endocardiques greffés sur les parois antérieure et postérieure du canal auriculaire, et finit par se souder avec elle. Ainsi, l'oreillette primitive se trouve subdivisée en deux cavités secondaires (*oreillettes droite et gauche*); le septum intermedium cloisonne de même le canal auriculaire en deux *orifices auriculo-ventriculaires* droit et gauche. Aux dépens des parties latérales des bourrelets endocardiques n'ayant pas participé à la constitution du *septum intermedium*, se forment dans la suite les *valvules auriculo-ventriculaires*.

Avant que le septum superius ait atteint le septum intermedium, il existe entre ces deux cloisons un orifice que Born désigne sous le nom d'*ostium primum*. Cet orifice s'oblitère

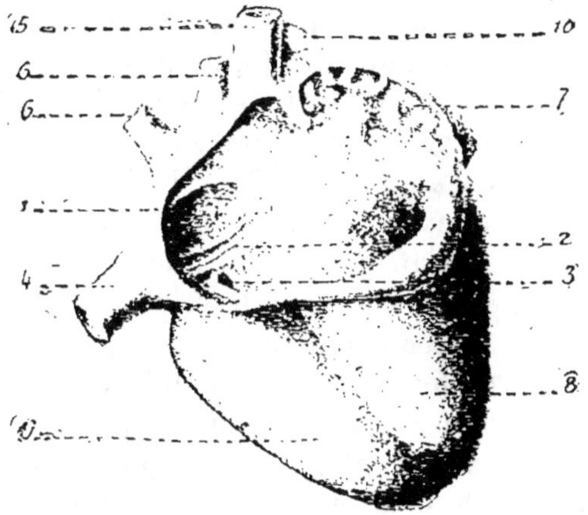

Fig. 147.

Cœur d'un fœtus à terme vu par sa face postérieure (gr. nat.). La paroi postérieure de l'oreillette a été enlevée, et la veine cave inférieure déjetée à gauche, pour montrer le trou ovale avec sa valvule.

1, valvule du trou ovale. — 2, valvule d'Eustachi. — 3, grande veine coronaire avec la valvule de Thébésius. — 4, veine cave inférieure. — 5, veine cave supérieure. — 6, 6, veines pulmonaires droites. — 7, auricule droite. — 8, ventricule droit. — 9, ventricule gauche. — 10, aorte.

par soudure des deux cloisons ; en même temps, au-dessus de lui, il se produit une perforation secondaire dans la cloison interauriculaire donnant naissance au *trou ovale* ou *de Botal* (*foramen ovale* des auteurs, *ostium secundum* de Born). Le bord postérieur de cet orifice, concave en avant, est aminci : c'est la *valvule du trou ovale* qui en s'allongeant sera refoulée à gauche par le courant sanguin de la veine cave inférieure, et viendra faire saillie dans l'oreillette gauche. Le bord antérieur, plus renflé, constitue la *valvule de Vieussens*.

Nous avons vu que l'orifice du sinus veineux dans l'oreillette primitive était limité par un repli valvulaire auquel on peut considérer deux valves, l'une droite, l'autre gauche. Ces deux valves se fusionnent par leur extrémité supérieure, et se prolongent à la face interne de l'oreillette par une lame saillante connue sous le nom de *fausse cloison auriculaire* (*septum spurium*, His). Petit à petit, le sinus veineux disparaît (embryons humains de 10 millimètres) en participant à la constitution de l'oreillette droite, dont il forme la paroi postéro-inférieure dépourvue de muscles pectinés (His). La veine cave supérieure, la veine cave inférieure et la veine coronaire s'ouvrent alors par autant d'orifices distincts à l'intérieur de l'oreillette. Des deux valves qui bordaient l'orifice du sinus veineux, la gauche s'atrophie, la droite persiste en partie, et forme la *valvule d'Eustachi* pour la veine cave inférieure, ainsi que la *valvule de Thébésius* pour la veine coronaire. La valvule d'Eustachi se prolonge du bord inférieur de l'orifice de la veine cave inférieure au bord antérieur du trou de Botal (*valvule de Vieussens*); elle délimite une sorte de gouttière par laquelle le sang de la veine cave inférieure, c'est-à-dire du placenta, sera conduit directement dans l'oreillette gauche, à travers le trou de Botal.

L'oreillette gauche ne reçoit à l'origine qu'un seul conduit assez grêle; c'est le tronc commun des quatre veines pulmonaires qui vient s'ouvrir au voisinage de la cloison interauriculaire. Dans la suite du développement, ce tronc commun sera absorbé par la paroi auriculaire, de la même façon que le sinus veineux par l'oreillette droite, et les quatre veines pulmonaires déboucheront alors, par groupes de deux, directement dans la cavité de l'oreillette gauche.

2° Cloisonnement du ventricule. — La division du ventricule commence peu après celle de l'oreillette, vers la fin du 1er mois, chez l'embryon humain; elle est complètement achevée au début de la 8e semaine.

Des parois inférieure et postérieure du ventricule, s'élève une cloison (*septum inferius* de His) qui se porte à la fois en arrière vers l'oreillette à la rencontre du septum intermédiaire, et en avant vers le bulbe aortique, à la rencontre de la cloison du bulbe aortique (*septum aorticum*, voy. ci-dessous).

L'emplacement de cette cloison est indiqué à la surface du ventricule par un léger sillon interventriculaire. Par suite de la soudure du septum inferius et du septum intermedium au niveau du canal auriculaire, la cavité du ventricule primitif se trouve subdivisée en deux cavités ventriculaires droite et gauche, en relation avec les cavités auriculaires correspondantes par les orifices auriculo-ventriculaires. A ce moment, la cloison descendante du bulbe aortique (*septum aorticum*) n'a pas encore rejoint la cloison ascendante du ventricule, et les deux cavités ventriculaires communiquent encore pendant un certain temps par un petit orifice, compris entre les bords opposés du septum aorticum et du septum inferius : c'est le *pertuis* ou *foramen de Panizza* qui persiste pendant toute la vie chez les reptiles.

3° Cloisonnement du bulbe aortique. — Le cloisonnement du bulbe aortique accompagne celui du ventricule. Le bulbe commence par s'aplatir, puis il se forme sur chacune de ses parois, aux dépens de l'endocarde, une crête longitudinale qui se porte à la rencontre de la crête du côté opposé. La fusion des deux crêtes amenant la formation du *septum aorticum*, débute à la partie supérieure, au niveau de l'angle de réunion des 4° et 5° arcs aortiques gauches, puis elle progresse de haut en bas. Après avoir cloisonné le bulbe aortique dans toute sa longueur, elle franchit le détroit de Haller, pénètre dans le ventricule, et s'unit à la partie antérieure du bord supérieur de la cloison interventriculaire, comblant ainsi le *foramen de Panizza*, et donnant naissance à la portion membraneuse de la cloison interventriculaire de l'adulte.

La cloison du bulbe, en s'abaissant, décrit une sorte de spirale, suivant en cela le trajet des deux crêtes aux dépens desquelles elle se constitue. C'est pour cette raison que des deux cavités résultant du cloisonnement du bulbe, l'une, antérieure (artère pulmonaire), communique d'une part avec le ventricule droit et de l'autre avec le 5° arc aortique gauche, tandis que la

cavité postérieure (aorte) se trouve en relation avec le ventricule gauche et avec le 4e arc aortique de chaque côté. Le
bulbe aortique fournit donc la portion de l'aorte ascendante et
du tronc pulmonaire, comprise à l'intérieur du sac péricardique.

Les *valvules sigmoïdes* se développent au niveau du détroit
de Haller. Elles sont d'abord au nombre de quatre, puis
chaque valvule latérale se trouve subdivisée en deux autres par
suite de l'abaissement de la cloison du bulbe qui la rencontre
en son milieu. Il en résulte que chacun des conduits provenant
du cloisonnement du bulbe, aorte et artère pulmonaire, sera
pourvu à son origine cardiaque de trois valvules (GEGENBAUR).

Les *artères coronaires* sont représentées au 12e jour, chez
l'embryon de lapin, par des bourgeons pleins émanés de l'endothélium du bulbe encore indivis (H. MARTIN, 1894). Du 12e
au 14e jour, ces bourgeons s'allongent et se creusent de
vacuoles qui, au 15e jour, se fusionnent entre elles, et se mettent
en communication avec la cavité du bulbe.

§ 8. — DÉVELOPPEMENT STRUCTURAL
DES VAISSEAUX SANGUINS ET DU CŒUR

Nous envisagerons successivement, dans ce paragraphe, les
artères, les veines et le cœur.

1° Artères, veines. — La paroi des artères et des veines est
représentée au début par une simple couche endothéliale dérivant du mésoderme. A cette couche viennent s'ajouter progressivement des cellules musculaires lisses, des éléments conjonctifs et des fibres élastiques qui se disposent en un certain
nombre de tuniques. Nous manquons de données précises sur
l'ordre d'apparition de ces différents éléments.

2° Cœur. — Les parois cardiaques qui font saillie dans la
cavité pleuro-péricardique sont formées, au moment de la
fusion des deux ébauches du cœur, par une couche endothéliale

doublée en dehors d'une couche mésodermique. Ces deux couches sont séparées l'une de l'autre par un assez grand espace, que remplit probablement une substance muqueuse. Aux dépens de la couche mésodermique, se développeront toutes les couches du cœur, moins l'endothélium, c'est-à-dire le chorion de l'endocarde, le myocarde et l'épicarde.

Les premiers faisceaux musculaires s'anastomosent entre eux, de manière à constituer un réseau assez lâche dont les mailles sont occupées par des prolongements de la cavité de l'endocarde limités par un endothélium, et également anastomosés. Cette disposition spongieuse persiste chez les poissons et chez les amphibiens, mais, chez les vertébrés supérieurs, elle se modifie de la façon suivante : dans les couches superficielles les faisceaux musculaires augmentent de nombre et de volume, comblant ainsi progressivement les cavités interposées qui finissent par disparaître complètement ; dans les couches profondes au contraire, la charpente musculaire se raréfie, par disparition d'un certain nombre de faisceaux, et les travées musculaires qui persistent fournissent les muscles pectinés et les muscles papillaires.

§ 9. — DÉVELOPPEMENT DU SYSTÈME LYMPHATIQUE

RANVIER nous a fait connaître récemment (1897) le développement des vaisseaux et des ganglions lymphatiques.

D'après cet auteur, les troncs lymphatiques se forment du centre à la périphérie (à partir du système veineux), par des bourgeons pleins qui se creusent ultérieurement d'une cavité. Les capillaires lymphatiques se développent également par des bourgeons, seulement ces bourgeons présentent une lumière dès le début.

Quant aux ganglions, ils n'apparaissent que secondairement. Sur le trajet d'un tronc lymphatique, se montre un nodule vasculaire (origine du *tissu folliculaire*), qui détermine l'étranglement et l'interruption du lymphatique à son niveau. Puis les deux segments du lymphatique poussent, par leur extrémité terminée en cul-de-sac, des bourgeons qui s'enfoncent dans l'épaisseur du nodule, se ramifient et s'anastomosent entre eux, pour constituer le *tissu lacunaire* Les deux segments du lymphatique primitif représentent les vaisseaux afférent et efférent.

Les ganglions lymphatiques sont reconnaissables sur le fœtus humain du 3ᵉ mois.

§ 10. — CIRCULATION DU FŒTUS HUMAIN PENDANT LES DERNIERS MOIS DE LA GESTATION

L'existence du trou de Botal entre les deux cavités auriculaires, et du canal artériel qui établit une communication entre le tronc de l'artère pulmonaire et l'aorte descendante, nous rend compte de ce fait que les différents vaisseaux du fœtus charrient un mélange de sang artériel et de sang veineux.

Le sang du placenta, chargé d'oxygène et de substances nutritives, est amené au corps du fœtus par la veine ombilicale. Arrivé au niveau du foie, il peut suivre deux voies distinctes : le canal veineux d'Arantius, ou le système porte veineux du foie. Dans l'un et dans l'autre cas, il aboutit à la veine cave inférieure qui le conduit à l'oreillette droite du cœur. Là, grâce à la valvule d'Eustachi qui prolonge la paroi inférieure de la veine cave inférieure dans l'oreillette, vers la cloison interauriculaire, le sang est transporté dans une sorte de gouttière au trou de Botal par lequel il pénètre dans l'oreillette gauche. De l'oreillette gauche, le sang descend dans le ventricule gauche qui le chasse dans l'aorte.

Les artères destinées à la tête et aux membres supérieurs, ayant leur origine au-dessus du point d'abouchement du canal artériel dans l'aorte, transportent du sang artériel presque pur, c'est-à-dire du sang provenant du placenta, mélangé dans l'oreillette droite avec une faible partie du sang veineux ramené par la veine cave supérieure, et dans l'oreillette gauche avec le sang des veines pulmonaires.

La presque totalité du sang veineux transporté par la veine cave supérieure, en raison de l'existence de la valvule d'Eustachi qui cloisonne en quelque sorte l'oreillette droite en deux compartiments distincts, passe, en effet, dans le ventricule droit, et de là dans le canal artériel. Une partie de ce

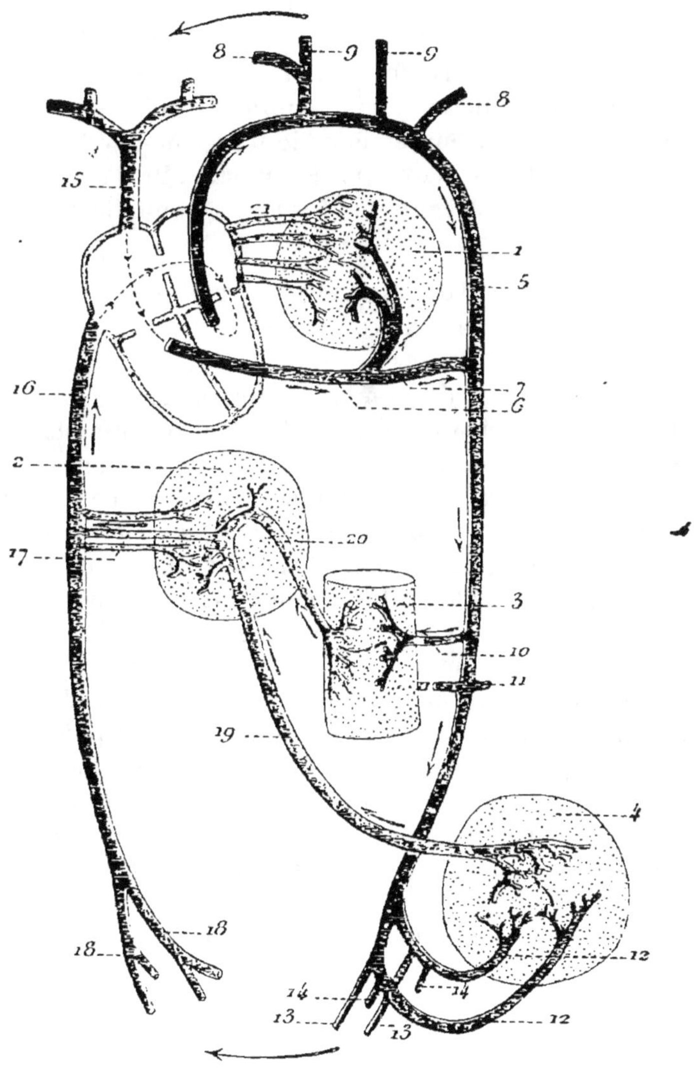

Fig. 148.

Schéma de la circulation, chez le fœtus à terme.

1, poumon. — 2, foie. — 3, intestin. — 4, placenta. — 5, aorte. — 6, artère.

sang est transportée aux poumons par les branches de l'artère pulmonaire, et revient au cœur par les veines pulmonaires ; la plus grande partie s'engage dans le canal artériel, et tombe dans l'aorte, au-dessous de la veine sous-clavière gauche. L'aorte descendante renferme donc un mélange de sang artériel et de sang veineux, ce qui explique peut-être que le développement de l'extrémité céphalique est plus précoce et plus accusé que celui de l'extrémité caudale. De l'aorte, le sang est transporté au placenta par les artères ombilicales.

§ 11. — MODIFICATIONS DE L'APPAREIL
DE LA CIRCULATION AU MOMENT DE LA NAISSANCE

La ligature du cordon ombilical provoque, dans les artères ombilicales, la formation d'un caillot qui remonte jusqu'à l'origine des premières branches vésicales. La portion des artères ainsi obturée se transforme graduellement de haut en bas en un cordon fibro-élastique (*ligaments latéraux de la vessie*).

La veine ombilicale s'oblitère également jusqu'aux premières veines hépatiques afférentes, et devient le *ligament ron l* du foie. La veinule que l'on rencontre fréquemment chez l'adulte, au centre de ce ligament, est un vaisseau de nouvelle formation (WERTHEIMER, 1886). Quant au canal veineux d'Arantius, il subit une transformation analogue, et son vestige représente chez l'adulte un petit ligament situé dans le prolongement du ligament rond. Le sang des parois de l'intestin, transporté au foie par la veine porte (portion intra-embryonnaire des veines vitellines), est alors obligé de traverser en totalité le réseau sanguin hépatique.

La circulation pulmonaire, d'autre part, en raison du fonc-

pulmonaire. — 7, canal artériel. — 8, artère sous-clavière. — 9, artère carotide primitive. — 10, artère mésentérique supérieure. — 11, artère rénale. -- 12, 12, artères ombilicales. — 13, artère iliaque externe. -- 14, artère iliaque interne. — 15, veine cave supérieure formée par la réunion des deux troncs veineux brachio-céphaliques. — 16, veine cave inférieure. — 17, canal veineux d'ARANTIUS, accompagné par les veines hépatiques afférentes. — 18, veine iliaque primitive. — 19, veine ombilicale. — 20, veine porte. — 21, groupe des quatres veines pulmonaires.

Bien que la veine ombilicale charrie du sang hématosé, toutes les veines ont été représentées en bleu, et les artères en rouge.

tionnement des poumons au moment de la naissance, devient subitement plus active. Le canal de Botal reçoit une quantité de sang beaucoup moindre, et diminue progressivement de calibre, tandis que la pression augmente dans l'oreillette gauche où se déverse tout le sang de la circulation pulmonaire. La valvule du trou ovale peut ainsi s'appliquer en avant contre la valvule de Vieussens, et se souder à elle, déterminant ainsi la fermeture complète du trou de Botal. Cette fermeture, de même que l'oblitération du canal artériel qui fait place à un cordon fibreux (*cordon* ou *ligament de Botal*), se produit graduellement, et ne s'achève que plusieurs mois après la naissance, du 3e au 5e mois en général pour le canal artériel, un peu plus tard pour le trou de Botal. A l'emplacement de la valvule du trou ovale, répond chez l'adulte la *fosse ovale*; la valvule de Vieussens devient l'*anneau de Vieussens*.

§ 12. — DÉVELOPPEMENT DU DIAPHRAGME, DU PÉRICARDE ET DES PLÈVRES

Nous avons vu (p. 389) que les gros troncs veineux ramenant au cœur le sang des enveloppes fœtales, à savoir les veines omphalo-mésentériques et les veines ombilicales, rampaient respectivement dans l'épaisseur de la splanchnopleure et de la somatopleure, et que, par conséquent, dans presque toute la longueur de leur trajet intra-embryonnaire, elles étaient séparées par la fente pleuro-péritonéale. A mesure que ces troncs veineux augmentent de volume, ils font saillie à l'intérieur de la cavité pleuro-péritonéale, déterminant ainsi sur leur parcours la formation de deux crêtes mésodermiques surtout accusées au voisinage de leur terminaison (fig. 149, F). Au point d'abouchement des veines ombilicales dans les veines omphalo-mésentériques, les deux crêtes mésodermiques qui accompagnent ces vaisseaux se fusionnent entre elles, et dès lors la somatopleure se trouve unie de chaque côté à la splanchnopleure par un pont mésodermique transversal auquel Kœlliker a assigné le nom de *mésocarde latéral* (fig. 149, E).

Le tissu mésodermique qui forme les mésocardes latéraux

ne reste pas toutefois limité aux parties latérales de l'embryon, mais il se prolonge en dedans, suivant le trajet des cornes du sinus veineux, et s'épaissit notablement sur la ligne médiane.

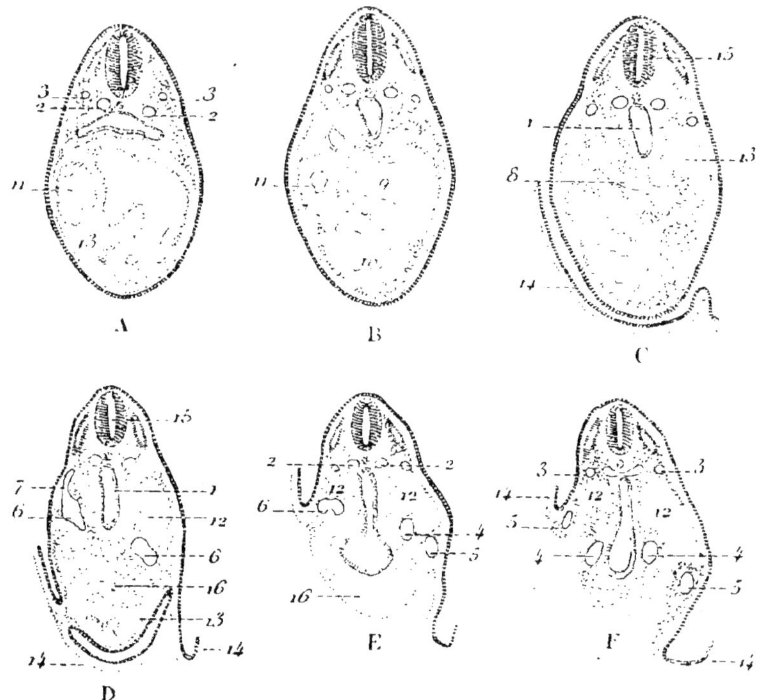

Fig. 149.

Six coupes successives intéressant transversalement (de haut en bas) la région cardiaque sur un embryon humain de 3 mill., et montrant le mode de formation du septum transversum.

1, intestin antérieur. — 2, aorte primitive. — 3, veine cardinale. — 4, veine omphalo-mésentérique. — 5, veine ombilicale. — 6, corne du sinus veineux. — 7, canal de Cuvier. — 8, sinus cardiaque. — 9, oreillette primitive du cœur. — 10, ventricule primitif. — 11, bulbe aortique. — 12, cavité pleuro-péritonéale. — 14, paroi de l'amnios. — 15, tube médullaire. — 16, septum transversum.

Le bord inférieur du repli cardiaque est ainsi occupé, lorsqu'il a atteint les veines omphalo-mésentériques, par une masse mésodermique relativement considérable que His a désignée sous le nom de *septum transversum*, et Uskow sous celui de *massa transversa*. Plus tard, lorsque le repli cardiaque aura achevé son mouvement de descente, et que la paroi antérieure du tronc se sera constituée par reploiement de la somatopleure, le septum transversum représentera une cloison transversale se continuant en bas et en avant avec le mésentère antérieur, et divisant incomplètement la cavité pleuro-péritonéale en deux cavités secondaires : l'une supérieure ou *cavité pleuro-péricardique*, l'autre inférieure ou *cavité péritonéale*. Le septum transversum reliant la somatopleure à la splanchnopleure, adhère en avant à la paroi antérieure du corps, et c'est en arrière de cette cloison que la cavité pleuro-péricardique encore indivise communique par deux orifices latéraux (*orifices pleuro-péritonéaux*) avec la cavité péritonéale.

La plupart des auteurs considèrent le septum transversum comme une formation primitive, au niveau de laquelle le mésoderme ne serait point clivé en ses deux feuillets secondaires. Pour Ravx au contraire, la fissuration du mésoderme se produirait en ce point comme dans les autres régions, et c'est secondairement que s'opérerait l'union des lames mésodermiques, comme conséquence de l'anastomose des veines omphalo-mésentérique et vitelline. Il est possible que, chez les mammifères non pourvus d'un proamnios, les faits se passent comme l'indique Ravx, mais chez le lapin les mésocardes latéraux représentent des ponts mésodermiques situés immédiatement au-dessous des cornes du croissant proamniotique, et respectés par la fissuration cœlomique, comme on l'observe sur tout le pourtour du proamnios.

C'est dans l'épaisseur du mésentère antérieur et du septum transversum (*bourrelet hépatique*, Kœlliker ; *avant-foie*, His) que se ramifient les bourgeons hépatiques. Ces bourgeons toutefois n'envahissent pas toute l'épaisseur du septum, mais ils restent limités à sa région inférieure. Le septum transversum se trouve ainsi décomposé en deux parties distinctes : une partie inférieure occupée par les cordons hépatiques, et qui contribuera à former le foie, et une partie supérieure représentant le rudiment du diaphragme (*diaphragme primaire*).

Le foie et le diaphragme primaire sont donc intimement

26..

unis à l'origine sur une large surface. Ce n'est que postérieurement, après l'achèvement de la cloison diaphragmatique, que la cavité péritonéale s'insinuera de plus en plus entre le foie et le diaphragme, tendant à séparer ainsi l'un de l'autre ces deux organes. Les points par lesquels le foie reste adhérent au diaphragme, sont représentés chez l'adulte par le *ligament coronaire*.

Les canaux de Cuvier suivent à l'origine un trajet sensiblement horizontal, ainsi que le montre la figure 149. Mais bientôt, au fur et à mesure qu'ils augmentent de volume, dès l'apparition des corps de Wolff, leur extrémité postérieure se porte en haut et en dedans. Leur direction devient ainsi oblique de haut en bas, d'arrière en avant, et de dedans en dehors. En même temps, les canaux de Cuvier, en s'accroissant, déterminent sur la somatopleure la formation de deux crêtes mésodermiques latérales qui font saillie dans la cavité pleuro-péricardique. Ces crêtes (*membranes pleuro-péricardiques* de Schmidt) s'accusent de plus en plus, se portent vers l'intestin céphalique auquel elles se soudent, et séparent ainsi la cavité péricardique des deux cavités pleurales. Plus tard, grâce au développement des poumons, les deux lames pleuro-péricardiques sont refoulées l'une contre l'autre sur la ligne médiane, en avant du cœur, et formeront par leur accolement le *mésopéricarde*.

Après l'isolement complet de la cavité péricardique, les cavités pleurales communiquent encore pendant un certain temps avec la cavité péritonéale par l'intermédiaire des orifices pleuro-péritonéaux. Elles figurent alors deux diverticules étroits (*diverticules thoraciques du cœlome* de His) situés de part et d'autre du tube digestif, le long de la colonne vertébrale. C'est dans ces diverticules que poussent les bourgeons pulmonaires qui, en s'accroissant de plus en plus, finissent par atteindre la face supérieure du foie. A ce moment, se produit l'occlusion des orifices pleuro-péritonéaux. On voit, en effet, se soulever sur le bord de ces orifices deux crêtes mésodermiques dont le mode de formation ne paraît pas encore complètement élucidé. De ces deux crêtes, connues sous le nom de *piliers de Uskow*, l'une est postérieure, comprise entre la veine cardinale en dedans et le corps de Wolff en dehors, l'autre est antérieure, en rapport avec l'extrémité du canal de Cuvier. Les piliers de Uskow augmentent progressivement de hauteur et se soudent entre eux, tandis que la membrane pleuro-péritonéale résultant de leur fusion s'accole d'autre part en arrière et en dedans à la paroi de l'intestin céphalique. Ainsi se trouve constituée la partie dorsale du diaphragme qui prolonge en arrière et en haut la partie ventrale représentée par le septum transversum ou diaphragme primaire. Ajoutons que les membranes pleuro-péritonéales d'occlusion sont envahies secondairement par le foie qui se comporte de la même façon qu'au niveau du septum transversum.

Récemment, le développement du diaphragme a été l'objet d'une étude approfondie de Brachet sur le lapin (1895), et de Swaen sur l'embryon humain (1896-97).

ENVELOPPES ET ANNEXES DU FŒTUS HUMAIN

Les enveloppes et les annexes expulsées de l'utérus après le fœtus, constituent l'*arrière-faix* ou *délivre*. Nous passerons en revue, dans autant de paragraphes distincts, les enveloppes d'origine maternelle, les enveloppes et les annexes d'origine fœtale, et enfin le placenta formé par la pénétration intime des tissus maternel et fœtal. Nous aurons surtout en vue les faits concernant le fœtus humain.

§ 1. — ENVELOPPES D'ORIGINE MATERNELLE

Les enveloppes de provenance maternelle sont fournies par la couche superficielle de la muqueuse du corps de l'utérus. Après avoir fait connaître les modifications que subit cette muqueuse au moment des menstrues, nous étudierons successivement le mode de formation, la structure et l'évolution des enveloppes maternelles, puis nous rechercherons la manière dont s'opère la réfection de la muqueuse utérine, après l'expulsion du délivre. Deux alinéas seront enfin consacrés à l'étude du lait utérin, et des modifications que présente la muqueuse du col de l'utérus pendant la grossesse.

1° Modifications de la muqueuse utérine pendant la menstruation. — Une dizaine de jours avant l'apparition des règles, la muqueuse commence à s'épaissir, et atteint progressivement de 5 à 7 millimètres, au lieu de 2 à 3 qu'elle mesurait auparavant. Les espaces lymphatiques présentent une dilatation notable, ainsi que les dépressions glanduliformes décrites sous le nom de glandes de l'utérus ; le tissu interposé paraît plus lâche et comme œdématié. Lorsque la muqueuse a atteint son maximum d'épaisseur, elle est apte à recevoir le produit de la conception. Mais si l'ovule n'a pas subi la fécondation, on voit alors se produire dans la partie superficielle du chorion, au-dessous de l'épithélium, une infiltration sanguine qui dure un ou deux jours, puis la couche située au-dessus subit la dégénérescence graisseuse et se mortifie, et les capillaires ouverts laissent écouler le *sang menstruel*. L'hémorrhagie dure environ quatre jours, au bout desquels le tissu perd de sa turgescence et s'affaisse rapidement, en même temps que l'épithélium superficiel se régénère aux dépens de l'épithélium glandulaire. La réfection de la muqueuse est complète au bout de sept à huit jours. Au dix-huitième jour, après l'apparition des menstrues, on voit revenir de nouveau l'épaississement marquant le début d'un autre cycle menstruel.

La surface de la muqueuse, au lieu de se nécroser progressivement, peut se détacher tout d'un coup, par suite d'une sorte de clivage se produisant dans son épaisseur, et semblable à celui que nous verrons s'effectuer lors de la chute des membranes de l'œuf. Dans ce cas, la portion superficielle formant une membrane continue a reçu le nom de *caduque cataméniale*. La portion restée adhérente est le point de départ de la régénération, comme fait la portion non exfoliée après l'accouchement.

2° Formation des caduques. — On désigne sous le nom de *caduque (decidua)* la couche superficielle de la muqueuse de l'utérus expulsée avec l'œuf dont elle constitue l'enveloppe la plus externe. W. Hunter (1774) admettait qu'à la suite d'une hyperémie des parois, déterminée par la conception, un exsudat de lymphe coagulable venait tapisser la face interne de la matrice, et formait ainsi un sac fermé de toutes parts, et contenant un liquide : c'était la caduque. Au moment où l'ovule fécondé franchissait l'orifice de la trompe pour pénétrer dans l'utérus, il rencontrait la paroi de cette poche, et la refoulait devant lui, en l'invaginant sur elle-même. La caduque se comportait ainsi comme une véritable séreuse, et on lui décrivait deux feuillets séparés par une couche liquide : un *feuillet réfléchi* ou *chorial* (*decidua reflexa*), intimement appliqué sur l'œuf, et un *feuillet utérin direct* ou *pariétal* (*decidua uterina*) revêtant la face interne de l'utérus. Appuyée et développée par J. HUNTER, cette théorie fut universellement adoptée. Plus tard, on reconnut que la caduque s'étendait sur toute la périphérie de l'œuf, et on supposa que la portion de membrane comprise entre ce dernier et la paroi de la matrice, se formait plus tardivement que le reste, par un mécanisme d'ailleurs analogue, d'où la dénomination de *decidua serotina*, caduque tardive ou *sérotine* (BOJANUS, 1821) qu'on attribua à cette *caduque inter-utéro-placentaire*. Le liquide de la poche déciduale reçut de BRESCHET, en 1833, le nom d'*hydropérione*.

C'est surtout à COSTE (1842) et à CH. ROBIN (1848) que nous devons les premiers renseignements précis sur la structure de la caduque, et sur le mode de formation de la portion réfléchie. Lorsque l'œuf, à la fin de la première semaine, a pénétré dans la cavité utérine, il ne tarde pas à être fixé solidement contre la paroi, grâce à un soulèvement du tissu de la muqueuse qui bourgeonne autour de lui, et l'enferme dans une sorte de bourrelet annulaire. Ce bourrelet ne résulte nullement d'un repli, d'une duplicature de la muqueuse, mais d'un épaississement local du chorion muqueux. L'œuf se trouve alors logé dans une sorte de cupule dont la profondeur augmente rapidement, grâce à l'élévation du bord libre ; il est comme enchatonné dans la couche superficielle de la muqueuse qui se referme bientôt sur lui, de façon à l'englober de toutes parts (du dixième au douzième jour) : tel est le mécanisme d'après lequel se constitue la *caduque ovulaire* ou *réfléchie* (fig. 150). La muqueuse pariétale se transforme en *caduque vraie* ou *utérine*, et la portion sur laquelle s'est implantée primitivement l'œuf, n'est autre que la *caduque inter-utéro-placentaire* ou *sérotine*.

Il convient d'ajouter que cette théorie de la formation des

caduques qui semble avoir été énoncée pour la première fois par SHARPEY, n'a pas reçu le contrôle de l'observation, et que les recherches contemporaines d'embryologie comparée ten-

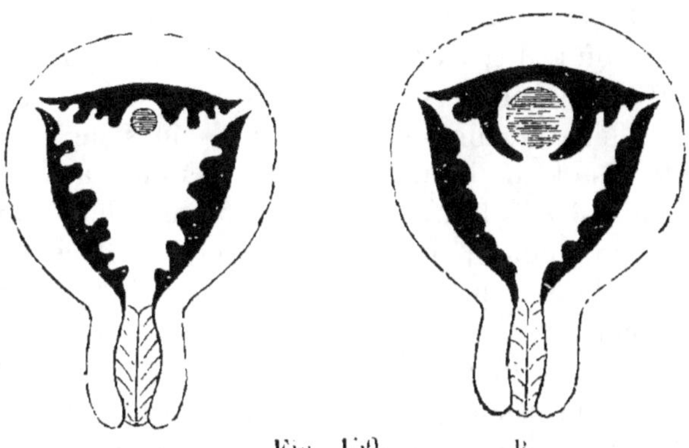

Deux stades successifs montrant le mode de formation de la caduque ovulaire, chez l'homme, d'après la théorie classique (figures empruntées à DALTON).

dent, au contraire, à faire admettre un mécanisme quelque peu différent, d'après lequel l'œuf humain s'enfonce directement dans l'épaisseur du chorion de la muqueuse. Nous reviendrons sur ces faits à propos du développement du placenta chez l'homme.

3' Structure des caduques en général. — La membrane caduque ne représente, en réalité, que la couche superficielle de la muqueuse utérine, expulsée avec le délivre, mais comme pendant tout le cours de la grossesse, cette couche superficielle se continue sans interruption avec la couche profonde persistante, on décrit habituellement sous le nom de *caduque* la muqueuse utérine tout entière. Cette muqueuse, déjà hypertrophiée au moment des règles (p. 408) subit pendant la gestation des modifications importantes que nous envisagerons principalement sur la caduque vraie, renvoyant, pour l'étude de la sérotine et de la caduque réfléchie, au développement du placenta.

L'épithélium prismatique cilié qui recouvre à l'origine la muqueuse utérine (caduque vraie et caduque réfléchie) commence par perdre ses cils, puis il diminue progressivement de hauteur Au 2ᵉ mois (embryon de 18 millimètres), il est devenu cubique, puis il s'aplatit de plus en plus jusqu'à la fin du 4ᵉ mois, où il disparaît complètement, un peu avant l'accolement et la soudure des deux caduques vraie et réfléchie.

Les glandes utérines subissent au cours de la grossesse une dilatation et un allongement des plus marqués. Contrairement à ce qu'admettent plusieurs auteurs, leur nombre ne paraît pas augmenté, mais elles deviennent très flexueuses, notamment dans la partie profonde, au voisinage des culs-de-sac. Elles conservent dans cette portion leur revêtement épithélial qui disparaît au contraire graduellement dans le segment superficiel rectiligne, ainsi que dans le segment moyen. L'épithélium persistant présente de son côté des changements très accusés de forme et de structure. Nulle part, il ne garde son type prismatique originel ; les cellules diminuent de hauteur, et la plupart d'entre elles affectent, dans le fond des culs-de-sac, la forme de cubes dont la face libre est souvent convexe et saillante dans la cavité glandulaire. Leur corps cellulaire se remplit en même temps de gouttelettes ou de grains jaunâtres et brillants qui lui communiquent un reflet presque métallique Un peu plus haut, les cellules deviennent pavimenteuses, et s'aplatissent parfois au point de prendre un aspect lamelliforme, comme celui des cellules endothéliales.

Le chorion de la muqueuse utérine subit également de grands changements. Les *cellules propres* (Ch. Robin) ou *cellules interstitielles* (Pouchet et Tourneux) se multiplient et s'hypertrophient, se chargent de nombreuses gouttelettes graisseuses, et se transforment ainsi en gros éléments granuleux, connus sous le nom de *cellules de la caduque, cellules de la sérotine, cellules déciduales* (Friedlaender) ; quelques-uns de ces éléments peuvent atteindre une longueur de plus de 100 μ.

Indépendamment des cellules propres, on observe encore dans le tissu de la caduque, de nombreuses cellules sphériques d'un diamètre de 9 à 12 μ, assez semblables par leurs caractères aux leucocytes contenus à l'intérieur des vaisseaux. Ces petits éléments sont disposés par traînées ou par amas au pourtour des vaisseaux sanguins et des cavités glandulaires.

Les cellules propres, à leurs diverses phases d'évolution, et les cellules arrondies sont plongées dans une matière amorphe très abondante dans les premiers temps de la grossesse, et contribuant alors pour une part importante à l'épaississement du chorion. Plus tard, au stade d'atrophie, cette matière subit une raréfaction progressive, et les éléments cellulaires sont

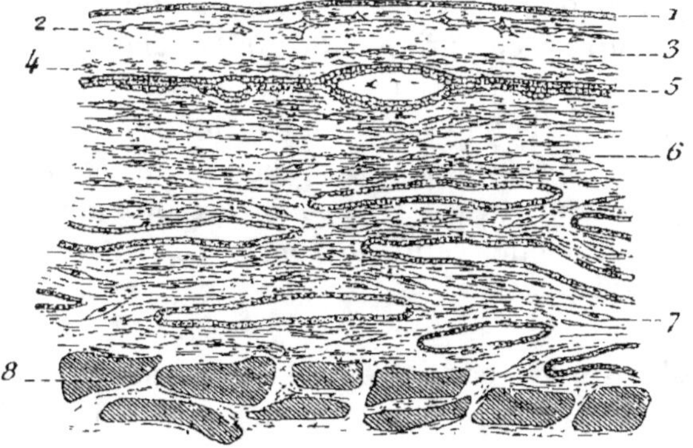

Fig. 151.

Coupe des enveloppes fœtales et de la muqueuse utérine, au 6e mois de la grossesse chez l'homme. Figure demi-schématique (Gr. 20 1).

1. épithélium amniotique. — 2. lame fibro-amniotique. — 3. membrane intermédiaire. — 4. couche vasculaire allantoïdienne du chorion. — 5. épithélium chorial. — 6. couche celluleuse de la muqueuse utérine. — 7. couche glandulaire. — 8, tunique musculeuse de l'utérus.

tassés les uns contre les autres, formant des assises compactes séparées seulement çà et là par de minces traînées de substance fondamentale.

Dans les couches superficielles, les autres éléments figurés de la trame sont tellement rares, qu'il faut une certaine attention pour retrouver quelques fibres lamineuses ou des corps fibro-plastiques dans la masse des cellules déciduales. Plus profondément, ces dernières sont plus espacées, les faisceaux lamineux plus nombreux, et, au voisinage de la musculeuse, on trouve du tissu conjonctif bien développé.

D'après ce que nous venons de voir, les follicules glandulaires et la trame conjonctive interposée se comportent d'une manière inverse, suivant que l'on considère la partie profonde ou la partie superficielle de la muqueuse. Dans les couches inférieures avoisinant la tunique musculaire, les glandes s'hypertrophient au point que les intervalles qui les séparent se réduisent en bien des endroits à des cloisons extrêmement minces. Au contraire, lorsqu'on remonte vers la surface de la muqueuse, c'est la prolifération des cellules déciduales qui prédomine; à ce niveau, les cellules serrées les unes contre les autres, compriment les tubes glandulaires dont la lumière ne tarde pas à être obstruée, et forment pour ainsi dire à elles seules la substance du chorion. FRIEDLAENDER (1870) a donné à la zone profonde qui prend un aspect aréolaire sur la coupe, le nom de *couche spongieuse* ou *glandulaire*, et à la zone superficielle, celui de *couche compacte* ou *celluleuse* (fig. 151).

4° Evolution des caduques. — Les connaissances que nous possédons sur ce sujet sont dues en grande partie à LÉOPOLD (1877).

a. *Premier mois.* — L'épaisseur de la caduque vraie atteint 5 à 6 millimètres. Les culs-de-sac glandulaires sont hypertrophiés, et la distinction des deux couches indiquée par FRIEDLAENDER est déjà sensible. L'épithélium demeuré normal dans le fond des conduits, se modifie vers l'ouverture où il est formé de cellules plus réduites, cubiques ou pavimenteuses, qui se continuent avec celles de la surface dépourvues de cils. Les cellules interstitielles, considérablement multipliées, sont plus nombreuses et plus arrondies dans la couche celluleuse, plus allongées et plus irrégulières dans la couche glandulaire.

b. *Deuxième mois.* — La caduque utérine, épaisse de 6 à 7 millimètres, est recouverte par un épithélium pavimenteux d'une hauteur de 10 à 12 μ. Les cellules interstitielles sont par places serrées les unes contre les autres, au point de rappeler l'apparence d'un épithélium stratifié.

La caduque réfléchie s'amincit graduellement de la base (un

millimètre) au sommet de l'œuf (150 μ). Au niveau de la base, sa structure se rapproche sensiblement de celle de la caduque vraie, mais, à mesure qu'on s'avance vers le pôle libre de l'œuf, les glandes deviennent plus rares et moins longues, les vaisseaux plus espacés, et les cellules interstitielles elles-mêmes diminuent de nombre. Vers le sommet, c'est la matière amorphe qui prédomine.

c. *Troisième mois*. — La caduque atteint son plus grand développement; son épaisseur maxima, mesurée vers la partie moyenne du corps de l'utérus, peut s'élever jusqu'à 1 centi-mètre. La vascularité tend à diminuer dans la caduque réflé-chie, dont l'amincissement est sensible, principalement vers le pôle libre.

d. *Quatrième mois*. — La caduque vraie, épaisse de 3 à 4 millimètres au voisinage du col, atteint plus haut 9 à 10 millimètres. Les culs-de-sac glandulaires se sont considéra-blement accrus; ils forment avec les cloisons qui les sépa-rent une sorte de tissu caverneux.

e. *Cinquième mois*. — L'œuf remplit complètement la cavité utérine, et les deux feuillets de la caduque, accolés de plus en plus intimement, se dépouillent de leur épithélium, et se soudent par leurs faces en contact.

Dès que s'est faite l'union des deux feuillets, la caduque vraie diminue rapidement d'épaisseur, en raison de l'augmen-tation croissante du volume de l'œuf. Vers la fin du 5° mois, elle ne mesure plus dans le fond de l'utérus que 4 à 5 mil-limètres, et 2 à 2,5 millimètres vers le col. La caduque réflé-chie offre encore des traces de glandes, surtout au voisinage du placenta, mais leur épithélium est entièrement transformé en masses granuleuses.

D'après S. Mixot, la caduque réfléchie disparaîtrait complè-tement après le 5° mois.

f. et g. *Sixième et septième mois*. — Les feuillets soudés de la caduque continuent à diminuer d'épaisseur. Dans la caduque vraie, la couche celluleuse mesure de 1/4 à 3/4 de millimètre, la couche glandulaire de 1 à 1,5 millimètre. Les conduits glandulaires ont disparu dans la couche celluleuse. La caduque

réfléchie, encore reconnaissable sur les coupes, mesure de
0,5 à 1 millimètre. On n'y découvre plus ni troncs vasculaires, ni glandes. Le tissu qui la constitue se distingue généralement par l'opacité et par la consistance de la matière
amorphe, ainsi que par le volume considérable et par la dégénérescence graisseuse très prononcée des cellules déciduales.

h. *Huitième mois*. — Dans la caduque, maintenant unique et
épaisse de 2 millimètres, la portion qui représente l'ancienne
caduque réfléchie compte pour le huitième ou le quart de
l'épaisseur totale. Dans la portion répondant à la caduque vraie,
les deux couches celluleuse et glandulaire restent distinctes,
la seconde étant du double plus épaisse que la première. Les
glandes forment deux ou trois rangées de fissures superposées.
A cette époque, si on cherche à détacher les enveloppes fœtales de la paroi utérine, la déchirure se fait dans la couche
spongieuse, par la rupture successive des minces cloisons qui
séparent les lacunes glandulaires.

i. *Fin de la grossesse*. — Vers la fin de la grossesse, la
caduque a encore diminué d'épaisseur; la caduque réfléchie
est généralement réduite à une zone de cellules interstitielles
plus serrées que dans la caduque vraie. Les cavités glandulaires, au voisinage de la musculeuse, sont parfois accusées
seulement par des traînées doubles de cellules pavimenteuses
représentant les deux parois de la cavité appliquées l'une
contre l'autre.

5° Expulsion du délivre. — Au moment de l'accouchement, il se produit par un procédé encore inconnu, une véritable déchirure dans l'épaisseur de la caduque qui se trouve
ainsi divisée en une lame superficielle caduque, et en une
couche profonde persistante qui est le siège de phénomènes
de régénération que nous aurons à décrire. Le plan de séparation paraît répondre, dans la généralité des cas, à la partie
superficielle de la couche glandulaire, aussi bien pour la
caduque vraie que par la sérotine.

6° Réfection de la muqueuse utérine après l'accouche-

ment. — Le premier phénomène qu'on observe après l'accouchement consiste dans un épaississement de la muqueuse utérine (2 millimètres) consécutif à la rétraction du tissu musculaire. Le chorion apparaît alors comme infiltré de leucocytes et de globules rouges. Les glandes de leur côté sont devenues plus régulières, et leur section transversale tend à se rapprocher de la forme circulaire. Le sang coagulé et les débris superficiels de la muqueuse se résorbent graduellement, tandis que l'épithélium glandulaire augmente de hauteur, et bourgeonne en dehors, de façon à recouvrir la surface dénudée de la muqueuse.

Au cours de la 4ᵉ semaine, le chorion muqueux est devenu plus ferme, l'infiltration par les leucocytes a diminué, les cellules de la caduque ont presque complètement disparu, et les glandes ont repris leur aspect normal. Vers la 5ᵉ semaine, la muqueuse régénérée est entièrement recouverte par un épithélium cylindrique, et le réseau capillaire superficiel du chorion s'est développé.

La sérotine se comporte après l'accouchement, comme le restant de la caduque vraie. D'après FRIEDLAENDER (1870) l'oblitération des sinus veineux serait due à la pénétration à leur intérieur, dès le 8ᵉ mois, des cellules de la caduque qui y provoqueraient la formation d'un caillot, remplacé plus tard par un tissu lamineux résultant de la végétation même des tuniques lamineuses du vaisseau (*thrombose spontanée des veines utérines*).

Il faut 60 à 70 jours environ pour que la muqueuse utérine ait entièrement repris sa structure normale. Le liquide (*lochies*) qui s'écoule des parties génitales pendant les suites de couches (quinze jours environ), renferme au début de nombreux globules rouges, avec des leucocytes et des cellules épithéliales pavimenteuses du vagin. Les globules rouges diminuent ensuite progressivement, tandis que les globules blancs deviennent de plus en plus abondants. Du 5ᵉ au 6ᵉ jour, les globules rouges ont presque entièrement disparu.

7° **Lait utérin.** — On désigne sous le nom de *lait utérin* (HALLER) un liquide lactescent sécrété par la muqueuse de l'utérus pendant les premiers temps de la gestation, et servant à la nutrition de l'œuf. Le lait utérin a été observé chez un très grand nombre de mammifères, chez les pachydermes, chez les ruminants, chez les carnassiers, chez les cheiroptères, etc. C'est un liquide riche en albumine, en graisse, ainsi qu'en glycogène, et renfermant de nombreux éléments cellulaires, à l'intérieur desquels on remarque des cristalloïdes albumineux en forme de bâtonnets.

Il est à remarquer que le lait utérin n'existe qu'au début de la gestation, et qu'il est surtout abondant dans les groupes inférieurs indéciduates (p. 430), tandis qu'il fait à peu près défaut dans les groupes supérieurs.

8° Modifications de la muqueuse du col pendant la grossesse. — La muqueuse du col ne participe que faiblement aux modifications que nous avons signalées pour la muqueuse du corps : elle n'est point caduque. La matière amorphe interposée aux éléments constitutifs augmente de quantité (C. Robin), et entraîne l'épaississement du chorion, les glandes s'allongent et se dilatent, les cellules épithéliales subissent la transformation muqueuse, et sécrètent la substance du *bouchon muqueux* qui remplit la cavité cervicale dès la fin du 1er mois.

Au moment de la soudure des deux caduques, la portion de la caduque réfléchie doublant le segment inférieur de l'œuf, en regard de l'orifice interne du col, se résorbe en entier, si bien que cet orifice se trouve obturé directement par les enveloppes fœtales comprenant de dedans en dehors : l'amnios, le corps réticulé, le chorion avec son épithélium. A la fin du 5e mois, peu après la soudure, la membrane obturante, ainsi formée par la portion libre des enveloppes, mesure une épaisseur d'environ 200 μ, et sa face inférieure, en rapport avec le bouchon muqueux, est tapissée par une couche de fibrine canalisée (p. 438) recouvrant l'épithélium chorial. Cette membrane s'insère sur la face interne du corps de l'utérus, suivant une ligne sinueuse située à une distance de 15 millimètres environ du bord de l'orifice interne, ce qui revient à dire que dans cette étendue, la soudure des parois de l'œuf avec la muqueuse utérine ne s'est pas effectuée. Dans le vestibule qui résulte de cette disposition anatomique, et que comble le bouchon muqueux, l'épithélium utérin a persisté, mais s'est sensiblement modifié. A partir de l'orifice du col, il devient successivement cubique, puis pavimenteux jusqu'à l'angle de réflexion de la membrane obturante où il disparaît.

On observe des particularités analogues au niveau de l'orifice interne des trompes de Fallope.

§ 2. — ENVELOPPES ET ANNEXES D'ORIGINE FŒTALE

Sous ce titre, nous comprendrons : 1° le chorion, 2° la vésicule ombilicale, 3° l'amnios, 4° le liquide amniotique, 5° l'allantoïde, 6° le liquide allantoïdien, 7° le corps réticulé, 8° le cordon ombilical.

1° Chorion. — On désigne sous le nom de *chorion* la membrane cellulaire la plus superficielle de l'œuf. Cette définition élimine les premières enveloppes non cellulaires de l'œuf, telles que la zone transparente et la couche d'albumine qui sont des produits de sécrétion de l'organisme maternel ; par suite, la classification de COSTE ne saurait plus être maintenue. Les auteurs paraissent d'accord pour considérer comme premier chorion la portion extra-embryonnaire de la somatopleure, moins la paroi de l'amnios (*chorion amniogène* de BONNET), et, comme second chorion ou chorion définitif, le chorion précédent doublé de la couche vasculaire de l'allantoïde (*chorion allantoïdien* ou *allanto-chorion*). Enfin, chez certains mammifères où l'allantoïde n'arrive pas au contact de la surface de l'œuf, et où, par conséquent, les parois du sac vitellin se trouvent en rapport direct avec le premier chorion, comme chez l'opossum, il convient d'envisager un *chorion ombilical* ou *omphalo-chorion*. Chez l'homme, le chorion amniogène se transforme dans toute son étendue en chorion allantoïdien.

Ainsi compris, le chorion allantoïdien se compose de deux

couches distinctes : d'une couche profonde, vasculaire, résultant de la fusion de la portion extra-embryonnaire de la lame musculo-cutanée avec le tissu allantoïdien, et d'une couche superficielle épithéliale. Cette dernière couche, formée au début d'un seul plan de cellules, ne tarde pas, chez l'homme, à présenter deux assises distinctes (embryons de 6 et de 8 millimètres) : une assise profonde où les éléments cellulaires, pourvus de gros noyaux, sont nettement délimités (*couche cellulaire* de LANGHANS), et une assise superficielle où les cellules sont fusionnées en une masse homogène parsemée de petits noyaux (*couche plasmodiale*).

La destinée de ces deux couches varie, suivant que l'on considère la portion du chorion en rapport avec la sérotine, et qui contribuera à la formation du placenta, ou, au contraire, la portion répondant à la caduque réfléchie. Dans cette dernière portion, la couche plasmodiale disparaît vers le 7ᵉ mois, et l'épithélium chorial se trouve alors exclusivement représenté par la couche cellulaire, dont les éléments irréguliers sont tassés sur deux ou trois rangées, sans aucun ordre apparent. Nous nous occuperons plus loin (p. 437) des modifications que subissent les deux couches de l'épithélium chorial au niveau du placenta.

De très bonne heure, chez l'homme, le chorion se couvre de saillies villeuses. Ces villosités sont, au début, exclusivement constituées par des épaississements locaux de l'épithélium, mais bientôt elles sont pénétrées suivant leur axe par des prolongements vasculaires de l'allantoïde. C'est par l'intermédiaire de ces villosités que l'embryon se met en rapport avec les tissus maternels.

Chez les ruminants, on voit se déposer dans la trame conjonctive du chorion, pendant les premières semaines, des particules de phosphates terreux, sous la forme d'un réseau granuleux, blanchâtre à la lumière réfléchie (*plaques choriales*). Ce dépôt se compose principalement de phosphate de chaux tribasique, avec une petite quantité de phosphate de magnésie (DASTRE, 1876). Il atteint son maximum de développement, chez le mouton, de la 12ᵉ à la 17ᵉ semaine (embryon de 16 à 36 centimètres), et se résorbe ensuite graduellement pendant l'ossification. « Les plaques choriales constituent une sorte de réserve où s'accumulent les substances phosphatées, en attendant le moment de leur utilisation dans l'organisme fœtal » (Cl. Bernard, 1879).

2° Vésicule ombilicale. — La vésicule ombilicale ou sac vitellin dont nous avons fait connaître le développement chez le lapin (p. 89) et chez l'homme (p. 140), n'atteint jamais de grandes dimensions chez les mammifères vivipares. Au moment de son plus grand développement, sur l'œuf humain de la fin du 2ᵉ mois, elle mesure un diamètre de 6 à 10 millimètres ; avec un canal vitellin long de 25 millimètres. Elle diminue ensuite de volume, et subit des modifications structurales, mais ses vestiges persistent jusqu'au moment de la naissance, entre l'amnios et le chorion, près du bord placentaire (B. Schultze, 1861). Quant au canal vitellin, il s'oblitère du 35ᵉ au 40ᵉ jour, puis ses éléments se désagrègent, et ne laissent que des restes insignifiants échelonnés de distance en distance dans la longueur du cordon ombilical. L'artère et la veine omphalo-mésentériques persistent plus longtemps que le canal ; nous les trouvons encore bien développés dans le cordon d'un fœtus humain de 4 centimètres.

Les parois de la vésicule ombilicale (portion extra-embryonnaire de la splanchnopleure) sont constituées par un feuillet vasculaire, doublé à sa face interne d'un épithélium qui se continue, par l'intermédiaire du canal vitellin, avec l'endoderme intestinal. Dans l'œuf humain, la limite entre ces deux couches n'est pas dessinée sur la coupe par une ligne régulière. Tantôt, en effet, les cellules épithéliales se présentent juxtaposées sur un seul plan, affectant la forme de cellules cylindriques longues de 25 μ ; tantôt, au contraire, elles se superposent sur plusieurs rangées, figurant des sortes de bourgeons ou de prolongements qui s'enfoncent dans la couche vasculaire. Quelques-uns de ces prolongements traversent toute l'épaisseur des parois de la vésicule ombilicale, et vont se mettre en contact avec le tissu muqueux interannexiel

(p. 426). D'autres s'élargissent au niveau de leur extrémité profonde, et s'étalent à la surface des vaisseaux sanguins de l'aire vasculaire, sur lesquels ils semblent se mouler.

Les prolongements ainsi émanés de l'épithélium sont creusés de nombreuses excavations arrondies ou ovoïdes (fig. 152) dont

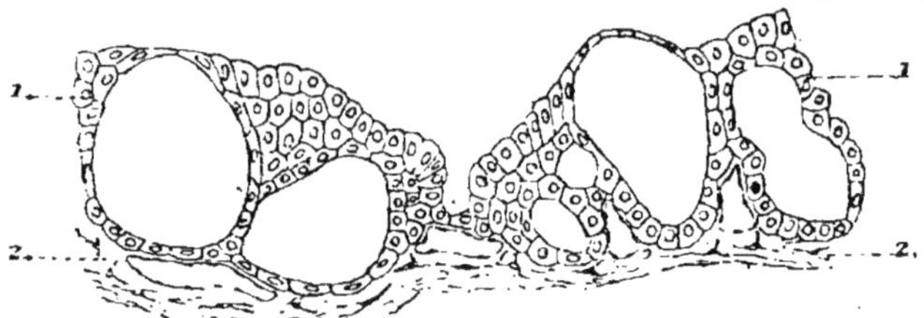

Fig. 152.

Coupe des parois de la vésicule ombilicale sur un embryon
humain de 8 mill. (Gr. 120,1).

1, épithélium creusé d'excavations. — 2, couche vasculaire.

les plus volumineuses peuvent atteindre un diamètre de 150 μ. (F. TOURNEUX, 1889). GRAF SPEE (1897) qui a étudié le développement de ces formations sur des œufs humains très jeunes, les assimile à de véritables glandes dont le produit de sécrétion se déverserait dans la cavité ombilicale par un orifice plus ou moins rétréci.

L'épaisseur des parois de la vésicule ombilicale devient plus considérable avec l'âge. De 200 μ environ à la fin du premier mois lunaire (embryon de 8 millimètres), elle s'élève à 300 μ à la fin du deuxième mois (embryon de 25 millimètres). En même temps, les cellules épithéliales ont augmenté de volume. et se sont remplies de gouttelettes fortement réfringentes, dont la substance se rapproche par ses caractères optiques des corps gras. A l'intérieur du canal vitellin, les cellules épithéliales, de forme nettement prismatique, sont agencées sur un seul plan ; leur hauteur est d'environ 20 μ, leur épaisseur de 9 à 12 μ.

Sauf chez les monotrèmes, dont l'œuf est méroblastique, la vésicule ombilicale ne renferme, chez les mammifères, qu'une petite quantité de liquide albumineux qui, à mesure que la gestation avance, se charge de gouttelettes graisseuses. Chez l'homme, au moment de la naissance, le dépôt granuleux qui représente le contenu de la vésicule est formé par le mélange en proportion variable de substances grasses et de sels terreux (principalement des carbonates).

3° Amnios. — Les parois de l'amnios dont nous avons décrit le mode de formation (p. 87, 91, 99 et 141), représentent une portion de la somatopleure extra-embryonnaire, dont le restant va constituer le chorion amniotique ou premier chorion. Elles sont formées par la superposition de deux couches, l'une épithéliale limitant la cavité amniotique et dérivant de l'ectoderme, l'autre conjonctive provenant de la partie extra-embryonnaire de la lame musculo-cutanée (*lame fibro-amniotique* de CADIAT). La couche épithéliale, en dehors du cordon ombilical que nous étudierons plus loin, ne comprend qu'un seul plan de cellules qui, pavimenteuses pendant les premiers mois, se rapprochent ensuite progressivement de la forme cubique. Vers la fin du 2ᵉ mois, elles mesurent un diamètre de 26 à 35 µ qui descend à 10 ou 12 µ, au milieu du 7ᵉ mois. La couche conjonctive assez lâche et dépourvue de vaisseaux sanguins, renfermerait dans sa partie profonde des éléments musculaires lisses.

Chez les ruminants et chez les pachydermes, l'épithélium amniotique devient pavimenteux stratifié par places, notamment au pourtour de l'insertion du cordon, et forme des plaques saillantes dont les éléments sont farcis de substances glycogéniques (*caroncules amniotiques*, H. MULLER, 1834 ; *plaques glycogéniques* de l'amnios). A la surface du cordon, les plaques sont remplacées par des prolongements villeux simples offrant une structure identique (*villosités amniotiques*). Chez l'homme, ces formations restent rudimentaires (WINKLER, 1868).

4° Liquide amniotique. — Le liquide qui remplit la cavité amniotique est légèrement alcalin, d'une densité variant de 1005 à 1008 ; sa composition chimique se rapproche beaucoup de celle du plasma sanguin dilué. Il renferme de 1 à 1,5

27..

p. 100 de matières fixes, notamment de l'albumine, de la mucine, de l'urée, du glucose et des sels terreux.

Pendant le 1er mois de la vie embryonnaire chez l'homme, l'amnios est intimement appliqué à la surface du corps de l'embryon. Ce n'est qu'au 2e mois qu'on constate l'apparition d'une sérosité qui distend progressivement la paroi de l'amnios et la refoule en dehors contre le chorion. Le liquide amniotique augmente rapidement de quantité, et son poids peut s'élever, dans le cours du 6e mois, jusqu'à un kilogramme. Pendant les derniers mois de la grossesse, il diminue environ de moitié.

La provenance du liquide amniotique n'est pas encore aujourd'hui nettement établie. Les uns, s'appuyant sur la présence de l'urée, le considèrent comme un produit d'excrétion du fœtus (reins et glandes sudoripares), les autres lui attribuent une origine maternelle, et font remarquer, non sans quelque raison, qu'au moment de l'apparition du liquide amniotique, dès le milieu du 2e mois, il n'existe pas encore trace de glandes sudoripares, et que le sinus urogénital est encore imperforé. Il se peut que le liquide amniotique reconnaisse, en réalité, une double origine, et, que suivant les époques, l'apport soit plus considérable du côté maternel ou du côté fœtal. Enfin, le liquide qui remplit le cœlome externe, au moment de sa transformation en tissu muqueux, pourrait en partie transsuder au travers des parois de l'amnios.

5° Allantoïde. — Nous avons suffisamment insisté sur les premiers développements de l'allantoïde chez l'embryon de lapin (p. 104), pour n'avoir pas à y revenir ici. Les parois de l'allantoïde, refoulées par l'accumulation d'un liquide à l'intérieur de la vésicule, se portent à la périphérie de l'œuf, et viennent s'étaler à la face profonde du chorion qu'elles vascularisent. Les cellules endodermiques qui tapissent la face interne de l'allantoïde, s'aplatissent et se transforment en cellules endothéliales.

Chez l'homme, l'allantoïde se développe de très bonne heure (p. 126), mais son extrémité ne se renfle pas. Le bourgeon endodermique, étiré, figure un simple canal (*canal allantoïdien*) qui s'enfonce dans le pédicule ventral, et qui plus tard, lorsque le cordon ombilical sera constitué, traversera ce cordon dans toute sa longueur. Exceptionnellement, l'extrémité distale du canal allantoïdien, au niveau de l'insertion placentaire du cordon, peut se dilater en vésicule, comme nous en avons observé un exemple fort net sur un fœtus de 4 centimètres : le diamètre du renflement terminal dépassait de six à sept fois celui du canal proprement dit.

Nous avons déjà recherché ce que devenait la portion intra-embryonnaire du canal allantoïdien (p. 280). Quant à la portion extra-embryonnaire ou funiculaire, elle atteint son plus grand diamètre vers la cinquième semaine, puis les cellules épithéliales, primitivement disposées sur un seul plan, se multiplient et comblent la lumière du canal qui se transforme ainsi en un cordon solide, dont les vestiges fragmentés persistent jusqu'à la naissance.

6° Liquide allantoïdien. — Chez l'homme, la composition du contenu de l'allantoïde, en raison de sa faible quantité, est absolument inconnue. Chez les autres mammifères, notamment chez les ruminants et chez les pachydermes, la vésicule allantoïdienne renferme un liquide de plus en plus abondant jusqu'au voisinage de la parturition. C'est une humeur alcaline, d'une densité de 1010 à 1020, renfermant des substances grasses, de l'albumine, de l'allantoïne, de l'urée et du glucose ; incolore au début, elle prend vers la fin de la gestation une teinte jaune brunâtre. On la considère comme un produit d'excrétion des corps de Wolff et, plus tard, des reins définitifs.

Chez le cheval, on trouve parfois flottant dans le liquide allantoïdien des corps aplatis, sphériques ou ovoïdes, d'une longueur maxima de 12 à 15 centimètres, connus sous le nom d'*hippomanes*. Ces corps, d'une couleur jaunâtre, dérivent du chorion allantoïdien, par bourgeonnement suivi d'étranglement. Leur partie centrale, recouverte par une enveloppe de provenance allantoïdienne, se compose d'une masse pâteuse, sans structure déterminée, dans laquelle on rencontre des sels divers dont quelques-uns à l'état cristallin (oxalate de chaux, phosphate ammoniaco-magnésien), des corps gras, et, en proportion assez considérable, des substances azotées.

7° Corps réticulé, tissu interannexiel. — Le liquide albumineux qui remplit à l'origine, dans l'œuf humain, la cavité du cœlome externe, augmente peu à peu de consistance, et se transforme progressivement en une sorte de tissu muqueux interposé aux annexes fœtales (*corps réticulé, magma réticulé, corps vitriforme*, VELPEAU 1833; *tissu interannexiel*, DASTRE 1876). Ces modifications sont déjà accusées aux stades de 4 et de 8 millimètres. A mesure que le développement progresse, les fibres lamineuses deviennent plus abondantes dans le corps réticulé qui diminue d'épaisseur et constitue, dans les derniers mois de la gestation, la couche conjonctive du délivre interposée à l'amnios et au chorion (*membrana media, membrane intermédiaire* de BISCHOFF, 1843).

8° Cordon ombilical à terme. — Le cordon ombilical de l'homme représente une longue tige blanchâtre, contournée en spirale, dont l'une des extrémités est fixée à l'ombilic du fœtus, et dont l'autre s'insère sur le placenta. Au moment de la naissance, sa longueur mesure environ 50 centimètres, son épaisseur 12 millimètres. Habituellement, le cordon s'implante au centre du placenta (*insertion centrale*) ; d'autres fois, il s'attache sur le bord (*insertion marginale*), ou même, en dehors, sur le chorion, envoyant de son point d'insertion des gros vaisseaux au placenta (*insertion vélamenteuse*).

Le cordon ombilical est essentiellement constitué par une gangue de tissu muqueux (*gelée de Wharton*), recouverte par l'amnios, et englobant les trois vaisseaux allantoïdiens, ainsi que les vestiges du pédicule vitellin et du canal allantoïdien. En réalité, l'amnios n'est facilement isolable qu'au voisinage de l'ombilic. Dans tout le reste du cordon, la gelée de Wharton se continue sans interruption depuis l'épithélium amniotique jusqu'à la tunique musculeuse des vaisseaux, présentant une légère condensation à la surface du cordon, ainsi qu'au pourtour des vaisseaux.

a. *Epithélium.* — L'épithélium du cordon est un épithélium pavimenteux stratifié, ressemblant à l'épiderme du fœtus du 4° mois (S. Minot), c'est-à-dire ne présentant qu'un nombre restreint de couches (trois ou quatre au maximum). Chez les ruminants, nous avons vu que cet épithélium forme des saillies cylindriques (villosités amniotiques), dont les éléments sont remplis de substance glycogénique.

b. *Vaisseaux allantoïdiens.* — Les artères décrivent autour de la veine un certain nombre de tours de spire qui se dirigent de droite à gauche sur la face supérieure du cordon, en partant de l'ombilic (*torsion à gauche*). On dirait que, l'insertion placentaire étant supposée fixe, l'extrémité ombilicale du cordon a été tordue de gauche à droite. Les artères sont remarquables par la présence de deux couches musculaires, l'une longitudinale interne, l'autre circulaire externe ; les fibres lisses sont volumineuses, régulières et ne paraissent point mélangées de fibres élastiques ; enfin l'adventice fait défaut. La structure de la veine se rapproche beaucoup de celle des artères, avec cette différence que les fibres musculaires entrecroisées dans tous les sens forment des réseaux plexiformes. Il n'existe pas de vasa vasorum.

c. *Gelée de Wharton.* — La gelée de Wharton offre la structure du tissu muqueux, c'est-à-dire qu'on y trouve comme éléments constitutifs : des fibres lamineuses, des cellules fibroplastiques et une matière amorphe demi-liquide, extrêmement abondante. Cette gelée n'est pas vasculaire chez l'homme au moment de la naissance, mais chez les ruminants et chez les pachydermes, elle est parcourue par des capillaires fournis par les artères allantoïdiennes. Elle ne paraît pas non plus contenir des nerfs, bien que nous puissions difficilement nous rendre compte, dans ce cas, du mode de contraction des fibres-cellules des parois vasculaires.

Sur une longueur de 1 centimètre environ à partir de l'ombilic, le cordon est revêtu par la peau du fœtus, et renferme des vaisseaux sanguins provenant des parois abdominales, et se recourbant en anse.

9° Développement du cordon ombilical. — Jusqu'au stade de 4 millimètres, l'amnios est intimement appliqué à la surface du corps de l'embryon humain. A partir de cette époque, on voit

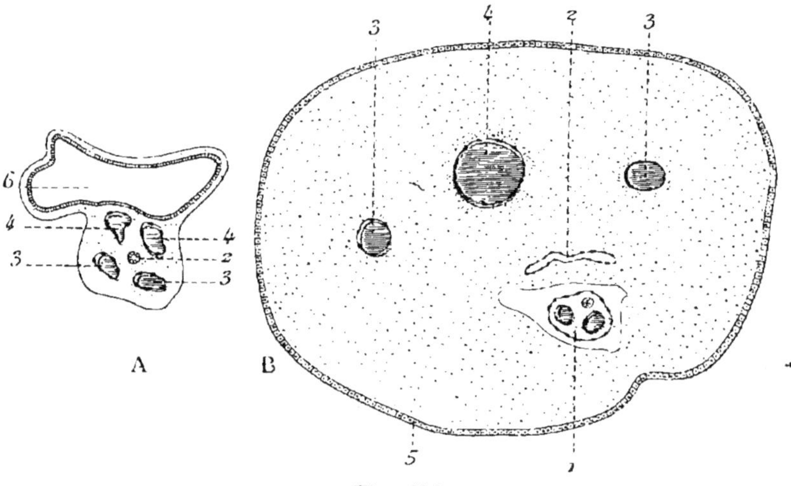

Fig. 153.

Section transversale (A) du pédicule allantoïdien, au voisinage de l'ombilic, sur un embryon humain de 3 mill., et (B) du cordon ombilical sur un fœtus humain de 24 mill. (Gr. 25,1).

1, pédicule ombilical renfermant le canal vitellin, l'artère et la veine omphalo-mésentériques. — 2, canal allantoïdien. — 3, 3, artères ombilicales. — 4, veine ombilicale. — 5, épithélium amniotique du cordon. — 6, cavité amniotique.

un liquide s'épancher dans la cavité amniotique, et les parois de l'amnios s'écarter progressivement de l'embryon. Du côté ventral, où ces parois se continuent au niveau de l'ombilic avec la somatopleure embryonnaire, elles se rabattent au pourtour du pédicule de la vésicule ombilicale qui contient le conduit vitellin et les vaisseaux omphalo-mésentériques (p. 90). Or, nous avons vu (p. 141) que l'amnios caudal est intimement soudé au pédicule ventral renfermant le conduit et les vaisseaux allantoïdiens. Par conséquent, lorsque l'amnios se reploie autour du pédicule ombilical, il forme à ce pédicule une gaine cylindrique, dans l'épaisseur de laquelle rampent le conduit et les vaisseaux allantoïdiens enveloppés par le tissu du pédicule ventral. L'ensemble de ces parties constitue le *cordon ombilical* (fig. 153).

Le cordon est déjà constitué aux stades de 5 et de 6 millimètres, mais il est encore très court. Entre le manchon amniotique et le pédicule ombilical, règne la cavité du cœlome dont la portion qui confine à l'ombilic est légèrement dilatée, et logera temporairement le sommet de l'anse intestinale.

Pendant le 2e et le 3e mois, le cordon ombilical augmente sensiblement de longueur (voy. tableau p. 138), tandis que la cavité cœlomique s'oblitère graduellement, et que par suite les circonvolutions développées au sommet de l'anse intestinale se trouvent refoulées à l'intérieur de l'abdomen. Au commencement du 4e mois, l'amnios et le pédicule vitellin sont intimement soudés, et le tissu du pédicule ventral englobant les vaisseaux allantoïdiens, devient le tissu muqueux de la gelée de Wharton. La torsion du cordon débute vers la fin du 2e mois.

L'épithélium amniotique qui recouvre la surface du cordon, composé à l'origine d'une seule couche de cellules, se transforme, mais plus lentement que l'épiderme fœtal, en épithélium pavimenteux stratifié. Au 3e mois, il se compose de deux assises cellulaires, puis le nombre des couches s'élève à trois ou quatre.

Au début, la gelée de Wharton renferme quelques capillaires provenant des artères ombilicales. Ces vaisseaux disparaissent progressivement, et, dans les derniers mois, il n'en reste plus aucune trace.

§ 3. — PLACENTA

Après quelques considérations générales sur la placentation dans les différents groupes de mammifères, nous décrirons le mode de formation du placenta chez le lapin, et nous terminerons par une étude plus approfondie du placenta humain.

1° Considérations générales sur la placentation. — Les auteurs ne sont pas d'accord sur la signification qu'il convient d'assigner au terme placenta. Dans son acception la plus large, on peut comprendre sous le nom de *placenta* tout organe extra-embryonnaire par l'intermédiaire duquel le fœtus emprunte des matériaux de nutrition soit directement au sang de la mère, soit à des substances sécrétées par l'organisme maternel, comme le lait utérin par exemple. C'est ainsi que M. Duval (1884) a pu considérer comme *sac placentoïde* des oiseaux une formation anatomique constituée partie par l'allanto-chorion, et partie par l'omphalo-chorion, et poussant des villosités choriales dans la masse d'albumine. C'est ainsi encore qu'on décrit comme placenta, le chorion plus ou moins villeux des sélaciens en rapport avec la paroi de la chambre incubatrice, alors que le chorion est représenté par la paroi du sac vitellin. Selenka (1886) a d'ailleurs montré que même chez les mammifères, le chorion des marsupiaux est un chorion ombilical, et Hubrecht (1888) a décrit de même chez le hérisson un placenta formé temporairement par l'omphalo-chorion.

D'autre part, les relations entre le chorion et la muqueuse utérine sont plus ou moins intimes suivant les groupes ; tantôt il y a simplement contact, et tantôt pénétration réciproque. Dans ce dernier cas, que certains auteurs considèrent comme caractérisant seul la placentation, le chorion expulsé après la parturition entraîne avec lui la couche superficielle de la muqueuse de l'utérus qui devient *caduque*. On a pu ainsi, en s'appuyant sur l'absence ou sur la présence d'une caduque, classer les mammifères en *indeciduata* et en *deciduata*.

a. *Mammalia indeciduata.* — Deux cas peuvent se présenter : 1° les villosités choriales sont répandues uniformément sur toute la surface choriale, sans pénétrer dans la muqueuse utérine, comme chez le porc et chez le cheval (*placenta diffus*) ; 2° les villosités groupées en un certain nombre de touffes distinctes (cotylédons), s'engrènent avec des saillies correspondantes de la muqueuse utérine, mais peuvent encore être détachées sans déchirure (*placenta cotylédoné* ou *multiplex*).

b. *Mammalia deciduata.* — Le chorion pénètre dans l'épaisseur de la muqueuse utérine, et son expulsion entraîne la formation d'une caduque. Suivant la forme extérieure, on envisage le *placenta annulaire* ou *zonaire* (carnivores, éléphant) et le *placenta discoïde* (rongeurs, chéiroptères, insectivores, primates).

Le tableau suivant montre le groupement des mammifères d'après leur mode de placentation.

CHORION OMBILICAL		Marsupiaux.	
CHORION ALLANTOÏDIEN.	*Placenta diffus* .	Pachydermes, solipèdes, cétacés.	MAMMALIA INDECIDUATA
	Placenta cotylédoné ou multiple. . .	Ruminants	
	Placenta zonaire. .	Carnivores, éléphant.	MAMMALIA DECIDUATA
	Placenta discoïde .	Rongeurs, cheiroptères, insectivores, primates.	

Certains auteurs, comme TAFANI (1886), s'appuyant sur des différences de structure, ont cru pouvoir distinguer dans tout placenta deux régions distinctes, une *région nutritive* et une *région respiratoire*. Au niveau de la région nutritive (*champs d'Eschricht* chez le porc, espaces lisses intercotylédonaires des ruminants), se ferait l'absorption du lait utérin, tandis qu'au niveau de la région respiratoire auraient surtout lieu des échanges gazeux. Ces différences de structure du chorion semblent faire complètement défaut chez les mammifères à placentation discoïde.

2° Développement du placenta chez le lapin. — Le développement du placenta chez le lapin, dont M. DUVAL a pu suivre tous les stades (1889), servira en quelque sorte d'introduction à l'étude du placenta chez l'homme. M. DUVAL reconnaît dans le développement du placenta, chez ce rongeur, trois périodes distinctes :

a. *Période de formation de l'ectoplacenta.* — Au moment où les croissants ectoplacentaires se fixent contre les deux lobes cotylédonaires maternels (fin du 8ᵉ jour ou commencement du 9ᵉ), la muqueuse utérine a subi un certain nombre de modifications. Le chorion s'est notablement épaissi, par accroissement de la matière amorphe, et les vaisseaux sanguins se sont dilatés en sinus dont les parois se trouvent renforcées par plusieurs assises de cellules globuleuses. Quant à l'épithélium, il se transforme, au voisinage des croissants ectoplacentaires, en une couche homogène dont les noyaux petits et ovoïdes se montrent réfractaires aux substances colorantes.

De son côté, la lame qui constitue les croissants placentaires, et qui n'est autre que l'épithélium du chorion placentaire, s'est divisée en deux couches distinctes, rappelant la disposition que nous avons signalée sur l'épithélium chorial de l'homme. La *couche* profonde ou *cel'ulaire* est la moins épaisse, et ses éléments se multiplient manifestement par karyokinèse. La *couche* superficielle ou *plasmodiale* (*symplaste placentaire*, LAULANIÉ 1885 ; *couche plasmodiale de l'ectoplacenta*, DUVAL, 1889, *syncytium ectoplacentaire*, HEINRICIUS 1889) présente une surface irrégulière, couverte de saillies qui s'enfoncent dans l'épaisseur des deux lobes colylédonaires ; ses noyaux paraissent se multiplier par voie de division indirecte. La transition entre les deux couches est graduelle.

Pendant le 9ᵉ et le 10ᵉ jour, les saillies ectoplacentaires, formées par la couche plasmodiale, s'accusent de plus en plus, et envahissent toute la couche superficielle des lobes colylédonaires, détruisant progressivement à leur contact les éléments du chorion, et arrivant ainsi à englober complètement les capillaires superficiels de la muqueuse. L'épithélium de ces capillaires finit lui-même par disparaître, et le sang maternel circule alors dans des *lacunes* ou *espaces sangui-maternels*, limités directement par l'ectoplacenta (fig. 154,). C'est ce qui a permis à M. DUVAL de dire que le placenta représente « une hémorragie maternelle circonscrite et enkystée par des éléments fœtaux ectodermiques ». Dans toute l'étendue de la formation placentaire, l'épithélium utérin a disparu, et on ne trouve plus de cellules épithéliales qu'au fond des dépressions glandulaires qui elles-mêmes ne tarderont pas à disparaître entièrement.

b. *Période de remaniement de l'ectoplacenta.* — Pendant que la couche plasmodiale du chorion placentaire a ainsi envahi le

tissu des lobes cotylédonaires, et donné naissance, en englobant
les vaisseaux maternels, à une formation anatomique que
M. DUVAL désigne chez les carnassiers sous le nom d'*angio-
plasmode*, l'allantoïde s'est développée et s'est étalée contre

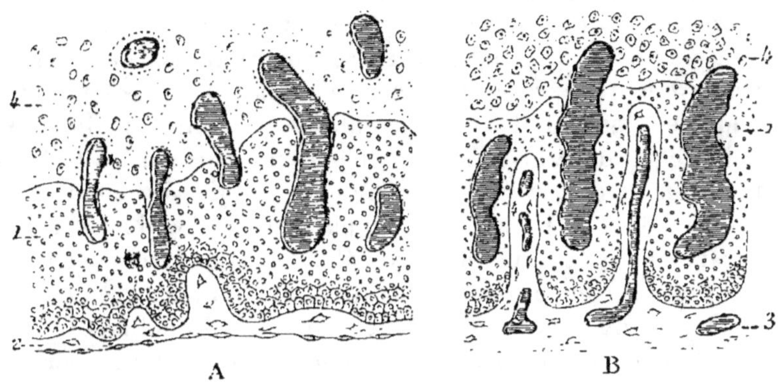

Fig. 154.

Section du placenta sur des œufs de lapin du 10ᵉ jour (A) et du
11ᵉ jour (B), montrant en A l'envahissement de la muqueuse utérine par l'ectoplacenta, et en B le cloisonnement de l'ectoplacenta
en colonnes (figure demi-schématique imitée de M. DUVAL).

1, ectoplacenta englobant des vaisseaux sanguins maternels dont l'épithélium disparaît à son contact. — 2, couche mésodermique du premier chorion (chorion amniotique). — 3, couche vasculaire du second chorion (allanto-chorion), envoyant des
lamelles vasculaires dans l'épaisseur de l'ectoplacenta. — 4, chorion de la muqueuse
utérine.

la face profonde du premier chorion qu'elle transforme en
chorion vasculaire. Bientôt, du 11ᵉ au 12ᵉ jour, la couche conjonctive du chorion bourgeonne en dehors, et se soulève en
lames vasculaires qui s'enfoncent sous forme de cloisons dans la
masse ectoplacentaire (angio-plasmode), s'anastomosent entre
elles, et divisent cette masse en un certain nombre de colonnes
à l'intérieur desquelles les lacunes sangui-maternelles se
fusionnent en une cavité unique (fig. 154, B). Nous ne pouvons
suivre dans tous ses détails le mode de formation du placenta
chez le lapin, tel que l'a si bien décrit M. DUVAL. Nous
nous bornerons à indiquer que du 12ᵉ au 14ᵉ jour, les
colonnes ectoplacentaires se trouvent fragmentées en tubes

(*complexus tubulaires*) par des lames longitudinales émanées des cloisons allantoïdiennes, qui s'enfoncent dans l'épaisseur des colonnes, en refoulant devant elles la couche plasmodiale. Les tubes à leur tour, du 15ᵉ au 22ᵉ jour, se divisent en canalicules (*complexus canaliculaires*), par un mécanisme sensiblement analogue, avec cette différence que les bourgeons allantoïdiens qui provoquent cette dernière transformation sont exclusivement représentés par des capillaires. Il en résulte que la masse plasmodiale ectoplacentaire se trouve maintenant pénétrée par deux ordres de cavités, d'une part par les lacunes sangui-maternelles dont le plasmode forme directement la paroi, et d'autre part par les capillaires de l'embryon ayant conservé leur tunique endothéliale. Le sang maternel et le sang fœtal seront ainsi séparés par une mince cloison ectoplacentaire doublée du côté fœtal par un endothélium.

c. *Période d'achèvement de l'ectoplacenta.* — Cette période qui s'étend du 25ᵉ au 30ᵉ jour, est caractérisée par ce fait que « la paroi plasmodiale des canalicules ectoplacentaires se résorbe plus ou moins complètement, de sorte que les capillaires fœtaux, sur la plus grande étendue de leur surface, sont directement en contact avec le sang maternel dans lequel ils baignent à nu » (M. Duval). Les rapports entre le sang maternel et le sang fœtal sont devenus plus intimes que précédemment, puisqu'une lamelle endothéliale forme la seule barrière entre eux.

Des recherches entreprises par M. Duval sur le placenta des carnassiers (1893-95), il résulte que l'envahissement du chorion et l'englobement des capillaires maternels par la couche plasmodiale de l'ectoplacenta, s'opèrent sensiblement de la même façon que chez les rongeurs. La seule différence observée, c'est que les vaisseaux maternels conservent leur revêtement épithélial.

Nous verrons plus loin (p. 441) les rapprochements qu'il est possible d'établir entre le développement du placenta des rongeurs et celui du placenta humain.

3º Placenta humain à terme. — Le placenta à terme, examiné au moment de la délivrance, se présente sous la forme d'un gâteau circulaire ou ovalaire, dont les bords amincis se continuent avec les enveloppes fœtales ; il apparaît ainsi comme un épaississement local de ces différentes membranes. Son diamètre varie de 15 à 20 centimètres; son épaisseur vers le centre de l'organe, atteint 3 à 4 centimètres, son poids est d'environ 500 grammes. La face qui regarde le fœtus est lisse et concave; elle est recouverte par la paroi de l'amnios au-dessous de laquelle on aperçoit les vaisseaux allantoïdiens rampant dans le chorion (*membrane choriale*). C'est sur cette face que s'insère le cordon ombilical. La face utérine, rugueuse, convexe, est tapissée par une couche d'un tissu grisâtre représentant la partie superficielle de la sérotine exfoliée avec le délivre. Cette face est creusée de sillons profonds (*sillons placentaires*) qui délimitent un certain nombre de champs polygonaux d'un diamètre moyen de 2,5 centimètres, connus sous le nom de *lobes placentaires*.

Une section pratiquée à travers le placenta montre qu'il est formé dans sa partie centrale par un tissu spongieux dont les excavations renferment du sang : ce sont les *espaces, lacunes* ou *lacs sanguins*. Ces espaces sont délimités en dehors par la couche grisâtre appartenant à la sérotine, et en dedans, du côté fœtal, par la membrane choriale. Ils sont parcourus dans tous les sens par une multitude de prolongements villeux émanés de la surface choriale, qui se ramifient à leur intérieur; aussi désigne-t-on communément les espaces qui séparent ces prolongements, sous le nom d'*espaces intervilleux*.

Deux tissus d'origine différente concourent ainsi à la formation du placenta. L'un, de provenance maternelle, la sérotine, constitue le *placenta maternel* ou *utérin ;* l'autre, de provenance fœtale, la membrane choriale avec ses prolongements villeux, représente le *placenta fœtal*. Nous les étudierons successivement, et nous rechercherons en dernier lieu quelle est la signification des espaces sanguins.

a *Placenta maternel.* — La portion caduque de la sérotine tapisse la face externe du placenta sous la forme d'une lame mince (*lame basale* de WINKLER), qui se réfléchit dans les sillons interlobaires; son épaisseur ne dépasse pas un demi à un millimètre. Au fond des sillons interlobaires, cette lame donne naissance à des prolongements lamelliformes (*cloisons interlobaires* ou *placentaires*) qui se dirigent vers la membrane choriale, et qui circonscrivent les *loges placentaires* renfermant chacune un groupe de villosités rameuses ou *cotylédon*. Des cloisons placentaires, encore appelées *intercotylédonaires*, ainsi que de la face profonde de la lame basale, se détachent des cloisons secondaires divisant chaque loge placentaire en compartiments plus réduits. Schématiquement, le lobe placentaire composé d'un cotylédon enchâssé dans une cupule de tissu décidual, peut être décomposé en un certain nombre de lobules.

Dans les parties centrales du placenta, les cloisons placentaires ne s'étendent pas jusqu'au chorion, de sorte que les loges cotylédonaires sont incomplètement séparées les unes des autres. Ce n'est qu'à la périphérie qu'on voit en certains points ces cloisons traverser de part en part les espaces sanguins, et s'unir à une bande de tissu décidual qui se réfléchit à la face externe du chorion villeux sur une étendue de 2 à 3 centimètres en moyenne. Cette lame, qui se continue en dehors avec le reste de la muqueuse vers la ligne de jonction des trois caduques, n'est autre que la *lame obturante* de Winkler, la *caduque placentaire sous-choriale* de Kœlliker, l'*anneau obturant sous-chorial* de Waldeyer. Elle représente une sorte de rebord, en dedans duquel la masse des villosités se trouve enchâssée, dans les tissus maternels, à la façon d'un verre de montre.

Le tissu interstitiel qui constitue la lame basale et les cloisons placentaires, est remarquable par la présence de cellules volumineuses, à noyaux multiples, connues sous le nom de *cellules géantes* de la sérotine. Ces éléments paraissent dériver, par une série de modifications, des cellules propres de la caduque : on trouve d'ailleurs toutes les transitions d'une variété à l'autre.

La lame basale et les cloisons qui en émanent sont parcourues par les branches des artères et des veines *utéro-placentaires* qui viennent déboucher directement dans les espaces placentaires. Les artères sinueuses s'engagent dans l'épaisseur des cloisons, et, après s'être dépouillées sur un certain trajet de leur tunique musculeuse, s'ouvrent sur les faces latérales de ces cloisons. Quant aux veines, elles prennent naissance au fond des loges placentaires, et leur embouchure est envahie profondément par les villosités. Nous verrons plus loin, à propos des lacs sanguins, comment s'effectue la circulation à l'intérieur du placenta.

b. *Placenta fœtal.* — Le placenta fœtal est constitué par le chorion villeux, c'est-à-dire par la membrane choriale et par les nombreuses villosités qui en dépendent. Chaque villosité choriale ou placentaire comprend une tige centrale ou tronc traversant les lacs sanguins, et venant se fixer, en s'étalant, dans le tissu de la sérotine. Sur le tronc, se trouvent greffées de nombreuses branches qui se ramifient à leur tour un grand nombre de fois, et donnent ainsi naissance à des houppes villeuses plongeant dans les espaces sanguins. Des différentes branches des villosités, la plupart se terminent librement par une extrémité arrondie, légèrement renflée, au milieu des espaces (*villosités libres*), les autres se comportent comme le tronc, c'est-à-dire qu'elles s'enfoncent dans la sérotine, faisant ainsi l'office de *crampons* (fig. 155). Nous rappellerons que chaque cotylédon se compose d'un certain nombre de villosités rameuses.

Nous avons fait connaître plus haut (p. 419) la structure du chorion allantoïdien. Les deux couches qui forment l'épithélium chorial, vers la fin du premier mois, se comportent ensuite de la façon suivante sur la membrane choriale. La couche cellulaire profonde s'épaissit irrégulièrement, et constitue par places des amas cellulaires qui font saillie dans les lacs sanguins. En même temps, la forme et les dimensions varient sensiblement d'un élément à l'autre, et les limites cellulaires deviennent moins accusées.

La couche plasmodiale se modifie profondément de son côté, et se transforme en une substance jaunâtre, réfringente, creusée de canalicules anastomosés, et montrant çà et là des

éléments cellulaires. Cette substance, comparée par KŒLLIKER
à du tissu osseux mou, est connue, depuis LANGHANS, sous le

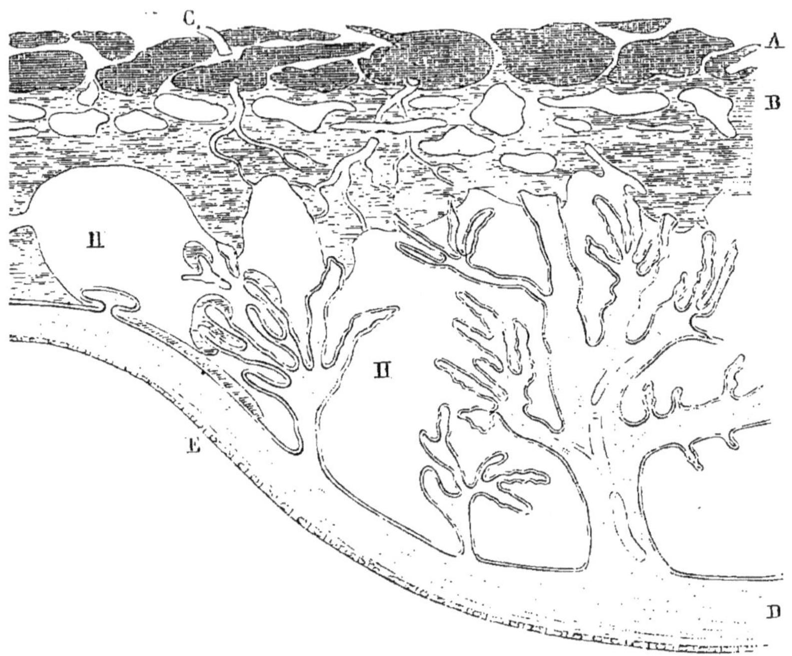

Fig. 155.

Représentation schématique des bords du placenta,
d'après LÉOPOLD.

A, tunique musculeuse de l'utérus. — B, couche glandulaire de la muqueuse
utérine traversée par des vaisseaux maternels C allant s'ouvrir dans les grands lacs
sanguins H, H. — E, épithélium amniotique. — D, chorion avec des villosités, dont
les unes flottent dans les lacs sanguins, et dont les autres traversant ces lacs vont
s'insérer par leur extrémité dans le tissu de la muqueuse utérine ; on distingue dans
l'une d'elles des vaisseaux fœtaux. La membrane intermédiaire n'a pas été représentée
entre l'amnios et le chorion.

nom de *fibrine canalisée ;* elle se colore fortement par le carmin
et par l'hématoxyline.

La structure de la membrane choriale se retrouve dans les
villosités. Celles-ci renferment, en effet, un axe conjonctif
allantoïdien, à la surface duquel l'épithélium chorial est étalé
en forme de manchon. L'axe conjonctif est muqueux dans

les dernières ramifications, mais, à mesure qu'on se rapproche
des gros troncs, on voit apparaître des fibres lamineuses de
plus en plus nombreuses. Quant à l'épithélium, il ne se comporte pas de la même façon qu'au niveau de la membrane
choriale. Ici c'est la couche cellulaire qui disparaît, tandis
que la couche plasmodiale persiste et constitue à elle seule,
à partir du 4ᵉ mois, le revêtement épithélial des villosités.
Cette couche n'est pas étalée
régulièrement au pourtour de
l'axe conjonctif, mais elle présente des épaississements locaux (*îlots de prolifération*)
qui peuvent s'allonger, se renfler à leur extrémité (fig. 156),
et figurer ainsi des bourgeons
arrondis, appendus par un
pédicule plus ou moins grêle
à la surface de la villosité
(*bourgeons, appendices épithé-*

Fig. 156.

Bourgeon épithélial d'une villosité, d'après Pouchet et Tourneux (Gr. 350 1).

liaux). Dans d'autres cas, les îlots de prolifération se fusionnent entre eux, se transforment en fibrine canalisée, et
constituent des colonnes qui s'étendent depuis la membrane
choriale jusqu'à la séroline (Langhans). L'épithélium chorial
fait défaut à la surface des crampons plongeant dans le tissu
décidual.

Chaque villosité reçoit une branche des artères ombilicales
qui se divise autant de fois que la villosité elle-même. Les
dernières artérioles se résolvent dans les différentes ramifications en un réseau capillaire superficiel, placé immédiatement au-dessous de l'épithélium. Les veinules émanées de ces
vaisseaux se réunissent dans le tronc de la villosité en une
seule veine efférente. Les vaisseaux sanguins des villosités
constituent ainsi un système absolument clos, sans communication directe avec les lacs sanguins. C'est par osmose que les
matériaux de nutrition passent du sang de la mère dans celui
du fœtus.

c. *Espaces intervilleux, lacs sanguins maternels.* — Les

28.

espaces intervilleux, remplis par le sang de la mère, représentent un système de larges excavations irrégulières communiquant toutes entre elles. La circulation y est, par suite, très ralentie, et ce ralentissement favorise l'absorption par les villosités. D'après KŒLLIKER, le courant se dirigerait de la partie centrale du placenta vers les bords où le sang est recueilli dans un *sinus coronaire*, sorte de *plexus veineux annulaire* (KŒLLIKER), en relation avec les veines utéro-placentaires. Ce plexus veineux paraît constitué par les espaces sanguins marginaux, à l'intérieur desquels les villosités n'ont pas bourgeonné.

. Une question qui préoccupe beaucoup les observateurs est celle de savoir quelle est la signification exacte des espaces sanguins. Leurs parois ne sont tapissées en aucun point de leur étendue par un revêtement endothélial, et les villosités plongent librement dans le sang maternel. C'est ce qui a fait supposer à KŒLLIKER et à LANGHANS que ces espaces représentent simplement la portion de la cavité utérine primitivement comprise entre l'œuf et la sérotine. Les deux parois limitant la fissure, très rapprochées au début, se trouvent peu à peu écartées l'une de l'autre par la masse des villosités choriales, et ainsi se forme une excavation où afflue le sang de la mère, à la suite de ruptures des capillaires superficiels.

Si cette théorie est conforme à la réalité, nous sommes en droit de nous demander ce que devient le réseau sanguin superficiel de la muqueuse utérine. Dans le placenta à terme, en effet, il n'existe nulle part de capillaires interposés aux artères et aux veines, et la communication se fait exclusivement par l'intermédiaire des espaces sanguins. Aussi la plupart des observateurs admettent-ils aujourd'hui que les lacs sanguins ne sont autre chose que ces capillaires eux-mêmes progressivement distendus, et transformés en un système de cavités anfractueuses dans lesquelles se ramifient les expansions villeuses du chorion fœtal, après avoir, en quelque sorte, érodé la surface de la muqueuse. Sur un œuf humain de quatre semaines, KEIBEL (1889) a pu retrouver sur toute la surface des lacs sanguins, aussi bien du côté fœtal que du côté maternel, un endothélium partout continu. Cet endothélium disparaîtrait dans la suite, mais on peut en rencontrer des vestiges beaucoup plus tard (LÉOPOLD, 1877; WALDEYER 1887).

En fait, il n'existe pas entre ces deux théories de différences fondamentales, puisque, dans l'un et dans l'autre cas, la membrane choriale arrive à constituer la paroi fœtale des lacs sanguins; l'étude suivie des premières phases du développement pourra seule nous fournir des renseignements précis à ce sujet. Ajoutons, que déjà sur l'œuf du 35e jour, nous avons trouvé les espaces intervilleux remplis de sang maternel, mais sans aucun épithélium limitant.

Nous n'avons pas encore fait mention d'une opinion exprimée par ERCOLANI, par ROMITI et par TURNER, d'après laquelle l'épithélium primitif du chorion disparaîtrait et serait remplacé par l'épithélium utérin modifié. En présence des recherches si précises de M. DUVAL sur les rongeurs (p. 431) et sur les carnivores, cette opinion ne peut plus guère être soutenue aujourd'hui. Le placenta, chez les déciduates, est essentiellement constitué par un envahissement de la muqueuse utérine, par le tissu chorial qui semble jouir de la propriété d'éroder et de détruire le tissu maternel à son contact, et qui arrive même, comme chez les rongeurs, à substituer sa couche épithéliale plasmodiale à l'endothélium vasculaire. Tout permet de supposer que les choses se passent de la même façon chez l'homme, avec cette différence peut-être que les phénomènes de destruction du tissu utérin y sont encore plus accusés, et que l'œuf, arrivant dans la cavité de l'utérus, perfore la couche superficielle de la muqueuse, pour venir se loger dans l'épaisseur même du chorion muqueux.

4° Développement du placenta chez l'homme. — Nous ne possédons aucun renseignement précis sur le mécanisme suivant lequel s'établissent les premiers rapports entre l'œuf et la muqueuse utérine, et la théorie classique du mode de formation des caduques par bourgeonnement de la muqueuse au pourtour de l'œuf, que nous avons exposée précédemment, ne repose sur aucun fait d'observation directe. Rien de semblable ne se voit dans la série des mammifères : tantôt l'œuf se développe dans la cavité utérine, tantôt, au contraire, comme l'ont montré les recherches de SELENKA, de DUVAL et de GRAF SPEE (1896) sur certains rongeurs (cochon d'Inde en particulier), et celles de HUBRECHT sur le hérisson, l'œuf s'enfonce dans l'épaisseur du chorion de la muqueuse. Si à ces données fournies par l'embryologie comparée, on ajoute ce fait qu'aucun auteur n'a signalé de revêtement épithélial sur les parois de la loge ovulaire (on admet, dans la théorie classique, que l'épithélium utérin disparaît de très bonne heure), on ne sera pas éloigné de penser avec E.-H. WEBER (1846) que l'œuf humain se comporte comme celui du cobaye, c'est-à-dire qu'il pénètre par effraction dans le chorion de la muqueuse utérine, dont la couche superficielle, refoulée en dehors par suite de son accroissement, devient alors la caduque ovulaire ou réfléchie. Ainsi s'expliquerait, d'autre part, la minceur de la sérotine, comparée à celle de la caduque vraie, pendant les premiers stades du développement.

Nous allons rappeler maintenant, mois par mois, les indications que nous possédons sur le développement du placenta humain, en nous appuyant principalement sur les recherches de LÉOPOLD (1877).

a. *Premier mois.* — L'œuf se couvre sur toute sa surface de villosités choriales; celles-ci, d'abord simples et exclusivement formées de cellules épithéliales, ne tardent pas à se ramifier, et à être pénétrées suivant leur axe par la couche vasculaire du chorion (tissu et vaisseaux allantoïdiens). Elles n'adhèrent pas encore à la muqueuse de l'utérus.

b. *Deuxième mois.* — Les villosités sont plus allongées et plus rameuses, et s'engagent par quelques prolongements dans le tissu de la muqueuse utérine ; dès cette époque, l'adhérence est plus grande au point où le placenta commence à se dessiner. Les espaces sanguins sont déjà constitués, et un grand nombre de branches villeuses flottent librement dans le sang maternel.

c. *Troisième mois.* — Le placenta est nettement distinct, mesurant une largeur de 5 à 6 centimètres, sur une épaisseur de 1 centimètre. Du côté de la sérotine, les villosités ont continué à s'allonger et à se ramifier, formant des touffes arborescentes déjà groupées en cotylédons (*chorion touffu, chorion frondosum*). Du côté de la caduque réfléchie, au contraire, les villosités sont restées stationnaires, et ont cessé pour la plupart d'être vasculaires (*chorion lisse, chorion læve*).

d. *Quatrième mois.* — Le placenta possède un diamètre de 9 à 10 centimètres. La sérotine, épaisse de 6 à 8 millimètres sur les bords, et seulement de 2 à 3 millimètres au centre, accuse nettement la division en zones celluleuse et glandulaire. Les cellules déciduales sont nombreuses et volumineuses, offrant souvent à leur intérieur deux noyaux. D'après Léopold, la paroi des lacs sanguins opposée au chorion, et formée par le tissu de la sérotine, présenterait par places un épithélium vasculaire.

e. *Cinquième mois.* — Le diamètre du placenta varie de 10 à 12 centimètres ; et son épaisseur au centre de 1 à 1,5 centimètre ; la sérotine est épaisse de 3 millimètres, dont 2 millimètres répondent à la couche compacte.

Les cloisons émanées de la sérotine s'élèvent, au centre du placenta, jusqu'à la moitié de la hauteur des cotylédons ; sur les bords du placenta, elles s'avancent jusqu'au chorion. Le tissu décidual continue, comme au mois précédent, à présenter des traces d'endothélium sur les parois qu'il fournit aux lacs sanguins ; il renferme des *cellules géantes*, qui deviendront de plus en plus nombreuses pendant les mois suivants.

f. *Sixième et septième mois.* — Le placenta mesure 12 à 13 centimètres. La sérotine a diminué d'épaisseur ; les cavités glandulaires sont disposées sur deux ou trois rangées, les plus externes tapissées par un épithélium cubique. Les cellules déciduales sont considérablement hypertrophiées.

g. *Huitième mois.* — La sérotine ne mesure plus que 1,5 à 2 millimètres d'épaisseur ; les fissures glandulaires sont disposées sur un seul plan. Toute trace d'épithélium a disparu sur la paroi maternelle des lacs sanguins.

A partir de ce stade jusqu'à l'accouchement, la structure du placenta répond à la description que nous avons présentée du placenta à terme.

Au moment de l'accouchement, la séparation se produit dans la partie superficielle de la couche glandulaire de la sérotine dont la couche celluleuse reste adhérente au délivre (p. 416).

5° Bandes vertes du placenta des carnivores. — Comme appendice à l'histoire du placenta, nous croyons devoir signaler une particularité intéressante que présente le placenta annulaire des carnivores : pendant la seconde moitié de la gestation, ses deux bords sont teintés en vert foncé (*bandes* ou *bordures vertes*). L'étude du développement montre qu'au niveau des bords du placenta, l'ectoderme placentaire et la muqueuse de l'utérus sont séparés primitivement par une série de cavités communiquant les unes avec les autres, et qu'à l'intérieur de ces cavités, le sang maternel s'épanche du 22ᵉ au 23ᵉ jour chez la chienne, vers le milieu de la gestation chez la chatte (*sinus latéral*, LIEBERKÜHN, 1889; STRAHL, 1889; HEINRICIUS, 1889; *canal godronné*, M. DUVAL, 1894). Le sang extravasé se prend en masse, et ne tarde pas à subir une série de modifications. Vers la fin de la gestation, le contenu du sinus latéral se compose de globules rouges, de globules blancs, de cristaux d'hémoglobine, de granulations brunes, et d'une substance colorante verte, sous forme de grains irréguliers. Cette substance traitée par l'alcool absolu ou par le chloroforme se dissout et manifeste, en présence de l'acide nitrique, les mêmes réactions que les matières colorantes de la bile (CADIAT) ; MECKEL lui avait donné le nom d'*hématochlorine*.

Dans le sinus latéral, plongent des villosités choriales dont la surface est recouverte de grosses cellules épithéliales remplies de globules rouges, et contribuant à l'absorption du contenu de ce sinus.

INDEX ALPHABÉTIQUE

TABLE DES MATIÈRES

DEUXIÈME PARTIE
DÉVELOPPEMENTS DES ORGANES (Organogénie)